목공의 지혜

나무로 만드는 모든 것에 대하여

목공의 지혜

안주현 지음

이숲

목공의 지혜를 펴내며

짧지 않은 시간 엔지니어로 지내던 생활을 접고, 목공木工을 업業으로 하겠다고 결심했던 때를 돌아보면, 목공에서 얻을 수 있는 즐거움이 마냥 컸던 것 같습니다. 멋진 목재를 만나는 것도 좋고, 톱질의 리드미컬한 움직임과 경쾌한 소리도 즐기며, 날카롭고 반짝거리게 연마된 대팻날을 보는 것도 재미있었습니다. 이리저리 짜임을 연구하고, 공간에 어울리는 가구 디자인을 고민하다 보면 시간 가는 줄도 몰랐습니다. 마감할 때 뚜렷이 드러나는 목재의 결을 들여다보거나, 완성한 작품을 보며 뿌듯함을 느끼는 것도 경험해본 사람만이 아는 즐거움일 것입니다.

20세기 목공의 대가 제임스 크레노프James Krenov는 예술가로 활동하는 기분이 어떤지 묻는 사람들에게 하루의 많은 시간을 혼자서 무거운 목재를 나르며 일하는 자신에게는 너무 순진한 질문이라고 대답합니다. 목공을 좀 더 진지하게 들여다보면, 즐거움과 함께 적지 않은 고된 일이 기다리고 있음을 알게 됩니다. 목재가 들어오는 날에는 마음먹고 힘쓸 각오를 해야 하고, 대패 작업을 조금이라도 하고 나면 바닥에는 치워야 할 대팻밥이 수북이 쌓여 있습니다. 멋지게 톱과 끌로 짜임을 만들어보고 싶지만, 그 전에 사각의 반듯한 목재를 준비하는 일이 만만치 않습니다. 작업할 때면 무엇보다도 도구의 안전한 사용이 신경쓰이기도 합니다.

목공을 하면서 어렵다고 느끼기도 했지만, 한편으로 무척 재미있었던 이유는 하나하나 배움을 쌓아간다는 데 있지 않았나 싶습니다. 그 과정에서 목재, 도구, 디자인, 마감 등 다양한 주제를 다룬 여러 자료의 도움을 받을 수 있었지만, 안타깝게도 꼭 필요하거나 체계적으로 정리되면 좋겠다고 생각한 내용을 주변에서 찾아보기가 쉽지 않았습니다. 이런 아쉬움, 이제까지 목공을 하면서 품었던 질문과 목공 작업을 통해 얻은 경험, 그리고 교육을 하면서 받았던 문의들을 하나씩 웹페이지 woodwise.co.kr에 정리하고 공유하기 시작했고, 그것이 이 책을 쓰는 계기가 되었습니다.

지식은 전달할 수 있지만, 지혜는 그럴 수 없다고 합니다. 책의 제목을 '목공의 지혜'로 정한 것은 감히 목공에서 얻을 수 있는 지혜를 전하겠다는 뜻이 아니라, 여러분이 스스로 목공의 지혜를 찾을 수 있게 도움을 드리고 싶다는 바람에서 비롯합니다. 광범위한 목공 분야에서 지혜를 발견하려면 정보는 치우치지 않아야 하고, 접근은 근본적이어야 한다는 믿음으로 이 책을 쓰는 내내 HOW보다는 WHY에 어떻게 답할 수 있을까를 고민했습니다.

즐겁고 안전한 목공에, 지혜가 함께하기를 바랍니다.

안주현 드림 

책 들여다보기

이 책은 목공, 목재, 도구, 짜임, 설계, 마감의 여섯 주제를 통해 목공 전반에 대한 근본적인 접근 방법과 이해를 다룹니다.

첫째 장 **목공**에서는 목공 전반을 조망하는 몇 가지 주제를 간략하게 살펴봅니다. 목공에 어떻게 접근하고 어떤 문제를 풀어야 할지, 목공에 대한 기본자세와 목공 작업의 순서를 알아보고, 목공에서 사용하는 몇 가지 용어도 설명합니다.

목재에서는 목재의 구조, 종류별 특징, 기계적 강도, 작업성을 그림과 함께 설명하고, 목재의 큰 고려 사항 중 하나인 대기 중의 상대 습도에 따른 목재의 수축과 팽창 현상을 우리나라 실내외 환경을 기준으로 해석합니다.

도구에서는 목공에서 사용되는 수공구手工具와 더불어 이제까지 깊이 다루지 않았던 테이블쏘, 밴드쏘, 기계대패, 라우터, 드릴, 목선반 같은 목공 기계와 원형톱, 도미노 조이너, 드릴 드라이버와 같은 전동 공구들의 작동 원리와 사용법을 이야기합니다. 목공 기계가 익숙하지 않아 쉽게 위험에 노출되는 동호인과 학생들은 기본 정보를 통해 올바른 사용법을 익힐 수 있으며, 목공 기계를 자주 접하는 목공인은 동작 원리와 여러 문제 상황이 발생하는 원인과 대처법을 파악함으로써 활용도를 높일 수 있습니다. 이 장의 끝 부분에는 목공 도구를 사용할 때 안전과 관련해서 고려해야 할 사항을 전체적으로 정리해 두었습니다.

목공을 깊이 들어가기 시작하면 여러 가지 짜맞춤을 접하게 되나, 체계적인 분류 방법은 찾기 어렵습니다. **짜임**에서는 짜맞춤 방법을 각재와 판재로 나누고, 다시 단수별, 형태별로 구분하고 응용하는 접근을 통해 짜임을 체계적으로 파악하고, 나아가 창의적으로 발전할 수 있게 합니다. 아울러 수공구뿐만 아니라, 전동 공구, 목공 기계를 짜맞춤에 활용하는 법과 서랍 제작에 필요한 반턱과 홈 작업, 판재의 대표적인 짜임인 주먹장에 대해서 심도있게 다룹니다.

목재 가구의 디자인은 미적 요소, 실용적 요소뿐 아니라 목재의 특성에 맞게 설계되었는지도 확인해야 합니다. **설계**에서는 가구를 탁자 구조, 상자 구조, 프레임 패널 구조로 나누어 목재 관점에서 가구 설계를 설명하고, 스툴과 서랍장을 예로 들어 가구 제작 과정을 소개했습니다.

마지막 장 **마감**에서는 마감재를 전체적으로 분류한 뒤 각각의 특성과 사례를 설명하고, 마감의 방습 기능, 안전성 등 관련 사항을 다양한 정보와 경험을 바탕으로 이야기합니다.

각 장은 목공에서 누구나 부딪히는 문제들을 순차적으로 다루며, 각 장의 마지막에는 목공에서 다루는 수치와 단위, 날물의 재질과 연마, 모터와 배터리, 접착제와 클램프, 스케치업 프로그램 등 목공을 하면서 필요한 정보들을 정리해 두었습니다. 목재의 특성을 파악해야 도구의 사용이나 짜임, 설계와 마감을 이해할 수 있고, 도구를 사용하여 부재部材를 준비하고 짜임을 하며, 짜임을 이용해서 가구의 설계를 구현할 수 있습니다. 마감은 가구 제작의 마지막 단계라 뒷부분에서 설명했습니다. 뒷부분을 이해하려면 앞부분에 대한 이해가 선행되어야 하지만, 목공에 어느 정도 익숙한 분들은 이 순서를 따를 필요 없이 필요한 항목을 **제목으로 보는 목차**에서 찾아서 보셔도 됩니다. 이와 별도로 이 책의 뒷부분에 있는 **질문으로 보는 목차**를 통해 평소에 궁금했던 내용을 찾아 바로 확인할 수도 있습니다.

제목으로 보는 목차

목공 Woodworking

목재 Wood

도구 Tools

짜임 Joinery

설계 Design

마감 Finishing

목공
Woodworking

목공에서는 나무를 다루고, 도구를 다룹니다. 짜임을 연구하고 멋진 디자인을 구현하려고 고민하기도 합니다. 그러나 목재나 도구를 다루는 작업만을 목공이라고 부를 수 없고, 짜임이나 디자인도 목공의 일부일 뿐입니다. 어느 부분만을 다루기에는 각 단계가 모두 중요하고, 목공의 전 과정에서 얻는 즐거움이 매우 큽니다.

목공에 관심을 두기 시작했거나 목공의 한 분야에만 너무 빠져 있다는 생각이 든다면, 전체를 한번 살펴보는 시도가 도움이 될 수 있습니다. 목공에 어떻게 접근해야 하고, 고민스러운 상황을 어떻게 헤쳐 나가야 하는지, 짧은 글로 그 해답을 제시할 수는 없지만, 목공을 새로운 시선으로 바라보는 유익한 출발점은 될 수 있다고 믿습니다.

목공에 대해서

5천 년 전 고대 이집트의 자료에서 톱이나 끌, 활드릴(bow drill) 같은 도구와 더불어 지금도 널리 사용되는 장부 결합(tenon-mortise), 무늬목(veneering), 마감(varnish) 등의 흔적을 볼 수 있듯이 나무(tree)에서 얻은 목재(wood)로 작업하는 목공(woodworking)은 인류의 역사와 함께 한 생활의 수단이자, 가장 오래된 공학(engineering)입니다. 목재가 주위에서 쉽게 구하여 가공할 수 있으며 비교적 견고하고 실용적인 소재라는 장점만이 아니라 나무에서 느껴지는 편안함과 아름다움, 나무가 주는 영감도 목공이 오랜 세월 존속하는 비결일 겁니다.

건조한 기후로 유물들이 잘 보존되어 있는 이집트의 벽화에서는 오래전 목공의 흔적을 볼 수 있다.

목공은 나무가 인간의 디자인과 작업을 거쳐 완성품이 되는 과정입니다. 목공이 여러 시대를 거치며 다양한 유행을 반영했지만, 그 결과물에는 근본적인 변화가 없었으나 최근 100여 년간 목공의 접근 방법은 몇 가지 큰 변화를 겪게 됩니다. 산업 혁명기에 나오기 시작한 목공 기계는 전기 모터가 상업적으로 이용되는 20세기 전후에 본격적으로 소개되기 시작해 손쉬운 가공과 생산시간 단축이 가능해졌으며, 2차 세계대전 무렵 처음으로 상용화된 합성 접착제는 이후 목공에 큰 변화를 가져옵니다. 또한, 현대적 합판(plywood)이 생산되어 가구를 쉽게 만들게 된 것도 지금부터 100여 년 전의 일입니다. 오늘날 목공은 편리하고 정확한 기계와 전동 공구의 활용, 구하기 쉽고 뛰어난 성능을 발휘하는 접착제를 빼놓고 말하기 어려워졌습니다.

목공 기술의 발달은 한편으로 대량 생산과 획일화된 결과물로 이어졌는데, 1900년 전후 이에 대한 반작용으로 일어난 미술 공예 운동(Arts and Crafts movement)의 영향을 받으며, 예술적 디자인과 높은 완성도의 목공을 추구하는 활동이 20세기에 등장합니다. 크레노프James Krenov, 나카시마George Nakashima, 말루프Sam Maloof, 프리드Tage Frid 같은 대가들의 작업은 공장이 아닌 공방(studio) 목공 문화를 정착시켰고, 이후 목공인들에게 큰 영향을 미칩니다.

우리나라에서는 나무 다루는 사람을 목장木匠, 목공木工 또는 목수木手라고 불렀는데, 궁궐, 사찰, 가옥 등 건축과 관련된 대목大木과 가구를 만드는 소목小木으로 구분하고, 창호를 전문적으로 만드는 장인을 창호장窓戶匠이라고 불렀습니다. 서양에서는 목수, 우드워커woodworker를 작업별로 좀 더 세분화합니다. 집을 짓는 카펜터carpenter, 계단과 창틀을 만드는 조이너joiner, 가구 제작자(cabinet maker), 의자 제작자(chair maker) 등으로 구분하고, 그 밖에도 현악기 제작자(luthier), 목선반 작업자(woodturner), 목조각가(woodcarver, whittler) 등이 목공 작업과 관련된다고 볼 수 있습니다. 이 책에서는 소목, 즉 목재로 가구나 소품을 만드는 데 필요한 내용을 다룹니다.

목공은 무엇을 다루고 있나요?

진지하게 목공에 접근하면서 특히 짜임의 구현이나 공구에 관심을 보이는 분이 많습니다. 목공에서 이런 주제가 필수적이고 즐거움을 주는 것은 분명하지만, 관심을 일부에 국한한다면 목공에서 얻는 즐거움도 한정될 수 있습니다. 목공을 온전히 즐기려면 목재의 특성 파악, 도구의 원리 이해와 안전한 사용, 가구나 소품의 구조와 디자인에 대한 해석 등 전반적인 이해와 전체를 보려는 접근이 필요합니다.

목재 목재는 색상이나 성질이 획일적인 재료가 아닙니다. 수종에 따라 특성이 다르고, 같은 수종끼리는 물론이고 같은 나무에서 나온 목재도 각기 성질이 다를 수 있습니다. 주위 환경에 따라 수축하고 팽창하며, 결(grain)에 따라 달라지는 방향성으로 기계적 성질, 작업 특성, 변형에 대한 성질도 달라집니다. 마감 후에도 자외선 등 외부 요인의 영향으로 목재의 고유한 색이 옅어지거나 짙어지기도 합니다. 목재에 대한 이해와 관심 없이는 올바른 목공 작업도 제대로 된 결과물도 실현하기 어렵습니다.

작업 오랜 기간 사고 없이 자동차 운전을 하였다고 해서 감히 F1 같은 자동차 경주 대회에 참가하겠다는 생각은 하지 못합니다. 목공 실력이나 작업 결과도 투자한 시간보다는 결국 자기가 세운 목표에 달린 것 같습니다. 어느 정도까지 예리하게 날을 연마하고, 얼마나 정확하게 짜임을 가공하며, 표면을 얼마나 매끄럽게 샌딩sanding할지, 작은 목표들이 쌓여 결과물이 되고 실력으로 나타납니다.

어떤 결과든 그것을 얻는 방법은 다양합니다. 목공에서도 작업 목적, 환경, 안전성에 따라 작업 방법과 도구 선택 또한 달라집니다. 바른 자세, 적합한 작업 속도, 도구와 지지대의 작동 원리에 대한 이해, 작업할 때 발생하는 상황에 대한 예측과 대응은 항상 유념해야 할 요소들입니다.

디자인 목공은 목재와 도구를 사용하여 결과물을 만드는 작업입니다. 목공의 HOW, 즉 도구와 작업하는 방법에 대한 정보는 비교적 많지만, 무엇을 왜 하느냐는 문제를 다룬 정보는 쉽게 찾아볼 수 없습니다. 목공 디자인은 일반 디자인에서 다루는 미적 요소는 물론이고 실용적인 면과 더불어 목재의 특성을 고려해서 올바르게 설계되었는지도 점검해야 합니다. 목재의 방향성은 기계적 강도와 변형에 대한 안정성을 결정하므로 목공에서는 좋거나 좋지 않은 디자인 말고도 맞거나 맞지 않는 디자인을 구분합니다. 도구와 작업 방법을 익힐 뿐 아니라 목재의 문법에 맞는 구조와 형태를 적용하는 것이 목공 디자인의 시작입니다.

목공[木工]은 목재[木]와 방법[工]을 다루어 [디자인]을 구현합니다.

목공에서는 어떤 문제를 풀어야 하나요?

환경 목공에 관심이 있는 분이 가장 먼저 부딪히는 문제가 바로 작업 공간입니다. 목공을 시작하려고 공구를 하나씩 갖추더라도, 아파트나 빌라 같은 환경에서는 소음과 먼지 때문에 제대로 된 목공 작업이 어려울 수 있습니다. 목공을 조금 진지하게 접근하다 보면 목공 기계의 도움이 불가피하다는 사실을 알게 됩니다. 이런 작업 환경 문제를 극복하려면 주변에서 안전하고 쾌적한 환경을 제공하는 목공방을 찾아 배우고 작업하는 것을 추천합니다. 2016년 기준으로 우리나라에 1,600여 개소의 목공방이 있다는 통계가 말해주듯이 집에서 멀지 않은 곳에서 공방을 찾기는 그리 어렵지 않을 수 있습니다.

기후나 날씨 같은 환경 문제에 대해서도 이해와 적절한 대처가 필요합니다. 일반적으로 봄가을이 목공 작업을 하기 좋은 계절이라고 합니다. 작업하기에 쾌적할뿐더러 목재의 함수율이 중간에 이르는 시기여서 완성품에 늘 문제시되는 수축과 팽창도 중간 정도를 유지하기 때문입니다. 여름에는 작업을 마친 뒤 대부분 목재가 수축한다는 점을 고려해야 합니다. 또한, 습도가 높은 여름 날씨에는 목재에 곰팡이가 피거나 공구에 녹이 슬기도 하므로 세심한 관리가 필요합니다. 높은 습도는 수분의 증발을 느리게 하여, 접착제의 경화 시간도 상당히 길어집니다. 목재가 가장 많이 수축하는 계절인 겨울에는 조립 작업과 접착제 보관에도 문제가 생길 수 있음에 유의해야 합니다. 일반적으로 기온 10° 이하에서는 접착제의 작용이 원활하지 않으므로 목재 집성이나 조립 시, 이 문제를 신경쓰지 않으면 결과물의 품질이 낮아질 수 있습니다.

방법 목공을 어느 정도 계속하신 분들에게는 어떻게 도구를 사용하고, 어떤 방법으로 작업하느냐가 중요한 문제일 수 있고, 목공에서 방법적인 면이 차지하는 비중이 상당히 큰 것도 사실입니다. 유튜브나 인터넷 동호회 같은 온라인과 공방이나 서적 등 오프라인을 통해 이런 목공의 HOW에 관한 정보는 어렵지 않게 찾을 수 있는데, 때로 정보가 넘쳐난다는 인상을 받기도 합니다. 문제는 이런 방법에 관한 정보 가운데 기본적이고 원칙적인 면을 깊이 있게 다룬 내용을 의외로 찾아보기 어려워서 안전하고 효율적으로 작업하려면 꾸준한 주의와 시간 투자가 필요합니다.

순서 방법적인 면이 지식 전달에 집중되어 있다면, 목공 작업의 순서에 관한 문제에는 경험이 중요해서 내용을 체계적으로 문서화하거나 전달하기가 쉽지 않습니다. 목재를 재단한 후, 짜임을 가공하는 것이 일반적이나, 때에 따라서는 짜임 가공 후에 추가 재단을 하는 편이 나을 때가 있고, 조립이 끝난 후에 추가적인 가공이 필요할 때도 있습니다. 디자인이 복잡해지고, 과제의 규모가 커질수록 이런 순서 측면이 중요해지는데, 경험이 쌓일수록 작업 순서에 대한 통찰력이 생깁니다.

지식 방법과 순서에 어느 정도 숙달되었어도 좀처럼 발전이 없다고 느낀다면, 기본 지식을 다시 돌아볼 필요가 있습니다. 새로운 시도를 하고 싶은 단계에 도달했을 때도 이런 기본 지식이 중요한 밑바탕이 됩니다. 목재의 특성을 파악하고, 가구의 구조 문제를 분석하며, 도구를 안전하면서도 창의적으로 사용하는 것은 기존 경험만으로 해결할 수 없습니다.

감각 디자인이 마음에 들지 않는다면, 우선 목공의 방법이나 순서, 지식 면에서 충분히 숙달되었는지 점검해봐야 합니다. 그리고 디자인을 너무 효율 면에서만 고려하지는 않는지 돌아볼 필요도 있습니다. 디자인이 평범한 이유는 많은 사람이 접근하는 방식을 따랐기 때문이며, 약간의 특이함을 구현하는 데도 많은 시간과 노력이 필요합니다. 이런 문제가 없는데도 여전히 자기 디자인에 부족함을 느낀다면, 그럴 필요 없다고 말씀드리고 싶습니다. 작품은 개인의 에너지가 표현된 결과이며, 각기 다르게 표현되는 에너지는 그 나름대로 모두 가치가 있습니다. 한마디 덧붙인다면, 이런 에너지는 발전적인 방향으로 발산되어야 하는데, 가장 좋은 방법은 주위와의 소통인 것 같습니다. 산업 디자인의 대가 디터 람스Dieter Rams는 훌륭한 디자인을 계속해서 개발하는 원동력이 무엇이냐는 질문에 다른 사람과의 협업이라고 대답합니다. 다른 목공 작업, 특히 대가들의 작품을 보고 따라 해 보는 시도는 큰 도움이 됩니다.

목공을 어떻게 접근해야 할까요?

집에서 사용할 가구를 만드는 상황을 가정해 본다면, 집성목이나 합판을 구하여 나사 등을 사용해서 제작하거나, 고가의 하드우드를 사용하여 짜임을 하고 오랜 시간 마감을 하여 제작하는 두 가지 접근방식을 생각해 볼 수 있습니다. 용어가 정확히 정의되어 있는 것은 아니지만, 흔히 집성목, 합판, 나사 등을 이용하여 필요한 가구를 신속하게 제작하는 방식을 DIYdo it yourself라고 하며, 하드우드, 짜임 등을 이용하는 목공을 짜맞춤 목공(fine woodworking)이라고 부르기도 합니다.

짜맞춤을 사용한 방식이 시간이나 비용, 노력이 많이 들며, 상대적 결과물의 만족도가 높은 것도 사실이지만, 그렇다고 짜맞춤 방식이 DIY 방식보다 우수한 방식이라 여기는 것보다는 목공의 범주 내에서 볼 수 있는 여러 가지 접근법들 중 하나로 보는 것이 좋습니다. DIY에서 많이 사용되는 나사를 사용한 결합방식은 말루프 의자와 같은 정교한 목공에서도 사용되며, 짜맞춤 가구에서도 소프트우드와 합판을 효과적으로 사용하는 작가도 있습니다. 페스툴Festool사의 도미노와 같은 플로팅 테논floating tenon 방식의 짜맞춤은 DIY 못지 않은 작업 속도로 결과를 얻을 수 있으며, 포켓홀pocket hole 방식의 나사는 짜맞춤과 맞먹는 내구성을 보장할 수도 있습니다.

목공으로 어떠한 결과물을 얻고자 할 때는, 작업 목적에 맞는 방식을 선택하며, 선택한 방식들을 균형 있게 진행하는 것이 좋습니다. 창고에 설치하는 선반을 값비싼 하드우드와 짜맞춤 방식으로 작업할 필요는 없으며, 거실에 놓을 테이블을 제작한다면 좋은 목재로 공을 들여 작업하는 것을 고려할 필요가 있습니다. 어떤 작업에 많은 노력과 시간을 들이기로 마음을 먹었다면, 여유가 되는 한 목재에도 투자를 하는 것이 좋으며 디자인도 좀 더 고민해볼 필요가 있습니다. 분위기에 맞는 색상으로 페인트 마감을 할 계획이라면, 굳이 결이 보기 좋은 값비싼 목재를 사용할 이유는 없습니다. 목공 작업을 할 때 작업의 목적과, 시간, 비용 등 개인의 환경을 고려하고, 무엇보다 자신이 선호하는 방식을 발전시키는 것이 가장 좋은 접근법일 것 같습니다.

목공 작업은 어떤 단계로 진행되나요?

1. 설계 Design
2. 부재 Stock Preperation
3. 가공 Measure & Cut
4. 조립 Assembly
5. 마감 Finish

설계 나카시마나 크레노프 같은 목공의 대가들이 자신을 예술가(artist)가 아니라 목공인(woodworker)으로 소개하듯이, 예술작품은 그 자체가 목적이지만 목공 작업에는 실용적 요소가 고려되어야 하며, 이를 위해서는 목재의 특성에 맞는 구조적인 설계가 필요합니다. 실용적 요소와 구조적 요소에 대한 고려와 더불어 설계 단계에서 목재의 상태와 아름다움을 파악하여 적용하려는 노력도 중요합니다. 사용하는 목재의 색과 결을 최대한 맞추며 작업하는 것은 목공에서 중요한 디자인 활동 중 하나입니다. 목재의 크기나 무늬, 상태에 따라 작업 도중 설계가 바뀌는 상황도 유연하게 고려해야 합니다.

부재 목재를 고르고 준비하는 과정입니다. 재단되거나 대패 작업이 된 목재를 구입하기도 하지만, 제재목 등을 사용한다면 이를 마이터쏘miter saw 같은 도구를 이용해 가재단하고, 기계대패를 이용하여 4면 대패 작업을 하며, 일정한 크기의 목재를 확보하기 위해서는 집성 작업을 합니다. 수압대패(jointer)나 자동대패(thickness planer) 같은 목공 기계에 가장 많이 의존하는 단계인데, 이 때문에 수공구만으로는 목공 작업을 어렵다고 느낄 수도 있습니다. 수공구만을 이용해 부재를 준비한다면 많은 힘과 시간이 필요해서 자칫 목공에 흥미를 잃을 수도 있습니다.

가공 준비한 부재를 이용하여 세부 치수에 맞게 재단하고, 부분적으로 원하는 형태로 만드는 과정입니다. 설계한 수치에 맞게 측정하고 표시하며, 수공구, 전동 공구, 목공 기계를 사용하여 목재를 재단하고 짜임을 하는 등 세부 가공을 합니다. 일반적으로 목공에서 가장 많이 다루는 부분입니다.

조립 접착제와 클램프clamp를 사용하여 이전 단계에서 가공한 각 부분을 전체 형태로 완성하는 단계입니다. 접착제를 적용한 후 고정 작업을 완료하기까지의 시간이 길지 않으므로 구조가 복잡한 경우에는 단계별로 조립 계획을 세우지 않으면 시간에 쫓길 수 있습니다.

마감 샌딩하고 마감재를 적용하는 과정으로 가구 제작에서는 별도의 전문 분야로 다루기도 합니다. 완성도를 높이려면 마감재에 대한 이해와 경험, 많은 정성과 시간이 필요합니다.

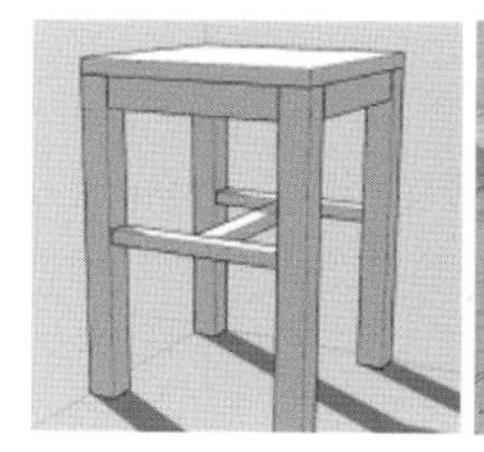   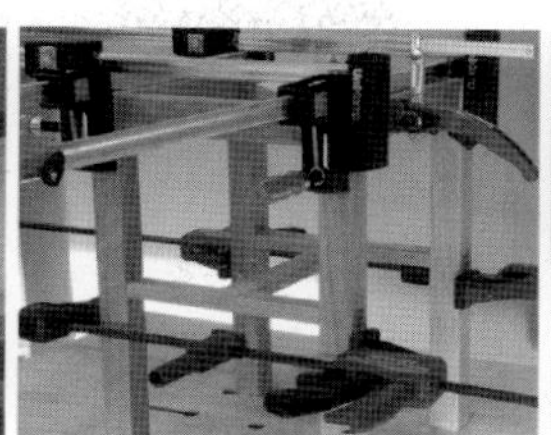 

전체적인 순서는 위의 다섯 단계로 진행되지만, 작업의 특성에 따라 순서가 바뀔 수 있습니다. 작업을 진행하면서 발견한 목재의 특성에 따라 도중에 디자인이나 치수가 변경되기도 하고, 조립하기 전에 마감하는 경우도 빈번하게 발생합니다.

목공 작업 자세

도구마다 사용하는 방법과 자세가 다르다고 생각할 수 있으나, 기본적인 목공 자세와 운동의 메커니즘을 이해하는 것이 중요합니다. 이 점은 수공구뿐 아니라 전동공구나 목공 기계를 사용할 때도 유념해야 합니다.

무게 중심

몸의 중심은 항상 작업자에게, 즉 작업자의 두 발에 있어야 합니다. 이를 위해서 두 발을 자연스럽게 벌리고 오른손잡이를 기준으로 몸은 정면에서 조금 오른쪽을 향하도록 발의 위치를 정합니다. 정면에서 오른쪽 앞, 즉 양손 사이는 도구와 부재를 다루는 공간이 됩니다. 몸을 작업대나 기계의 정반(table)에 기대면서 무게 중심이 몸 밖으로 나가지 않도록 해야 하는데, 이는 작업자가 도구나 부재를 완전하게 제어하기 위해서입니다. 예를 들어 수압대패를 다루면서 정반에 기댄 채 목재를 누르거나, 테이블쏘의 정반에 의지해서는 상황을 완벽하게 제어할 수 없으므로 작업의 정확성과 안전도 기대할 수 없습니다. 서서 톱으로 부재를 자를 때도 역시 중심은 두 발에 두어야 합니다. 무게 중심이 몸 밖으로 나가는 경우는 체중을 실어 끌로 부재를 다듬는 경우 등 일부 상황에 한정됩니다. 특히 기계를 다룰 때 두 발에서 중심이 벗어나면 상황을 제어하기 어렵고 위험할 수도 있다는 점을 기억해야 합니다.

운동 메커니즘

운동은 축이 클수록 직선적이고 안정적입니다. 어떤 부분을 축으로 선택할지는 상황에 따라 달라지지만, 일반적으로 손가락보다는 손목을, 손목보다는 팔을, 팔보다는 어깨를, 어깨보다는 몸 전체를 축으로 움직일 때 안정적이며, 작업에 필요한 직선 운동을 수월하게 해줍니다. 톱으로 작업할 때는 손이나 팔이 아니라 어깨를 축으로 움직이고, 대패로 작업할 때는 부재가 큰 경우 온몸을 움직이며 작업합니다. 이동 범위가 작을 때 손을 사용하여 움직이면 작업을 더 정밀하게 할 수 있다고 생각할 수 있지만, 이는 사실과 다른 경우가 많습니다. 목선반으로 정밀한 작업을 할 때 손이 아니라 숨을 멈춘 채로 몸 전체를 미세하게 움직이는 편이 가장 정확한 결과물을 얻을 수 있습니다. 숫돌로 끌을 연마할 때도 손목이나 팔꿈치를 과도하게 사용하면 날물(cutter)의 평平(flatness)이 깨지는 경우도 흔히 생길 수 있습니다.

수공구를 사용할 때 일단 운동의 축이 정해지면, 그 축과 도구는 되도록 일렬로 정렬되어야 하고, 불필요한 움직임이 없어야 합니다. 서서 톱으로 작업할 때 앞뒤 방향으로 동작이 반복되는 동안 톱날과 팔은 같은 평면에 놓여야 합니다. 부재와 몸이 너무 가까우면 팔꿈치가 몸을 벗어나면서 정렬이 쉽게 무너집니다.

힘의 제어

목공 작업에서 힘을 빼는 것이 중요하다고 하지만, 힘이 없으면 작업도 할 수 없으므로 이런 주장은 목공에 익숙하지 않은 사람에게 무의미하거나 지나친 요구처럼 들릴 수도 있어, 그보다는 어떤 부분에 힘을 줘야 하는지, 다른 부분에 힘을 줄 때 어떤 일이 일어나는지를 설명하는 편이 유익할 것 같습니다. 톱으로 목재를 자를 때 손이나 팔에 힘이 들어가면 그 힘으로 톱날이 나뭇결을 강하게 눌러서 톱의 작동을 방해합니다. 이럴 때 어깨 운동을 제외하고는 불필요한 힘을 들이지 않는 편이 작업에 도움이 됩니다. 목공 기계를 다루는 경우, 부재를 일정한 힘으로 조작하는 것이 중요한데, 사용자가 불필요하게 큰 힘을 준다면 부재를 일정하게 다루는 것이 어려워집니다. 또한 무리한 힘이 가해진 상태에서는 목재에 추가적인 변형이 생긴 채 작업이 진행될 수도 있으므로 기계를 사용할 때도 필요 이상의 힘은 피해야 합니다.

시선

작업에 익숙지 못해서 두 눈으로 보면서도 원하는 작업을 못하는 경우가 있을 수 있지만, 안 보이는 상태로 작업하는 상황은 피해야 합니다. 톱 작업을 할 때, 두 눈은 톱 가는 방향과 표시 선을 치우치지 않게 따라가야 하고, 기계 작업을 할 때는 날물과 지지면(가이드, 펜스)을 계속해서 확인해야 합니다. 측정하거나 장비를 세팅할 때 눈금을 읽는 위치에 따라 값이 다르게 보일 수 있다는 점에도 유의해야 합니다. 더불어, 올바른 시야 확보를 위한 환경도 중요한데, 밴드쏘bandsaw, 목선반(wood lathe), 스크롤쏘scroll saw와 각끌기(hollow chisel mortiser) 같은 도구로 정밀한 제어가 필요한 작업을 할 때는 추가로 조명을 설치하는 것이 좋습니다.

대패나 톱 등 일본의 수공구는 당기면서 작업하고, 서양의 수공구는 밀면서 작업합니다. 마치 일본의 유도와 서양의 권투를 떠올리게 하는 이런 차이를 목공 방식과 도구에서도 어렵지 않게 발견할 수 있으나, 이와 동시에 이상하리만큼 많은 공통점이 존재합니다. 모든 지역에서 각각의 문화와 풍토, 목재에 적합한 목공이 발달하면서 지역적 특성이 생겼지만, 목공 자체가 가지는 공통성과 유사성으로 여러 지역에서 서로 비슷한 의미의 용어가 사용되어 왔습니다. 우리나라에서 전통적으로 사용하는 용어가 외국 단어의 번역어 역할을 무리 없이 해내기도 하지만, 근래에는 영어권을 중심으로 발달한 도구의 영향으로 그 지역 용어가 원어 그대로 사용되기도 합니다. 우리나라 목공에 큰 영향을 끼친 일본과 대만, 미국과 유럽 사례를 간단히 살펴보고 나서 오늘날 우리나라에서 통용되는 목공 용어를 몇 가지 정리해보도록 하겠습니다.

지역별 목공

우리나라의 전통적인 목공 도구 자체는 현재 널리 사용되지는 않으나 소나무, 오동나무, 느티나무, 먹감나무, 은행나무 등 사계절 변화가 목리(나이테)로 잘 반영된 한국의 목재를 사용한 간결하고 소박한 사랑방 가구, 아담하고 따뜻한 안방 가구, 지방마다 특색 있는 주방 가구 등 목가구의 전통과 정교한 짜맞춤 등의 목공 기법은 잘 전해지고 있습니다. 특히, 최고의 마감재 중 하나로 꼽히는 옻마감은 한국 옻의 우수한 재질과 기술로 널리 알려졌습니다. 일본은 1900년대 초 고속도강의 제련 기술 발달과 함께 우수한 날물과 도구를 생산하며, 정밀함을 추구하는 장인 정신으로 고도의 목공 기술이 발전되어 왔습니다. 일본의 다양한 수공구는 현재 국내에서도 널리 사용되고 있습니다. 대만에서는 예술과 공예를 사랑하는 대만인들의 문화와 중소기업이 근간을 이룬 산업 구조로 목공 기계의 설계와 생산이 활발하게 진행되고 있습니다.

오랜 전통의 유럽 목공과 가구는 바로크, 로만틱, 로코코 등의 예술 양식과 더불어 발달해 왔는데, 산업혁명 이후 획일화된 대량 생산에 반기를 든 미술 공예 운동이 시작된 곳도 유럽입니다. 길지 않은 기간 활동을 하였지만 현대 디자인에 이정표를 제시한 독일 바우하우스Bauhaus와 이탈리아, 북유럽 등의 가구와 디자인은 국내뿐만 아니라 여러 지역에 여전히 큰 영향력을 미치고 있습니다. 미국의 목공은 유럽 목공 전통과 셰이커Shaker의 간결하고 실용적인 목공 문화가 산업 발달과 어우러지며 발전했는데, 세계 대전을 기점으로 건너간 많은 예술가와 목공 대가들의 활동 무대도 미국이었습니다. TV 프로그램과 인터넷을 통한 교류, 접근성 있는 개인 작업 공간, 원활한 목재 수급 등으로 많은 목공인이 활동하고 있으며, 다양한 목공 기술과 전동 공구, 목공 기계는 우리나라 목공에 큰 영향을 끼치고 있습니다. 우리나라에서 사용하는 서양 수공구는 북미권을 포함해서 독일, 스위스, 체코 등 유럽 제품이 많은데, 서양대패로 통용되는 대패는 19세기에 미국의 러나드 베일리Leonard Bailey가 고안한 발명품이기도 합니다. 전동 공구는 미국, 독일, 일본 제품을 많이 볼 수 있으며, 목공 기계는 미국, 대만, 이탈리아 제품이 많은데, 밴드쏘, 수압대패 등에서 미국과 유럽 제품의 구조적 차이를 확인할 수 있습니다.

목공 용어

목공에서만 사용되거나, 목공에서 일반적인 의미와 다른 뜻으로 사용되는 용어가 있습니다. 우리나라에서는 전통적인 목공 용어와 더불어 영어권 용어와 일본 용어가 함께 쓰이는데, 외래어는 대부분 번역이 가능하지만 때로 해당 지역 언어를 그대로 사용해야 의미를 제대로 전달할 수 있어서 이 책에서는 무리한 번역을 시도하지 않았습니다. 이 책의 전반에서 사용되고 있는 목공 용어를 간략하게 소개합니다.

- 연귀燕口, 마이터miter : 연귀는 제비 입을 뜻하며, 직각이 아닌 각도, 특히 45°를 말합니다. 가톨릭 주교들이 쓰는 끝이 뾰족한 모자를 뜻하기도 하는 영어의 마이터는 목공에서 45° 혹은 일반적으로 각도를 통칭하는 표현으로 사용됩니다. 짜임에서 연귀 구조는 마구리면이 드러나는 것을 최소화하며, 현대 가구보다 전통 가구에서 더 쉽게 찾을 수 있습니다.
- 경사, 베벨bevel : 두께 방향에서의 각도를 말합니다. 베벨컷(경사 방향 절단), 베벨업(대팻날의 경사면이 위로 향하는 것) 등의 표현에서 찾아볼 수 있습니다.
- 결, 그레인grain, 목리木理 : 여러 가지 의미가 있으나, 목공에서는 크게 목재의 섬유질과 헛물관tracheid의 방향 또는 성장륜成長輪(나이테)의 방향을 가리킵니다.
- 마구리면, 엔드 그레인end grain : 목재의 결(섬유질)이 끝나는 단면을 말합니다.
- 떡판, 슬라브, 슬랩slab : 떡판은 떡을 만들 때 사용하는 판으로 목공에서는 나무 가장자리 껍질 부분을 제거하지 않은 판재를 말하며, 영어로는 '우드 슬랩'이라고 부릅니다.
- 알판, 패널panel : 문이나 벽에 사용하는 사각형 판을 뜻하며 목공에서는 프레임 패널 구조, 즉 각재에 끼워 넣는 판재를 말하는 데 사용됩니다. 전통 가구에서는 패널을 '부판附板'이라고 부릅니다. 부판은 여러 장 원목을 각재로 연결한 판재를 가리키기도 합니다.
- 합판(plywood), 베니어veneer : 무늬목 합판을 '베니어판'이라고도 하는데, 베니어는 얇은 무늬목을 말합니다.
- 자르기, 크로스컷cross cut : 결의 방향과 수직으로 절단하는 작업을 말합니다.
- 켜기, 립컷rip cut : 결의 방향과 일치하게 절단하는 작업을 말합니다.
- 깎기, 절삭(trimming, planing, shaving, paring, routing, carving, shaping) : 영어로는 깎는 작업을 방법이나 목적에 따라 서로 다른 용어로 지칭합니다.
- 날어김, 세팅setting : 톱니 끝이 서로 어긋나게 되어 있는 것을 말합니다. 날어김으로 나타나는 톱 작업의 폭을 톱길 폭, 날어김 폭 또는 커프kerf라고 합니다.
- 정반, 테이블table : 목공 기계의 작업대를 '정반'이라고 부릅니다. 테이블쏘, 밴드쏘, 수압대패 등 목공 기계는 부재를 정반 위에 올려놓고 작업합니다.
- 독dog : 사물을 고정하는 액세서리를 뜻하는 공학 용어입니다. 작업대의 벤치독bench dog, 독홀dog hole에서 쓰이는 것처럼 개가 대상을 이빨로 물고 있는 상태를 묘사한 데서 비롯한 은유적인 표현입니다.
- 지그jig : 절삭 공구를 정해진 위치로 유도하는 장치를 말하는데, 테이블쏘의 썰매 같은 도구나 대패에서 사용하는 슈팅 보드shooting board 같이 절단이나 절삭 작업을 보조하는 지지물을 통칭합니다.
- 켜기 펜스, 립 펜스rip fence, 조기대 : 테이블쏘나 밴드쏘에서 날물과 평행하게 위치한 지지대로 목재의 켜기에 사용합니다. 켜기 펜스는 조기대라는 용어로 널리 사

용되고 있는데, 조기대는 삼각자, 평행자 등에서 사용하는 '자'의 의미를 지닌 '조-기定規 じょうぎ'라는 일본어와 긴 막대를 뜻하는 한국어인 '대'의 합성어로 추정됩니다. 조기대가 한국에서 보편적으로 사용되는 용어이기는 하나 단어의 유래와 뜻이 정확하지 않아 이 책에서는 뜻을 가장 명확하게 전달할 수 있는 단어인 '켜기 펜스' 또는 펜스를 사용합니다.

- 킥백kickback : 날물이 목재를 진행 반대 방향으로 큰 힘과 빠른 속도로 튕겨내거나, 목재가 도구를 튕겨내는 현상을 말합니다. 목공 기계나 전동 공구를 다룰 때 발생하는 위험한 상황 중 하나입니다.
- 플런지plunge : '떨어져 내려가다'라는 뜻으로, 전동 공구에서 날물이 장착된 부분을 누르면서 하는 작업 또는 장치를 말합니다. 플런지쏘, 라우터의 플런지 베이스 등에서 볼 수 있습니다.
- 라이빙riving : '가르다'라는 뜻으로 테이블쏘에 있는 라이빙 나이프riving knife는 킥백 방지를 보조하는 역할을 합니다.
- 대패, 플레인plane : 대패는 영어로 플레인이고, 자동대패는 '플레이너planer'라고 부릅니다.
- 비트bit : 드릴이나 라우터 등에서 교체하며 사용하는 날물을 비트라고 합니다. 한국에서 비트를 '기리'라는 명칭으로 많이 부르고 있으나, 기리는 송곳을 뜻하는 일본어 키리きり에서 왔는데, 일본에서도 비트를 가리키는 빗토ビット라는 용어로 더 많이 사용하고 있습니다. 일반적인 의미의 '날'이라는 용어로 번역할 수 있으나, 드릴과 라우터에서는 원래 용어의 뜻을 구분하기 위해 날과 구분하여 비트를 사용합니다.
- 샹크shank, 샤프트shaft, 콜렛collet, 척chuck : 샹크는 물체의 다리 부분을 뜻하며, 샤프트는 도구 등에서 가늘고 긴 부분을 말하는데, 드릴이나 라우터 비트 등의 자루 부분을 가리키는 데 혼용해서 사용됩니다. 콜렛은 뭔가를 둘러싼 것을 뜻하며, 라우터 비트를 모터에 고정하는 부분을 말합니다. 일반적으로 6~12mm 직경의 샹크를 가진 라우터 비트의 샤프트를 라우터 콜렛에 고정합니다. 드릴에는 물림쇠인 척에 비트를 고정합니다.
- 끌, 치즐chisel : 날물 끝이 직선 형태로 가공된 수공구입니다.
- 둥근 끌, 가우지gouge : 날물 끝은 원통 모양으로 둥글게 가공되어 있는데, 가우지는 목선반에서 가장 기본적으로 사용하는 도구입니다.
- 창끌, 스큐skew 치즐 : 스큐는 '비스듬한 것'을 뜻하는 단어로, 목선반 도구 중 날 끝이 비스듬한 형태로 되어 있는 도구를 말합니다.
- 스핀들spindle : 가늘고 긴 축을 말하는데, 긴 원기둥 모양으로 곡면 샌딩을 하는 스핀들 샌더, 윈저체어Windsor chair 등에서 등받이에 사용되는 스핀들, 목선반에서 긴 목봉으로 만드는 작업 등에서 볼 수 있습니다.
- 바큇살, 스포크spoke : 바퀴의 중심과 가장자리를 연결하는 부품이고, 스포크 셰이브spoke shave는 바큇살을 만들 때 사용하는 대패입니다.
- 테이퍼taper, 테이퍼링tapering : 끝이 가늘어진다는 뜻입니다. 탁자의 다리를 가늘게 하는 것이나 목공 기계로 켜기 작업 시 각도를 주어서 한쪽이 가늘어지게 하는 지그, 끝이 가늘어지는 비트 등을 표현할 때 사용됩니다. 비트와 같은 공구에서는 MT(Morse taper)라는 규격이 사용되는데, MT1은 약 9~12mm, MT2는 약 14~18mm로 테이퍼링되어 있습니다.
- 집성, 조인팅jointing : 접착제 등을 이용하여, 목재를 길이 방향으로 붙여서 더 넓거나 굵은 목재를 얻는 작업입니다.
- 다시 켜기, 리쏘잉resawing : 통나무에서 목재를 켠 제재목을 다시 켜서 두께가 얇은 부재를 얻는 작업을 말합니다. 주로 밴드쏘를 이용합니다.
- 목심, 다보ダボ, 도웰dowel, 플러그plug : 목심, (목)다보, 도웰은 같은 의미를 가진 한국어, 일본어, 영어로 원통

형의 결합 보조물을 지칭합니다. 플러그는 목심과 형태는 비슷하나 결합이 아닌 구멍을 덮는 용도로 사용됩니다. 목심이 플러그로도 사용되나 기본적으로 목심과 플러그는 결 방향의 차이가 있습니다.

- 도미노domino, 비스킷biscuit : 목심과 같은 결합 보조물입니다. 칩 모양이 도미노 또는 비스킷과 유사하여 이런 이름으로 부릅니다. 해당 공구는 '도미노 조이너joiner', '비스킷 조이너'라고 합니다.
- 탄소강, 합금강, 고속도강(HSS), 하이스강, 공구강 : 철에 함유되는 탄소나 특수 금속에 따라 탄소강이나 합금강으로 분류하며, 탄소강에서 고속의 작업 시 발생하는 열에 대한 내구성을 확보하기 위해 개발된 합금강을 고속도강 또는 하이스강으로 부릅니다. 공구강은 공구의 사용에 적합한 탄소강이나 합금강을 일컫는 말입니다.
- 적층, 라미네이팅laminating : 비교적 얇은 판을 쌓는 작업을 말합니다. 합판은 라미네이션 처리가 된 것이며, 벤딩bending할 때 얇은 부재를 겹쳐서 일정한 틀에 맞게 구부리는 것을 '라미네이션 벤딩'이라고 합니다.
- 짜맞춤, 짜임, 결구법, 조이너리joinery : 두 개 이상의 부재를 연결하는 방법을 통칭합니다.
- 장부, 테논 모티스tennon and mortise : 가장 대표적인 각재 짜맞춤 방식으로, 결을 밀어 넣어 끼우는 부분을 숫장부(tenon), 결면으로 받는 부분을 암장부(mortise)라고 부릅니다. 장부는 한자어가 아니라 순우리말입니다.
- 홈 파기(notch/slot cuts), 다도dado, 그루브groove : 길게 판 홈을 결 방향에 따라 영어로 다도와 그루브로 구분해 부릅니다.
- 반턱, 라벳rabbet, 랩lap : 짜맞춤을 위해 판재에 만든 턱을 말하는데, 반턱을 위한 대패를 '라벳 플레인'이라고 부르고, 라우터에는 라벳 비트가 있습니다. 영국에서는 '리베이트rebate'라고도 하며, 각재에서는 반턱을 '랩lap'이라고 부릅니다.
- 주먹장, 열장, 도브테일dovetail : 주먹장은 열장으로도 부르는 대표적인 판재 짜임 방법 중 하나로, 주먹 모양처럼 넓어졌다가 좁아지는 장부를 뜻합니다. 비둘기 꼬리처럼 생겨서, 영어권에서는 '도브테일'이라고 합니다. 암장부로 만들어지는 테일tail과 숫장부 핀pin으로 이루어집니다.
- 바니시varnish, 니스 : 투명한 마감을 통칭하는 용어이나 폴리우레탄Polyurethane 등의 도료를 한정적으로 일컫는 데에도 사용됩니다. 일본어 니스(와니스 ワニス)는 바니시에서 유래했습니다. 폴리우레탄 마감재는 '폴리poly'라고 줄여 부르기도 합니다.

목재
Wood

우리가 주변에서 보거나 다루는 물질에는 대부분 방향성이 없습니다. 물이나 흙도 그렇고, 금속이나 유리, 플라스틱도 방향에 따라 특성이 크게 달라지지 않습니다. 하지만 목재는 방향성을 분명히 확인할 수 있습니다. 목재가 금속이나 유리, 물이나 흙과 다른 점은 재료가 되기 전에 살아 있는 생명체였다는 사실에 있습니다.

나무는 계절에 따라 자라는 속도가 달라서 나이테가 생기고, 땅에서 영양분과 수분을 흡수해 가지와 잎으로 전달하므로 일정한 방향으로 결이 나 있습니다. 수종끼리도 다르고, 같은 수종 나무끼리도 모양이나 색이 같지 않습니다. 목재는 이런 모양새로 방향에 따라 견고성도 달라지고 주변의 습도에도 다르게 반응합니다.

말루프 스타일 로백 체어(월넛)

목재 구조와 결

나무와 목재

나무(tree)는 작업의 재료가 될 때 '목재(wood)'라고 부릅니다. 목재의 부피 중 많은 부분을 차지하는 헛물관과 더불어 하드우드에서만 나타나는 물관(vessel)은 나무의 몸통 및 줄기와 나란한 방향으로 형성이 되면서, 나무를 물리적으로 지탱하고 수분과 영양분이 포함된 수액(sap)이 이동하는 통로 역할을 합니다. 이런 구조가 목재의 결(grain)을 결정하는데, 목재를 이해하기 위해서 결의 파악은 매우 중요합니다.

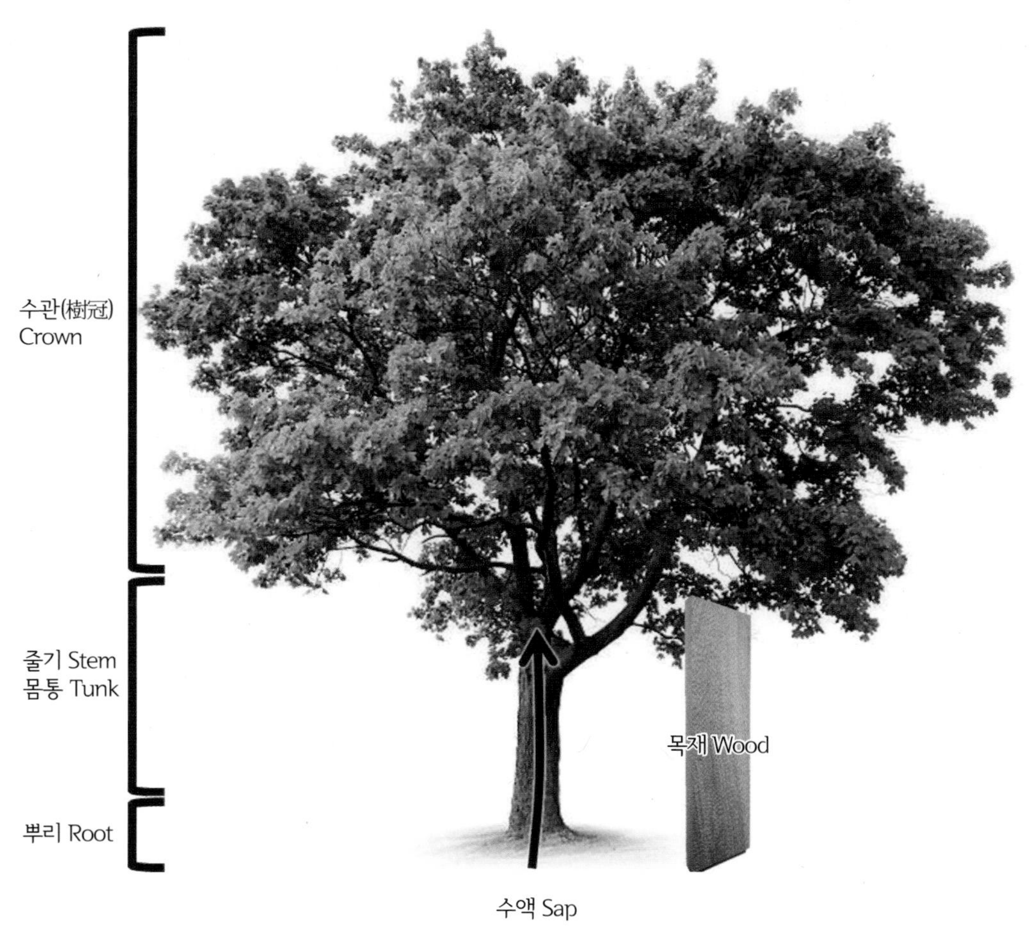

나무는 뿌리에서 위를 향해 길게 뻗은 모양으로 자라면서
줄기로 지탱하며 양분을 전달합니다. 목재의 결도 이런 방향성을 따릅니다.

목재의 구조

나무 몸통의 단면을 밖에서부터 안으로 껍질, 부름켜, 변재, 심재, 수심으로 구분해볼 수 있습니다. 물과 양분이 전달되는 변재와 이런 기능을 멈춘 심재가 대부분 부피를 차지하며, 부피 성장을 하는 부름켜에서 성장 속도의 차이로 성장륜이 나타납니다. 나무의 중심부인 수심은 근처의 일부 성장륜과 더불어 미성숙재(juvenile wood)라 불리는데, 갈라짐이나 변형이 심하므로 목재로 사용은 피합니다.

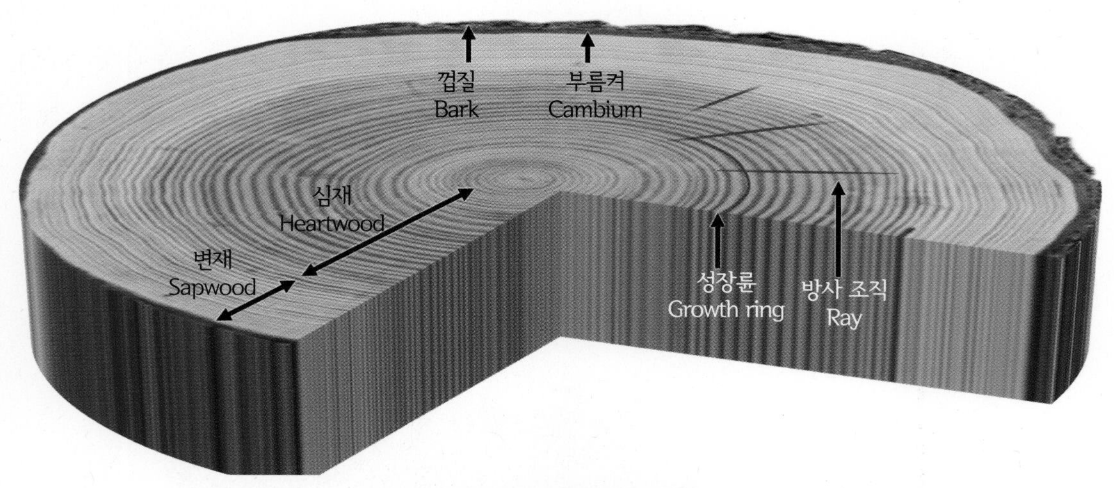

부름켜에서 성장하는 속도 차이가 성장륜으로 나타나며,
양분을 전달하는 변재와 양분의 전달을 멈춘 심재로 구분됩니다.

부름켜(cambium)

'형성층'이라고도 부르는 부름켜는 나무껍질의 안쪽 가장자리 부분으로, 이 부분에서 세포 분열이 일어나면서 나무의 부피가 커집니다. 환경 조건에 따라 성장 정도가 다르며, 이 차이가 성장륜으로 나타납니다. 성장이 활발한 시기에 수분이 많고, 강도가 낮아져 껍질이 잘 벗겨집니다. 반대로, 껍질이 단단히 붙어 있는 상태를 원하면 겨울에 벌목하는 것이 좋습니다.

성장륜(growth ring)

기후 조건에 따른 성장 조건과 성장 속도의 차이로 헛물관의 밀도나 하드우드의 경우 물관의 분포가 달라지며, 이 차이가 성장륜으로 나타납니다. 목재에 따라 보이는 정도가 다른데, 특히 열대 지방에서는 계절 구분이 뚜렷하지 않아서 성장륜의 구분이 힘든 경우가 많습니다. 나이테(annual ring) 또는 생장연륜生長年輪이라고도 부르지만, 특히 열대 지방에서는 성장륜이 잘 나타나지 않거나 1년 단위와 무관하게 강수량 등 기후 변화에 따라 달라지기도 하므로 성장륜이 반드시 나무의 나이를 나타내지는 않습니다.

성장륜에서 보이는 모양으로 춘재春材(early wood)와 추재秋材(late wood)를 구분할 수 있습니다. 춘재는 성장이 활발한 봄과 여름, 추재는 성장이 더딘 가을과 겨울에 성장한 부분이라고 설명한 자료도 있으나 이는 일반적인 사실과 다릅니다. 춘재는 봄부터 이른 여름까지 세포 성장과 수분 공급이 활발한 시기에 형성되고, 한여름부터 가을까지 세포 분열이 더딘 시기에 추재가 형성됩니다. 겨울에 뿌리의 성장은 지속되며 침엽수의 경우 일부 성장을 할 수 있지만, 나무 몸통의 세포 분열이 이 시기에는 거의 이루어지지 않고 성장륜에도 거의 나타나지 않습니다. 추재를 '하재夏材'라고도 부릅니다.

춘재는 물이 충분히 공급되고, 세포 분열이 활발한 시기에 형성되어 세포의 부피가 크고 면적도 넓습니다. 하드우드에서는 춘재에 물관이 발달하기도 합니다. 추재는 한여름부터 성장 속도가 느려져 세포벽이 두껍고 조직이 치밀해집니다. 일반적으로 추재의 밀도가 높으나 그렇다고 반드시 추재가 춘재에 비해서 더 진하게 보이지는 않습니다. 하드우드 중 환공재의 경우, 물관이 춘재에 발달되어 있어 춘재가 더 어두워 보이기도 합니다.

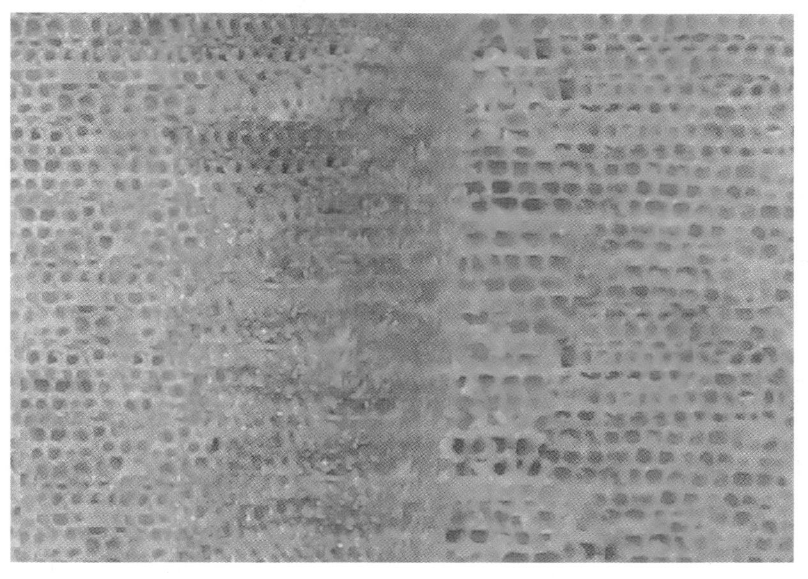

성장이 빠른 춘재에서는 헛물관 조직이 느슨하고, 추재에서는 조밀하게 나타납니다.

방사 조직(Ray)

오크oak 같은 나무에서 발달되어 있는 방사 조직은 성장륜을 수직으로 가로지르며 나타나는데, 물과 영양분을 방사 방향으로 전달하는 역할을 합니다.

왼쪽부터 화이트 오크, 월넛, 하드 메이플입니다. 단면에서 심재와 변재를 구분할 수 있습니다.

변재(sapwood)와 심재(heartwood)

나무가 성장할 때 몸통 전체로 수액을 전달할 필요는 없으므로 가장자리 일부 구간으로 수액을 전달하는데, 이 부분을 '변재'라고 하고 수액 전달을 멈춘 부분은 '심재'가 됩니다. 변재는 수종과 상관없이 대부분 밝은 크림색을 띠는데, 변재의 색상만으로는 목재를 구분하기가 어렵습니다. 변재가 심재로 되면서, 세포벽에 추출물(extractives)이 생기고, 이로 인해 나무마다 심재에 다양한 색상과 특성의 변화가 나타납니다.

목재 종류에 따라 변재를 이루는 성장륜의 수, 즉 심재와 변재의 비율이 다르며, 같은 목재끼리도 차이가 크게 나는 경우가 있습니다. 일반적으로 오크oak, 월넛walnut, 체리cherry 등은 심재의 비율이 크지만, 메이플maple, 자작, 애시ash 등은 심재의 비율이 크지 않아서 밝은색 변재 부분도 목재로 많이 사용됩니다.

심재에서 추출물은 색상, 특성, 강도 등의 변화를 일으킵니다. 월넛의 짙은 밤색, 시더cedar의 붉은색 등 목재마다 뚜렷하게 구분되는 색상은 심재의 추출물에 의해 형성되는데, 스프러스처럼 추출물에 색소 성분이 없어서 색이 특별하게 형성되지 않는 목재도 있습니다. 목재에 따라 비교적 오랜 시간이 지나면서 햇빛(자외선)과 산소의 영향으로 색이 변하기도 하는데, 월넛의 짙은 색은 옅어지고, 퍼플하트의 보라색은 갈색으로 바뀌며, 체리는 색이 어두워집니다. 심재의 추출물에는 부패를 막고 곰팡이에 저항하는 성분이 있을 때도 있는데, 추출물이 투과성(permeability)을 낮추기도 합니다. 이런 특징으로 심재 부분은 건조가 느리게 진행되거나 보존재 등의 투과가 어려워지기도 합니다. 변재에서 심재로 변화하는 과정에서 세포 모양의 변화는 없으므로 기본적인 목재 강도는 영향을 받지 않지만, 추출물 때문에 밀도가 좀 더 높아지고 습도 변화에 강해지기도 합니다.

목공에서 나뭇결은 성장륜을 가리킬 때도 있고, 섬유질/헛물관의 방향을 가리킬 때도 있으므로 상황에 따라 구분해야 합니다.

나뭇결

'나뭇결'은 여러 가지 의미로 사용되는 다소 모호한 용어입니다. 가구를 보면서 '나뭇결이 멋지다'고 하듯이 일반적으로 통용되는 나뭇결은 성장륜의 모양을 가리킵니다. 목공에서는 나뭇결이 성장륜을 가리킬 때도 있으나, 많은 경우 헛물관과 섬유질 세포의 방향을 말합니다. 목공에서 나뭇결에 대한 이해는 필수적인데, 용어를 크게 두 가지로 구분해서 사용하므로 상황에 따라 판단해야 합니다.

◆ 성장륜 모양 : 목재의 전체적인 무늬를 나타내므로, 작업성이나 강도 등 목재의 특성보다는 외관을 판단하는 데 더 많이 고려됩니다. 목재를 곧은결(quarter sawn) 또는 무늬결(flat sawn)로 구분하는 것은 성장륜을 기준으로 부르는 용어입니다. 성장륜의 분포에 따

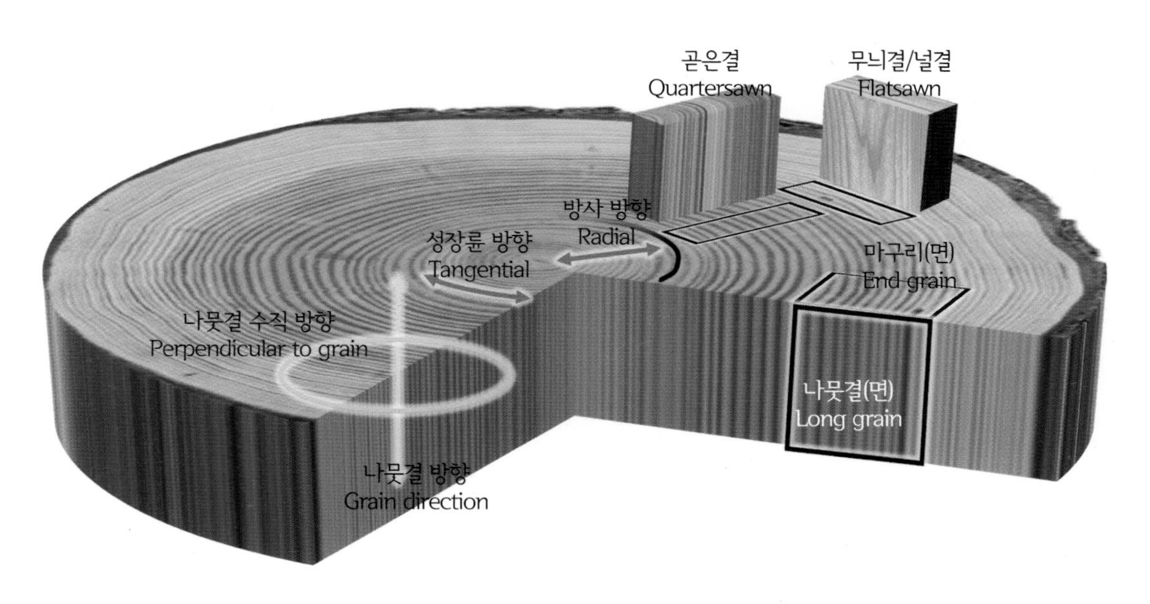

섬유질/헛물관의 방향에 따라 결 방향, 결 수직 방향으로 나눌 수 있으며, 결이 옆으로 보이는 면을 결면, 결이 끝나는 면을 마구리면이라고 합니다. 판재는 성장륜의 모양에 따라 곧은결, 무늬결로 구분할 수 있습니다.

라 목재의 밀도가 달라지므로 목재의 변형 등을 간접적으로 파악할 수 있는 기준이 되기도 합니다.

◆ 섬유질 방향 : 나무의 세포로 이루어지는 헛물관과 섬유질의 방향을 말합니다. 목재의 수축과 팽창, 기계적 성질과 강도, 목공 작업성과 밀접한 관련이 있습니다. 목공에서 나뭇결을 말할 때는 대부분 섬유질의 방향을 가리킵니다.

나뭇결면에서 보는 목재

섬유질과 헛물관이 길게 보이는 면을 나뭇결면 또는 결면이라고 부르며, 섬유질이 끝나는 면을 '마구리면' 또는 '엔드 그레인end grain'이라고 부릅니다. 나뭇결면에서 확인할 수 있는 몇 가지 사항을 보도록 하겠습니다.

나뭇결과 부재 형태 나뭇결면에서 결 방향이 부재의 길이가 긴 쪽으로 나타나면 그 부재를 '롱 그레인long grain'이라고 하고, 부재 길이가 짧은 쪽으로 결 방향이 진행되면 '쇼트 그레인short grain'이라고 합니다. 롱 그레인과 쇼트 그레인은 목재의 강도를 결정짓는데, 대부분 목재는 롱 그레인 형태로 재단됩니다.

나뭇결과 작업 나뭇결면에서 나뭇결이 지나가는 방향을 결 방향, 이와 직각이 되는 방향을 결 수직 방향이라고 합니다. 이 중 결 방향은 목공 작업과 관련해서 다시 순결(with the grain)과 엇결(against the grain)로 나눌 수 있습니다. 대패 등으로 하는 작업 방향이 섬유질을 타고 갈 때 이를 '순결'이라고 하고, 섬유질을 꺾으면서 갈 때 '엇결'이라고 합니다.

성장륜의 모양 판재면에서의 성장륜 모양을 기준으로 곧은결과 널결(flat sawn)로 나눕니다. 곧은결은 판재면에서 성장륜이 곧게 보이며 마구리면에서 보면 성장륜 방향이 판재의 위아래로 지나갑니다. 너비 방향으로 안정적이고, 따라서 변형이 적습니다. 널결은 판재면에서 성장륜의 무늬가 다양하게 나타나 무늬결이라고도 불리며, 마구리면에서 보면 성장륜 방향이 판재의 옆으로 지나갑니다. 너비 방향으로 안정성이 낮습니다.

마구리면에서 보는 목재

결이 끝나는 마구리면에서는 성장륜의 방향을 쉽게 확인할 수 있습니다. 성장륜 선을 따라가는 방향을 '성장륜 방향', 또는 '접선 방향'이라고 하고, 성장륜 선의 수직 방향, 즉 성장륜이 방사 형태로 번져나가는 방향을 '방사 방향'이라고 합니다. 나무의 성장 조건에 따라 성장륜이 형성되었으므로, 이런 성장륜의 모양으로 목재의 밀도 차이를 추정할 수 있는데, 어떤 방향에서 성장륜이 조밀하게 보이면 구조적으로 안정적이라고 볼 수 있

나뭇결(섬유질)이 지나가는 면을 '나뭇결면', 끝나는 면을 '마구리면'이라고 합니다.
결면의 결 방향에서 작업성에 따라 순결/엇결로 나뉩니다. 결면에서 볼 때 부재의 길이 방향으로 결이 지나가면
'롱 그레인', 부재의 짧은 쪽으로 결이 지나가면 '쇼트 그레인'이라고 합니다.

습니다. 판재를 너비 방향에서 보면 곧은결 판재는 성장륜이 조밀해 보여 안정적이며, 무늬결 판재는 성장륜이 성기게 나타나 너비 방향에서의 안정성이 상대적으로 낮다고 보면 되는데, 이러한 안정성은 함수율에 의한 변형과 관계가 있습니다. 성장륜의 조밀함이 목재의 강도 개념과 반드시 일치하지는 않는데, 하드우드 오크와 같은 환공재에서 느리게 자라 성장륜이 조밀하게 모여 있는 부분에 물관이 집중되어 있어 오히려 강도가 떨어지기도 합니다.

재단하는 방법에 따른 목재

판재를 가리키는 용어인 곧은결, 무늬결이 성장륜 결의 모양을 기준으로 부르는 용어라면, 영어에서 곧은결을 나타내는 쿼터쏜quarter sawn과 무늬결을 나타내는 플랫쏜은 원목

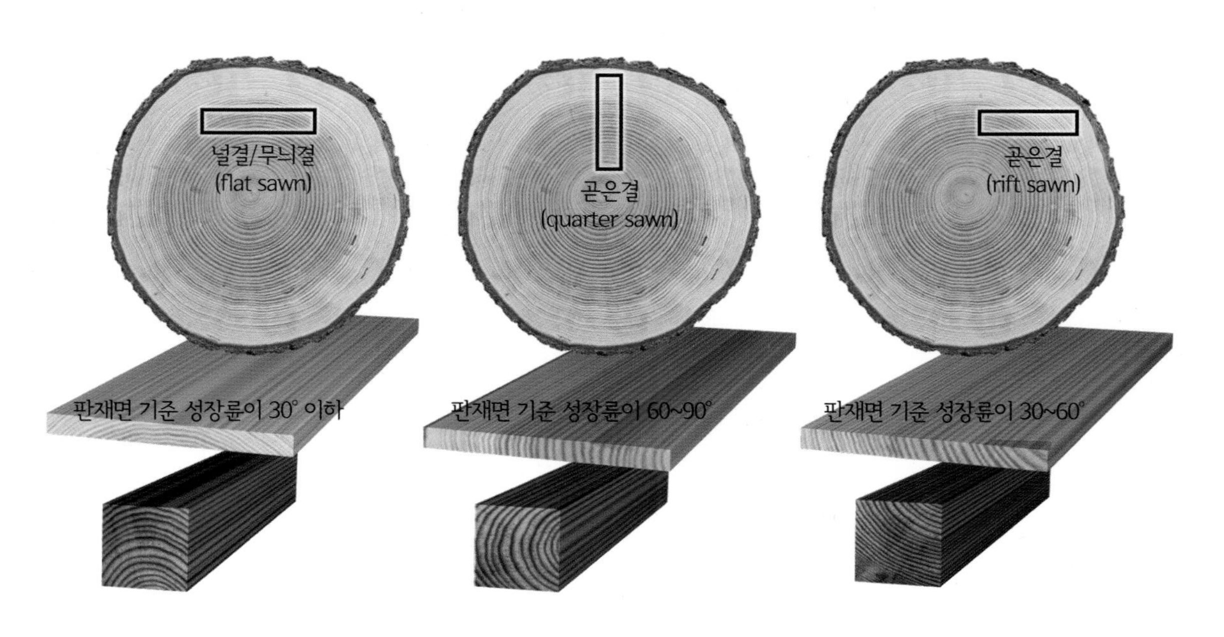

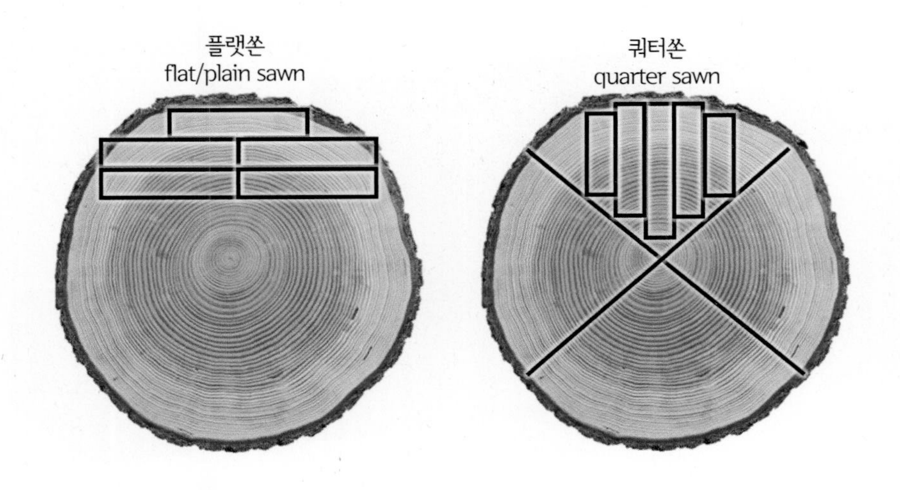

을 재단(sawing)하는 방식에서 왔습니다. 쿼터쏜은 원목을 4등분하는 재단법으로 곧은결의 판재를 얻기 쉬우며, 플랫쏜으로는 무늬결의 판재를 얻을 수 있습니다. 각재를 기준으로는 이런 구분이 흔히 의미가 없지만, 45°로 성장륜이 지나가는 리프트쏜rift sawn의 경우 인접한 두 부분에서 결이 곧게 보이므로 테이블의 다리 등을 구성할 때 고려하면 좋습니다.

나무를 재단하는 방법은 통나무의 크기나 상태에 따라 매우 다양하고 복합적이나 간단히 쿼터쏜과 플랫쏜으로 구분해 보겠습니다. 목공에서는 쿼터쏜이 곧은결, 플랫쏜이 널결 또는 무늬결로 해석되며 성장륜의 모양을 나타내는 용어로 통용되지만, 목재 가공에서는 글자 그대로 재단 방식(sawn, 재단)으로 해석되기도 합니다. 이런 기준으로 보면, 재단 방식과 무늬가 일치하지 않는 경우도 있는데, 플랫쏜으로 재단한 목재에 쿼터쏜(곧은결)의 무늬가 나타나기도 합니다. 참고로, 나무의 가장자리(live edge)를 포함하여 재단할 때 이를 '떡판' 또는 '슬랩 보드slab board'라고 부릅니다.

하드우드와 소프트우드

속씨식물을 통칭하는 하드우드와 겉씨식물을 말하는 소프트우드의 구조적인 특징과 차이점을 확인해보겠습니다. 물관(공극孔隙)은 하드우드에만 존재하며, 하드우드는 물관의 분포에 따라 다시 산공재 散孔材, 환공재環孔材, 반환공재半環孔材로 분류합니다.

하드우드와 소프트우드 구조

하드우드와 소프트우드 구분

일반적으로 속씨식물이 겉씨식물보다 경도나 비중이 커서, 속씨식물을 하드우드, 겉씨식물을 소프트우드라고 부릅니다. 하지만, 겉씨식물이 속씨식물보다 반드시 더 단단한 것은 아니어서, 하드우드로 분류되는 오동나무가 소프트우드인 소나무보다 무르고 가벼운 경우도 있습니다. 하드우드(hardwood)가 반드시 단단한 목재(hard wood)는 아닙니다.

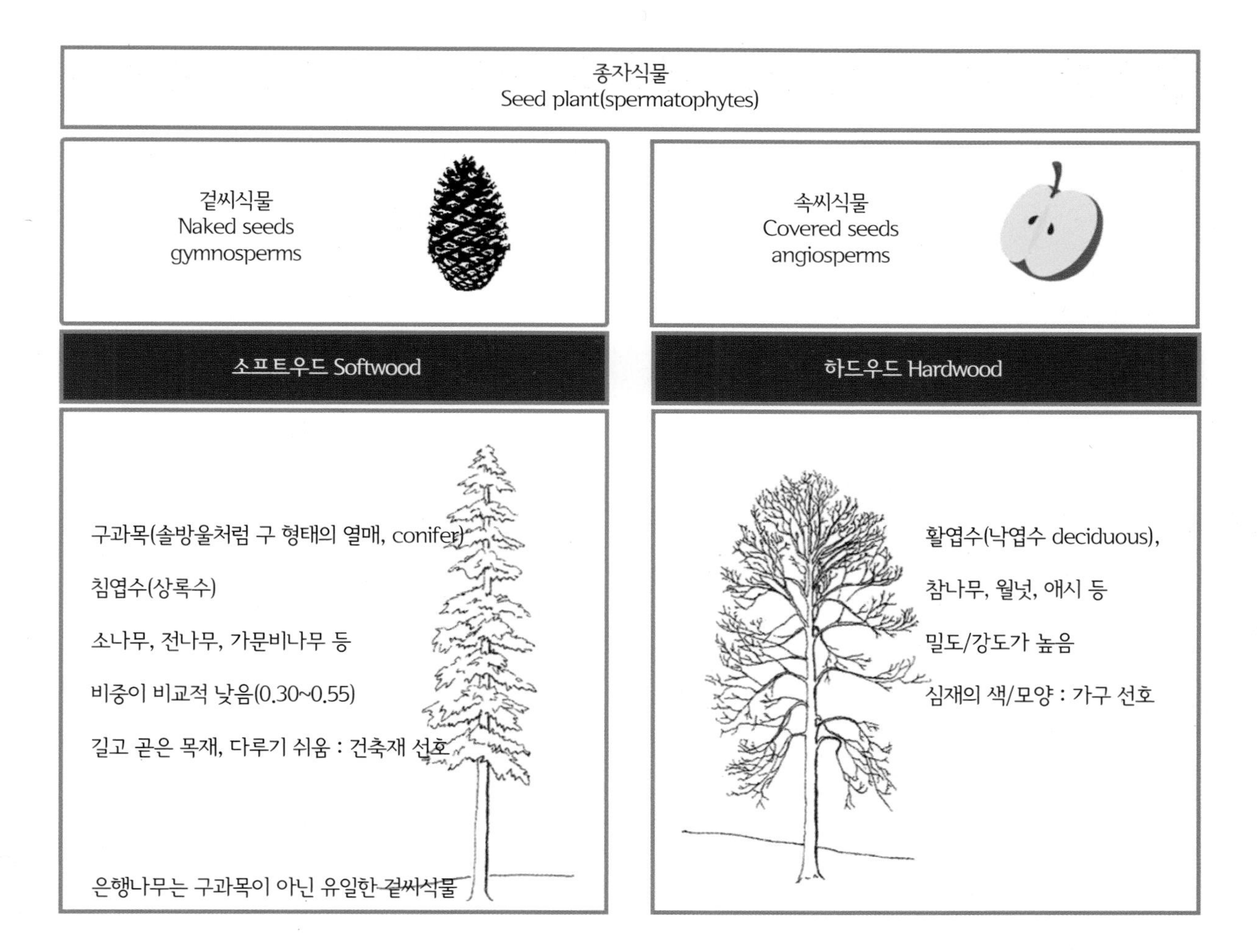

하드우드와 소프트우드의 구조적 특징

소프트우드는 하드우드보다 구조가 단순합니다. 유사한 성질을 공유하고 있어서 수종별로 구분하지 않고, 스프러스, 소나무, 전나무를 'SPF(Spruce, Pine, Fir)'처럼 통칭해서 부르기도 합니다. 몸체의 90% 이상이 헛물관으로 구성되어 있는데, 이는 수액의 주요 통로이고, 하드우드에서 발달한 물관이 없습니다. 성장 환경에 따른 헛물관의 밀도 차이로 성장륜이 뚜렷하게 나타나며, 변재의 수분량이 심재보다 훨씬 많습니다. 목재에 수지(resin, 송진) 통로가 있고 공구로 다루기가 수월하지만, 작업할 때 수지가 날물에 굳어 절삭 성능을 떨어뜨릴 수 있으므로, 소프트우드 작업이 많은 환경에서는 날물을 주기적으로 세척하는 것이 좋습니다. 밀도가 전체적으로 낮지만 옹이(knot) 부분만은 밀도가 아주 높아서, 이 부분을 다룰 때는 주의해야 합니다.

하드우드에는 목재에서 가장 큰 비중을 차지하는 헛물관이 조밀하게 배치되고 벽이 두꺼운 섬유세포로 되어 있어서 소프트우드보다 비중이 큽니다. 소프트우드와는 다르게 헛물관의 끝이 막혀 있어 수액이 헛물관으로 이동하지 않는데, 소프트우드에 없는 물관으로 수액이 이동합니다. 물관(vessel)의 단면을 '기공氣空' 또는 '공극空隙', 또는 영어로 포어pore라고 부르는데, 모든 하드우드에 존재하는 공극은 하드우드와 소프트우드를 구분하는 가장 큰 특징으로 볼 수 있습니다. 하드우드를 공극이 있는 목재, 포러스 우드porous wood라고 부르기도 합니다. 성장륜에서 공극의 크기와 분포에 구분되어 나타나지만, 열대성 목재처럼 한 해의 기후 차가 크지 않은 지역의 목재에서는 성장륜이 뚜렷하게 보이지 않을 수도 있습니다.

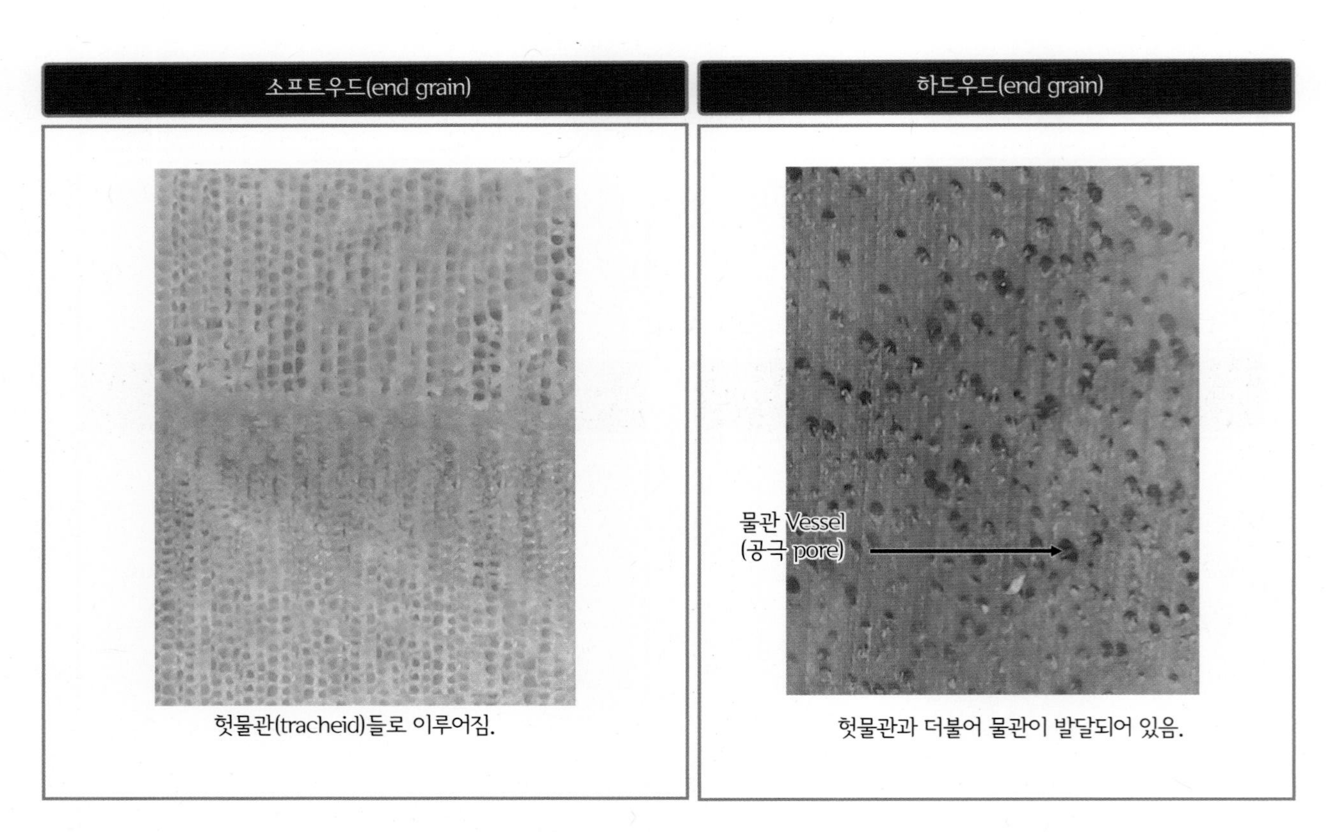

하드우드에는 소프트우드에 없는 물관이 있으며, 수분과 양분이 헛물관이 아니라 물관을 통해 이동합니다.
물관의 단면을 공극이라 하고, 하드우드를 공극성 목재(porous wood)라고 합니다.

공극에 따른 하드우드의 특징

하드우드는 공극의 분포에 따라 목재를 구분할 수 있습니다. 공극이 성장륜을 따라 뚜렷이 형성되어 있는 환공재(ring-porous)와 공극이 분산되어 있는 산공재(diffuse-porous)가 있으며, 그 중간을 반환공재(semi-porous)라고 부릅니다. 오크, 애시, 느티나무 같은 환공재에서 공극은 춘재에 두드러집니다. 환공재는 일반적으로 빨리 성장하고 표면이 거칠며, 자연스러운 느낌이 들고, 하드우드 중에서 가격이 비교적 저렴합니다. 마감을 하더라도 표면이 매끄럽게 되지 않아서 셸락shellac 등으로 평탄 작업을 하기도 합니다. 공극이 분산된 산공재는 메이플, 체리 등과 더불어 열대 하드우드에서 흔히 볼 수 있고, 성장륜이 뚜렷하지 않은 경우가 많습니다. 열대 하드우드는 대부분 색이 짙고, 밀도가 매우 높고, 무거우며, 상당히 고가인데 벌목이 금지된 경우가 많습니다.

왼쪽부터 화이트 오크, 월넛, 하드 메이플

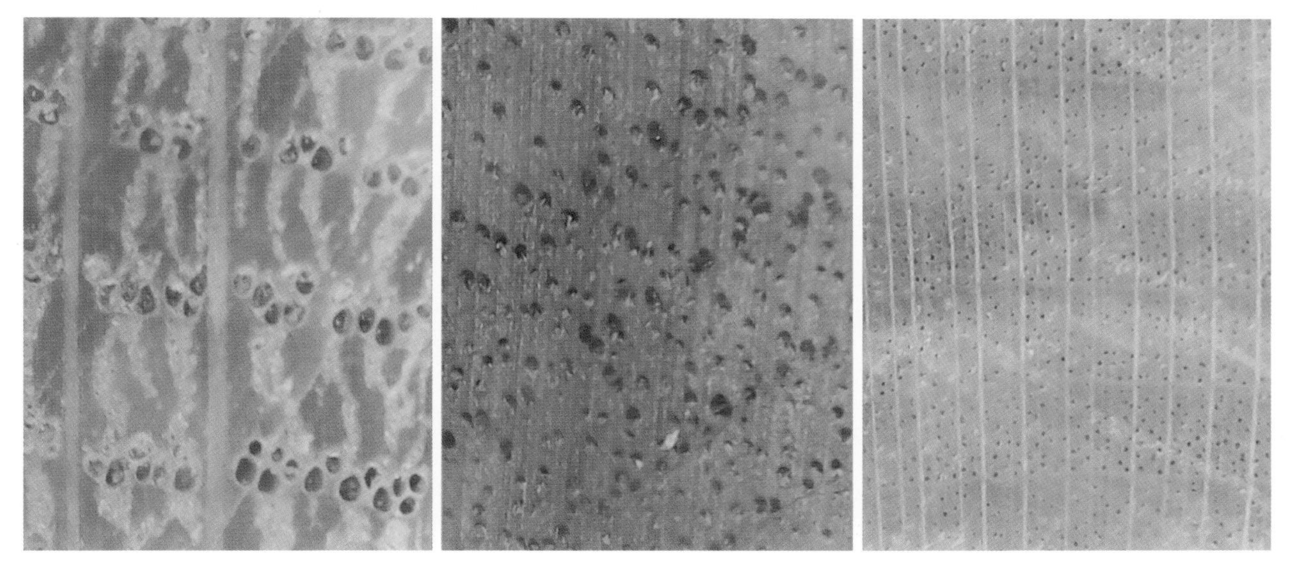

왼쪽부터 화이트 오크, 월넛, 하드 메이플의 엔드 그레인 면입니다.
각각 환공재, 반환공재, 산공재의 특징을 보여줍니다.

일부 하드우드에서 변재가 심재로 변하면서 물관이 전충제(tyloses)라고 부르는 거품 형태 구조로 채워지는 경우가 있는데, 이것이 기공에서 액체의 흐름을 막습니다. 화이트 오크에서는 전충제가 기공을 채우지만, 레드 오크에는 전충제가 없고 기공이 열려 있어, 물빠짐 특성이 다릅니다. 포도주나 위스키를 보관하는 오크통은 레드 오크가 아니라, 화이트 오크를 사용합니다.

소프트우드는 춘재가 추재보다 성장 속도가 빠르므로 밀도가 낮아서 일반적으로 밝은색을 띠는 반면, 오크 같은 환공재는 춘재에 모여 있는 공극 때문에 색이 어둡게 나타나며, 성장 속도가 느려 성장륜이 조밀하게 나타나는 부분에서 공극의 분포도가 높아서 오히려 강도가 낮아지기도 합니다.

수종별 특징

북미산 하드우드, 열대성 하드우드, 소프트우드와 우리나라 목재의 특징을 간단히 정리했습니다. 목재에 따라서 지역별로 같은 종이나 유사한 종을 부르는 이름이 있으나, 풍토가 그대로 반영되는 목재는 지역 특징이 분명하고, 때로 다른 수종을 일컫기도 해서 되도록 지역 이름을 사용했습니다.

북미산 하드우드

오크, 월넛, 메이플, 체리 등 북미산 하드우드는 수급, 품질 등의 이유로 공방 등에서 널리 사용되는 목재입니다.

오크(oak)

공방에서 '목재'라고 하면 화이트 오크가 가장 먼저 떠오를 정도로 하드우드를 사용한 고급 가구에 널리 사용되는 목재입니다. 비중이 상당히 높고, 내구성도 좋으며, 표면 강도가 높아서 수공구 작업이 까다롭고 끌이 쉽게 상하기도 합니다. 환공재의 특징으로 나뭇결이 곧고 조직이 거칠며 물관이 커서 착색이 잘 되는데, 결이 잘 떨어져 나가서 대패나 끌, 라우터로 가장자리를 작업할 때는 주의해야 합니다. 거친 결과 차분한 톤으로 고급스러움과 날것의 느낌이 함께 있으며, 짙은 색의 월넛 목재에 비해 다소 젊고 현대적인 느낌을 주기도 합니다. 곧은결의 판재나 각재에서 성장륜의 수직 방향으로 형성된 방사 조직이 나타날 수 있으며, 방사 조직으로 인한 무늬는 호불호가 갈리기도 합니다.

오크 목재로는 화이트 오크와 레드 오크가 주로 사용되는데, 화이트나 레드는 목재의 색과 직접적인 관계는 없습니다. 레드 오크는 낙엽이 붉은색이고, 화이트 오크는 나무껍질이 밝은 회색이어서 불리는 이름입니다. 오크는 포괄적인 의미를 가진 명칭으로, 오크에는 수백 가지의 수종이 있으며, 같은 화이트 오크나 레드 오크로 불리는 목재끼리도 색상의 차이가 있습니다. 화이트 오크 목재는 레드 오크 목재보다 색이 다소 어둡고 따뜻한 느낌이 들며, 레드 오크와 달리 흔히 기공이 전충제로 채워져서 물이 쉽게 빠지지 않으며, 습기에도 더 강하고 내구성도 큽니다. 우리나라에서는 오크를 '참나무'라고 부르지만, 재래종인 참나무와 북미에서 자생하는 오크는 구분하여 볼 필요가 있습니다. 오크와 마찬가지로 참나무라고 부르는 나무에는 떡갈나무, 상수리나무, 졸참나무 등 참나무과에 속하는 여러 종이 있습니다. 참나무는 우리나라 산림을 구성하는 주요한 나무이며, 그 열매를 도토리라고 합니다. 참고로, 밤나무는 참나무와 같은 과에 속하나 밤나무 목재는 참나무처럼 많이 쓰이지는 않았습니다. 서양에서는 밤나무가 땔감으로 많이 사용되나, 밤나무는 탈 때 냄새가 나며 유독가스 분출로 질식의 위험이 있어 우리나라에서는 밤나무는 집에 들이지 말라는 이야기가 있기도 합니다.

월넛(walnut)

고급 가구나 목공 작품에 쓰는 짙은 갈색 목재입니다. 심재의 색이 밝은 갈색부터 어두운 흙색까지 다양하게 나타나며, 불규칙한 무늬와 광택이 있습니다. 뒤틀림, 갈라짐에 강하고 변형이 적으며 잘 썩지 않습니다. 오크보다 가볍고 부드럽고 가공성이 좋으나 가격이 높은 편입니다. 월넛은 오일과 같은 마감 작업으로 색이 더욱 짙고 선명하게 나타나나, 장시간 사용하면서 햇볕에 노출되면 색이 점점 옅어지는 경향이 있습니다. 고급스러운 느낌과 고전적인 느낌을 주는 목재입니다.

호두나무로 알려진 월넛 중 주변에서 흔히 보는 호두 열매가 열리는 수종은 '잉글리시 월넛' 또는 '페르시안 월넛'이라고 부르는 유럽 월넛입니다. 페르시아, 즉 중앙아시아에서 출발해서 서쪽으로는 유럽으로 퍼지고, 동쪽으로는 중국, 한국에 전해졌다고 알려졌습니다. 한편, 블랙 월넛black walnut은 미국에서 자생하는 수종으로, 나무껍질과 호두 껍질 표면이 짙은 색을 띠고 있는데, 북미에서 수입하는 대부분 월넛 목재는 블랙 월넛입니다. 우리나라 호두나무를 포함해서 잉글리시 월넛도 목재로 널리 사용되는데, 블랙 월넛보다 색이 더 밝고 점잖으며, 다소 창백한 느낌이 들기도 합니다. 미국산 블랙 월넛과 잉글리시 월넛에서 드는 느낌이 서로 달라서 선호가 갈리기도 합니다. 한편, 블랙 월넛과 다르게 미국 캘리포니아에서 자생하는 클라로Claro 월넛은 캘리포니아 월넛, 웨스턴 월넛이라고도 불리는데, 호두의 생산을 위해 잉글리시 월넛과 접목을 많이 합니다. 이러한 클라로 월넛은 다채로운 모양과 화려한 무늬, 컬curl과 벌burl이 있어 일반 월넛보다 고가로 거래됩니다.

하드 메이플(hard maple)

단풍나무 중에서 메이플 시럽을 얻는 사탕 단풍나무(sugar maple)는 목질이 단단해서 '하드 메이플'이라고 부릅니다. 흰색 계통 변재가 넓은 부분을 차지하고 밝은 갈색 계통 심재의 비율이 높지 않아서 오크, 월넛, 체리와 비교할 때 메이플은 변재가 많이 사용됩니다. 단단하고 질기며, 반발력과 탄성이 좋고, 산공재 특징으로 표면이 매끄럽습니다. 밝은색을 띠어 마감 후 황변 현상이 두드러지기도 합니다. 하드 메이플은 색이 밝고 질감이 부드러워서 목재를 처음 구분할 때 이 나무를 소나무 계열 소프트우드로 착각하기도 합니다만, 소프트우드와는 다른 고급스러움과 견고함을 갖추고 있습니다. 하드 메이플 중에서 버드아이bird-eye나 컬리curly 메이플처럼 무늬가 아름다운 목재를 간혹 볼 수 있는데, 주로 장식용 가구나 악기에 사용하고 따로 구분해서 고가에 거래하기도 합니다.

블랙 메이플을 하드 메이플에 포함하기도 하지만, 하드 메이플은 주로 사탕 단풍나무를 가리킵니다. 반면에 소프트 메이플은 하드 메이플을 제외한 모든 단풍나무를 말하는데, 소프트 메이플에 속하는 여러 목재는 표면 경도나 비중이 하드 메이플보다 낮고, 일반적으로 색이 어둡습니다.

앞에서부터 화이트 오크, 메이플, 월넛입니다. 각각 환공재, 산공재, 반환공재의 특징을 보입니다.

체리(cherry)

다소 붉은빛을 띠며, 결이 아름답고 단단합니다. 메이플처럼 산공재여서 결이 조밀한 편입니다. 가구에 사용하는 목재도 유행을 타는 편이라 우리나라에서 한때 고급 원목 가구라면 대부분 체리를 사용할 정도로 많이 사용되기도 했습니다. 지금은 이전과 같이 많이 사용되지는 않지만, 목재가 안정적이고 결이 고르며 작업성이 좋아 만능 목재로 여겨지기도 합니다. 자외선을 장시간 받으면 색이 짙어지는 경향이 있습니다.

체리가 벚나무로 불리기도 하지만, 한국과 일본을 포함해 아시아에서 볼 수 있는 재래종인 벚나무와 구분해 보는 것이 좋습니다. 벚꽃으로도 유명한 벚나무의 열매는 버찌라고 부르는데, 흔히 먹는 체리 열매와는 다릅니다. 벚나무는 목재로도 우수하여 팔만대장경의 반 이상이 벚나무 목재로 만들어졌다고 합니다. 가구 제작 등의 목재로 많이 사용되는 체리는 블랙 체리black cherry로 블랙 월넛과 함께 북미의 대표적인 하드우드 목재입니다. 반면, 열매를 먹거나 식품에 사용하는 체리는 스위트 체리sweet cherry나 사워 체리sour cherry로 유럽이나 아시아에서 볼 수 있는 나무인데, 목재로 사용하기는 하나 블랙 체리에 비해 목재가 크지 않으며 그다지 많이 유통되지는 않습니다.

애시(ash)

위도가 비교적 높은 지역에서 자라는 낙엽수이며 오크와 같은 환공재여서 비슷한 특징을 보입니다. 우리나라에서는 '물푸레나무'라고 부르는데, 가공성이 좋고 튼튼합니다. 탄력도 좋아서 야구 배트에도 많이 사용되며 조선 시대에는 곤장으로 썼다고 합니다. 울림이 좋아서 악기를 만들기도 합니다. 오크보다는 내구성이 조금 약하며, 대중적인 하드우드로 집성목의 형태로도 널리 사용됩니다.

자작(birch)

우리나라에서도 흔히 볼 수 있고, 북미, 시베리아, 북유럽, 동아시아 북부 등 위도가 높은 지역에서 자라는 활엽수입니다. 목재의 크기가 크지 않고, 수축과 변형이 심해서 원목보다는 주로 합판으로 사용합니다. 일정한 두께의 판을 여러 겹 적층하는 방식으로 제작되는 자작나무 합판은 일반 합판보다 고급으로 취급되며, 옆면의 겹침 무늬를 그대로 드러내 사용하기도 합니다. 러시아산, 중국산이 많이 유통되고, 특히 발틱(핀란드) 자작나무 합판은 아주 고급으로 간주합니다. 영어 버치birch의 어원은 자작의 밝은 회색 껍질을 연상시키는 '빛나다'라는 뜻에서 왔으며, '자작'이라는 이름은 나무를 불에 넣었을 때 타면서 내는 소리에서 유래했다고 합니다.

열대성 하드우드

열대성 하드우드는 품질 면에서 최고의 목재이나, 대부분 매우 느리게 자라고 상당히 고가이며 수급이 어려워 일반 가구에는 적합하지 않습니다. 무분별한 벌목으로 보호종으로 관리되는 수종이 많습니다. 많은 열대성 하드우드가 멸종위기에 처한 동식물 교역에 관한 사이테스CITES 협약 중 멸종 위기에 있는 동식물인 I~II급에 속해 있습니다.

마호가니(mahogany)

검붉은 빛을 띠는 갈색으로 따뜻하고 고풍스러운 느낌이 납니다. 최고의 가구용 목재이며, 악기 제작에도 많이 사용됩니다. 단단하지만, 연마하면 촉감이 부드럽고 작업하기 편합니다. 옹이가 거의 없어 대형 판재를 만들 수 있고, 가구 제작 후에도 변형이 거의 일어나지 않습니다. 쿠바산이나 온두라스산 마호가니가 좋은 평가를 받았으나, 이제 이런 중미산 마호가니는 대부분 벌목이 금지되어, 상대적으로 구하기 쉬운 아프리카산 마호가니나 나왕(Meranti, Lauan), 사펠리Sapele 등으로 대체되었습니다.

로즈우드(rosewood, 자단紫檀)

목재에서 장미향이 나서 '로즈우드'라고 부르지만, 장미꽃과는 관련이 없습니다. 인도와 남미 등 더운 지방에서 자라는 활엽수로, 성장이 매우 느리지만 40m까지 자라기도 합니다. 심재는 아주 단단하며, 자색에서 짙은 붉은빛을 띕니다. 중국에서는 황실 가구로 사용되어 왔으며, 국내에서도 예로부터 매우 귀한 수입 목재로 취급받았습니다. 브라질 로즈우드를 최고로 치지만, 멸종 위기 수종으로 지정되었고, 인도 로즈우드(Indian rosewood)가 유통되었으나, 붉은 빛깔을 선호하는 중국인들에게 로즈우드는 홍무hongmu라 불리며 최고급 가구에 사용되었는데, 거래량이 계속적으로 증가되면서 대부분의 로즈우드는 멸종 위기 종으로 분류되고 있습니다.

에보니(ebony, 흑단黑檀)

적도 가까운 더운 지역에서 생산되는 최고급 목재 중 하나로 내부의 단단한 검은색 심재를 사용합니다. 조직이 치밀하고 단단해서 가공하기가 매우 어렵고, 비중이 커서 물에 가라앉기도 합니다. 스리랑카산, 카메룬산 에보니는 멸종 위기 수종이며, 동남아시아산 마카사르Macassar 에보니가 소량이나마 유통되지만, 가격이 상당히 높습니다. 아프리카 블랙우드African blackwood는 에보니로 분류하지는 않습니다.

티크(teak)

목재 내부에 오일을 많이 함유하고 있어서 물과 습기에 대한 저항성이 큽니다. 원래 금빛 갈색이지만, 시간이 지나고 대기에 노출되면서 어두운 색으로 변합니다. 보르네오섬 등 동남아시아에서 광범위하게 분포된 활엽수입니다. 예전에 선박재나 야외용 가구에 사용되었는데, 현재는 산출량이 관리되고 있습니다.

퍼플하트(purple heart)

중남미에서 자라며 심재가 자주색이어서 '퍼플하트'라고 부릅니다. 처음 재단했을 때는 갈색이지만, 노출되면서 점차 보라색으로 변하는데, 지속적으로 자외선에 노출되면 보랏빛을 띤 짙은 갈색으로 변합니다. 변색을 늦추려고 자외선 차단 도장을 하기도 합니다. 다른 열대성 목재에 비해서는 가격이 저렴하고 구하기가 쉽습니다. 우리나라에서는 테이블의 상판에 사용할 수 있는 슬랩보드 형태로 많이 유통됩니다.

열대성 하드우드가 모두 위의 목재들과 같이 고가이거나 수급이 어려운 것은 아닙니다. 고무나무는 가격이 저렴하여 상업 원목 가구에 많이 활용되는데, 고무나 라텍스의 수확이 끝난 나무에서 얻는 목재라 친환경적이라고도 합니다. 기본적인 강도는 있으나 다른 하드우드에 비해서는 내구성이 떨어지며, 부패에 취약하며 실외용으로는 사용하지 않는 것이 좋습니다.

에보니는 열대 지방에서 나는 목재로
짙은 색 심재와 물에 가라앉을 만큼 높은 비중이 특징입니다.

국내산 목재

남북의 기온 차와 넓은 산지의 분포로 전통 가구에서는 다양한 수종이 사용되어 왔습니다. 검소한 사랑방 가구에서는 소나무와 오동나무가 많이 사용되었으며, 안방 가구에서는 아름다운 나뭇결과 무늬를 가진 느티나무, 먹감나무, 물푸레나무를 볼 수 있습니다.

오동나무

하드우드 중 가장 가벼운 수종으로 대부분의 소프트우드보다 가볍습니다. 무게에 비해 잘 틀어지지 않고, 습기에 강하며, 벌레가 생기지 않아서 전통 가구 판재로 널리 사용되었는데, 강도가 높지 않아 판재 단독보다는 프레임 내의 알판으로 사용되었습니다. 성장 속도가 빨라서 옛날에 딸을 낳으면 오동나무를 심었다가 혼인할 때 가구를 짜서 함께 보냈다는 이야기도 전해집니다. 울림이 좋아서 가야금이나 거문고 같은 전통 현악기의 주요 재료로 사용되기도 합니다.

나무가 물러서 수공구로 다루기는 수월하지만, 쉽게 뭉개질 수 있습니다. 나뭇결이 넓고 춘재와 하재 구분이 뚜렷한데, 심재와 변재는 색이 거의 같은 연한 붉은색입니다. 나무 겉면을 불로 지져서 결을 살려 쓰는 일이 많은데(낙동烙桐), 낙동을 하면 색이 짙어지면서 무른결이 닳아 없어지고 단단한 결이 도드라지며, 외부에 보호막이 형성됩니다. 낙동을 한 오동나무의 무늬는 한국의 풍경과 매우 닮아 있습니다.

참죽나무

굵기가 굵지는 않지만, 단단하고 휘거나 뒤틀리지 않아서 한국 전통 가구의 프레임(기둥목과 쇠목)에 널리 사용됩니다. 참죽 프레임과 오동나무 알판의 조합은 전통가구에서 흔히 볼 수 있는 구조입니다. 심재와 변재가 뚜렷한데, 심재는 붉은빛이 돌면서 윤이 납니다. 강도가 상당히 높으며, 매우 좋은 목재로 여겨져 왔습니다.

느티나무

단단하며 무늬가 좋고 변형에도 강해서 판재나 각재 등에 두루 이용되어 왔습니다. 오래될수록 좋은 목재로 치는데, 환공재의 특징으로 성장륜이 성긴 목재는 단단하고, 성장륜이 촘촘한 목재는 무른 편입니다. 미국산 월넛이 떡판(슬랩우드)으로 사용된다면, 우리나라 목재 중에는 느티나무가 떡판으로 사용되기도 합니다.

감나무 / 먹감나무

반환공재로, 목재가 단단하고 반질반질합니다. 특유의 매끄러움이 있고, 조직이 부드럽고 치밀하며 탄력이 있습니다. 심재와 변재의 구분이 어려운데, 심재의 일부가 검어지거나 검은 무늬가 보기 좋게 번진 나무를 '먹감나무'라고 합니다. 수묵화처럼 무늬가 새겨진 검은 부분은 다른 부분보다 더 단단한데, 귀하게 여기며 다루어왔습니다. 얇게 켜서 다른 나무에 붙이거나 가구의 앞판처럼 잘 보이는 곳에 사용합니다.

위와 같은 하드우드 외에 우리나라 전역에서 자생하는 소나무와 홍송이라고 부르는 잣나무 등의 소프트우드는 가구부터 건물의 기둥까지 널리 사용되었습니다. 특히 경상북도 북부와 강원도에서 볼 수 있는 금강송(춘양목)은 국보급의 문화재 복원에 사용될 정도로 가치가 높습니다. 북쪽 방향의 성장륜이 남쪽에 비해 조밀하므로 목재를 건물의 보로 사용할 때는 북쪽이 아래로 오게 하고, 기둥으로 사용할 때는 성장할 때와 같은 방향으로, 즉 남쪽 성장륜은 남쪽 방향, 북쪽 성장륜은 북쪽 방향으로 두어 목재의 갈라짐을 최소화하기도 했습니다.

소프트우드

소프트우드는 길고 곧으며 다루기 쉬워서 건축재로 선호하는데, 결이 곧고 촘촘한 목재는 울림이 좋아서 악기에도 쓰입니다. DIY에서도 널리 쓰이지만 하드우드 가구에서는 서랍의 내부재 소재가 됩니다.

소프트우드는 하드우드처럼 기공에 따른 특징이 없고 심재의 색도 뚜렷하지 않아서 수종을 크게 구분하지 않고 사용합니다. 심지어 목재를 수입하는 과정에서 원산지 이름을 붙여 미송美松(미국), 뉴송(뉴질랜드), 카송(캐나다), 소송(러시아) 등으로 부르기도 해서 그 구분이 더욱 모호해지기도 했습니다. 미송은 '미국산 소나무'라는 뜻으로 목재 수입 초창기 햄록hemlock, 더글라스 퍼Douglas fir, 스프러스spruce 등을 모두 지칭했습니다. 시더cedar 같은 나무는 '삼목杉木'이라고 부르기도 하지만, 이 이름은 소나무과 나무 또는 적삼목처럼 측백나무과 나무에도 두루 사용합니다. 이처럼 소프트우드는 수종별 특징이 뚜렷이 구분되지 않는데, 이 중 소나무과와 측백나무과에 속하는 몇 가지 목재에 대해서 간단히 알아보겠습니다.

소나무과

스프러스는 표면 강도가 약하지만, 무게에 비해서는 강도가 좋은 편이어서 목조 건물 골격에 많이 사용됩니다. 노란색 기운이 있기는 하나 흰색의 밝은 목재여서 '화이트 우드'라고도 불립니다. 나뭇결이 아름답고, 작은 옹이가 있으며 작업하기 쉽습니다. 곧은결의 악기용 목재는 고가에 거래됩니다. 스프러스는 종류가 매우 많지만, 크게 이스턴Estern 스프러스와 시트카Sitka 스프러스로 나눌 수 있습니다.

레드 파인red pine은 주로 북유럽, 러시아 등 추운 지방에서 자라는 소나무로, 성장륜이 촘촘하며 무늬가 아름답습니다. 한옥 건물에도 많이 쓰이며, 스프러스와 함께 DIY 가구에서도 널리 사용됩니다. 붉은색을 띤다고 해서 '홍송紅松'이라고 부르는 목재는 잣나무 계열이며, 레드 파인을 '적송赤松'이라고 부르기도 하지만, 적송은 우리나라나 일본 등지에서 자생하는 소나무입니다.

더글라스 퍼는 미국 오리건 지방에서 많이 자라서 오리건 파인이라고도 부릅니다. 건축 구조재, 합판에 사용되는 목재로 가공성과 내구성이 좋으나, 접착성과 도장성은 그리 좋지 않습니다. 목재 건물의 골조에 가장 널리 사용되는 목재이지만 가구에도 많이 사용되는데, 예전에는 미송이라 부르기도 했고, 지금은 '북미산 홍송'이라고 부르기도 합니다. 목재가 붉은 빛을 띠고 성장륜이 비교적 촘촘하며 가지런히 나 있어 다른 소나무 계열과 구분됩니다. 참고로 더글라스 퍼는 퍼fir(전나무)와 같은 나무가 아닙니다.

햄록(western hemlock, 솔송)은 퍼보다는 강하지 않지만, 스프러스보다는 조금 더 강합니다. 도장성이 양호하지만, 수분에 약하고 일반 건축재 등 다양하게 사용됩니다

'뉴송'이라고 부르는 라디에이타 파인radiata pine은 따뜻한 남반구(뉴질랜드, 호주, 칠레)에서 계획 조림한 소나무의 일종입니다. 스프러스보다 목질이 단단하고 수급이 원만해서 인기가 높습니다. 나뭇결이 다른 소나무류보다 굵고 비중도 조금 더 높아서 구조적 강도가 좋습니다.

측백나무과

측백나무과에는 측백나무, 편백나무(히노끼), 향나무, 삼나무 등이 있으며, 측백나무 계열은 대부분 목재의 향이 좋습니다. 이 중 측백나무는 편백이나 삼나무처럼 크지 않아서 목재로 거의 사용하지 않습니다. 삼나무는 '시더'로 불리고 있으나, 시더는 소나무과 나무와 측백나무과

나무를 모두 포함한 용어이기도 합니다. 적삼목이라고 부르는 레드 시더는 내수성이 좋고, 함수율 변화에 안정적입니다. 편백나무나 삼나무는 가볍고 무르지만, 향이 좋고 습기에 강하며 부드러워서 높은 강도가 필요하지 않은 부분의 내장재나 서랍 내부 목재로 널리 쓰입니다.

스프러스(아래)와 적삼목(위)

수종별 특징 비교

북미산 하드우드, 열대성 하드우드, 소프트우드, 국내산 목재의 비중과 표면 경도를 비교했습니다. 북미산 하드우드 중 화이트 오크는 비중이 높은 편이며, 하드 메이플은 표면 경도가 높습니다. 월넛은 상대적으로 가볍고 표면이 무른 편입니다.

참고로, 비중(specific gravity)은 기준 물질인 물과의 상대적 밀도이며, 1이 넘으면(에보니 1.12) 물에 가라앉습니다. 4° 물에서 1L당 1kg이므로, 무게로도 환산이 가능합니다. 예를 들어 비중 0.75인 화이트 오크는 가로, 세로, 높이 각 10cm일 때 0.75kg이 됩니다. 표면 경도(얀카Yanka 경도)는 수공구 목공 작업에 참고하도록 함께 표시했습니다.

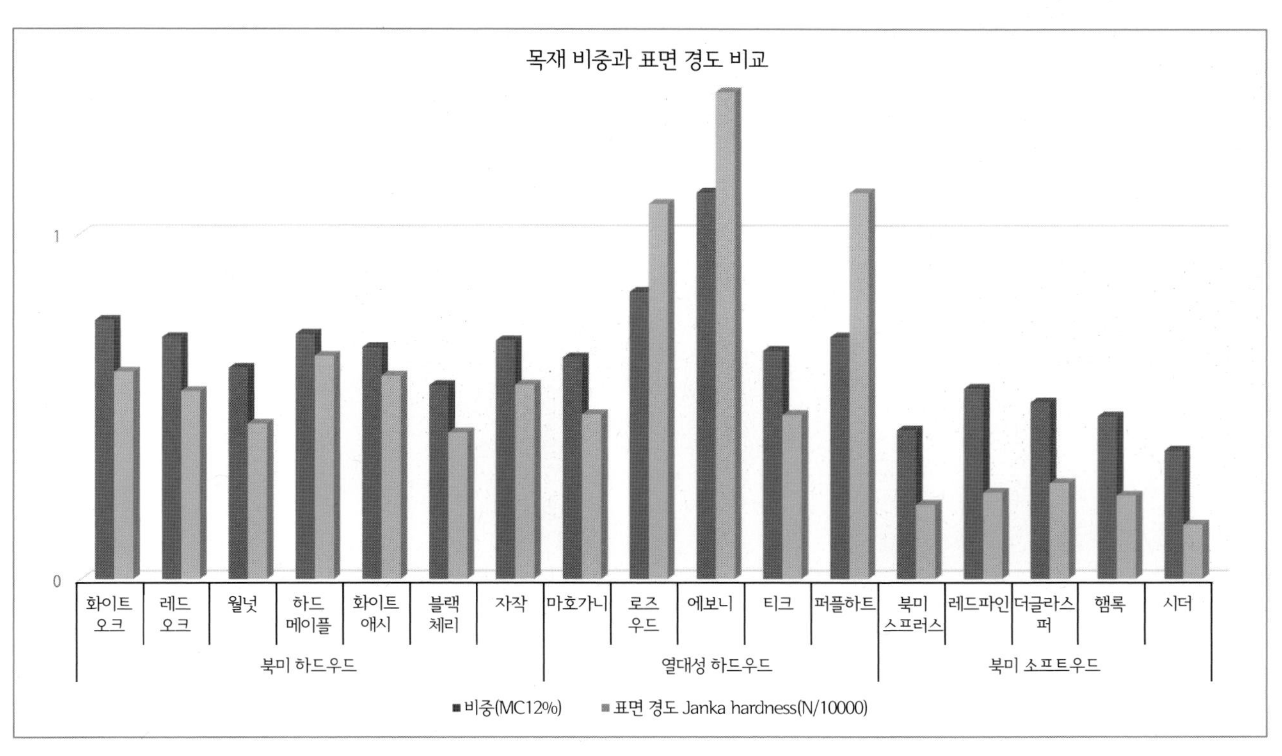

wood-database.com 자료에서 수치 참고

가공 형태별 특징

목재를 가공 형태에 따라 제재목, 합판, 떡판, 집성목으로 나누어서 특징을 살펴보겠습니다.

제재목(lumber, sawn wood)

제재목 특징

통나무를 일정 크기와 형태로 제재製材한 목재를 말합니다. 건조 과정에서 변형이 생기므로 가구 제작에 사용하려면 대패 작업 등 추가 가공이 필요합니다. 공방에서 흔히 사용하는 오크, 월넛, 메이플 등 북미산 하드우드는 제재목 형태로 널리 유통됩니다.

북미산 하드우드 기준으로 다음과 같은 조건의 제재목을 주로 볼 수 있습니다.

♦ 폭 : 목재에 따라 다르나, 일반적으로 100~300mm입니다.

- 두께 : 인치 단위로 제재됩니다. 일반적으로는 4/4″ 즉, 25mm 정도 두께의 제재목이 사용되며, 5/4″, 6/4″, 7/4″, 8/4″ 등 두께로 유통됩니다. 같은 부피여도 두께에 따라 가격이 다를 수 있습니다.
- 길이 : 대략 8피트(2,440mm) 전후 제재목이 유통됩니다.
- 수분 : 미국에서 수출용으로 판매되는 제재목은 유통 시 무게 감소를 고려해서 6~8%의 함수율 기준으로 건조하지만, 10~12%로 건조하기도 합니다. 함수율은 유통과 보관 과정에 따라 달라집니다.

등급

북미산 제재목의 경우 NHLA(National Hardwood Lumber Association)에서 지정한 FAS, F1F, SEL, 1C, 2AC, 2BC, 3AC의 등급이 표준으로 사용되고 있습니다.

최고 등급인 FAS(First And Second)는 다음과 같은 조건을 가집니다.

- 크기 : 너비 6″(약 150mm), 길이 8피트(약 2440mm) 이상
- 상태 : 결함 없는 부분이 전체의 10/12(약 83.3%) 이상이며, 결함이 없는 부분은 일정한 면적(3″×7피트 또는 4″×5피트) 이상 되어야 합니다. 결함은 옹이나 썩은 부분을 말하나, 변재나 얼룩은 결함으로 보지 않습니다.

1C(Number 1 Common)는 최소 크기 3″ 너비, 4피트 길이로 8/12(66.6%)가 결함이 없는 부분이어야 합니다. 2AC, 2BC, 3AC는 1C보다 결함이 차지하는 비율이 큰 등급의 목재를 가리킵니다. F1F(FAS One Face)는 한 면은 FAS 등급, 다른 면은 1C 등급을 가진 목재이며, SEL(Select)는 보드의 크기가 4″ 너비와 6피트 이상으로 작은 크기의 F1F 등급으로 볼 수 있습니다. 참고로, 유통 과정에서 목재의 등급이 'Superior', 'Premium' 등으로 불리기도 하나 이는 공식 등급이 아니라 업체에서 자체적으로 사용하고 있는 등급입니다.

제재목 가공

제재목은 건조하는 과정에서 휘거나 뒤틀리는 등 변형이 생긴 경우가 많습니다. 공방에서 제재목을 사용할 때 이를 가공하는 기계(수압대패, 자동대패, 테이블쏘)가 필요합니다. 수공구로 부재를 준비하는 방식은 추천하지 않습니다.

제재목은 대패로 작업하면 원래 두께보다 얇아집니다. 제재목 상태가 좋거나 짧은 부재는 4/4″(1") 두께 제재목 기준으로 20mm 가까이, 긴 판재로 사용하려 할 때나 제재목의 상태가 좋지 않을 때는 20mm 이하로 대패 가공합니다.

테이블 상판처럼 폭이 넓은 판재를 얻기 위해서는 대패 작업을 한 여러 장의 제재목을 집성합니다. 두꺼운 각재가 필요한 경우, 해당되는 두께의 제재목을 구하기도 하지만, 흔히 구할 수 있는 4/4″의 제재목을 집성하는 경우도 많습니다. 집성 과정에 문제가 없다면 강도나 변형의 관점에서는 나쁘지 않습니다.

제재목은 '재才'라는 부피 단위로 거래됩니다. 4/4″ 두께, 8피트 길이 제재목에서 55mm 정도의 너비가 대략 한 재가 됩니다.

합판

합판이란?

통나무를 로터리컷rotary cut해서 얻은 넓고 얇은 판을 나뭇결 방향이 직교가 되도록 3장 이상 홀수로 적층하고 접착해서 만든 판재로, 수축과 팽창이 최소화되어 결 방향과 상관없이 안정적인 기계적 성질을 갖추고 있습니다. 홀수로 겹쳐졌으므로 앞면(갑판, face)과 뒷면(을판, back)의 결은 같은 방향이 됩니다. 내부 중심부(코어

core)를 기준으로 위아래 각각 1층(3플라이ply) 또는 2층(5플라이ply)을 적층하는 방식이나, 자작 합판처럼 일정한 두께의 판을 적층하는 멀티 플라이multi-ply 방식이 있습니다.

위에서부터 자작 합판, 월넛 무늬목 합판, 오크 무늬목 합판

장점 및 특징

함수율에 따른 수축과 팽창이 최소화되는 데 결 방향과 무관하게 평균 0.2% 정도의 변화가 생깁니다(M.R. O'Halloran, A.A. Abdullahi, *Reference Module in Materials Science and Materials Engineering*, 2017). 인테리어나 건축에서처럼 전체 판재를 사용하는 경우가 아니라면 습도에 따른 크기 변화는 없다고 가정할 수 있습니다.

방향과 상관없이 기계적인 스트레스에 안정적입니다. 일반적으로 결에 따른 강도는 동일하다고 보지만, 굽힘 강도(bending property)에는 차이가 있을 수 있어서 벤딩할 때는 드러나는 면의 결 방향에 신경 써야 합니다. 도구 사용 시, 원목처럼 결 방향으로 쪼개지는 현상은 현저히 줄어들 수 있으나 적층한 옆면이 갈라질 수 있으므로 옆면 가공에 주의합니다.

용도

인테리어, 바닥재 등 건축 자재로 쓰이지만, 선박이나 구조물, 원목 가구에도 특정한 용도로 쓰입니다.

- 가구나 목공에서는 함수율의 변화와 상관없이 크기가 안정적이고, 두께에 비해 어느 정도 기계적 강도와 내구성이 필요한 곳에 널리 사용됩니다. 서랍 밑판, 캐비닛 뒤판, 목공용 지그 등이 있습니다.
- 스피커 같은 음향 기기에도 사용하는데, 스피커는 박스 안에서 일어나는 공명을 최소화해서 스피커 유닛 자체의 울림에 영향을 끼치지 않도록 해야 하므로, 박스 전면에 울림이 좋은 원목은 되도록 사용하지 않습니다. MDF, 합판처럼 공명이 적은 재료가 스피커의 음향 측면에서 볼 때 우수한데, 합판은 MDF보다 스피커 유닛을 고정하는 볼트 체결의 내구성이 우수합니다.

종류

일반 합판, 내수(방수) 합판, 무늬목 합판(낙엽송, 나왕, 월넛, 오크 합판)은 주로 실내외 건축재, 인테리어재에 사용하는데, 무늬목 합판은 특히 캐비닛 뒤판, 서랍 밑판 등 가구에 사용합니다.

자작 합판은 자작나무를 1.4mm로 로터리 커팅해서 홀수판으로 적층하는데, 앞뒷면뿐 아니라, 내부면 모두 자작으로 멀티 플라이 방식으로 구성됩니다. 자작나무의 밝은 미색과 옅게 보이는 무늬가 특징이며, 마감 도장도 어느 정도 용이합니다. 일정하게 적층되므로, 다른 합판과 달리 옆면의 적층 모양을 의도적으로 드러내기도 합니다. 건축뿐 아니라 가구에도 쓰는 고급 합판이며, 가격도 하드우드에 대등한 고가입니다. 우리나라에서 통용되는 자작 합판은 러시아산이나 중국산이 많은데, 외관 등급에 따라 달라질 수는 있으나 발틱(핀란드산) 자작 합판은(SE0, 슈퍼 E0 환경 등급) 고급으로 통용되며, 상당히 비싼 편입니다.

크기

1220×2440mm(너비×길이)가 일반적으로 통용되는 한 판 크기로 원판 또는 원장이라고 부르기도 합니다. 핀란드산 발틱 자작 합판(Baltic Birch Plywood)의 경우 5×5피트(1.5m×1.5m) 크기가 있으나, 우리나라에서는 찾아보기 힘듭니다.

두께

일반적으로 통용되는 두께는 있으나, 정확한 수치를 알려면 실측이 필요합니다. 합판 종류나 제조처에 따라 두께의 종류도 달라집니다. 합판은 두께를 조정하는 대패나 샌딩 작업에 한계가 있으므로 처음부터 설계에 맞는 두께의 합판을 구해야 합니다. 가구를 제작할 때 여러 종류의 합판을 두께 수치만으로 맞추기보다 해당 두께에 한 종류의 합판만을 사용하는 편이 좋습니다.

자작 합판은 적층하는 단판의 수에 따라 두께가 결정됩니다. 4T(3), 6.5T(5), 9T(7), 12T(9), 15T(11), 18T(13) 등의 밀리미터 단위로 통용되고(괄호 안은 단판의 수) 21T, 24T, 30T, 35T의 자작 합판도 있으나, 일반적으로 18T 이하가 많이 사용됩니다. 18T의 무게가 40kg 가까이 되는데, 폭이 넓어서 혼자 옮기기가 쉽지 않습니다. 일반 합판의 두께는 제조처와 판매처에 따라 차이가 나기도 합니다. 4.6T나 4.8T를 5T로 부르고, 11.5T를 12T로 부르기도 합니다. 미국식 인치 기준으로 제작되는 합판도 있습니다.

외관 등급에 따른 구분

등급 분류는 여러 가지가 있으나, 우리나라에서는 앞뒷면의 옹이 상태에 따라 주로 B, S, BB, CP 등급 표기가 통용됩니다. 이는 앞뒷면의 외관에 따른 등급으로 합판의 구조적인 성능을 나타내지는 않습니다. 자작 합판 같은 고급 합판은 S/BB, B/BB처럼 앞면과 뒷면의 등급을 각각 표기하므로 겉으로 드러나는 부분과 드러나지 않는 부분을 구분해서 사용할 필요가 있습니다. 옹이가 적은 면, 즉 등급이 높은 면을 보이는 쪽으로 배치하도록 합니다. 자작 합판 같은 고급 멀티 플라이 합판은 옆면의 적층 무늬를 그대로 드러내기도 하지만, 자작 콤비 합판은 속을 포플러 등 자작나무가 아닌 목재를 사용해서 이런 목적으로 사용할 때 주의해야 합니다. 전문 합판 취급점이 아닌 곳에서는 자작 콤비 합판을 '자작 합판'이라고 부르기도 합니다.

- ◆ B 등급 : 최상급, 6mm 이하의 점옹이, 패치 없음
- ◆ S 등급 : 상급, 10mm 이하의 옹이, 패치 ~3
- ◆ BB 등급 : 중급, 25mm 이하의 옹이, 패치 ~6
- ◆ WG/CP 등급 : 하급, 자연 상태 옹이, 패치 무제한

결에 따른 구분

자작 합판 같은 고급 합판이나 무늬목 장식 합판에서 보이는 앞뒷면의 결 방향을 말합니다. 주로 미관상 필요한 결 방향 확인에 필요하나, 표면 결 방향이 벤딩 특성에 영향을 주므로 벤딩 등에 활용할 때도 확인이 필요합니다. 일반적인 형태의 롱 그레인은 겉면의 결 방향이 한 판 1,220×2,440mm 기준으로 길이 쪽(2.4m)으로 나 있는데, 쇼트 그레인의 합판도 유통되므로 합판을 구입할 때 용도에 따라서 결 방향이 문제없는지 확인해야 합니다.

환경 호르몬(포름알데이드) 방출 기준에 따른 등급

합판은 각 층을 접착제로 붙여놓은 형태여서 환경 호르몬의 방출에 노출되어 있으며, 이에 따라 다음과 같이 등급을 나눕니다.

- ◆ SE0 : 신경 조직 자극 시작(0.3mg/l 이하)
- ◆ E0 : 안구 자극 시작(0.5mg/l 이하)
- ◆ E1 : 호흡기 자극 시작, 일반 가구(1.5mg/l 이하)

◆ E2 : 호흡 장애, 일반 인테리어 시공(5.0mg/l 이하)

집성목

작은 크기의 원목을 배열해서 고압으로 접착한 목재로 넓은 판재를 얻을 수 있습니다. 결의 옆면끼리는 접착 강도가 높으니 그대로 붙이고, 마구리면끼리 톱니 모양으로 결합합니다. 톱니 모양의 핑거 조인트finger joint가 판재면에 보이는 탑 핑거 조인트, 옆면에서 보이는 사이드 핑거 조인트가 있는데, 사이드 핑거 조인트가 판재면에서 톱니 모양이 안 보여 더 고가로 취급됩니다. 핑거 조인트된 부분의 강도가 높지 않아 좁은 각재로 사용하거나 짜맞춤 가구에는 적합하지 않으며, DIY나 인테리어에 널리 쓰입니다. 마구리면의 결합없이 긴 판재를 집성한 솔리드 조인트solid joint도 있으나, 제재목을 사용하는 경우 대부분 직접 집성합니다.

사이드 핑거 조인트 애시 집성목

떡판

'우드 슬랩wood slab', '슬라브', '슬랩 보드'라고도 부르며 통나무를 가장자리 포함해서 전체로 재단한 목재입니다. 단일 테이블 상판이나 가장자리의 자연스러운 무늬를 이용한 디자인 용도로 가공해서 사용합니다. 나카시마 같은 대가들의 작품에서 흔히 볼 수 있습니다.

블랙 월넛과 클라로 월넛, 퍼플하트, 샤펠리, 레인 트리rain tree로 알려져 있는 사마니아 사만Samanea saman, 아프리카 티크로 불리는 아프로모시아Afromosia, 브라질 체리로 알려진 자토바Jatoba 등 색과 무늬가 좋은 나무가 우드 슬랩으로 인기 있습니다. 크기가 커서 수압대패나 자동대패 같은 목공 기계로 표면 처리가 어려울 때 손대패를 사용하거나 전동 공구에 별도의 지그를 제작해서 작업합니다.

월넛 슬랩 보드로 제작한 테이블

나뭇결과 강도

목재는 구조상 결 방향에 따라 외부 힘에 다르게 반응하는데, 결의 옆 방향에서 누르는 힘에 의한 변형에 취약하며, 결의 양옆에서 당기는 힘에 의해 쉽게 파괴될 수 있습니다. 외부 스트레스의 종류가 목재의 방향별로 어떤 영향을 미치는지 설명하고, 이러한 스트레스가 적용되는 예를 살펴보도록 하겠습니다.

목재의 기계적 특징

목재의 강도는 누르는 힘(compression)에 대한 압축 강도와 당기는 힘(tension)에 대한 인장 강도, 복합적인 힘으로 어긋나는 반대 방향의 힘(shear)에 의한 전단 강도와 굽힘 강도(bending)로 구분할 수 있습니다. 목재가 빨대 다발처럼 긴 섬유질이 묶여 있는 구조로 보면 다음 세 가지 스트레스에 취약함을 예상할 수 있습니다.

- 결 옆면을 누르는 (압축) 힘에 의한 변형 : 목재의 표면이 찍히거나 눌리는 현상
- 결 옆면을 양쪽 방향으로 당기는 (인장) 힘에 의한 파괴 : 나무의 결이 갈라지거나 뜯기는 현상
- 결의 양끝에서 어긋나게 (전단) 주는 힘에 의한 파괴 : 결이 곧지 않은 각재에서 강도가 약해지는 현상

압축 강도

목재는 결의 양끝에 가해지는 힘, 즉 결 방향의 압축 강도는 매우 강해서 건축물의 기둥, 탁자의 다리 등 무게를 지탱하는 부분에 널리 사용됩니다. 그러나 결의 옆 방향, 즉 결 수직 방향의 압축 강도에는 약합니다. 이 힘으로 목재가 파괴되는 일은 없으나, 변형이 일어날 수 있고, 목재의 나뭇결면이 찍히거나 눌리는 현상으로 쉽게 확인할 수 있습니다. 외부 압력으로 변형이 일어나는 현상을 '가압 수축(compression shrinkage)'이라고 합니다. 압력에 의해 목재의 헛물관 등에 영구적인 형태의 변화를 일으키는 것으로, 판재나 각재의 옆면이 외부의 힘에 눌리는 현상 외에 장부 결합 등의 짜임이 오랜 시간이 지난 후 느슨해지는 문제를 일으키는 원인이 됩니다. 결 옆 방향의 압축 강도는 수종별로도 차이가

큰데, 하드우드가 소프트우드보다 두 배 가까이 강하다고 볼 수 있습니다. 이렇게 결의 옆 방향에서 누르는 힘에 대해 목재가 찍히거나 변형이 되는 상황은 설계상으로 회피하거나 대처할 수는 없으며, 목재를 사용하면서 느낄 수 있는 목재의 기본적인 특성으로 이해하는 것이 좋습니다.

압축 강도(compression)

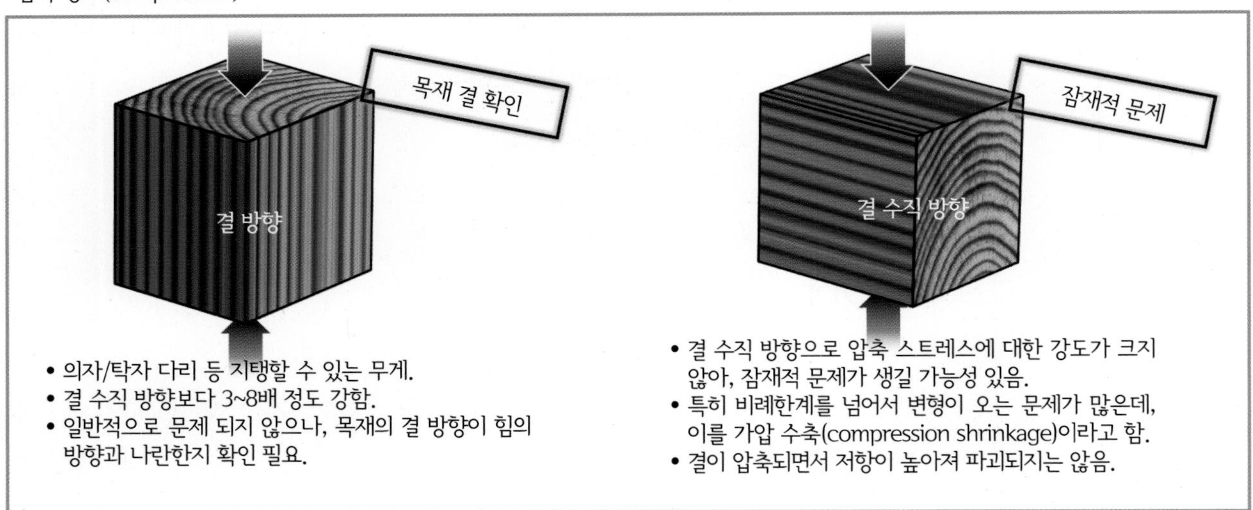

인장 강도

목재의 결 수직 방향 인장력에는 매우 취약한데, 설계할 때 이런 힘을 받는 구조가 되지 않게 주의해야 합니다. 결 옆 방향 인장 강도의 문제는 도구를 사용한 작업 과정에서도 결 뜯김 현상으로 나타날 수 있습니다.

인장 강도(tension)

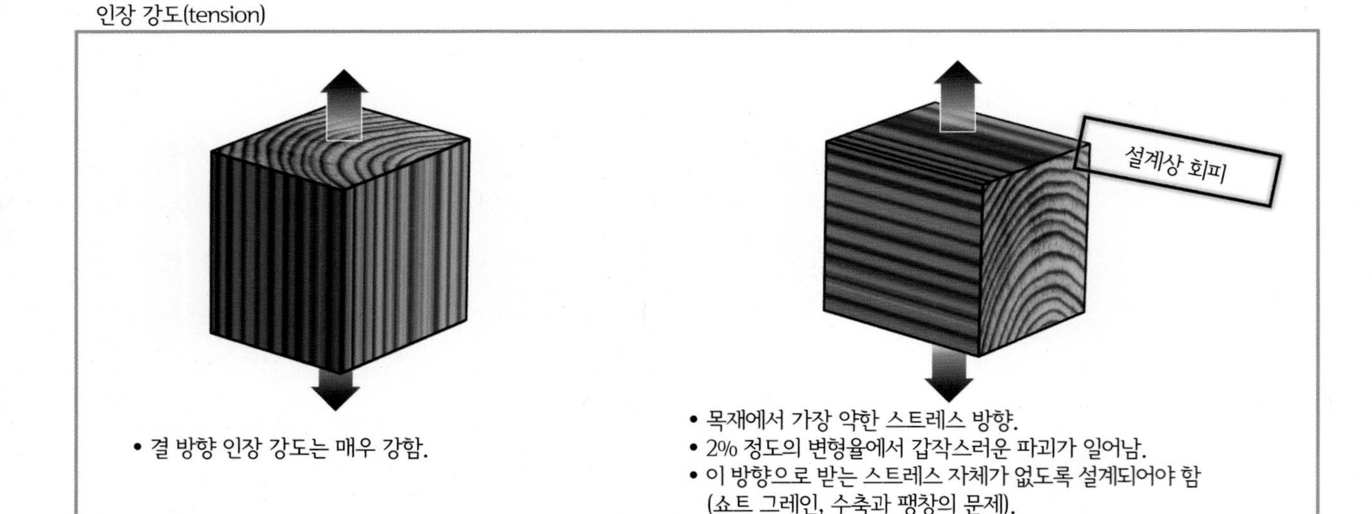

전단 강도

결의 양끝에서 반대 방향으로 누르거나 당기는 힘에는 매우 강하나, 어긋나는 힘으로 누르거나 당기는 힘(결 방향 전단 강도)에는 그리 강하지 않습니다. 적층 벤딩 시 각층에 작용하는 스트레스로, 결이 경사진 각재의 양끝에서 미는 힘이 작용하는 경우로도 해석할 수 있습니다. 전단 강도는 압축 강도의 1/4 정도이기 때문에, 큰 하중이 실리는 테이블 다리, 의자 다리 등은 목재의 결이 곧은지 확인해야 합니다.

전단 강도(shear)

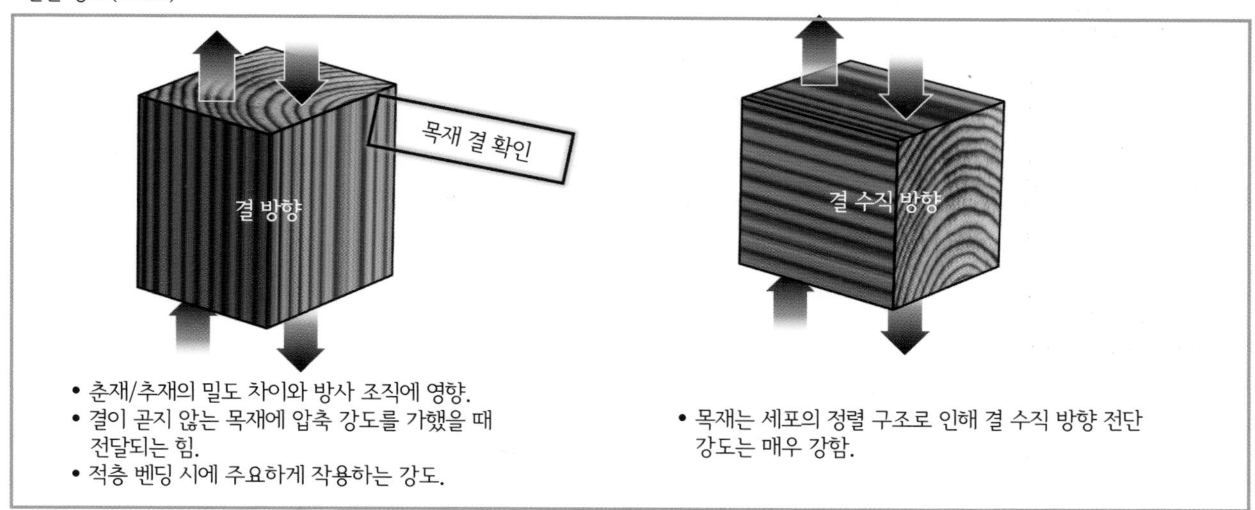

굽힘 강도

원목을 벤딩하거나 테이블의 가로대 등에서 작용하는 힘입니다. 압축력과 인장력의 복합적인 작용으로 목재의 치수에 따라 변형이나 파괴가 되는 정도가 크게 좌우됩니다.

굽힘 강도(bending)

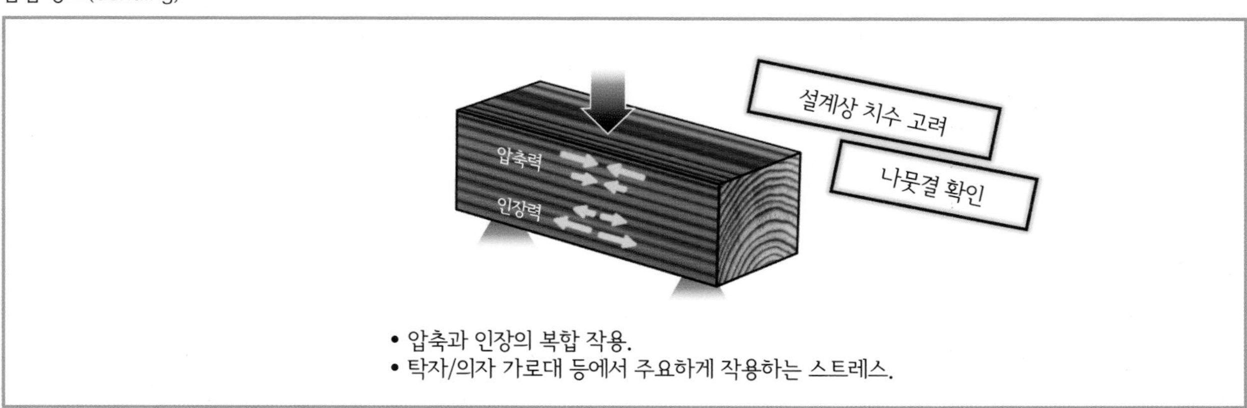

[참고] 탄성 한계와 비례 한계

스트레스가 어느 방향으로 가해질 때 그 힘이 비례 한계 이하라면 목재는 다시 원형으로 돌아오지만, 비례 한계 이상의 스트레스는 목재의 변형을 일으킵니다. 결의 옆면에서 작용하는 누르는 힘이나 목재에 가해지는 굽히는 힘에 대해 비례 한계점은 중요하게 작동합니다. 반면에 결의 양옆 방향에서 당기는 인장력이나 결의 앞뒤에서 어긋하게 가해지는 전단력으로 목재는 쉽게 파괴 한계에 도달합니다.

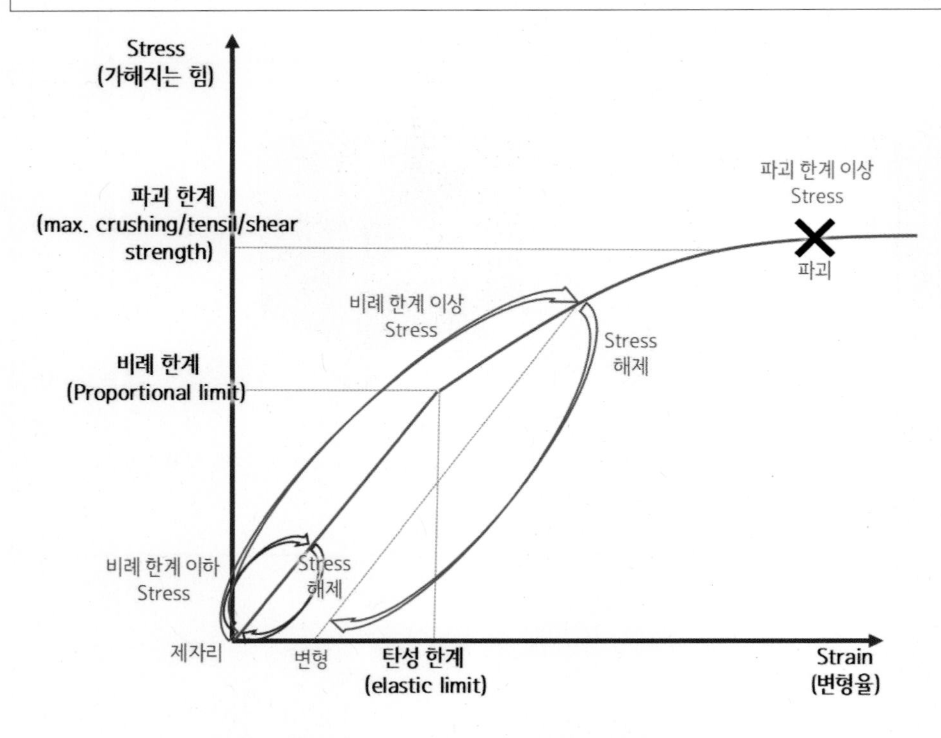

외부에서 가해지는 스트레스는 일정한 강도를 넘을 때 목재의 변형이나 파괴를 일으킵니다.

함수율과 강도

목재의 함수율이 낮을수록 강도는 증가합니다. 반대 성질을 이용해서 목재를 벤딩할 때 고온 수증기로 수분을 가해서 유연성을 증가시키기도 합니다.

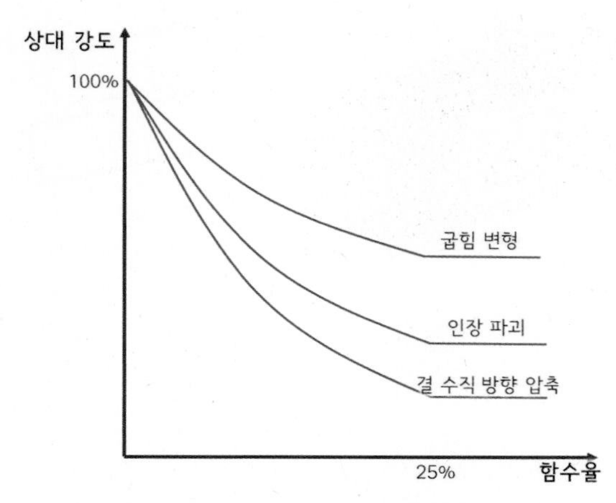

함수율이 25% 정도 이하부터는 섬유질 세포 자체의 수분(결합수)이 줄어들며,
목재의 강도가 증가합니다.

스트레스 적용 예

판재에 가해지는 인장력

목재는 결 옆 방향에서의 인장력에 매우 취약하며, 이는 설계 시 항상 고려해야 하는 사항입니다.

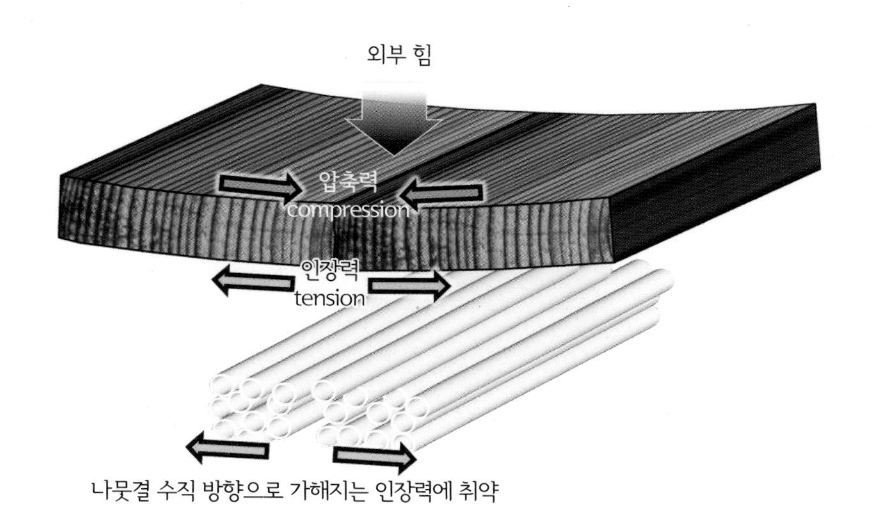

따라서 설계할 때 아래 왼쪽 그림처럼 구성해서는 안 됩니다. 일반적으로 쇼트 그레인은 사용하지 않는 방향으로 목재가 배치되어야 합니다.

각재에 가해지는 압력

결의 양끝에서 가해지는 압력에 매우 강하여(1cm² 당 300~400kg 지탱), 각재는 탁자 다리, 의자 다리 등 가구 부속뿐 아니라 건축물의 기둥으로 사용됩니다.

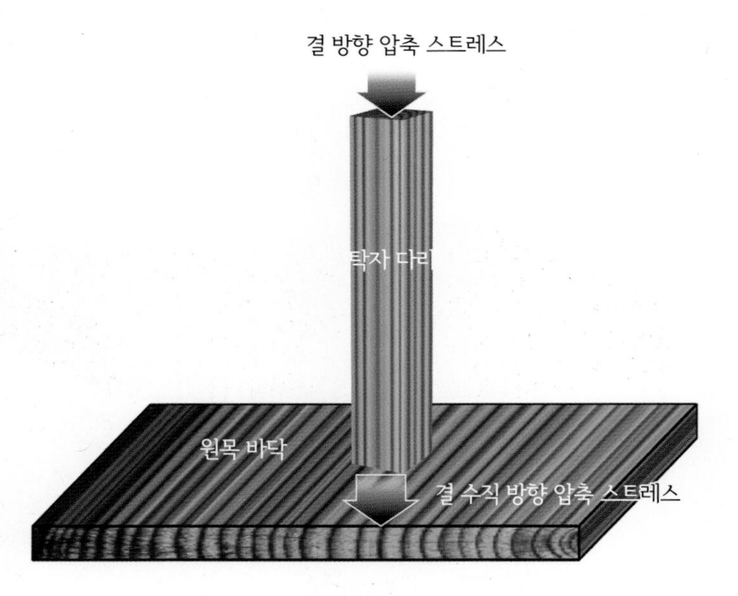

탁자 다리의 결 방향 압축 스트레스는 문제없으나, 원목 바닥에 전해지는
결 수직 방향의 스트레스에 대해서는 변형이 생깁니다.

결 옆 방향으로 가해지는 압력으로 목재가 쉽게 변형되어 도구 작업을 할 때나 조립을 위한 클램프 작업을 할 때 목재가 쉽게 찍히는 현상을 볼 수 있습니다. 이와 더불어 아래 그림과 같이 숫장부가 압력이나 함수율의 변화로 변형이 일어나면 짜임이 헐거워지기도 합니다.

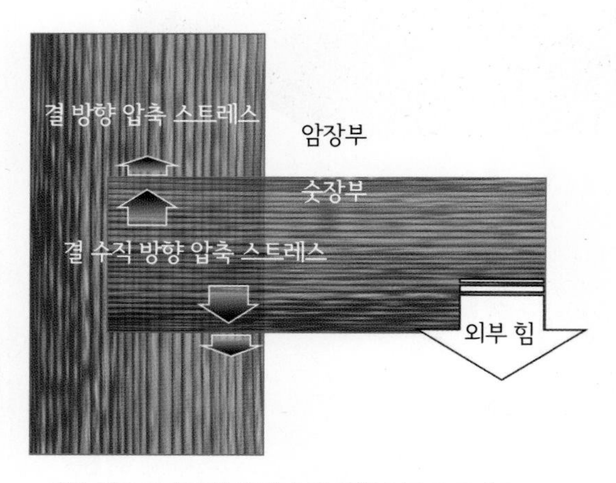

외부 힘으로 숫장부의 결 수직 방향으로 스트레스.
비례 한계를 넘어서면 변형으로 장부가 느슨해짐.

숫장부는 팽창 시, 비례 한계 이상으로 변형이 일어나고,
다시 수축되는 현상이 반복되면서 장부가 느슨해짐.

가로대의 굽힘 강도

각재가 옆쪽에서 한 방향으로 받는 힘, 즉 굽힘에 대한 스트레스는 힘을 받는 면의 압축 강도와 반대면 인장 강도의 조합입니다.

가로대는 탁자와 같은 가구에서 많이 사용되는데, 압력(P)이 커질 때 가로대의 길이(l)가 길수록 변형이 심해집니다. 반면에 두께(b)와 폭(d)이 클수록 변형은 줄어드는데, 여기서 변형의 정도는 길이의 세제곱에 비례하고, 폭의 세제곱에 반비례합니다. 가로대는 폭이 깊을수록 이에 효과적으로 대처할 수 있습니다. 더불어, 가로대가 견디는 힘(굽힘 강도)은 가로대의 길이에 반비례하고, 두께에 비례, 폭의 제곱에 비례합니다.

가로대의 길이가 길어질 때는 두께를 늘리기보다 폭을 깊게 하는 편이 기계적 강도 면에서 유리합니다. 가로대 중간에 보조대를 두는 것은 해당 위치에 추가적인 다리를 두지 않은 이상 가로대의 길이를 짧게 하는 효과는 없지만, 상판이 크면 이를 효과적으로 받쳐주고 힘을 분산합니다. 일반적으로 가로대의 길이가 1m를 넘으면 중간에 보조대를 두는 방법을 고려합니다.

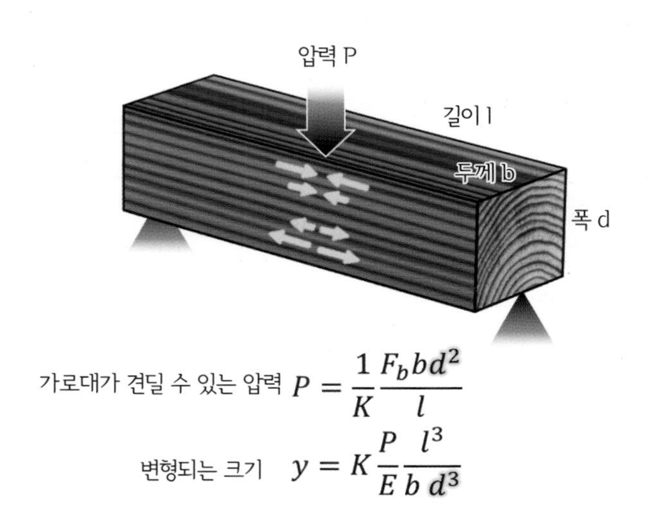

가로대에서 강도를 높이고 변형을 줄이려면 폭을 크게 하는 것이 가장 효과적입니다.
참고 문헌, R. Bruce Hoadley, *Understanding wood – A craftsman's guide to wood technology*, Taunton

결의 경사와 강도

목재는 결 방향의 압축력이나 인장력에는 강하지만, 목재의 결 방향이 일정하지 않아 실제 작업 시에 결 방향과 완벽히 일치하게 재단하기는 어려우며, 특히 곡선의 가공이라면 전체 부재에서 결 방향을 유지할 수 없습니다. 기계적 강도가 요구되는 곳에는 결 방향이 부재의 길이 방향에서 벗어나는 형태, 즉 쇼트 그레인을 최대한 피하는 것이 구조적 강도를 확보하는 기본적인 방법입니다.

결의 방향이 강도에 주는 영향은 정량적으로 다음과 같이 볼 수 있습니다. 압축 강도는 결의 경사가 1:10일 때 영향이 거의 없으나, 1:5이면 7% 감소합니다. 굽힘 강도나 인장 강도는 결 경사의 영향을 크게 받는데 1:1일 때 20% 감소하고, 1:5일 때 45%까지 감소하기도 합니다.

(R. Bruce Hoadley, *Understanding wood – A craftsman's guide to wood technology*, Taunton)

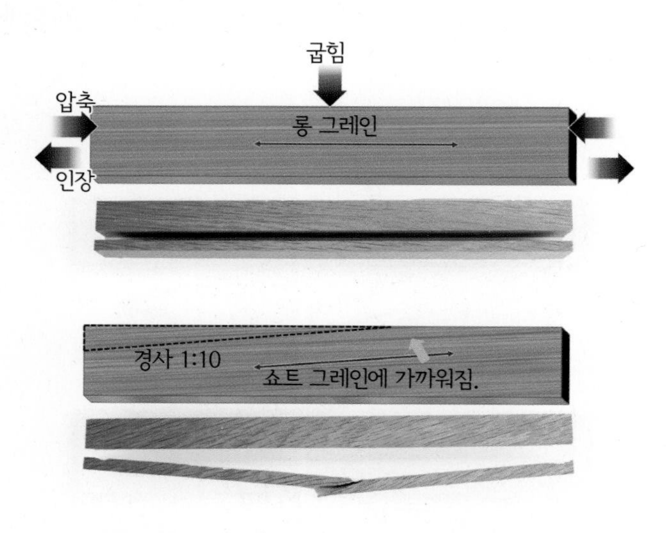

목재의 결 방향이 곧지 않을수록 외부 스트레스에 약해집니다.

수종별 강도

수종별로 압축 강도, 인장 강도, 전단 강도, 굽힘 강도를 정리하였습니다. 정확한 수치는 수종이나 조건마다 다를 수 있지만, 전체적으로 하드우드가 소프트우드보다 2배 정도 강도가 우수한 것을 볼 수 있습니다. 결의 옆면을 눌러서 변형을 일으키는 힘(결 수직 방향 압축 강도)보다 작은 힘으로도 결을 분리하는 방향에서는 목재를 파괴할 수 있으며(결 수직 방향 인장 강도), 이 힘의 6배 정도의 압력에도 결의 끝 방향에서는(결 방향 압축 강도) 목재가 파괴되지 않고 버틸 수 있습니다. 이 경우 결이 어긋나 있다면(전단 강도) 목재는 1/4배까지 약해질 수 있습니다.

목재		강도(12% MC, 단위 kgf/cm2)							
구분	명칭	압축 강도			인장 강도	전단 강도	굽힘 강도		
		비례한계	파괴한계	비례한계	파괴한계	파괴한계	비례한계	파괴한계	탄성계수
		결방향	결방향	결수직	결수직	결방향			
하드우드	화이트 오크 White Oak	334.7	523.1	75.2	56.2	140.6	576.5	1068.7	125146
	레드오크 Red Oak	322.0	475.3	87.9	56.2	125.1	597.6	1005.4	127958
	월넛 Black Walnut	406.4	532.9	87.9	48.5	96.3	738.2	1026.5	118115
	하드 메이플 Hard maple	379.0	550.5	127.3	40.8	163.8	667.9	1110.9	128661
	화이트 애시 White Ash	407.1	521.0	99.1	66.1	137.1	625.7	1082.7	124443
	블랙 체리 Black Cherry	419.0	499.9	59.8	39.4	119.5	632.8	864.8	104757
	자작 Yellow Birch	431.0	574.4	83.7	64.7	83.0	710.1	1167.1	141316
소프트우드	스프러스 Estern Spruce	260.1	384.6	38.0	25.3	75.9	457.0	689.0	94211
	레드파인 Red Pine	292.5	426.8	45.7	32.3	85.1	492.1	773.4	114600
	더글라스 퍼 Douglas-Fir	411.3	522.4	61.2	23.9	81.6	548.4	857.7	137098
	햄록 Western Hemlock	375.4	436.6	47.8	21.8	82.3	478.1	710.1	104757
	시더 Western Red cedar	306.5	352.9	42.9	15.5	60.5	372.6	541.4	78744

결 수직 방향 강도를 보면, 하드우드가 소프트우드에 비해, 장부 결합에서 장기적으로 문제가 생길 확률이 낮음을 예상할 수 있습니다.
수치 참고, R. Bruce Hoadley, *Understanding wood – A craftsman's guide to wood technology*, Taunton

나뭇결과 작업

나뭇결은 상황에 따라 섬유질 방향 또는 성장륜 모양을 의미합니다. 여기서는 섬유질 방향을 말하는 나뭇결을 기준으로 목공 작업에서 목재가 가지는 특징을 살펴보겠습니다. 나뭇결면에서 결을 따라 대패 등으로 작업할 때 가공 방향과 나뭇결 방향의 관계인 순결과 엇결을 구분해야 하며, 결면이 아닌 마구리면의 작업에서는 또 다른 특징을 볼 수 있습니다. 목재는 결 옆 방향으로 당기는 힘에 취약하여 이는 작업 시 결 뜯김 현상으로 나타나는데, 목공 작업 시 결 뜯김 현상에 어떻게 대처하는지도 알아 보겠습니다. 톱 작업의 경우에도 결을 따라 작업하는 켜기와 결의 수직 방향으로 작업하는 자르기로 구분합니다. 이 부분은 톱에 대한 내용을 다루면서 이야기하겠습니다.

부재 가공 방향이 정확하게 나뭇결과 일치하는 경우

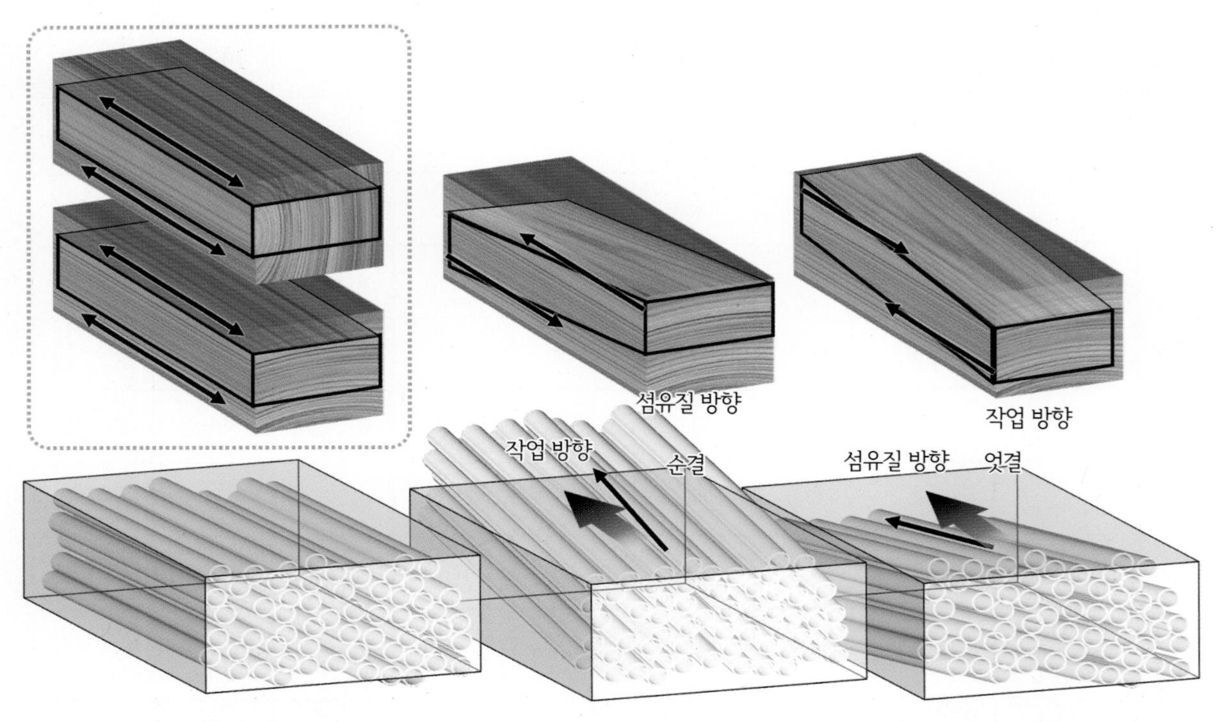

목재는 섬유질의 방향과 일치한 상태로 재단되지 않습니다. 결 방향으로 작업할 때도 목재 결이 위 또는 아래 방향으로 되는 경향을 띱니다.

순결과 엇결

목공 작업과 결

순결과 엇결은 나뭇결 자체의 구분이 아니라 나뭇결면에서 결 방향으로 작업할 때 섬유질의 상하 기울기 경향을 작업 방향과 연관해서 사용하는 용어입니다. 옆 페이지 왼쪽 그림과 같이 나뭇결이 가공 방향과 정확하게 일치하는 이상적인 경우에는 작업상 결의 구분이 필요 없으나 이 같은 상황은 현실적이라고 말할 수 없습니다. 작업 방향이 섬유질을 타고 따라가면 순결(with the grain)이라고 하며, 섬유질을 꺾으면서 가면 엇결(against the grain)이라고 합니다. 순결에서 반대 방향으로 작업하면 엇결 방향이 되는데, 한 방향 기준으로 윗면이 순결이면 보통 아랫면은 엇결이 됩니다.

나뭇결 확인

하나의 부재에서 결 방향이 하나로만 되어 있지 않은 경우가 많습니다. 옹이가 보이면서 주변에 양파 모양의 무늬가 나오면 결이 바뀌며, 물결무늬 메이플같이 결 방향이 복잡한 경우도 있습니다. 이렇게 하나의 부재에서 결 방향이 바뀌기 때문에 절삭 작업에서 엇결은 회피할 수 있는 문제가 아니라 극복해야 하는 문제가 됩니다.

결 방향은 대패 등 절삭 도구의 작업성과 밀접한 관계가 있는데, 제재목 상태에서 결 방향을 확인하기는 쉽지 않습니다. 가장 일반적이고 쉽게 결 방향을 확인하는 방법은 작업하면서 원활하게 진행되는지(순결), 결이 뜯지기 않는지(엇결) 확인해서 결을 찾는 것입니다. 눈으로 나뭇결의 방향을 확인하려면 작업하는 면이 아니라 옆면을 봐야 합니다. 손의 감촉이나 고운 천으로 양방향 작업 면을 문질러 확인하는 방법도 있습니다.

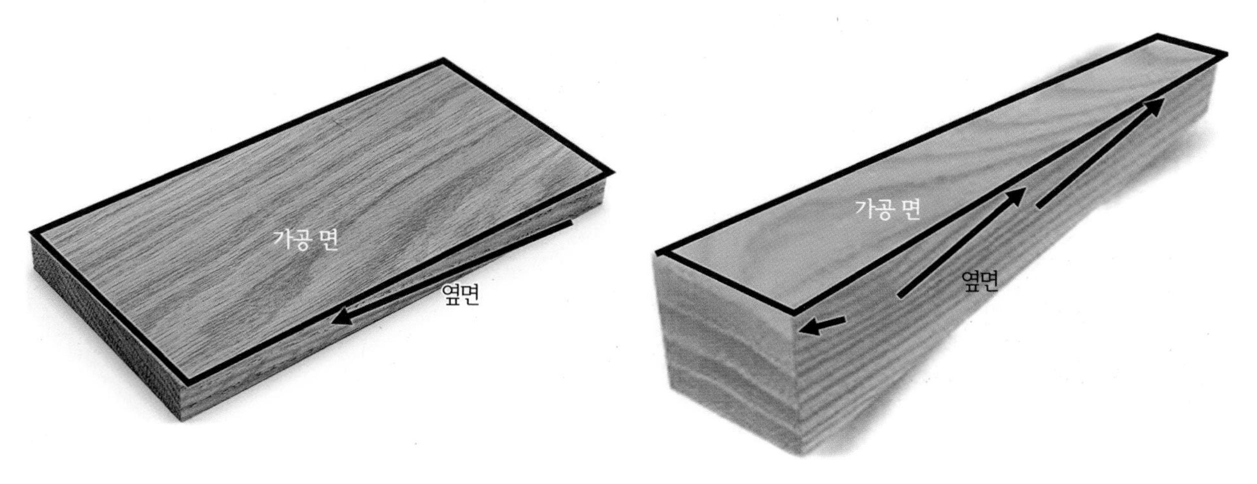

순결과 엇결의 판단은 가공 면이 아니라 옆면의 결로 확인할 수 있습니다.

나뭇결과 작업성

손대패(plane), 수압대패(jointer) 및 자동대패(thickness planer)는 되도록 순결 방향으로 작업하는 것이 좋으나, 목재의 결이 부재 내에서 바뀌거나 복잡한 경우가 많습니다. 손대패에서는 덧날의 세팅에 주의해야 하며, 수압대패나 자동대패에서는 헬리컬helical 또는 나선형(spiral) 날(cutter head)을 사용하는 것이 도움이 됩니다. 끌로 표면을 다듬거나 목조각(carving, whittling)을 하는 경우에도 결을 확인하면서 작업합니다.

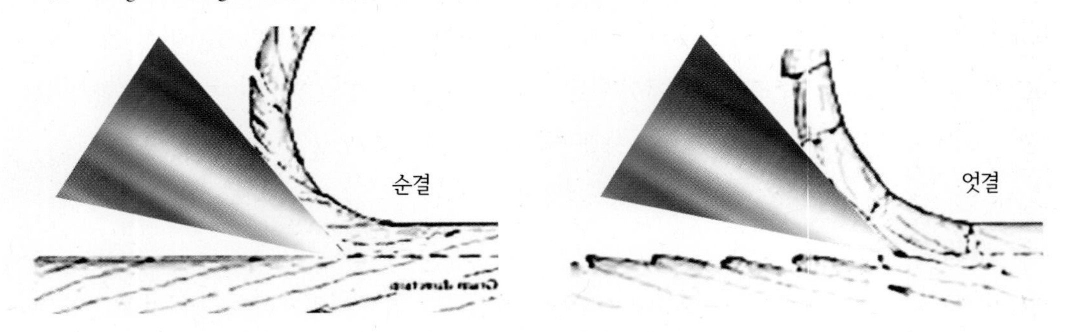

순결과 엇결은 결을 작업의 방향성과 연관하여 사용하는 용어입니다.

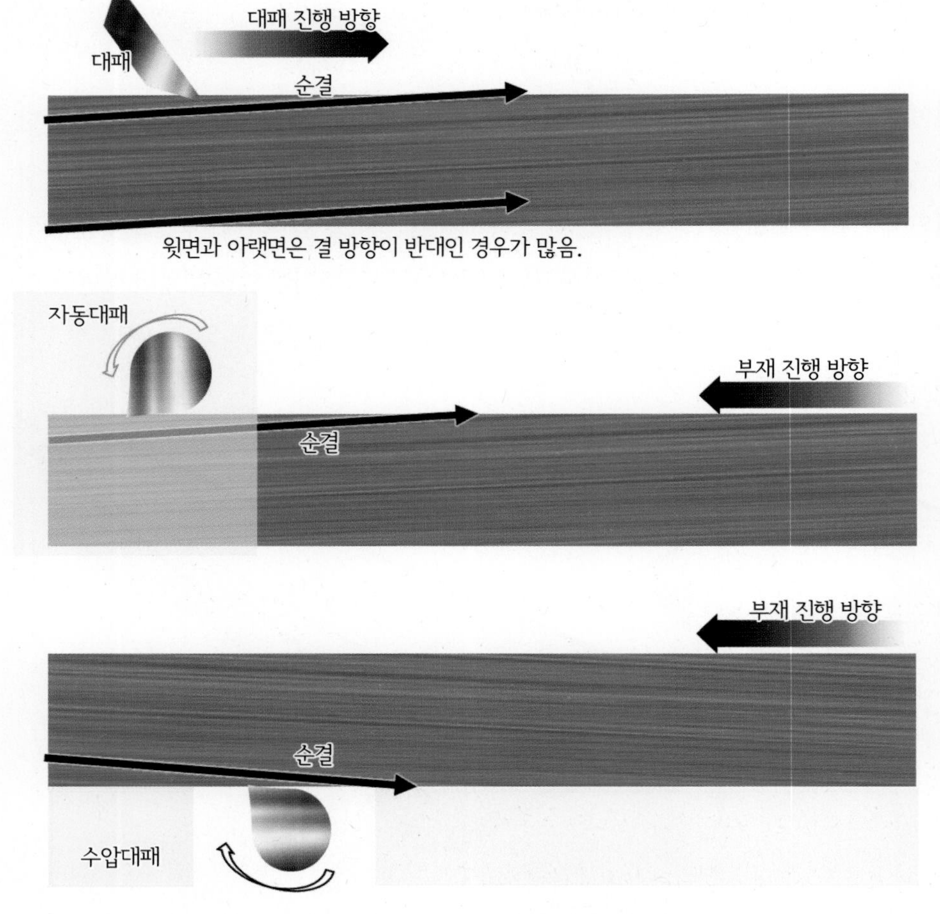

목공에서 절삭 작업은 가능하면 순결을 따라 작업합니다.

마구리면의 작업

마구리면(end grain)에서의 도구 작업은 결면의 작업과 다르게 접근해야 합니다. 대패의 경우, 결면 작업에서는 절삭각이 낮으면 누워 있는 결을 길이 방향으로 자르고, 절삭각이 높으면 결을 옆에서 긁는다고 볼 수 있는데, 마구리면에서는 절삭각이 낮으면, 결을 옆 방향에서 효과적으로 자르게 됩니다. 결 방향에서 고각의 대패가 매끄러운 표면을 만들지는 못하지만 엇결 작업이 용이하며, 마구리면에서는 저각의 대패가 유리한 이유입니다.

테이블쏘 사용 시, 마구리면을 켜기 펜스에 대고 밀면서 작업을 해야 하는 상황은 주의해야 합니다. 마구리면은 섬유질의 끝부분이라 가이드에 밀착된 상태로 원활한 이동이 되지 않을 수 있습니다. 더불어, 마구리면은 목재 섬유질의 특성상, 수분의 흡수와 배출이 많습니다. 조립 작업을 할 때 마구리면에는 접착제가 내부로 흡수되어 접착력이 매우 약해집니다. 오일 마감 작업을 할 때에도 마감재를 흡수해서 색이 많이 짙어지는 경향이 있습니다.

마구리면을 작업할 때 가장 유의해야 할 사항은 결 뜯김 현상입니다. 톱, 끌, 대패, 라우터 등 거의 모든 도구에서 나타나는데, 아래에서 상세히 설명합니다.

결 뜯김 현상

목재의 강도 부분에서 확인했듯이 목재는 결의 옆 방향 인장 강도에 매우 취약하며, 이는 마구리면을 작업할 때 결 뜯김 현상으로 나타납니다.

나뭇결 수직 방향으로 가해지는 인장력에 취약하여, 가장자리 부분이 쉽게 뜯겨 나갑니다.

결 뜯김 현상 방지

드릴, 톱, 대패, 끌, 라우터 등 모든 작업 시 공구가 나아가는 방향의 끝부분의 결은 쉽게 떨어지는데, 작업 시 이 부분을 고려해야 합니다. 일반적인 대처 방법은 다음과 같습니다.

♦ 반대면에 보조 부재를 덧댑니다. 드릴 작업이나 각끌기로 구멍을 내는 작업을 할 때 효과적으로 활용이 가능합니다. 마구리면 대패, 끌 작업에서는 결 뜯김 현상이 빈번하여, 부

재를 덧대기도 하며, 라우터 작업을 할 때도 라우터가 끝나는 부분에서 결이 뜯길 수 있다면 같은 높이의 부재를 대고 작업합니다.

- 한쪽 면에서만 작업하지 않고 양쪽 면에서 진행해서 가운데서 만나게 작업합니다. 끌이나 각끌기로 작업할 때 사용하는 방법입니다.
- 작업이 끝나고 조립이 완성되었을 때, 부재의 배치에 따라 밖으로 드러나는 면과 안쪽 면이 구분될 수 있습니다. 미관상 중요한 작업을 하는 경우 뜯기는 면이 드러나지 않도록 작업 방향을 정합니다. 등대기톱과 같은 정교한 톱에서는 크게 문제가 되지 않으나, 직쏘, 밴드쏘와 같은 공구에서는 작업 시 고려합니다.

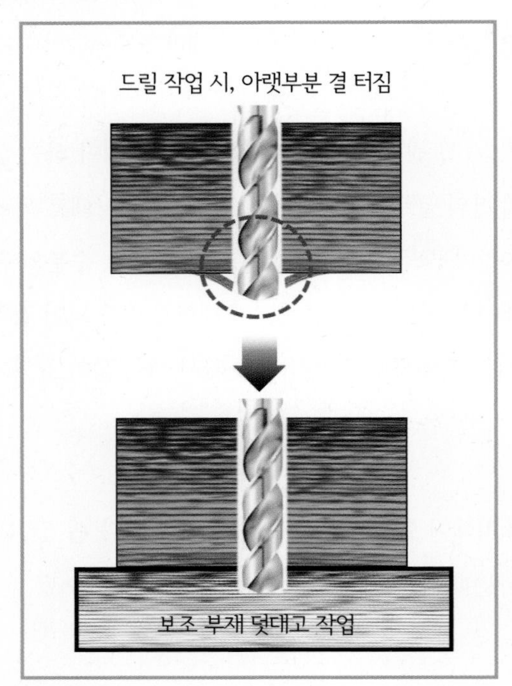

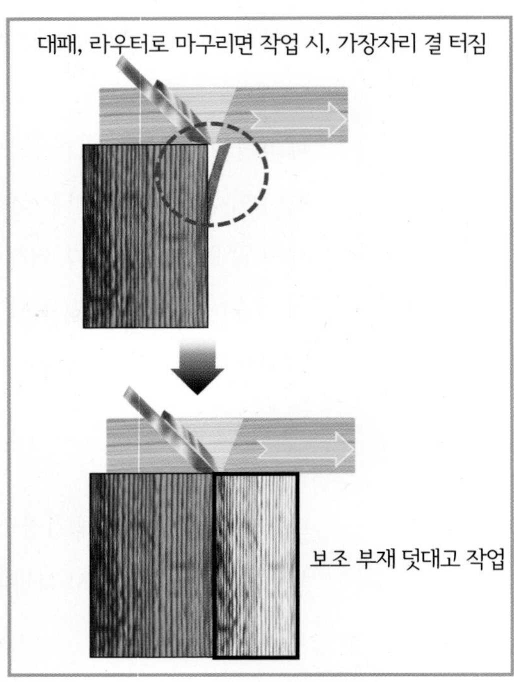

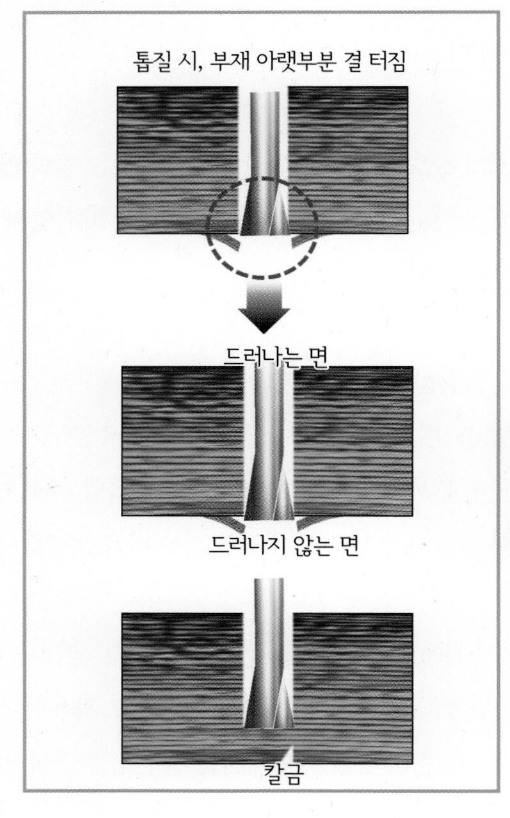

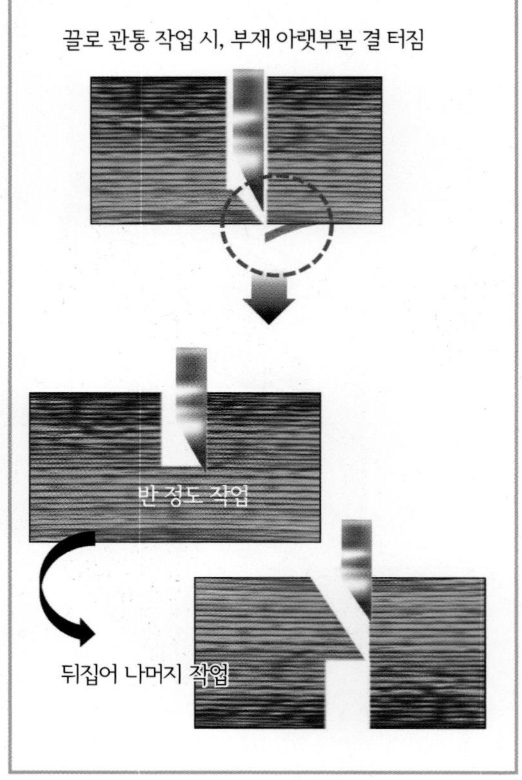

결 뜯김 현상을 볼 수 있는 몇 가지 예와 이에 대한 대책입니다.

함수율과 변형

여름철에 이불이 눅눅해지고, 겨울철에 피부가 건조해지며, 젖은 빨래를 널어 두면 얼마 후에 마르는 것을 확인할 수 있듯이 주변에 존재하는 많은 물질은 대기의 상대 습도와 평형을 이루려는 성질이 있습니다. 목재도 대기의 상대 습도에 따라 함수율이 변하는데, 목재를 다룰 때는 함수율에 따라 목재의 크기와 형태가 변한다는 점을 유념해야 합니다. 대기의 상대 습도가 지속적으로 달라짐에 따라 목재의 함수율도 변하고, 함수율의 변화로 목재의 치수와 형태도 변화를 반복합니다.

대기의 상대 습도 변화에 따른 목재의 변화는 가구의 디자인과 장기적 내구성에 영향을 미치는 중요한 요소이지만, 이 문제를 우리나라 환경에서 정량적으로 다룬 사례를 거의 찾아볼 수 없습니다. 목재의 건조 과정에서 생기는 변화, 상대 습도의 변화에 따른 함수율과 안정성을 구체적으로 살펴보고 나서 목공에서 이런 상황을 어떻게 해석해야 하는지 알아보겠습니다.

가구 제작 후 목재가 수축하거나 팽창할 수 있음을 고려해야 합니다.

목재의 건조 과정

목재는 생재生材(greenwood) 상태에서 자체 무게의 두 배에 가까운 수분을 함유하고 있으며, 건조 과정에서 수분이 빠지면서 수축 현상이 일어납니다. 건조가 어느 정도 진행된 목재는 대기 중의 상대 습도에 따라 함수율을 유지하는데, 이런 목재로 가구를 제작하면 완성품의 변형은 가구 제작 시의 목재 상태(함수율)를 기준으로 정해집니다. 완성된 가구에 생기는 변화를 살펴보기 전에 먼저 목재가 건조되는 과정을 통해 목재와 수분의 관계를 알아보겠습니다.

목재의 건조에서 가구의 제작까지

생재는 섬유질 사이의 수분인 자유수自由水와 섬유질 세포 자체의 수분인 결합수結合水를 포함하고 있으며, 소프트우드는 평균 200%가량, 하드우드는 평균 120%가량의 함수율을 나타냅니다. 건조 과정에서 세포 사이의 자유수가 모두 없어지면, 함수율은 30% 정도가 되며, 이후 추가 건조가 진행되면 세포 내 결합수가 감소하면서 목재의 변형이 일어납니다. 이 시점을 '섬유 포화점'이라고 합니다.

목재를 벌목하고 나면 함수율이 낮아져 수축하지만, 일정 함수율에 도달한 뒤에는 수축과 팽창을 반복합니다.

건조해야 하는 이유

목재를 건조하면, 완성된 가구의 크기 변화와 변형을 줄일 수 있습니다. 일반적으로 함수율 22% 이하로 건조된 목재는 부패하지 않고 곰팡이나 얼룩이 거의 생기지 않는데, 이는 함수율이 낮으면 곰팡이가 성장하는 데 필요한 수분이 충분하지 않기 때문입니다. 더불어, 건조목은 생재보다 두 배 가까이 강도가 높아지고, 목재가 날물에 끼이는 현상이 줄어서 기계 작업이 쉬워집니다. 전기와 열이 전달되지 않는 절연 효과도 커지고, 목재의 무게가 줄어서 운송비가 저렴해진다는 장점도 있습니다.

목재 건조의 동력

목재를 건조하려면 목재 내부의 수분, 즉 수액과 수증기를 움직이는 힘이 필요합니다. 건조는 목재 내부에서 외부로 수분이 이동하는 과정으로 볼 수 있으며, 이 과정에서 수분 이동의 원동력은 열, 모세관 현상, 증기의 부분적 압력 차이, 함수율의 기울기, 화학적 차이, 삼투압 등으로 볼 수 있습니다. 목재의 수분은 목재 전체에서 동일하게 되려는 경향이 있는데, 목재의 표면이 내부보다 건조하면 수분은 많은 곳(내부)에서 적은 곳(표면)으로 이동하고 확산하며, 목재 표면의 수분은 대기의 습도에 따라 제거(증발)됩니다.

수분의 통로

목재가 건조될 때 수분이 지나가는 통로는 물관이나 세포 내부 공간, 세포벽의 세포막 틈과 목재 표면까지 이어지는 통로, 방사 세포 등이 있으며, 이런 통로는 목재의 공극성(porosity), 밀도(density), 투과성에 따라 달라집니다. 하드우드 목재 내부 공극의 구조와 분포는 목재 내부의 수분 확산에 크게 영향을 미칩니다. 밀도도 중요한 요소로 일반적으로 가벼운 목재의 건조가 더 빠르게 진행됩니다. 투과성은 수분이 얼마나 쉽게 이동하느냐를 정하는 척도로 목재마다 특성값으로 다른 수치를 나타내는데, 소프트우드는 일반적으로 투과성이 커서 하드우드보다 쉽게 마릅니다. 소프트우드는 세포 내부 공간이 크고, 세포벽이 얇으며, 세포벽에 틈이 많아서 세포 사이로 이동하는 통로가 하드우드보다 많기 때문입니다. 변재에서는 수분 이동이 자유로우나, 심재에는 추출물이 있어서 수분 이동에 방해가 되기도 합니다.

목재의 구조와 수분의 이동

수분의 이동은 나뭇결 옆 방향보다 나뭇결을 따라서 10~15배 더 빠르게 진행되지만, 일반적으로 제재목은 두께 방향이 길이 방향보다 훨씬 짧고 수분의 이동 거리도 짧아져 대부분 건조는 나뭇결 수직 방향으로 진행된다고 볼 수 있습니다. 목재를 리쏘잉할 때 새롭게 드러난 면의 수분 변화가 급속히 진행되어 목재의 변형이 일어나는 현상에서도 확인할 수 있습니다.

제재목은 주로 나뭇결의 수직 방향으로 건조가 진행되고, 나뭇결 방향 수분 이동의 영향은 목재의 양끝에 집중되어 전체 목재에서 끝만 빠르게 건조되는 경향이 있습니다. 이러한 마구리면에서 급격한 수분의 변화로 제재목의 양끝이 쉽게 갈라져서 목재 보관 시 페인트 등으로 마구리면을 칠하기도 합니다.

나뭇결에 따른 목재의 변형

나뭇결(섬유질)의 방향은 크게 결 방향과 결의 직각 방향으로 나눌 수 있으며, 결 직각 방향은 성장륜의 분포에 따라 다시성장륜 방향과 방사 방향으로 구분합니다.

목재 구조상 결 방향으로는 함수율의 변화에 따른 수축과 팽창이 거의 일어나지 않으며, 결의 수직 방향에서만 치수 변화가 생깁니다. 결의 수직 방향에서는 성장륜 방향이 방사 방향보다 두 배 가까운 변형이 더 일어날 수 있으나, 판재의 성장륜이 복잡하게 분포되어 정확한 구분이 쉽지 않은 경우가 많습니다. 세부적인 변형률은 수종에 따라 다르게 나타납니다.

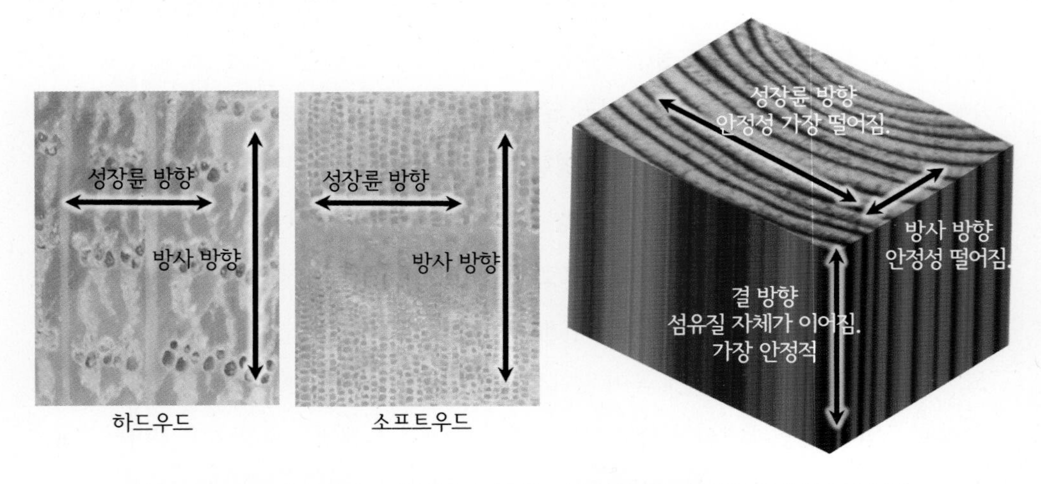

나뭇결 방향으로는 수축과 팽창으로 인한 변형이 거의 없으며, 성장륜 방향으로 크기 변화가 가장 심합니다.

목재는 결 방향일 때가 가장 안정적입니다. 이는 빨대 모양으로 된 섬유 세포의 길이 자체가 수분 때문에는 거의 달라지지 않기 때문입니다. 반면, 빨대 내부의 공간이 변화하듯, 결의 수직 방향에서 함수율의 변화에 따라 수축과 팽창이 일어나는데, 성장륜이 퍼져 나가는 방사 방향에서 섬유질의 밀도가 높고, 성장륜을 따라가는 방향에서는 방사 방향보다 밀도가 낮아져서 수치 변화에 대한 안정성도 낮아집니다. 목재가 건조되면, 생재의 섬유 포화점에서 완전 건조까지 성장륜 방향으로 8~10%, 방사 방향으로 4~5% 수축하고, 결 방향으로는 거의 변화가 없다고(0.01%) 볼 수 있습니다. 더불어, 목재 바깥쪽(변재 가까운 쪽, 성장륜이 성김)이 중심부(심재 가까운 쪽, 성장륜이 조밀)보다 변화가 큰데, 이는 치수 변화와 더불어 판재의 변형(너비 굽음)을 일으킵니다.

목재 변형율
생재(Greenwood)에서 완전 건조(oven dry)까지 수축

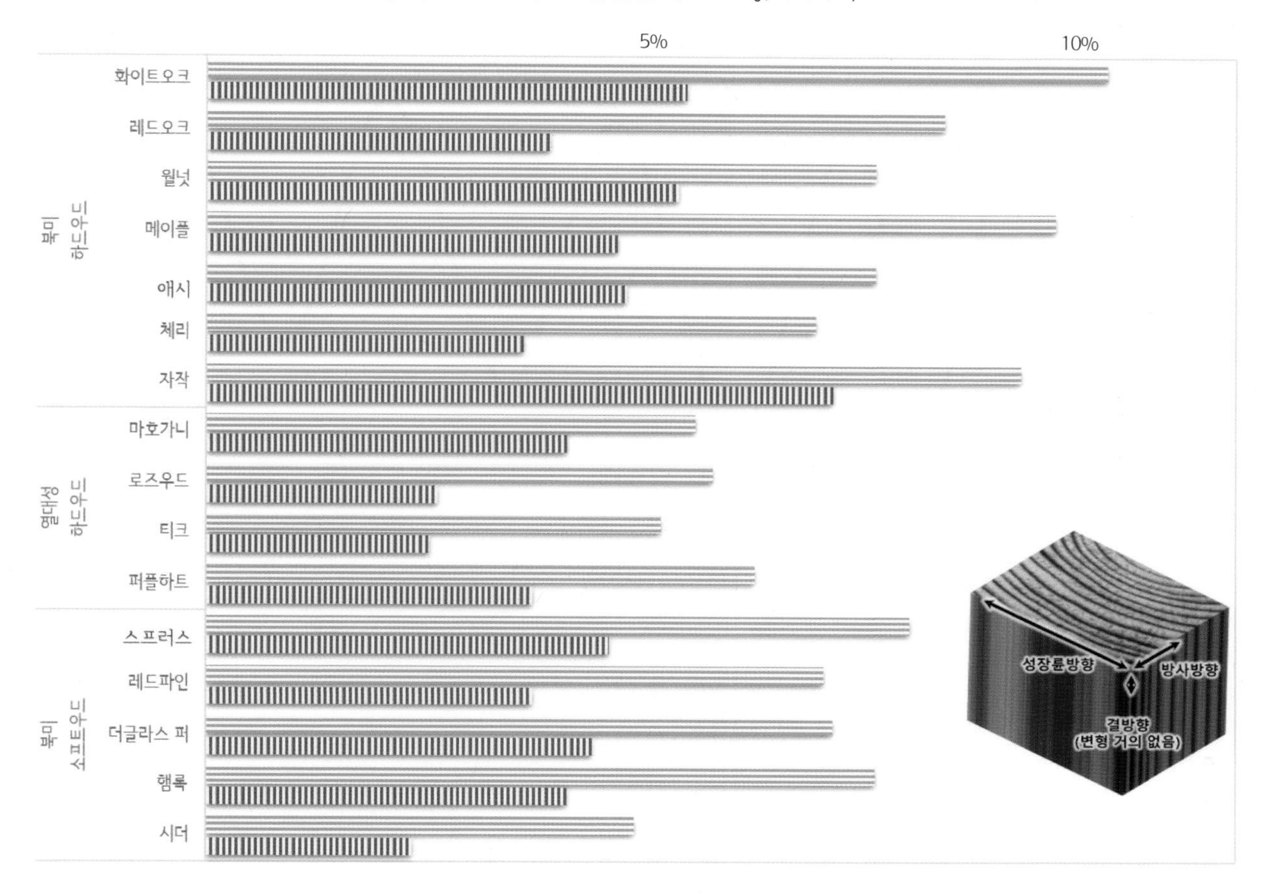

생재에서 완전 건조까지 치수 변화율로, 가구 제작 후의 변화율은 아닙니다.
수치 참고, R. Bruce Hoadley, *Understanding wood – A craftsman's guide to wood technology*, Taunton

대기 중 습도에 따라 목재는 얼마나 변형될까요?

가구를 제작하면서 가구 완성 후에 목재가 얼마나 수축하거나 팽창할지를 예상하는 일은 매우 중요합니다. 앞에서는 목재가 생재 상태에서 건조 과정을 거치면서 진행되는 수축 현상을 중심으로 수분에 의한 목재의 반응을 보았는데, 여기서는 지속적인 환경 변화에서 목재 함수율과 치수가 어떻게 변하는지 살펴보겠습니다.

목재는 대기의 상대 습도에 따라 일정한 함수율을 유지하려는 성질이 있고, 이를 '평형 함수율'이라고 부릅니다. 이 과정에서 목재 내부의 함수율이 변함에 따라 결의 옆 방향에서 치수 변화가 일어나는데, 대기 중 상대 습도에 따라 목재에서 어떤 치수 변화가 일어나는지 파악하려면 대기의 상대 습도와 목재의 함수율 사이의 관계를 파악한 후, 목재의 함수율과 치수 변화의 관계를 다시 연결해서 봐야 합니다.

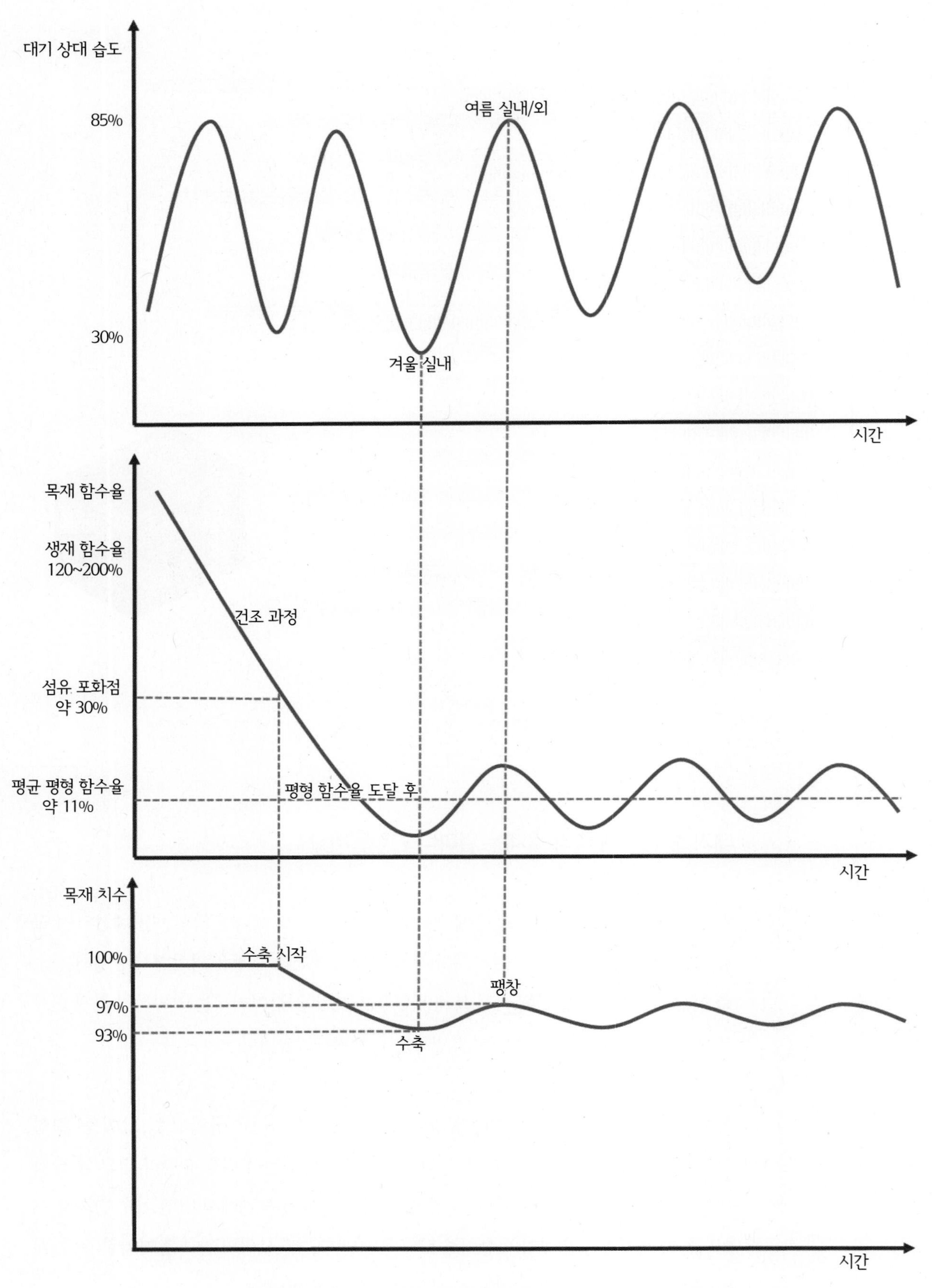

대기 중 상대 습도에 따라 목재의 함수율이 변하고, 함수율의 변화에 따라 목재의 치수가 변합니다.

상대 습도에 따른 평형 함수율

우리나라 기후에서 대기의 상대 습도는 2~4월 약 50%에서 7~8월 최고 85%로 변하여, 목재를 실외에서 보관한다면 1년 동안 50%에서 85% 사이의 상대 습도에 노출된다고 볼 수 있습니다. 가구의 경우에는 일반적으로 실내에서 사용하므로 기후에 의한 상대 습도와 더불어 실내 환경도 고려해야 합니다. 겨울철 실내 난방을 고려한다면 상대 습도는 30%까지 낮아질 수 있어서 우리나라 환경에서 가구는 결과적으로 30~85% 범위의 폭넓은 상대 습도 변화를 경험한다고 볼 수 있습니다.

이런 상대 습도에 따른 목재 함수율은 아래의 그림(Hailwood-Horrobin model)과 같이 해석할 수 있습니다. 겨울철 실내에서 대기 중 상대 습도가 30%일 때 목재의 함수율은 6%에 수렴하며, 여름철 습도가 85%일 때 목재의 함수율은 18%까지 증가합니다. 즉 상대 습도가 30~85%로 변하는 우리나라 환경에서 목재의 함수율은 6~18% 범위에서 변합니다.

목재의 건조나 유통의 관점에서는 실외 대기의 상대 습도 50~85%(평균 70%)를 기준으로 기건 함수율氣乾含水率을 9~18%(평균 13~14%)로 볼 수 있으나, 가구가 경험하는 상대 습도는 겨울 실내 환경을 고려해서 30~85%(평균 60% 이하)로 봐야 하며, 이때 평형 함수율平衡含水率은 6~18%(평균 11% 이하)로 보는 것이 타당합니다.

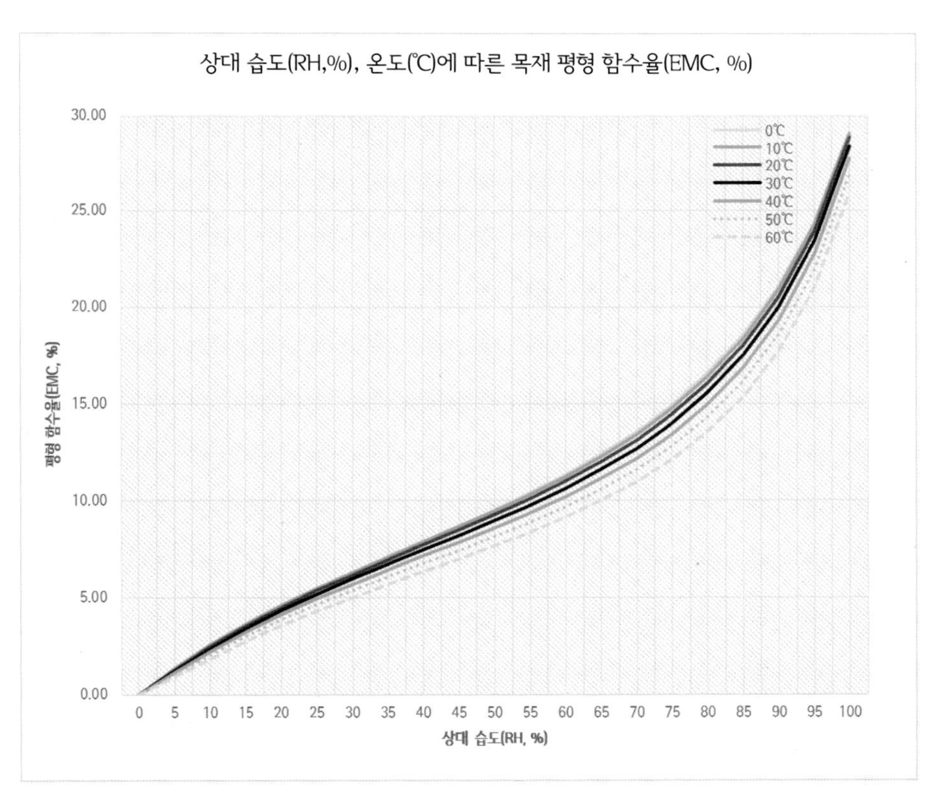

목재의 수분은 대기 중 습도와 평형을 이루는 성질이 있습니다.

목재의 함수율을 파악하는 가장 정확한 방법은 함수율 측정기로 확인하는 것이나, 작업장의 상대 습도를 안다면 앞의 그래프를 이용하여 목재의 함수율을 유추할 수 있습니다. 상대 습도만으로 간단하게 함수율의 근사치를 예상하려면, 상대 습도를 5로 나누어 볼 수도 있습니다. 예를 들어 대기의 습도가 60%일 때 함수율은 12%(= 60/5)정도입니다. 단, 목재의 초기 상태 등 여러 조건에 따라 대기의 상대 습도와 목재의 함수율이 평형이 되는 데는 일정 시간이 소요되는 점도 염두에 두어야 합니다. 현재의 상태를 측정하였으면 그 수치에 대해 해석할 필요가 있는데, 상대 습도가 55~60%인 경우, 목재가 연평균 평형 함수율 11%에 가깝다고 보면 됩니다.

함수율에 따른 목재 변형률

북미산 하드우드 기준으로 목재의 함수율에 따르는 치수 변화는 아래 그래프와 같이 추정해볼 수 있습니다. 상대 습도 30~85%의 범위에서 함수율 변화는 6~18%이며, 이에 따라 목재의 치수는 3~7% 사이에서 움직이는 것을 볼 수 있는데, 따라서 목재는 최대 4% 가량의 치수 변화가 있다고 볼 수 있습니다. 이 수치는 북미산 오크, 월넛, 메이플 등 일부 목재에 대한 평균 변화율 기준으로 성장륜 방향, 즉 목재가 경험할 수 있는 치수 변화의 최대치로 해석한 것입니다.

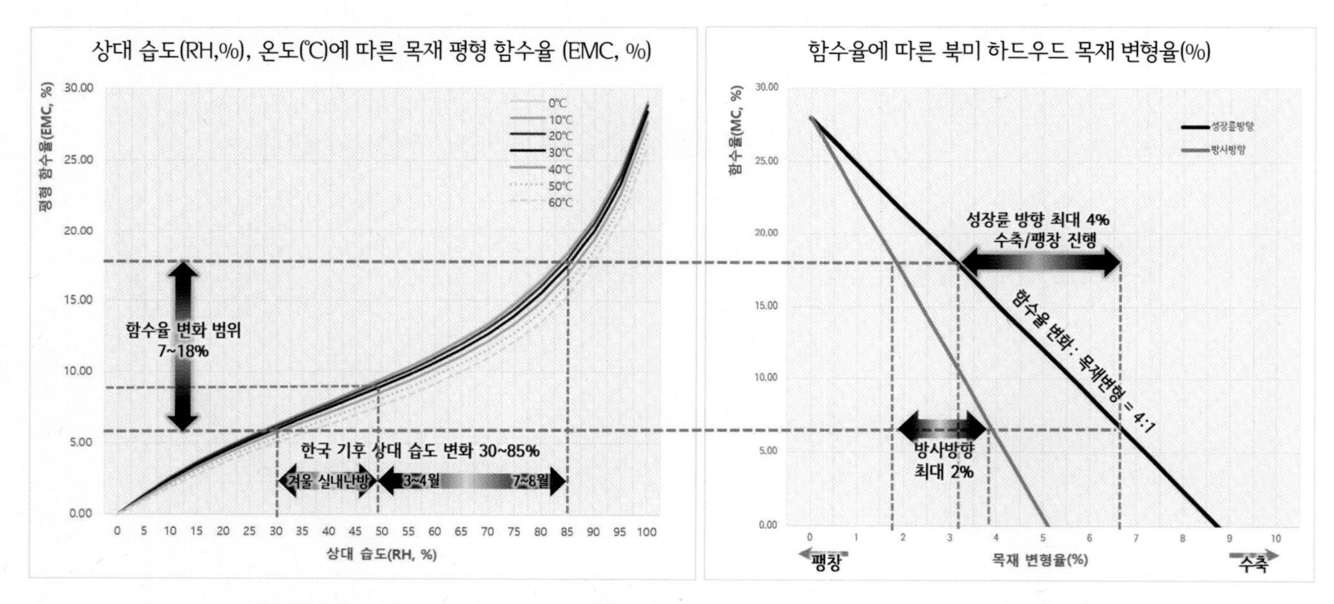

한국의 실내 습도 변화는 여름 85%에서 겨울 30%로 상당히 큽니다. 이에 따라 목재는 최대 4%까지 변화한다고 볼 수 있습니다.

겨울철 실내의 상대 습도 30%를 고려하면, 가구가 경험하는 함수율의 평균치는 11% 정도인데, 현재 목재의 함수율이 평균치라면 수축과 팽창이 최대 2% 정도까지 발생할 수 있다고 예측할 수 있습니다. 함수율이 평균보다 높으면 가구 제작 후 수축 현상이 많고, 낮으면 팽창 현상이 많이 일어난다고 볼 수 있습니다.

함수율이 변하는 데 걸리는 시간

빨래를 널었다고 해서 바로 마르지 않듯이, 목재가 대기의 습도와 평형을 이루는 데에도 시간이 필요합니다. 그렇다면 목재가 평형 함수율에 도달하는 시간은 얼마나 걸릴까요? 초기값, 수종, 온도, 마감 종류 등 여러 가지 변수가 있으나, 초기 함수율 14%의 목재가 50%의 상대 습도(평형 함수율 9%)에 노출되는 경우를 예로 확인해보겠습니다. 심슨 체르니츠Simpson and Tschernitz의 공식을 기준으로 위의 상황을 도식화해 보면 아래 그림과 같이 날짜가 지남에 따라 초기에는 급격하게, 이후에는 완만하게 상대 습도 50%의 평형 함수율인 9%로 수렴하는 것을 볼 수 있습니다.

환경이 달라진 뒤 2주 정도까지는 목재의 함수율이 급격하게 변하므로 외부 창고에 저장한 제재목을 실내로 가져와 작업할 때는 목재가 실내 환경에 적응할 시간을 어느 정도 가지는 것이 좋습니다. 현악기를 제작하는 경우에는 얇은 목재를 정교하게 다루어야 하므로 작업 환경에 많은 주의를 기울입니다. 가구를 만드는 경우에도 작업 도중에 목재의 치수가 변화하는 것을 느낄 수도 있습니다. 습도의 변화가 큰 시기에는 정확한 크기로 가공한 장부 결합이 며칠 후 다시 맞추어볼 때 다소 헐거워져 있는 것이 발견되기도 합니다. 치수의 변화와 별도로 목재의 변형, 즉 너비 굽음 현상은 목재 표면에서의 급격한 수분 변화로 함수율의 변화가 진행되는 도중에 더 많이 나타날 수 있습니다.

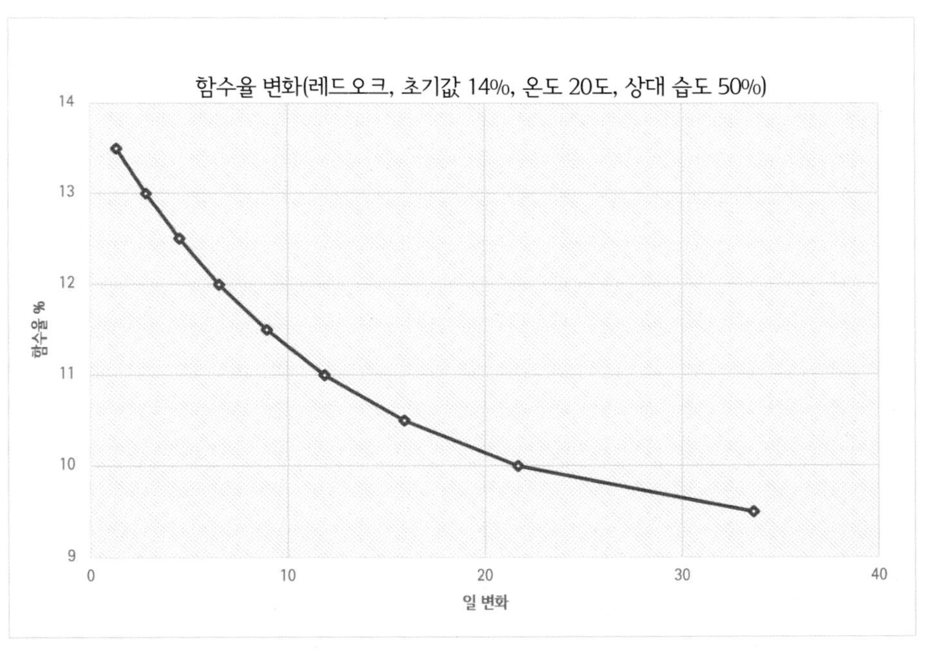

함수율의 변화는 초기 2주 동안 크게 나타날 수 있습니다.

국내 연간 상대 습도 변화와 평형 함수율

국내의 연간 상대 습도와 그에 따른 평형 함수율의 변화를 보겠습니다. 아래는 기상청의 자료를 기준으로 서울에서 2018년부터 2020년까지의 매달 초, 중, 하순의 상대 습도의 평균값, 표준 편차와 그에 따른 평형 함수율을 표시한 그래프입니다. 상대 습도의 10일 단위 평균값은 일 년 동안 45%에서 75% 사이에서 변하며, 일별 자료를 고려하면 최소 30%에서 최대 90%까지 움직입니다(전체 평균 60%). 이 자료는 실외 기준이지만, 난방이 되는 겨울철 실내 환경과 습한 여름에 상당 기간 지속될 수 있다는 사실을 알 수 있습니다. 이에 따른 목재의 평형 함수율도 10% 미만의 구간과 20%에 가까운 구간이 있어, 국내의 목재와 가구는 1년 동안 상당히 급격한 함수율의 변화를 경험하게 됩니다.

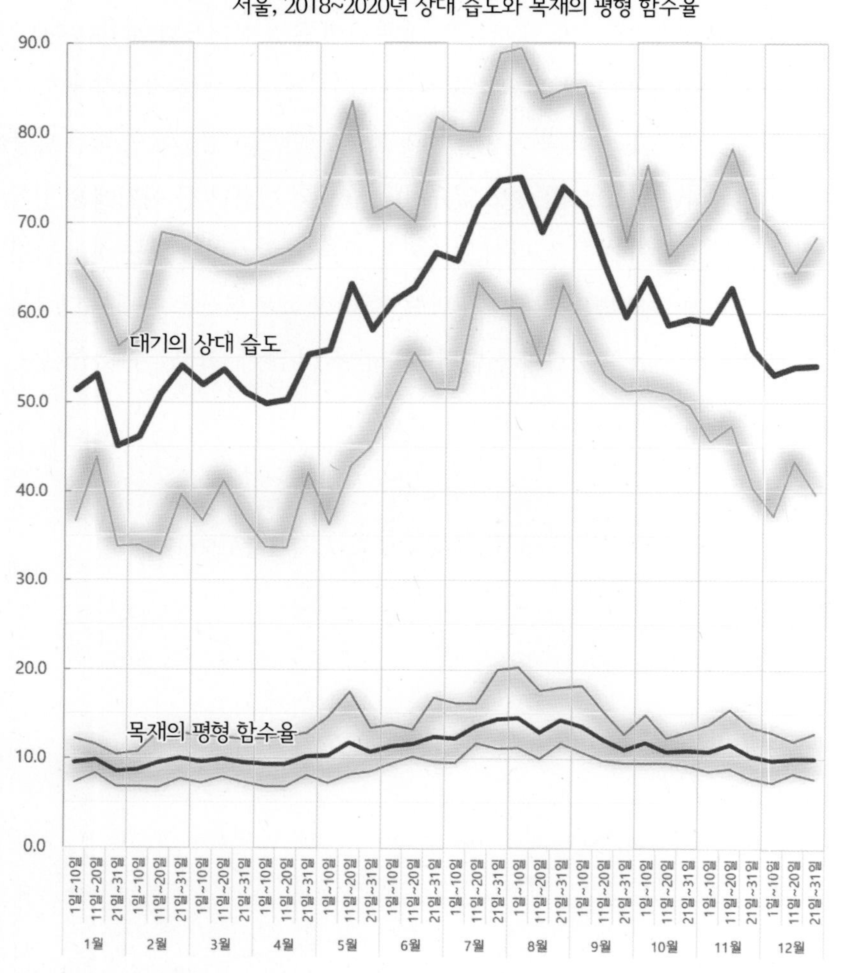

목공 작업을 할 때 상대 습도를 파악하고 목재의 상태를 유추해 보는 것은 좋은 습관입니다. 한여름이나 장마철과 같이 습도가 높은 환경에서 일정 기간 노출이 된 목재로 작업한다면 완성이 된 후에는 대부분 수축이 진행될 것이며, 겨울 실내와 같이 낮은 상대 습도에서 작업이 진행되고 있다면 이후에는 대부분 목재 팽창 현상이 일어날 것을 예상할 수 있습니다. 상대 습도가 급격하게 변화하는 시기라면 목재 표면의 함수율 변화가 크게 일어나 목재가 휘는 변형에 대비해야 합니다.

치수 변화와 형태 변화

목재에서 함수율이 변화하면 이에 따른 수축과 팽창이 진행되며, 치수의 변화와 형태의 변화, 즉 변형이 생깁니다. 이러한 변화는 목재의 구조와 밀도에 따라 목재 내에서도 방향성을 가지는데, 목재에서 함수율 변화에 따른 치수 변화와 변형을 해석하려면 섬유질 결 방향과 성장륜 결 방향을 함께 보아야 합니다.

♦ (섬유질) 결 방향으로는 수축과 팽창이 없으며 (섬유질) 결의 수직 방향에서 수축 팽창으로 목재의 치수가 변화합니다.

♦ (성장륜) 결이 성기게 보일수록 수치가 변화하는 정도가 크고, (성장륜) 결이 조밀하게 보일수록 수치 변화의 정도가 줄어들 수 있습니다. 이러한 차이로 수치 변화뿐만 아니라 목재의 변형이 생길 수 있는데, 성장륜 결 모양은 마구리면에서 확인할 수 있습니다.

결의 수직 방향에서의 변형은 방사 방향과 성장륜 방향으로 나누어 해석하기도 하나, 목재에서 성장륜의 모양이 매우 다양하게 나타나므로 이런 구분은 실제 목공에서 유용하지 않으며, 마구리면에서 볼 때 해당 방향에서 성장륜이 얼마나 조밀한가를 보는 것이 실용적입니다. 성장륜은 목재의 밀도가 변하는 부분으로, 성장륜이 성길수록 치수 변화가 많이 일어납니다. 하나의 목재에서 생기는 이러한 부분적인 차이로 인해 수치 변화와 더불어 형태 변화가 발생합니다.

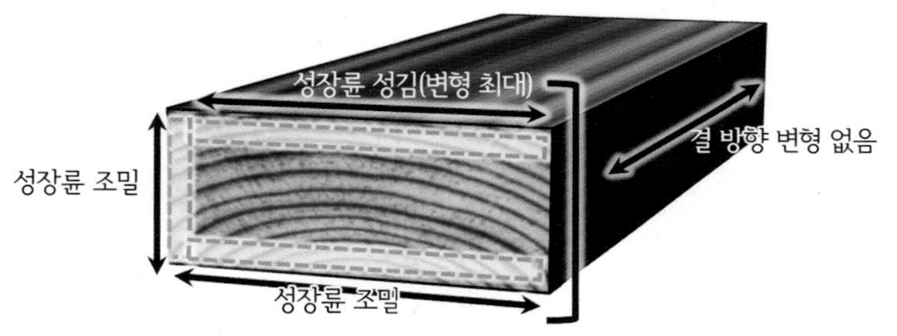

(섬유질) 결의 수직 방향에서 수축과 팽창이 일어나며,
(성장륜) 결이 조밀하게 보이는 방향에서 변형의 정도가 낮아집니다.

각재의 치수 변화

일반적으로 각재끼리 연결할 때는 습도에 따른 치수 변화를 민감하게 관리하지 않습니다. 수치로 볼 때 만약 24mm 두께의 각재에서 숫장부의 두께가 8mm라면, 최대 4% +/- 0.16mm 정도의 변화를 예상할 수 있어 무시할 수 있는 수치로 볼 수 있습니다. 그러나 각재의 짜임에서 이런 변화가 가압 수축의 형태로 잠재적인 문제를 일으킬 수도 있는데, 이를 고려하면 짜임에서 각재의 성장륜이 조밀하게 보이는 방향, 즉 방사 방향면을 결합에 사용하는 편이 장기적인 관점에서 유리합니다. 테이블의 다리로 사용해서 두 면을 짜임에 쓰는 경우에는 다음의 가운데 그림과 같은 리프트쏜을 이용하는 것이 좋습니다.

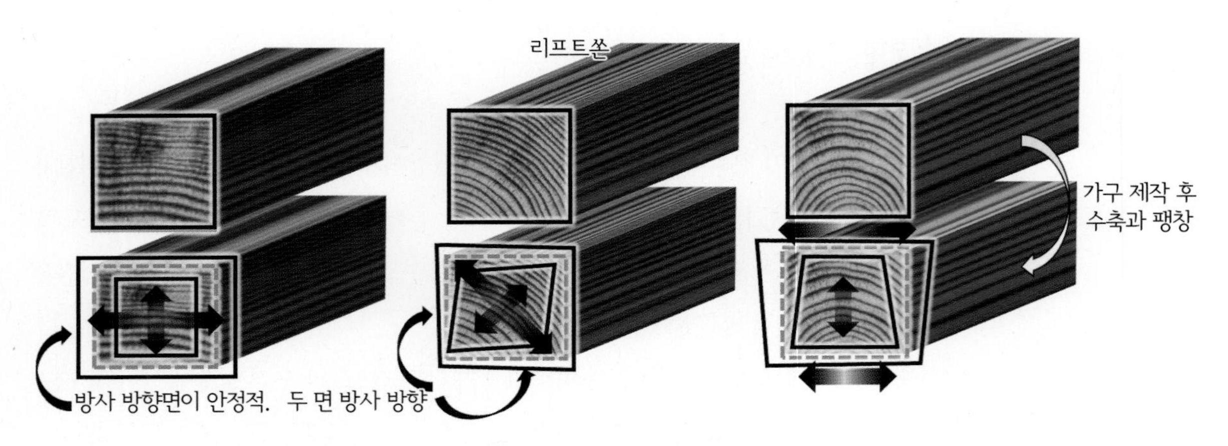

방사 방향면(성장륜이 많이 보이는 면)에서 변형에 안정적입니다.

판재의 치수 변화

판재의 너비 쪽으로는 수축과 팽창이 항상 일어날 수 있다고 생각해야 합니다. 널결이 곧은결 판재보다 치수의 변화가 큰데, 널결에서 성장륜의 곡률이 크다면 치수 변화와 더불어 너비 굽음 등의 변형이 나타납니다.

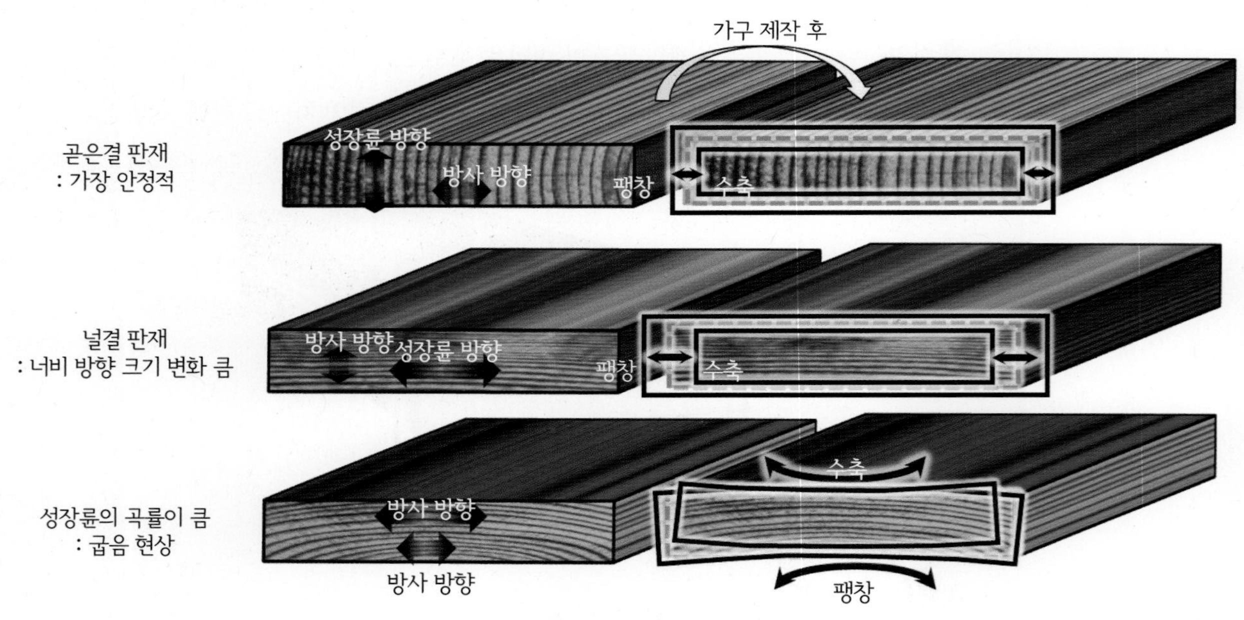

곧은결 판재보다 널결 판재가 너비 방향에서 크기나 모양의 변형이 크게 나타납니다.

구멍의 수축 팽창

구멍은 수축으로 작아지고 팽창으로 커지는데, 변화가 모든 방향에서 일어나지는 않습니다.

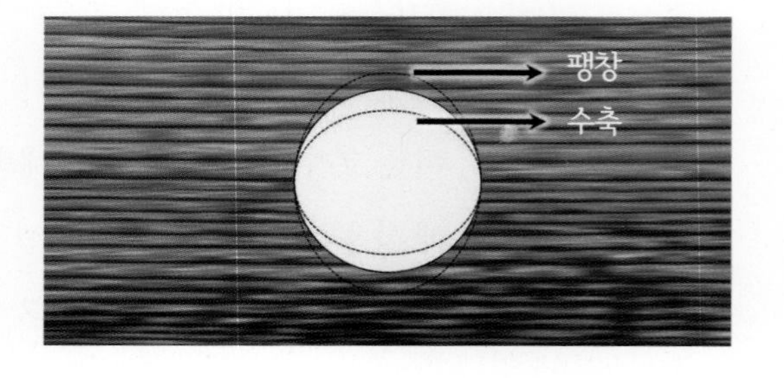

수축과 팽창에 따른 문제점

목재의 함수율의 변화에 따른 목재의 치수 변화는 막을 수 없습니다. 움직이지 못하게 고정한 상태에서 목재에 가해지는 스트레스가 파괴 한계를 넘어서면 목재가 파괴됩니다. 목재는 결 옆으로 당기는 힘, 즉 인장 강도에 취약하므로 파괴는 주로 겨울철 목재가 수축하면서 일어나는 것을 예상할 수 있습니다.

마감을 통해 목재의 변화와 변형을 막을 수 있다는 생각은 하지 않는 편이 좋습니다. 방수 기능이 있는 마감재도 많지만, 방수와 방습은 다르게 접근해야 합니다. 마감재를 하지 않았을 경우에 대비해서 상대 습도에 따른 함수율의 변화를 지연시킬 수는 있지만, 어떤 마감재도 상대 습도에 따른 수분의 유입과 유출을 원천적으로 막아내지는 못합니다.

함수율의 변화에 따른 목재의 수축과 팽창, 그리고 이로 인한 치수의 변화는 막을 수 없으므로, 설계할 때 이를 허용되도록 고려해야 합니다. 반면, 판재의 너비 굽음 현상과 같은 변형은 구조에 따라 방지가 가능합니다.

결 직각 결합 구조(cross grain construction)

가구에서 문제가 되는 상황은 결 직각 결합 구조에서 발생합니다. 이는 (1)결 방향과 결 수직 방향이 있는 두 부재가 (2)판재+판재 또는 판재+각재의 넓은 부위에서 (3)고정 또는 접착되는 상황입니다.

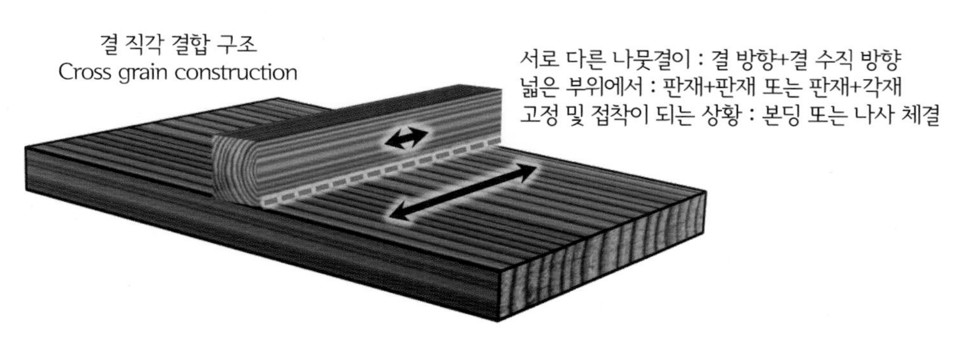

결 직각 결합 구조에서는 수축과 팽창의 차이로 갈라짐 등의 문제가 발생합니다.

결 직각 결합 구조로 문제가 생길 수 있는 상황은 흔히 볼 수 있습니다. 테이블 상판을 프레임에 고정하면 수축과 팽창을 반복하는 상판과 달리 프레임의 크기 변화가 발생하지 않아 상판이 갈라질 수 있습니다. 캐비닛의 뒤판이나 서랍의 밑판이 수축하고 팽창한다면, 수치가 고정된 캐비닛 외곽과의 관계에서 문제가 발생합니다. 캐비닛 내부에 서랍 목레일 등을 위해 가로대를 고정하는 상황에서도 볼 수 있습니다. 이런 문제에 대한 해결책은 설계를 다루는 장에서 상세히 알아보도록 하겠습니다. 더불어, 넓은 면이 만나지는 않지만, 두 부재가 90°의 각도로 만나는 짜맞춤도 기본적으로 결 직각 결합 구조이며, 잠재적인 문제를 내포하고 있는데, 이 부분은 짜임을 다루면서 확인하도록 하겠습니다.

판재의 변형

무늬결의 판재에서 문제가 되는 부분은 너비의 변화와 더불어 심재와 가까운 방향과 변재와 가까운 방향의 수축-팽창률의 차이 또는 성장륜의 곡률에 따른 변형입니다. 목재가 수축될 때는 한쪽 방향으로의 너비 굽음(컵핑cupping 또는 크라우닝crowning)을 이야기하나, 수축과 팽창을 모두 고려할 때는 위 아래로의 변형(컵핑과 크라우닝)되는 상황을 모두 고려해야 합니다. 너비 굽음 중 위로 볼록한 변형을 크라우닝, 아래로 볼록한 변형을 컵핑이라고 하는데, 이러한 구분은 바닥재 등과 같이 고정되어 있는 목재에서 일어나는 현상을 다루는 것으로 제재목에서는 방향성 없이 너비 굽음으로 통칭합니다.

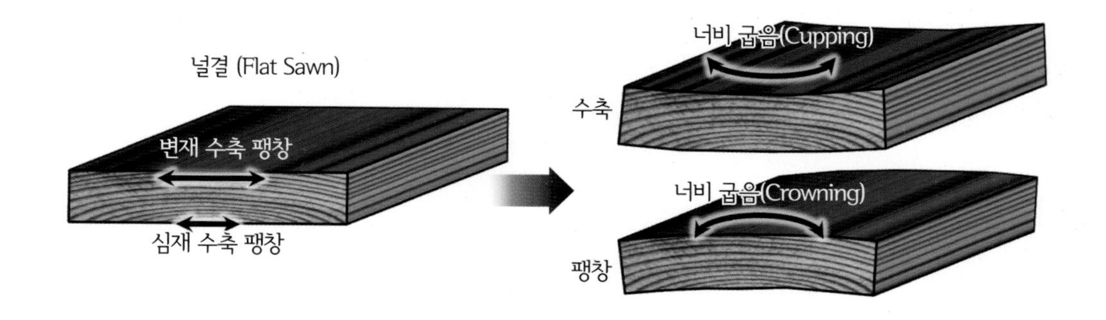

무늬결 판재는 판재끼리 붙이거나 고정할 때 위아래 방향 모두에서 스트레스를 받을 수 있습니다. 겨울 실내에서 제작된 가구라면 팽창을, 여름에 제작되었다면 수축을 주로 겪게 되나, 판재가 놓이는 방향과 상관없이 중심부와 가장자리에 모두 스트레스를 받게 됩니다.

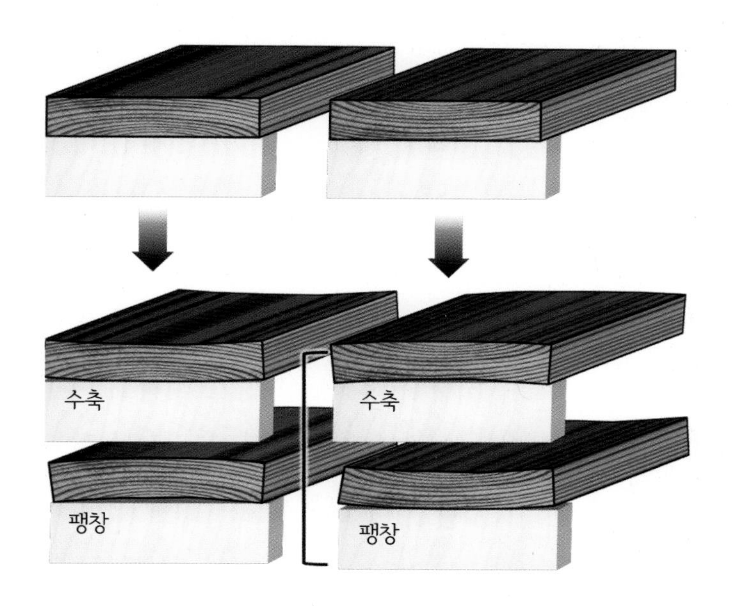

치수의 변화와는 다르게 이러한 변형은 구조에 따라 방지가 가능합니다. 어디에도 연결되지 않은 판재 단독으로는 변형 현상은 어렵지 않게 확인할 수 있지만, 판재를 사용하여 캐비닛이나 서랍을 제작하는 경우, 4개의 판재가 서로 맞물려 결합된 상태에서 변형은 최소화되며, 이에 따른 문제는 크게 드러나지 않습니다.

테이블 같은 목재 가구에서 상판은 미관이 큰 비중을 차지하고, 이런 이유로 곧은결보다 무늬결을 선호하게 됩니다. 상판을 집성할 때 목재의 변형을 고려한다면 원칙적으로는 아래 오른쪽 그림과 같이 결이 어긋나게 하는 것이 유리하지만, 상판에서 가장 중요한 부분은 미적 요소입니다. 결 방향은 선택이 가능하다면 참고해서 적용합니다.

더불어 테이블 상판을 슬라이딩 도브테일sliding dovetail 방식으로 연결한다면, 치수 변화를 허용하는 동시에, 변형이 줄어드는 효과를 볼 수 있습니다.

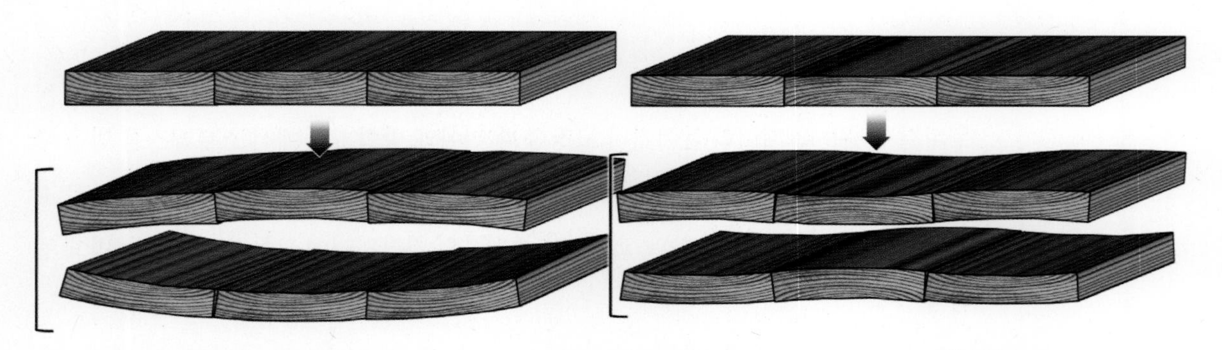

결을 한 방향으로 집성하면, 변형(warpage)이 커짐. 결을 어긋나게 집성하면, 전체적인 변형을 줄일 수 있음.

가압 수축

가압 수축은 목재에 압력이 가해져 나뭇결이 수축되고 변형이 생기는 현상을 말합니다. 나뭇결의 옆쪽, 결 수직 방향으로 과도한 압력이 가해지면 영구적으로 섬유질 형태가 변합니다. 결의 옆 방향에서 물리적인 압력이 가해졌을 때 발생할 수 있으나, 습도에 의한

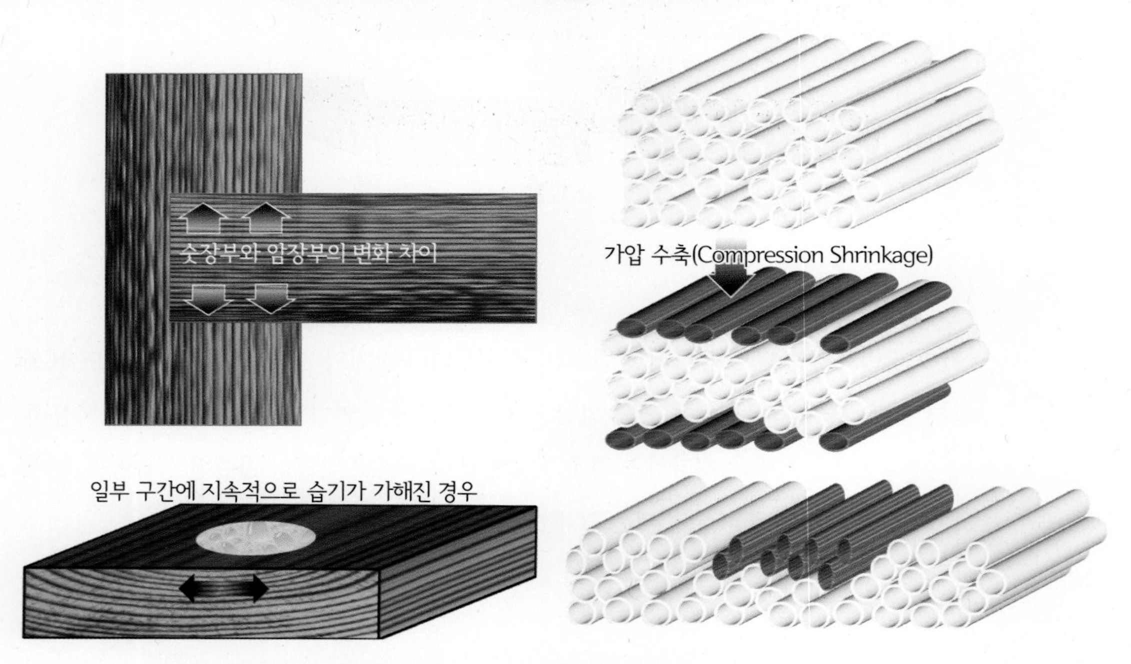

한정된 공간에서 수축과 팽창을 반복하면 가압 수축 현상으로 섬유질의 영구적인 변화가 일어납니다.
장부가 느슨해지거나 테이블 상판에 갈라짐이 보이기도 합니다.

팽창으로 나타날 수도 있습니다. 오래 사용한 원목 테이블의 상판 표면에 생긴 미세하게 갈라진 틈을 볼 수 있는데, 이는 테이블을 사용하면서 상판 일부에 물기가 지속적으로 닿게 될 때 그 부분만 팽창하면서 주위의 움직이지 않는 부분에 눌려 변형이 오고 결과적으로 결이 갈라지는 현상입니다. 장부 결합의 경우, 습도가 높아짐에 따라 숫장부가 팽창하면서 변형되지 않는 암장부 내 공간에 눌려 변형되고 장부 결합이 느슨해지는 상황도 볼 수 있습니다. 이렇듯 함수율의 변화에 따른 팽창과 이로 인한 변형은 목재에서 장기적이고, 잠재적인 문제의 원인이 됩니다.

접합면 침몰

집성할 때 접착제의 수분으로 목재가 조금 부풀어 오르는데, 마르지 않은 상태에서 너무 급히 대패나 샌딩 작업을 하면 건조 후 접합 부분이 침몰합니다. 집성 작업을 할 때는 접합 강도를 위해서라도 충분히 건조하고 다음 작업에 들어가는 것이 좋습니다.

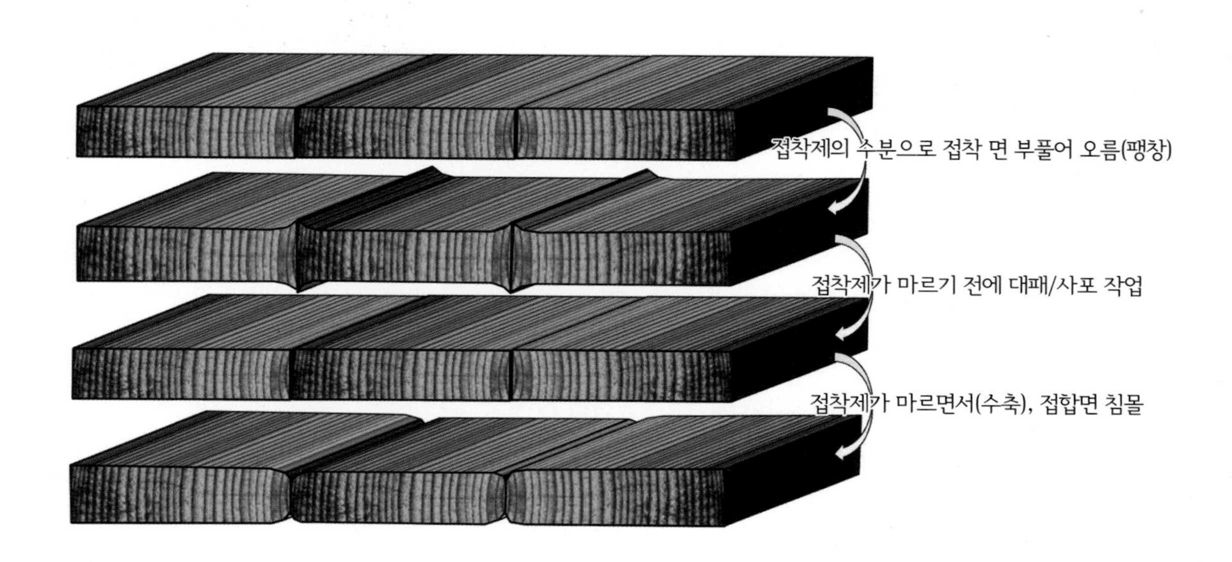

곡선과 벤딩

목재의 곡선 재단과 벤딩 작업 시 나타나는 몇 가지 특징을 알아보겠습니다. 벤딩은 곡선을 비교적 자유롭고 견고하게 구현한다는 장점이 있지만, 준비 과정이 번거로워서 익숙한 작업에서 벗어나 새로운 시도를 하려는 개인 작업자나 대량으로 진행하는 작업에 적합할 수 있습니다. 여기서는 목재와 관련된 곡선, 벤딩의 개념과 특징을 간단히 짚어보겠습니다.

곡선이 필요한 작업

목공 작업에서 곡선 형태의 부재가 필요하다면, 밴드쏘 등 도구로 해당 곡선을 재단하는 것이 가장 일반적인 방법입니다. 곡선으로 재단하지 않고, 목재를 구부리는 벤딩이 필요한 경우는, (1)재단 후 나타나는 쇼트 그레인으로 감당할 수 없는 '강도'가 요구될 때나, (2)곡선의 재단으로는 너무 많은 목재의 손실이 있는 경우로 볼 수 있습니다.

어느 정도의 강도만 필요한 곡선 부재는 목재의 결 방향을 고려한 재단으로 확보할 수 있습니다. 예를 들어 의자의 뒷다리와 등받이가 연결되는 부분은 긴 곡선으로 재단할 때 강도가 약한 쇼트 그레인이 일부 나타나기도 하지만, 등받이보다 하중이 많이 실리는 다리 부분의 결을 신경 써서 재단한다면 굳이 벤딩을 할 필요는 없습니다. 반면에 하나의 부재가 직각에 가까운 각도로 크게 꺾이는 상태로 재단한다면 상당한 부분에서 결이 매우 짧은 쇼트 그레인이 되어 강도가 약해지므로 벤딩을 고려하는 것도 좋습니다. 각도가 크지는 않지만, 목재 선박의 프레임이나 활, 흔들의자의 발처럼 높은 강도가 필요한 곡선은 벤딩을 통해 구현합니다.

벤딩하면 목재의 손실을 줄일 수 있다고 생각할 수 있으나, 벤딩을 하기 위해서는 별도의 지그jig를 제작해야 될 뿐만 아니라, 작업이 상당히 번거로워서 대량으로 제작하지 않고서는 벤딩이 경제적이라 보기 어렵습니다. 적당히 넓은 부재에 두께 방향으로 곡률을 구현하는 경우라면 두꺼운 목재를 이용하여 곡선으로 덜어내는 방법을 생각할 수 있으며, 목재의 손실을 좀 더 줄이기 위해서는 다음 그림과 같이 일정한 두께의 목재를 곡선으로 잘라 뒷면에 붙이는 방법을 사용할 수 있습니다. 곡선이 필요한 의자 등받이나 팔걸이 같은 곳에 적용할 수 있는 방법으로, 제한된 부재로 상당히 큰 곡선을 얻을 수 있으나, 곡선 재단 후 얇게 잘린 부분에서 급격한 함수율 변화와 목재에 변형이 생길 수 있으므로 지체 없이 접착 작업을 해야 합니다. 이와 같이 일정 넓이의 부재이더라도 곡률이 크지 않다면 곡선의 재단으로도 구현할 수 있지만, 넓은 부재에서 다소 큰 각도가 필요한 경우에는 재단으로 구현하는 데는 강도의 한계뿐 아니라 목재의 손실이 커서, 벤딩을 고려하는 것이 좋습니다.

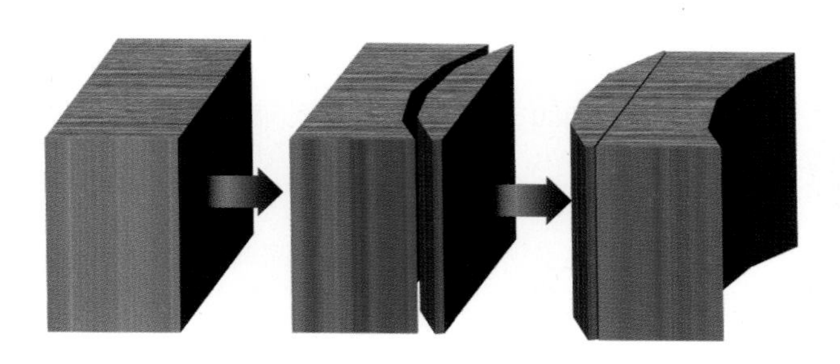

큰 강도가 요구되지 않는 곡선은 목재 그대로 재단하거나 목재의 손실을 줄이기 위해 곡선 재단 후 뒤로 붙이는 방법을 적용합니다.

벤딩과 목재 특성

목재의 세포벽 사이 공간을 메운 '리그닌lignin'이라는 성분은 수액이 세포벽으로 흡수되는 것을 막아 물과 양분이 줄기 위쪽으로 전달되도록 돕고, 섬유질과 함께 나무를 지탱하는 역할을 합니다. 석탄이나 종이의 성분이 되는 리그닌은 건조된 목재 20~35%의 부피를 차지하는데, 수분과 열이 가해질 때 탄성이 증가하는 경향이 있습니다. 즉, 목재는 수증기와 열을 가하면 강도가 약해지며 유연해집니다.

벤딩할 때 외부에서 환경을 조성함과 동시에 목재가 각 부위에서 어떤 스트레스를 받는지 확인해야 합니다. 벤딩할 때 목재 안쪽에는 압축력에 의한 스트레스, 바깥쪽에는 인장력에 의한 스트레스가 동시에 가해지는데, 목재는 누르는 압력(안쪽)보다 뜯어내는 인장력(바깥쪽)에 취약하므로 바깥쪽에서 결이 터지거나 목재가 갈라지는 현상을 볼 수 있습니다. 이 경우 철제 스트랩을 이용하여 외부에서 결을 눌러 목재가 갈라지는 현상을 효과적으로 줄이기도 합니다.

목재를 구부리는 경우 어느 정도 변화가 생기는지를 보기 위해서 얇은 목재와 두꺼운 목재 표면의 길이 변화를 비교해 보면 그림과 같습니다. 유사한 곡률로 벤딩되는 경우 두꺼운 목재일수록 표면에 일어나는 길이 변화, 즉 스트레스는 증가합니다. 이처럼 벤딩은 목재의 두께가 얇을수록 유리합니다.

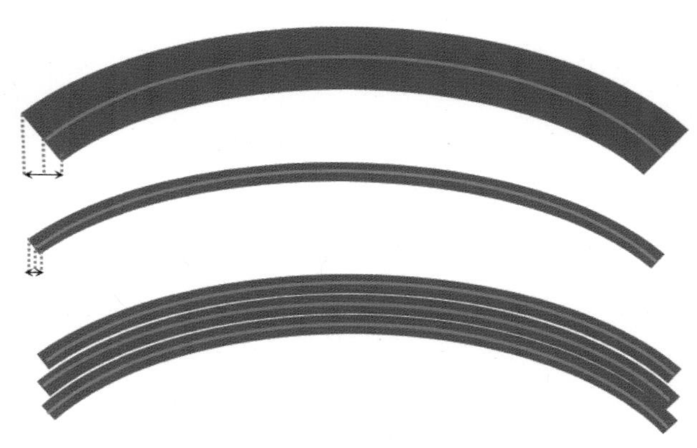

목재가 두꺼울수록 벤딩할 때 표면에 생기는 길이 변화(스트레스)도 커집니다.

벤딩할 때 결이 곧고, 옹이나 변형이 없는 목재를 골라야 하는데, 결이 곧지 않은 목재로 벤딩하면 실패할 확률이 높아집니다. 더불어, 전문적으로 벤딩을 하는 곳에서는 인공 건조 시 리그닌의 상태 변화를 우려해 자연 건조된 목재를 선호하기도 합니다. 목재별로 벤딩의 특성 차이를 보이는데, 일반적으로 북미산 하드우드가 벤딩에 적합하고, 소프트우드나 열대성 하드우드는 벤딩에 약하다고 볼 수 있습니다. 오크나 애시처럼 결이 크게 나타나는 목재들이 대체적으로 벤딩 작업이 용이합니다.

벤딩 방법

목재의 특성에 따라 벤딩은 수분과 열, 그리고 목재의 두께를 조정하며 작업하는데, 벤딩에서 가장 중요한 요소는 목재의 함수율이며, 목재의 형상에 따라서 수분과 열을 제어하며 작업합니다. 건조되지 않은 생재는 함수율이 높아서 쉽게 벤딩되고, 목재가 충분히 얇다면 간단하게는 물에 담그거나 둥근 다리미로 열을 가하는 방식으로도 벤딩할 수 있습니다. 일반적으로 사용하는 방법은, 나무를 얇게 여러 장을 켠 뒤에 지그의 형상에 따라 적층해서 접착제로 고정하는 적층 벤딩(bent lamination), 뜨거운 증기를 일정 시간 가해서 목재의 함수율을 증가시킨 후 강한 힘으로 구부리는 스팀 벤딩steam bending, 테이블 쏘 등으로 목재에 얇은 층만 남긴 채로 톱 자국을 일정한 간격으로 내어 구부린 후, 틈을 접착제로 메우는 커프 벤딩kerf bending이 있습니다. 벤딩 시 유의할 점은 목재가 두꺼울수록 스프링백springback, 즉 원래 모양으로 돌아가려는 현상이 강하게 나타난다는 점인데, 벤딩 직후에는 문제가 없다가 시간이 지나면서 두드러질 수 있으므로, 벤딩한 뒤에도 그 상태를 유지할 수 있게 고정하는 구조를 만들어야 합니다.

커프 벤딩은 목재의 두께에 비해 급격한 각도를 해결할 수 있으며, 넓은 판재에 다양한 곡률을 쉽게 줄 수 있다는 장점이 있으나, 톱 자국 모양이 남아 있는 점과 강도가 크지 않다는 단점이 있습니다. 적층 벤딩은 옆에서 결의 단층이 보인다는 단점이 있지만, 벤딩하는 목재의 두께가 얇아서 스프링백 현상이 줄고 강도가 큰 벤딩을 할 수 있다는 장점이 있습니다. 세계적인 건축가이자 디자이너인 알바 알토Alvar Aalto는 자국인 핀란드에서 많이 생산되는 너도밤나무, 자작나무를 적층하여 벤딩하는 기법으로 디자인한 곡선의 작업들(파이미오Paimio 의자)로 잘 알려져 있습니다. 스팀 벤딩은 뜨거운 수증기를 일정 시간 가하는 데 필요한 별도의 스팀 박스를 만들어야 한다는 번거로움이 있으나, 지그의 제작에 따라 3차원적인 벤딩이 가능합니다.

[목공 상식] 목공에서의 수치와 단위

목공에서 길이를 나타내는 기본 단위는 밀리미터(mm)입니다. 국내에서는 1960년대부터 국제적으로 널리 통용되는 도량형인 SI 단위(미터, 그램, 리터 등)를 표준 지정하여 사용하고 있으나, 여러 지역의 영향을 받은 목공에서는 전통적으로 사용하던 단위와 더불어 일본어, 영어에서 유래한 여러 용어들이 혼재되어 사용됩니다. 목공에서 볼 수 있는 여러 단위와 특징적인 수치에 대해서 살펴보겠습니다.

야드 파운드법과 인치(inch)

1700년대 말 나폴레옹의 유럽 점령을 계기로 프랑스의 미터법이 유럽으로 퍼져 나갔지만, 넬슨 제독이 지키고 있던 영국에는 그 영향력이 미치지 않았습니다. 현재 영국에서도 미터법이 공식화되었지만, 미국 등 일부 국가와 더불어 여전히 인치 단위가 사용되고 있습니다. 미터법이 정착된 우리나라에서도 인치라는 길이 단위가 생소하지 않은 것은 디스플레이 크기나 옷 치수를 나타내는 데 인치가 사용되기 때문입니다. 목공에서도 인치를 사용하는 사례를 볼 수 있는데, 우리나라에 북미산 목재가 많이 유통될 뿐 아니라, 전동 공구나 목공 기계에서 미국 제품이 차지하는 비중이 상당하기 때문입니다. 1″, 1/2″, 1/4″, 1/8″, 1/16″ 등 목공에서 접하는 인치 단위 중에서, 1″는 25.4mm로, 24mm보다 조금 크고, 1/2″, 1/4″, 1/8″는 각각 12mm, 6mm, 3mm보다 조금 크다고 알고 있으면 편합니다. 더불어 많이 사용되는 3/4″, 즉 19.05mm는 18mm와 근사한 수치로 보기도 합니다. 단, 라우터의 생크처럼 정밀도가 안전과 직결되는 경우에는 반드시 구분해야 하는데, 1/2″는 12.7mm로 12mm와 근접한 수치이기는 하나 12mm를 사용해서는 안 되며 정확히 맞는 부품을 사용합니다.

척관법(尺貫法)과 재(材)

중국에서 유래해서 한국, 일본을 포함한 아시아에서

사용되어온 척관법은 자연물이나 신체를 기준으로 만들어졌다고 합니다. 길이를 나타내는 치/자/척, 넓이를 나타내는 평, 부피를 나타내는 되/말과 같은 단위들은 공식적으로는 사용되지 않지만, 아직 주변에서 어렵지 않게 들을 수 있습니다. 목공에서는 척관법에서 유래한 부피 단위인 '재'가 제재목의 부피를 나타내는 데 통용되고 있습니다. 한 치의 길이는 30.3mm이고, 한 자는 한 치의 열 배인데, 한 재는 1치×1치×12자를 나타냅니다. 미터법으로 환산하면 3,338,175mm³가 한 재가 되는데, 제재목의 크기를 밀리미터 단위로 가로, 세로, 길이를 곱한 후 3,338,175로 나누면 재로 환산됩니다. 4/4" 두께, 8피트 길이 제재목에서 55mm 정도의 너비이므로, 1" 두께, 160mm 전후 너비의 제재목은 3재가량 된다고 볼 수 있습니다.

목공을 하다 보면 3, 6, 9, 12, 18, 24 등 3을 기본 단위로 숫자를 파악하는 습관에 익숙해집니다. 앞에서 본 인치 단위가 3의 배수 근사치로 볼 수 있는 것도 그렇고, 전통 단위인 한 치가 30.3mm가량인 것도 이와 연관이 있는 것 같습니다. 많이 사용하는 18mm 두께의 목재를 3등분하거나, 24mm 목재를 4등분해서 장부 결합을 할 때, 6mm의 끌이 필요합니다. 기체/고체/액체, 과거/현재/미래 등 3이라는 숫자가 동서양을 막론하고 완벽한 수로 여겨져 온 것도 맥락을 같이하는 것 같습니다.

목재의 계량 단위 : 하드우드, 소프트우드, 집성 판재, 합판

하드우드는 일반적으로 가구재로 사용이 되어 긴 목재가 필요하지 않아, 8~9피트, 즉 2.5미터 정도 길이의 제재목이 주로 유통됩니다. 제재목의 너비는 100~300mm 사이로 일정하지 않으나, 두께는 인치 기준으로 통용되는데(공칭 두께), 이는 건조가 완료된 후의 목표치입니다. 유통 시 면삭面削, 즉 대패 작업이 되지 않은 상태이므로 공칭 두께와 다소 차이가 있는데, 예를 들어 4/4" 제재목은 22~28mm 정도의 두께를 가질 수 있습니다. 위에서 이야기한 '재'라는 부피 단위는 국내에서 하드우드를 계량하는 데 사용하며, 일본어인 사이さい로 부르기도 합니다. 국제적으로는 미터법에 의해 세제곱미터의 단위로 통용이 되나, 미국에서는 판재의 피트를 나타내는 보드 피트board feet를 하드우드 계량 단위로 많이 사용하는데, 1보드 피트는 1인치×1피트×1피트의 부피로 144세제곱 인치를 나타냅니다.

소프트우드는 결이 곧고 길게 자라는 침엽수의 특성으로 건축재에 널리 사용되고, 3.6m 정도 길이의 제재목이 일반적으로 유통됩니다. 단면의 크기에 따라 어느 정도 규격화되어 있으나, 국내에서는 한국, 일본, 미국의 다양한 단어와 용어가 혼재되어 사용되고 있습니다. 하드우드와는 다르게 면삭이 되어 있어, 공칭 규격과 실제 크기가 차이가 나기도 합니다. 1치×1치×12자(30mm×30mm×3660mm)의 크기로 1재의 부피를 가지는 각재는 한치 각재라고 부르며 천장 구조에 주로 사용되는데, 현장에서는 서까래를 가리키는 일본어인 다루끼たるき라는 말로 통용되기도 합니다. 세치 각재는 일본어로 산승각(3승 각재) 또는 오비끼おおびき(건축물 가로대)라고도 불리는데, 한 면이 80~90mm의 정사각형 단면 각재입니다. 북미에서는 소프트우드를 2" 기준으로 치수를 규격화합니다. 국내에서 건축물의 가벽 설치에 널리 사용되는 투바이라고 부르는 각재는 투바이포two by four, 즉 단면의 크기가 2"×4"인 각재를 일컫는 말이며, 북미 목

조 건물에 가장 많이 사용하는 각재의 규격이기도 합니다. 투바이포라는 명칭은 2″와 4″의 수치를 나타내나 실제 크기는 면삭이 되면서 더 작아집니다. 투바이포 각재의 규격은 미터법으로 보면 51mm(2″)×101mm(4″)가 아닌 38mm×89mm이며, 유통과정에서는 가로가 30~50mm, 세로가 60~90mm로 다양한 크기의 각재가 투바이로 불립니다. 그 외 현장에서는 헤베나 루베와 같은 일본어에서 유래한 단위가 사용되기도 하는데, 각각 제곱미터, 세제곱미터를 가리킵니다.

합판이나 집성 판재의 경우 1220mm×2440mm가 일반적으로 통용되는 한 판 크기로, 원판 또는 원장이라고 부르기도 합니다. 현대적인 합판 제작을 시작한 포틀랜드 매뉴팩처링 컴퍼니Portland Manufacturing Company가 처음 사용한 크기(4피트×8피트=1219mm×2438mm)에서 유래했습니다. 하드우드 집성 판재의 경우 915mm×2300mm의 크기도 많이 볼 수 있습니다. 합판이나 집성 판재의 경우 이러한 크기를 가진 원장 기준으로 다양한 두께의 제품들이 유통됩니다.

도구
Tools

도구는 목적이 아니라 수단입니다. 우리는 목재를 가지고 만들고자 하는 디자인을 구현하려고 나무의 특성에 가장 적합하게 개발하고 전해오는 도구들을 사용합니다. 단순히 보면 자르거나 깎는 일인데, 목공에는 수많은 도구가 있고, 쓰임새나 사용법이 달라 하나하나 배우고 다루다 보면 그 매력에 빠질 수밖에 없습니다. 그러나 목공을 도구에 국한해서는 안 됩니다. 도구로 하는 작업에는 항상 목표가 있고, 그 하나하나의 목표가 모여 결과로 향하도록 해야 합니다.

하지만 도구는 수단이 아니라 목적일 수도 있습니다. 개인이 하는 목공에는 결과물 못지않게 과정이 중요한데, 그 과정은 항상 도구와 함께합니다. 톱으로 나무를 켜고 있으면, 결과를 떠나 그 행위 자체만으로 즐거움이 됩니다. 과정이 더욱 즐거워지려면 사용하는 도구가 어떤 원리로 작동하는지 이해해야 하고, 더 중요한 것은 안전하게 다루는 방법을 알아야 한다는 점입니다. 목공 도구는 사람을 해치는 위험한 무기가 아니라, 작업자가 편리하게 사용하도록 만들어졌습니다. 목공에서 위험한 상황이 발생하는 이유는 도구가 위험해서가 아니라, 이를 사용하는 사람이 도구에 대한 이해가 부족하거나, 도구를 올바르게 사용하지 못해서입니다.

스피커 박스 전면의 재질과 곡률은 음향학적인 요소와 관련 있습니다.
벤딩 기법으로 제작된 오픈형 스피커(월넛, 자작 합판 등).

목공 도구에 대해서

목공 도구로 하는 작업을 크게 자르는 작업과 깎는 작업으로 구분해 보겠습니다.

자르기는 목재를 둘로 나누는 작업으로, 톱, 테이블쏘, 밴드쏘, 마이터쏘, 원형톱, 직쏘, 스크롤쏘 등 여러 가지 톱을 사용합니다. 자르기에서는 자른 후 사용하는 부분과 사용하지 않는 부분의 구분이 필요하고, 톱날의 날어김 또는 톱날 팁으로 인해 일정한 너비의 톱길 폭이 생긴다는 점도 고려해야 합니다.

깎기는 목재에서 필요 없는 부분을 덜어내기 위해, 표면을 깎거나(planing, shaving), 가장자리를 다듬거나(trimming), 벗기거나(paring), 모양을 만들거나(shaping, carving), 쳐내거나(whittling), 홈이나 구멍을 파거나(routing, drilling), 갈아내는(sanding, rasping) 등의 작업이 해당한다고 볼 수 있는데, 끌, 대패, 라우터, 드릴, 샌더, 줄 등 다양한 도구가 사용됩니다. 깎는 작업에서는 일반적으로 덜어내는 양을 최소화하는 것이 원활하고 안전한 작업에 도움이 됩니다.

도구를 이용한 목공 작업은 크게 자르기와 깎기로 구분해볼 수 있습니다.

이 책에서는 수공구, 전동 공구, 목공 기계에 상관없이 공통적인 특징이 있는 도구들을 모아 설명합니다. 가장 원초적인 도구인 끌을 시작으로 (손)톱, 테이블쏘, 밴드쏘, 마이터쏘, 원형톱 같은 톱류, 손대패와 기계대패를 포함한 대패류, 라우터, 도미노, 드릴 같은 전동 공구와 목선반에 대해서 이야기하고, 마지막에는 목공 도구를 사용하면서 주의해야 할 안전 관련 사항을 정리했습니다.

수공구, 전동 공구, 목공 기계

수공구, 전동 공구, 목공 기계는 기본적으로 도구를 구동하는 동력이 무엇인가로 하는 구분이지만, 부재와 도구 중 어떤 부분을 고정하고, 어떤 부분을 이동하며 제어하느냐에 따라 구분해 보는 것도 도구나 작업 방법 선택에 도움이 됩니다. 목공 기계처럼 도구가 고정되어 있을 때는 부재를 이동하면서 작업하는데, 이 경우 부재가 너무 크거나 작아서 작업자가 부재를 제어하기 힘들다면, 수공구나 전동 공구의 사용을 고려합니다. 수공구나 전동 공구는 부재를 단단히 고정하고 작업하며 도구의 이동과 움직임에 주의를 기울입니다.

♦ 수공구는 숙련도에 따라 정교하고 자유로운 작업을 할 수 있으며, 비교적 안전하고 소음이 적다는 장점이 있습니다.

	수공구	전동 공구	목공 기계
고정	목재	목재	공구
속도	저속	고속	고속
이동	공구	공구	목재

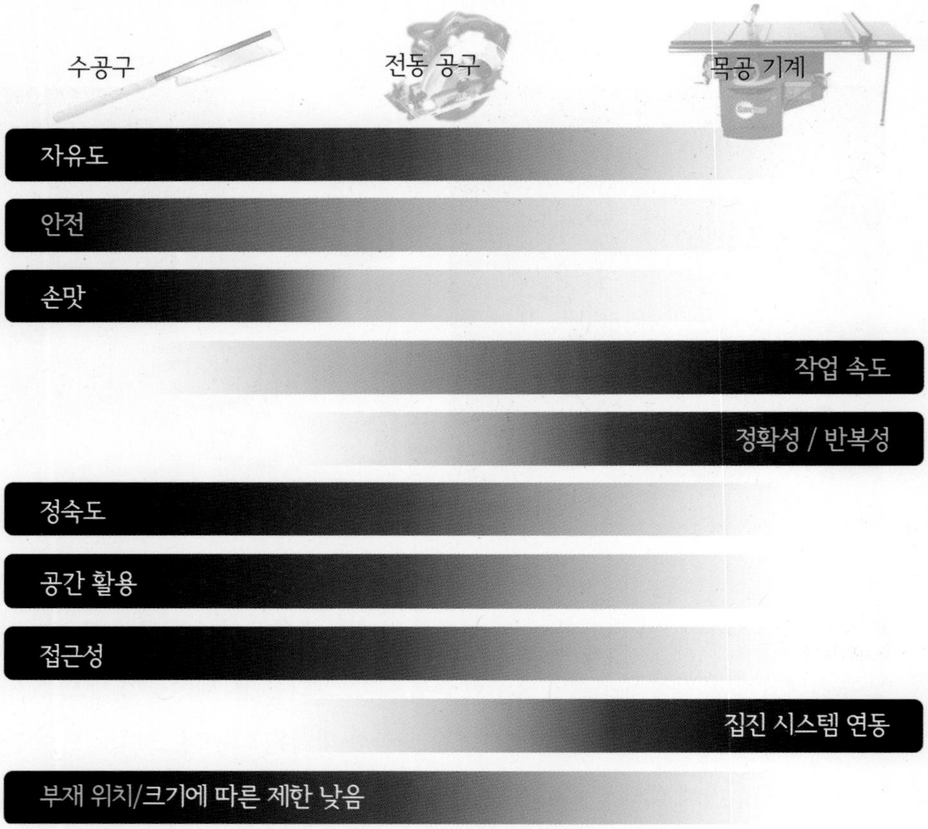

수공구는 안전하고 자유롭게 작업할 수 있고, 사용하는 부재의 크기 제한이 적다는 장점이 있고, 목공 기계는 빠른 작업 속도와 정확성, 안정적인 반복성이라는 특징이 있습니다.

- 목공 기계의 가장 큰 장점은 작업 속도와 정확성, 반복성입니다. 반면에 안전과 관련해서는 충분한 이해와 끊임없는 주의가 필요합니다.
- 전동 공구는 수공구와 목공 기계의 특징을 포함하고 있으나, 전동 공구로 목공 기계를 대체할 수 없거나, 반대로 목공 기계보다 전동 공구가 더 편리하거나 안전한 경우가 있습니다. 큰 차이가 있다면, 목공 기계는 고속으로 작동하는 공구가 고정되어 있어 목재를 정교하게 제어할 수 있고, 전동 공구는 목재를 고정한 채 고속의 공구를 움직이며 작업한다는 점입니다. 원형톱은 테이블쏘의 반복 작업을 따라올 수 없지만 큰 부재를 쉽게 다룰 수 있습니다. 밴드쏘가 없다면 리쏘잉 같은 작업은 할 수 없지만 직쏘로도 다양한 직선과 곡선의 재단이 가능합니다. 라우터 테이블과 드릴 프레스는 정교한 작업이 가능하지만 부재가 크다면 라우터나 전동 드릴을 사용할 수밖에 없습니다. 우드 슬랩과 같이 큰 부재에 전동대패를 사용할 수 있지만, 부재를 준비하는 과정은 수압대패와 자동대패 같은 기계의 수월함을 전동대패가 따라올 수 없습니다. 전동 공구를 사용할 때 고속으로 작동하는 공구를 제어하기는 생각보다 쉽지 않은데, 전동 공구의 반복성과 정밀성을 높이는 방법은 고속의 공구를 정밀하게 이동하는 데 필요한 가이드와 지그를 사용하는 것입니다.

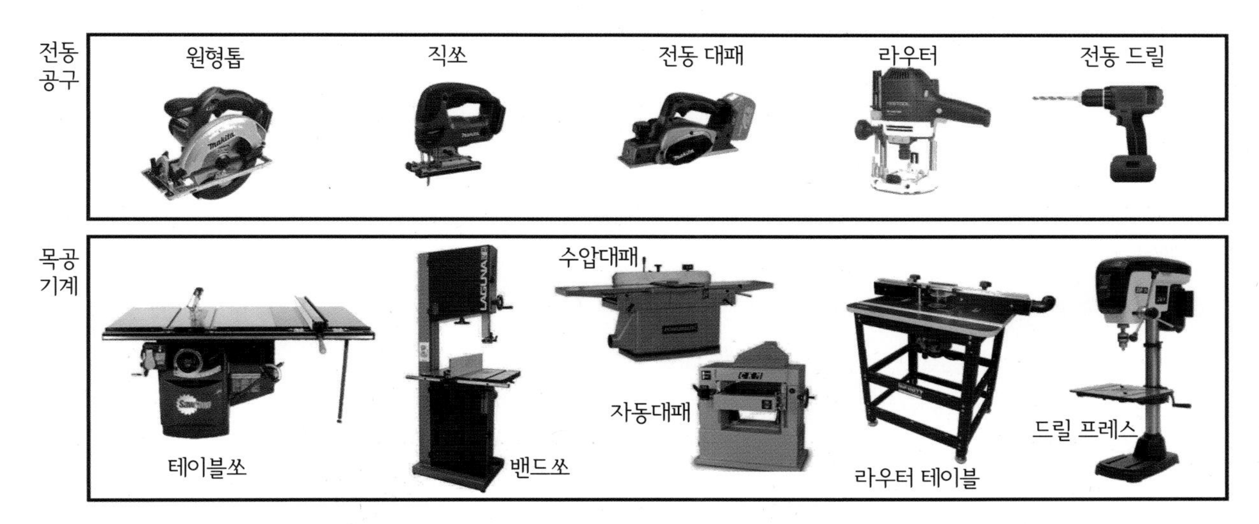

수공구와 전동공구, 목공 기계의 조화로운 사용

서울에서 부산까지 가는 방법과 길은 여러 가지가 있습니다. 자동차로 목적지까지 한 번에 갈 수도 있고, 서울역에서 KTX를 타고 부산역에서 내려 택시를 타는 방법도 있습니다. 시간이 허락한다면 자동차에 자전거를 싣고, 마음 내키는 곳을 들러볼 수도 있고, 여유가 있다면 중간에 내려 경치 좋은 구간을 걸어볼 수도 있습니다. 어떤 방법을 선택하느냐는 오롯이 자신에게 달려 있습니다. 단, 자동차를 운전하지 못한다면 귀중한 시간을 허비하는 것이고, 자전거를 타거나 걸어서 여행하는 데 익숙하지 않다면 여정이 주는 즐거움을 놓칠 수 있습니다.

목공 기계와 전동 공구가 소개된 100여 년 동안에 목공에서 기계가 차지하는 비중과 역할이 사실상 절대적인 것이 되었지만, 대량 생산이 아닌 개인 작업에서는 목공 기계가 수공구를 완전히 대체할 수는 없습니다. 수공구에 익숙하지 않아서 모든 작업을 기계로 한다면, 디자인은 평범해지고, 작업은 지루해질 수 있습니다. 반대로 수공구만으로 모든 작업을 한다면, 서울에서 부산까지 걸어가는 것 같은 어려움을 겪을 수도 있습니다.

수공구를 고집하는 전문 목공인 중에서도 부재 준비 과정을 매번 손대패로 하는 이는 극히 드물 듯합니다. 이상적인 해결책은 기계 공구, 전동 공구, 수공구의 원리와 사용법을 모두 익혀서 해당 작업에 가장 적합하고, 안전하며, 재미있는 방법을 적용하는 것입니다. 하나의 방법밖에 모르는 것과 여러 선택지 중 하나를 선택하는 것 사이에는 큰 차이가 있습니다. 목공 활동에서는 결과 못지않게 과정이 중요하기 때문입니다.

목공 입문자의 도구

목공 작업에 필요한 공구의 선택은 원하는 작업이나 예산 규모 등 상황에 따라 정해지지만, 가장 현명한 방법은 공구를 구비하기 전에 각 공구의 원리와 특징, 역할을 파악하는 것입니다.

필수 개인 용품

일반적으로 측정·마킹 도구, 끌, 톱, 전동 드릴은 필수 수공구입니다. 더불어, 연마용품과 접착제, 사포, 마감재 같은 소모품이 필요합니다. 대패는 작업 목적에 따라 고려합니다.

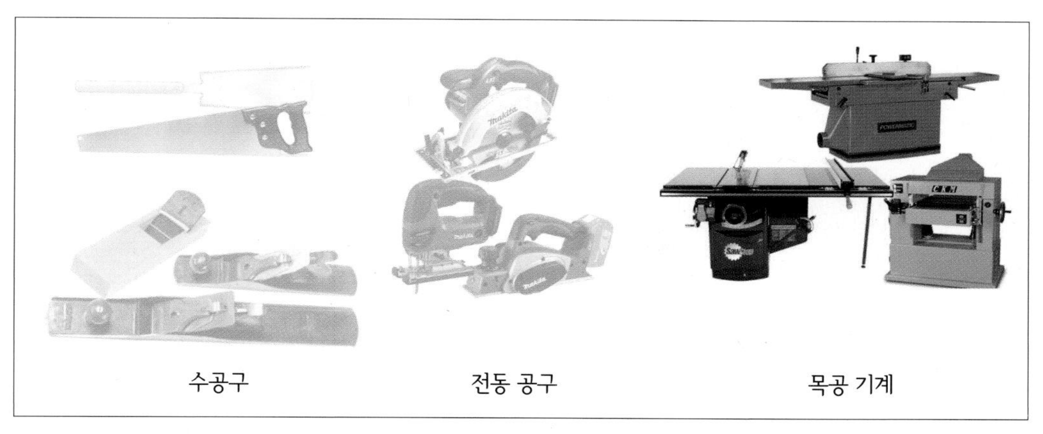

수공구나 전동 공구로 부재를 준비하는 것은 투자 대비 효율과 효과가 많이 떨어집니다.

직접 부재를 준비할 것인가?

이 문제를 결정하지 않은 채 공구를 준비하면 필요 없는 데 많은 비용을 지출하는 경우가 생길 수 있습니다.

기계 장비가 없는 상태에서 한두 가지 과제를 실행한다면 4면 대패 처리가 된 판재와 각재를 사서 필요한 길이로 자르고 사용하는 것이 경제적일 수 있습니다. 합판이나 집성목을 위주로 사용한다면 넓은 부재를 구비하는 것이 어렵지 않습니다. 좀 더 진지하고 장기적인 관점에서 목공을 한다면 경제적이고 자유로운 목재 선택을 위해 제재목을 구입해서 직접 부재를 준비하는 방법을 생각해볼 수도 있습니다. 손대패로 멋지게 제재목의 평을 잡는 전문가들의 동영상도 볼 수 있고, 실제로 직접 몇 차례 시도해보는 것도 경험적인 면에서 도움이 되지만, 계속해서 이런 방식으로 부재를 준비할 수는 없습니다. 부재 준비를 목적으로 고가의 손대패 같은 수공구나 전동 공구를 구입하는 것을 고려하기도 하지만, 생각보다 큰 도움이 되지는 않습니다. 부재 준비 과정은 기계 장비가 설치된 목공소나 공방을 통해서 하는 편이 좋으며, 이 과정에서 안전하게 기계를 사용하는 법을 익히는 것은 매우 중요합니다.

개인 공구 선택 시 참고 사항

개인 공구의 선택에는 작업의 목표와 상황에 따라 여러 판단 기준이 있지만, 다음과 같은 내용으로 조금이나마 도움을 드리고자 합니다.

- 고가의 하이엔드 제품이나 저가의 제품은 피하고, 초급만이 아니라 전문가 수준에서도 교체 없이 사용하는 제품을 위주로 살핍니다. 예산 내에서 개수를 줄이고, 품질을 높이는 방법을 고려해봅니다. 연마되지 않은 수공구는 아무리 고가라도 사용할 수 없으므로, 자신이 관리할 수 있는 범위를 정하는 것이 좋습니다.
- 마킹 나이프marking knife, 마킹 게이지marking gauge 같은 마킹 관련 제품은 간단해 보이지만, 의외로 가격에 따라 성능과 느낌에서 차이가 많이 나는 품목입니다. 측정과 마킹의 중요성, 마킹할 때 공구에 대한 의존도를 생각하면, 되도록 좋은 제품에 투자할 것을 추천합니다. 마킹 게이지는 추후 2개 이상 확보하는 것이 좋으나, 휠 마킹 게이지wheel marking gauge나 그므개처럼 이후에 선호가 달라질 수 있으니 처음에는 하나로 시작합니다.
- 측정 공구는 줄자와 더불어 직각과 45°를 표시하는 제품이 필요합니다. 300mm 이상의 평자도 흔히 사용하게 됩니다. 직각과 45° 측정을 위해 품질 좋고 크지 않은

멀티 스퀘어multi-square를 사는 것도 좋은 선택인데, 다재다능하다는 장점이 있으나, 익숙하지 않으면 불편할 수도 있어서 직각자와 연귀자를 각각 구매하는 것도 좋은 방법입니다. 이후 주먹장이나 다양한 각도를 적용하기 위해서 자유 각도자도 추가로 구비합니다.

- 서양톱보다 일본톱이 정밀도나 제어 면에서 장점이 많고, 가격 부담도 크지 않습니다. 처음에는 자르기와 켜기 겸용 등대기톱(back saw) 한 자루를 준비합니다. 일본톱은 톱날 교체 방식이어서 널리 사용되는 제품을 선택하는 것이 추후 관리 면에서 유리합니다.
- 끌은 평끌 6mm와 12mm로 시작하는데, 처음부터 여러 개 또는 세트로 시작하지 않는 편이 좋습니다. 제조사뿐 아니라, 서양끌과 일본끌은 서로 차이가 있어서 개인적으로 선호가 달라질 수 있습니다. 초기에는 개수를 줄이고, 어느 정도 좋은 품질의 제품을 구입합니다. 이후, 서양끌과 일본끌 중 하나를 선택하고, 제조사가 정해지면 필요에 따라 개수를 늘리면 됩니다. 숨은 주먹장 등 예각의 구석진 곳을 다듬기 위해 피시테일fishtail 끌 등이 추가로 필요할 수 있습니다. 서양끌, 일본끌의 선택에 따라 타격에 사용하는 망치의 선택(말렛mallet 또는 장구망치)을 다르게 하는 것도 좋습니다.
- 가장 선택이 어려운 품목이 대패입니다. 기본 대패를 갖추고자 한다면 마무리용 평대패(서양대패에서는 #4 또는 #4 1/2 벤치플레인) 하나와 손대패를 추천하는데, 우선 하나만 구입해야 한다면 손대패 또는 미니대패를 권합니다. 쓸모가 많고, 설정과 사용도 간단하며, 날 폭이 작아 연마나 세팅의 부담도 줄어듭니다. 평대패의 초기 구입을 생각해볼 수도 있으나 현대 목공에서 평대패의 쓰임새가 한정되어 있고, 일본대패와 서양대패의 차이와 선호도 차이가 크므로 각각의 특성을 충분히 파악한 뒤에 구입하는 것이 좋습니다. 특히, 일본대패는 정확한 세팅이 뒷받침되어야 하는데, 목공을 시작하는 단계에서는 쉬운 일이 아니어서 자칫 대패와 멀어질 수 있고, 서양 평대패는 겉보기와 달리 세팅, 관리, 사용이 쉽다는 장점이 있으나 대부분 가격이 비싼 편입니다. 대패는 끌과 다르게 모두 날물의 예리하고 치우치지 않은 연마가 필수적으로 뒷받침되어야 합니다.
- 수공구를 사용한다면, 숫돌 등 연마 도구는 필수이며, 개인적으로 마련하는 경우에는 초벌(#400 전후), 중벌(#1000~2000), 마무리(#3000~)의 세 종류 숫돌이 모두 필요합니다. 공방에 습식 그라인더, 숫돌 같은 연마 수단이 갖춰졌다면, 개인 구매는 잠시 보류해도 좋습니다. 연마 도구는 접근성이 좋아야 합니다.
- 드릴 드라이버와 같은 전동 공구는 전원을 연결하는 제품과 배터리를 연결하는 충전 전동 공구가 있습니다. 사용의 편이성을 위해서 충전 공구를 구입하는 경우에는 디월트DeWalt, 마키타Makita, 밀워키Milwaukee와 같이 제품군이 다양한 공구 전문 브랜드의 제품을 선택하는 것이 좋습니다. 공구 가격에서 배터리와 충전기가 차지하는 비중이 커서 배터리가 호환 가능한 제품군의 공구를 구입한다면 차후에 추가 구입 시 비용을 상당히 절약할 수 있습니다.

습식 그라인더는 날물의 각도를 바꾸거나 배잡이를 하는 경우에 유용하게 사용할 수 있으며, 목선반의 가우지 연마에는 필수입니다. 그라인더만으로는 연마면이 곡선이 되므로 끌이나 대패의 경우에는 숫돌로 추가 연마가 필요합니다.

측정과 마킹

목공은 디자인에서 시작되고 가공은 디자인을 기준으로 진행되는데, 측정과 마킹은 디자인과 가공 작업의 연결 고리입니다. 측정과 마킹이 정확하지 않으면, 이후에 아무리 좋은 도구와 기술로 작업해도 소용없습니다. 짜맞춤 등의 작업 후에 오차가 나타난다면 톱질이나 끌질을 의심하기 전에 측정과 마킹에 문제는 없었는지 확인합니다. 실제 작업에서 측정과 마킹은 생각처럼 쉽지 않은데, 짜맞춤이 많이 들어가는 작업은 마킹에 하루 이상 걸리기도 하고, 목공을 시작하는 분 중에서 톱이나 끌 작업보다 마킹 게이지의 사용을 더 어려워하는 사례도 많이 보았습니다. 마킹을 할 때에도 목공 근육, 즉 평소에 잘 사용하지 않던 힘의 제어가 필요합니다.

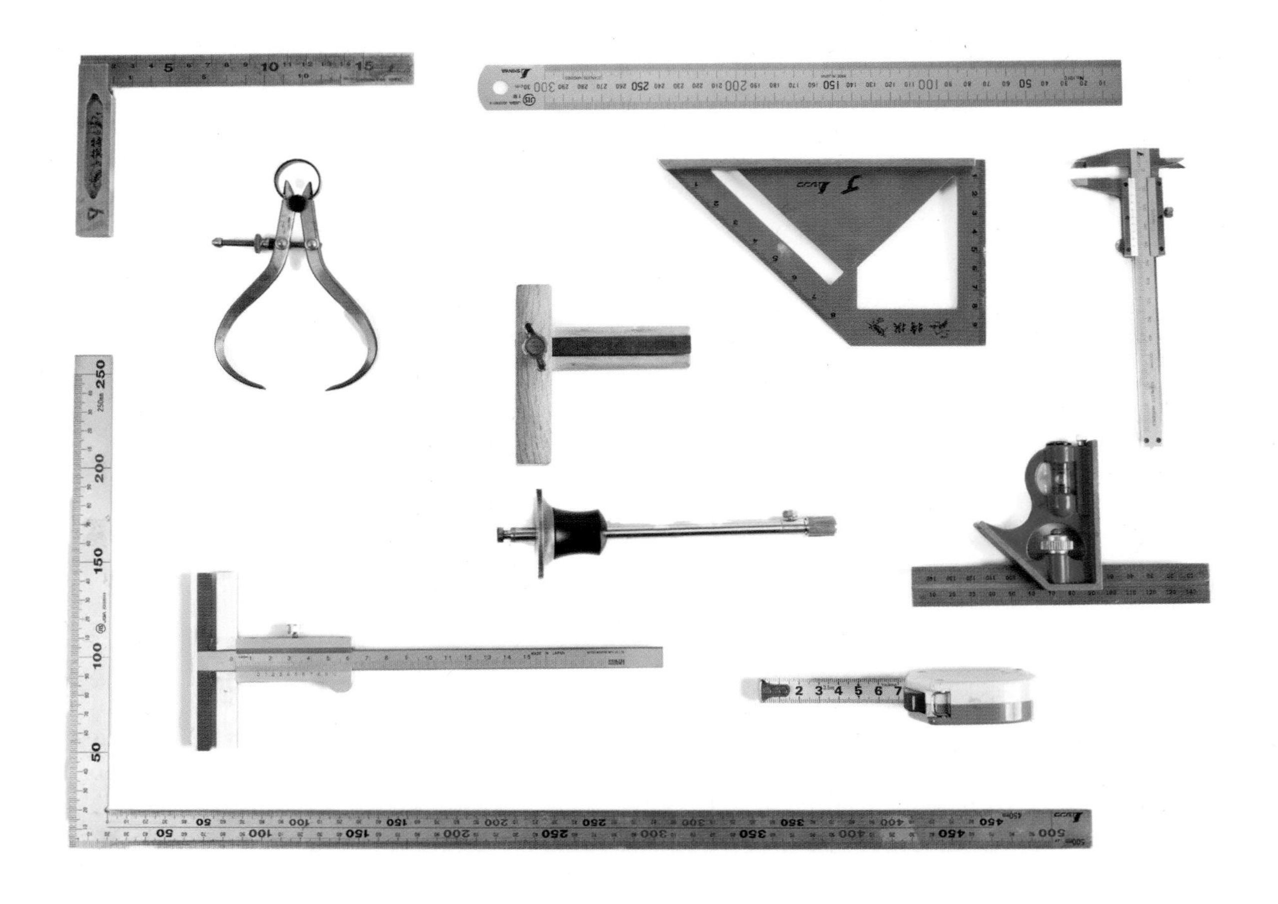

측정, 마킹 도구

측정 도구로는 줄자와 직자, 직각 및 45°를 고정해서 표시할 수 있는 자가 필요합니다. 마킹에는 연필과 더불어 칼금을 긋는 데 쓰는 마킹 나이프, 마킹 게이지 또는 그므개를 사용하는데, 마킹 게이지는 하나의 과제가 끝날 때까지 고정해 놓고 사용하면 편할 때가 많으므로 2개 이상 구비해 두는 것이 좋습니다.

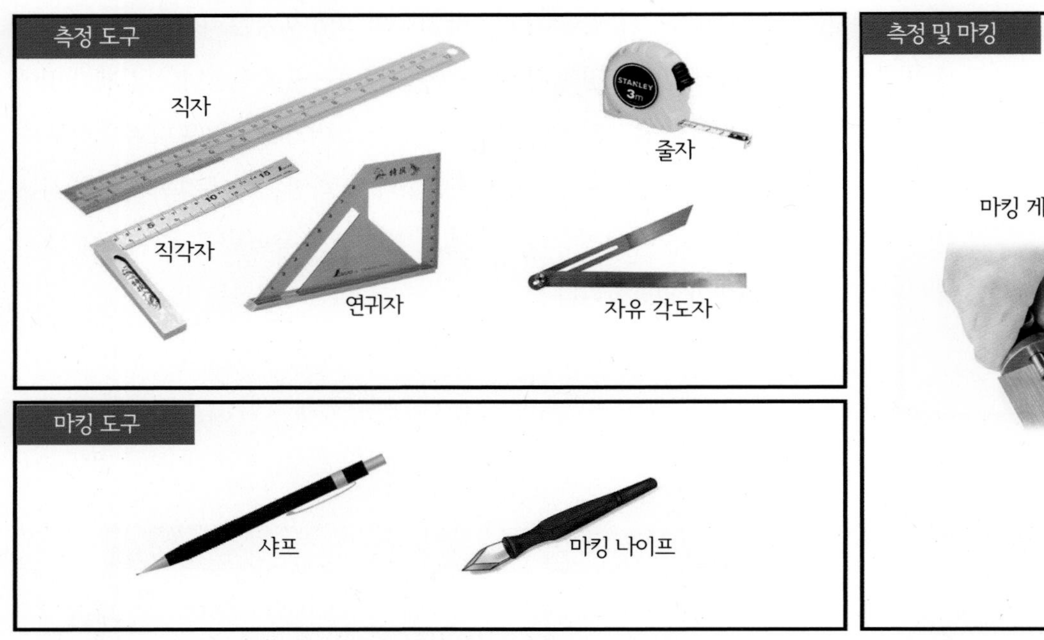

목공에서의 측정과 마킹의 특징

목공에서는 높은 정확도가 필요한 수치과 그렇지 않은 수치가 있다는 점을 인지할 필요가 있습니다. 절대적 수치가 필요한 곳은 대부분 허용 오차가 큰 작업인데, 이는 목재의 수축 팽창과 관련이 있습니다. 50센티미터 너비의 목재에 수 밀리미터의 변형이 생길 수 있음을 생각해보면 대체로 절대적 수치에서 정확도가 가지는 의미는 크지 않다고 볼 수 있습니다. 300mm 크기로 계획한 캐비닛은 305mm가 되어도 별로 문제되지 않는 경우가 많습니다. 이와는 반대로, 상대적인 수치를 요구하는 부분에서는 대부분 높은 정확도로 작업이 이루어져야 합니다. 캐비닛의 위판과 아래판의 길이는 정확하게 같아야 하고, 두 부재를 맞대는 짜맞춤에서는 0.1mm의 오차도 크게 느껴질 수 있습니다. 18mm의 두께를 목표로 작업하는 두 부재의 치수가 각각 18.2mm, 17.8mm가 되는 것보다는 둘 다 17.2mm가 되는 편이 나을 때가 많습니다.

측정과 마킹을 할 때, 이런 상대적인 수치는 상대적인 방법으로 접근합니다. 자동대패에서 동일한 설정으로 여러 부재를 한번에 작업해서 두께를 맞추고, 테이블쏘에서는 켜기 펜스나 스톱 블록으로 같은 치수가 필요한 부재를 반복해서 재단합니다. 짜맞춤하는 경우 마킹 게이지로 해당 치수를 복사하거나, 반턱이나 주먹장처럼 부재를 직접 대고 마킹합니다. 서랍의 너비는 설계 시 계획한 치수를 맞추기보다 먼저 제작된 캐비닛 안쪽 공간 대비 1mm 더 작은 크기로 맞추는 것이 옳은 방법입니다. 이렇게 높은 정확도를 요구하는 상대적인 치수는 상대적인 방법으로 접근하고, 부득이 절대 수치를 측정해서 진행한다면 신중을 기해야 합니다. 이런 이유로 목공에서는 상대적인 측정과 마킹을 하는 방법이 발달해 왔으며, 비교적 허술해 보이는 줄자와 정밀한 자, 오차가 큰 샤프와 정밀한 칼금이 함께 사용되어 왔습니다. 가지고 있는 자가 얼마나 정확한지 확인하기 위해 절대적 수치를 보기보다는, 자들을 서로 비교하고 나서 차이가 있는 것은 사용하지 않기도 합니다. 목공에서는 절대적인 정확성보다 상대적인 반복성에 무게를 둡니다.

작업선을 마킹하는 작업과 직접적인 관련은 없지만, 다음 사항에 대해서도 유의해야 합니다. 우선, 측정과 마킹 전에 확인되어야 할 사항은 부재의 정확도입니다. 부재의 직각이나 평이 맞지 않고, 원하는 치수도 두께도 맞지 않는다면, 이후 진행하는 측정, 마킹 작업의 정확도는 크게 떨어질 수밖에 없습니다. 더불어, 짜임 가공 시에는 자르거나 깎아서 버리는 부분을 별도로 표시하는 습관이 필요합니다. 마킹과 가공 작업이 바로 연결되지 않고, 전체 또는 일부를 한번에 마킹한 다음에 가공 작업에 들어가는 경우가 많습니다. 이때 버리는 부분의 표시가 제대로 되어 있지 않다면 사용하는 부분을 깎아 내는 등의 실수로 이어질 수 있습니다. 또한, 전체 구조에서 각 부분이 차지하는 위치를 표시할 필요가 있는데, 동일한 모양의 부재를 같은 치수로 가공하더라도, 짜임 등 가공을 해나가면서 서로 연결되는 부재끼리 맞도록 세부적으로 다듬는 과정에서 치수가 달라지기 때문입니다. 예를 들어 4개의 동일한 테이블 다리도 가공 후의 치수는 차이가 있으므로, 위치를 정하고 표시하는 것이 좋습니다.

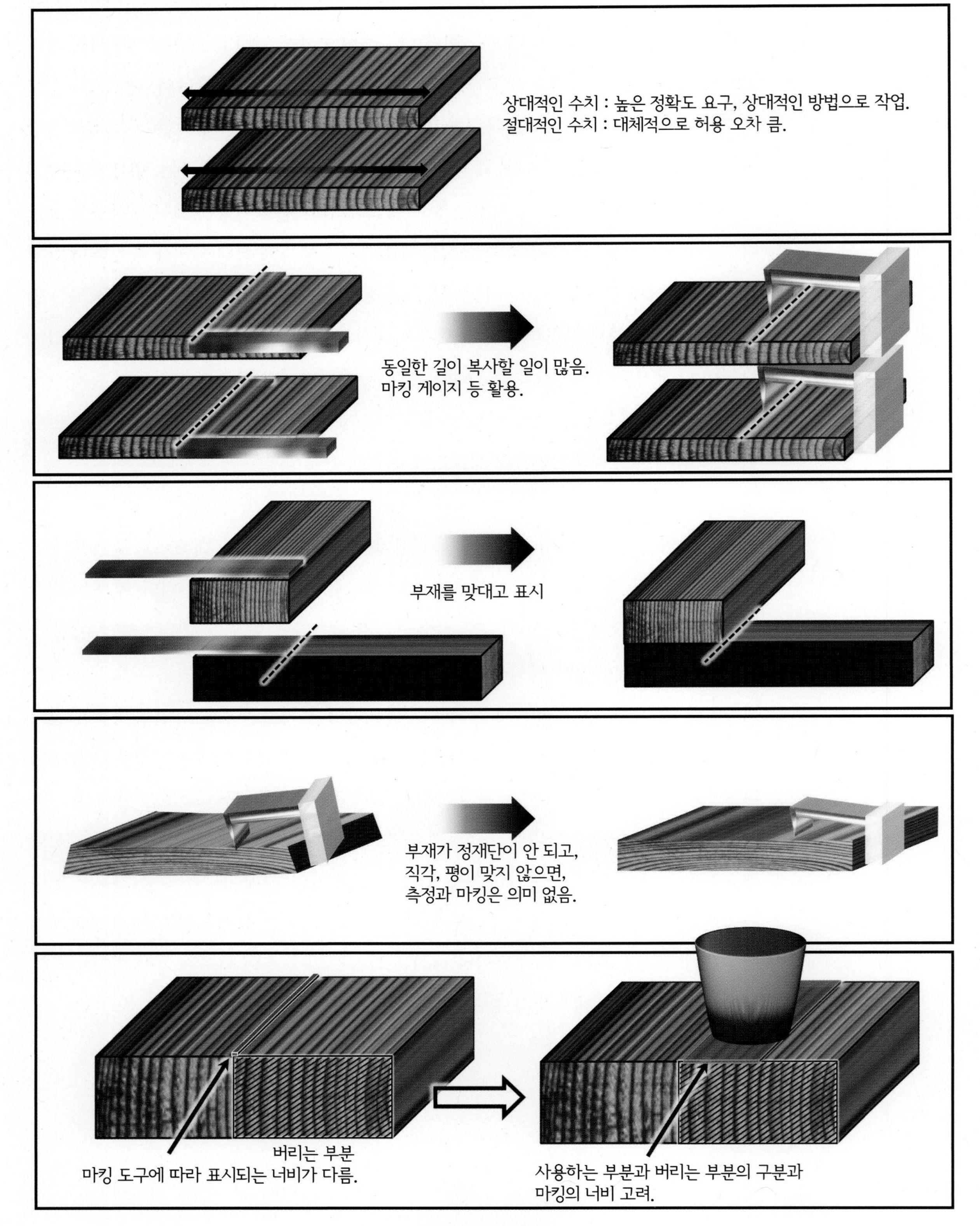

목공에서의 마킹은 상대적인 접근을 중요시합니다.

칼금(마킹 나이프, 마킹 게이지)의 사용

연필을 사용한 마킹

연필이나 샤프펜슬은 부재를 잘라내는 선을 표시하는 것과 같이 목공에서 치수를 마킹하는 곳에 널리 사용되지만, 짜맞춤의 마킹에서는 최대한 사용을 피하는 것이 좋습니다. 아래의 그림과 같이 연필로 마킹하면 작업 결과는 어떻게 될까요? 연필의 마킹 선은 잘 드러나 보여지는 반면 표시면이 넓어, 0.5~1mm의 마킹 너비는 짜맞춤에서 무시할 수 없는 큰 수치의 차이를 가져옵니다. 참고로 등대기톱의 톱길 폭은 0.5~0.7mm입니다. 연필로 마킹된 선이 있고, 이를 기준으로 톱질을 한다고 가정해봅시다. 칼금으로 마킹을 한 경우 살리는 부분과 버리는 부분을 나누어 작업 위치를 판단했다면, 연필에서는 이와 더불어 연필로 한 마킹이 버리는 부분 위에서 했는지, 살리는 부분 위에 되어 있는지에 대해서도 기억해야 하고, 이에 따라 마킹 라인 위에서 작업할지, 옆에서 작업할지도 판단해야 하는데, 이 선택에 따라 연필의 표시 폭만큼 오차가 생길 수 있습니다.

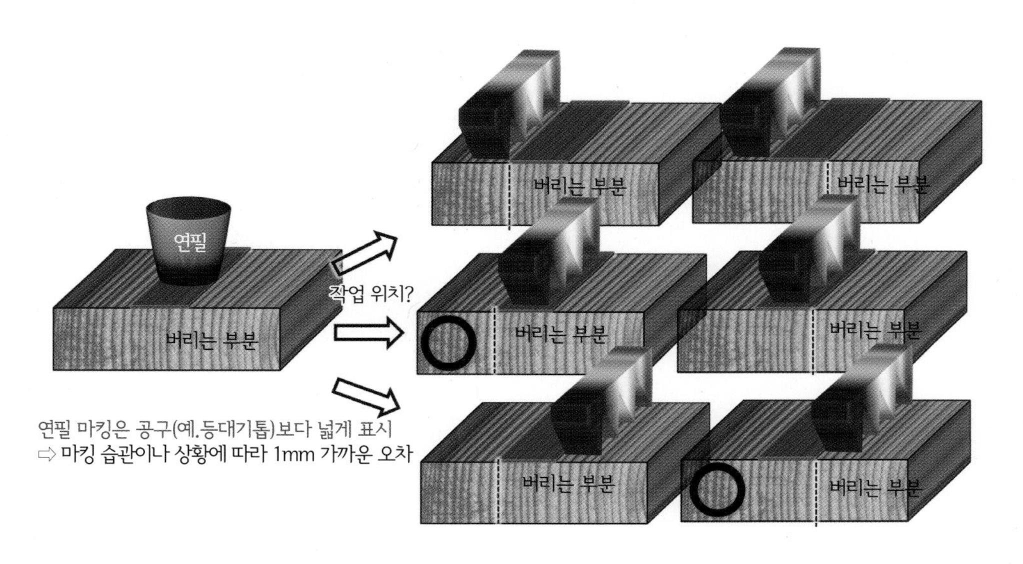

마킹 나이프와 마킹 게이지

마킹 나이프의 사용이 좋은 작품(good work)과 위대한 작품(great work)을 판가름한다고 말할 정도로 마킹 나이프는 정교한 작업을 가능하게 합니다. 마킹 나이프와 마킹 게이지로 표시한 칼금은 마킹 작업과 동시에 가공 작업의 시작이며, 최종 경계가 됩니다. 칼금은 원하는 지점의 나뭇결을 끊어 놓는데, 이는 톱이나 끌 작업의 훌륭한 선先 작업으로 결이 뜯기는 현상을 막아서 깔끔한 작업을 가능하게 하고, 끌이나 톱 작업에서 넘어서는 안 되는 경계 역할도 합니다.

결 방향으로 마킹 작업을 할 때는 나뭇결과 구분이 어려워 잘 드러나지 않는다는 어려움이 있습니다. 칼금에 추가적으로 연필로 표시하거나 마킹 전에 블루 테이프를 붙여놓고, 칼금을 낸 뒤에 해당 부분을 떼어서 구분합니다.

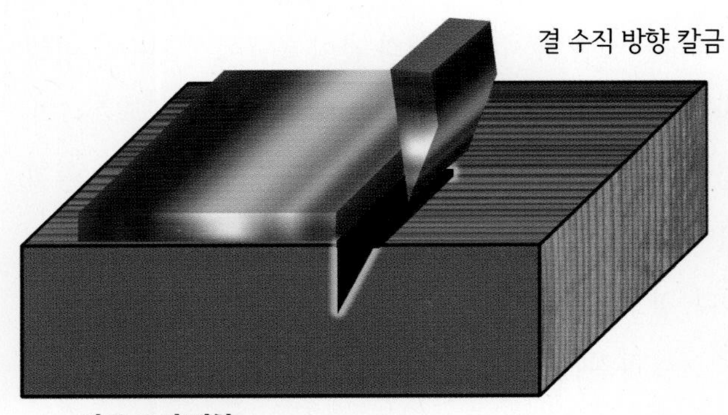

끌

끌은 기계 장비로 대체할 수 없는 원초적이고 기본적인 작업을 하는 필수 수공구입니다. 끌의 종류와 특징, 안전하고 정확한 작업에 필요한 사항을 정리했습니다.

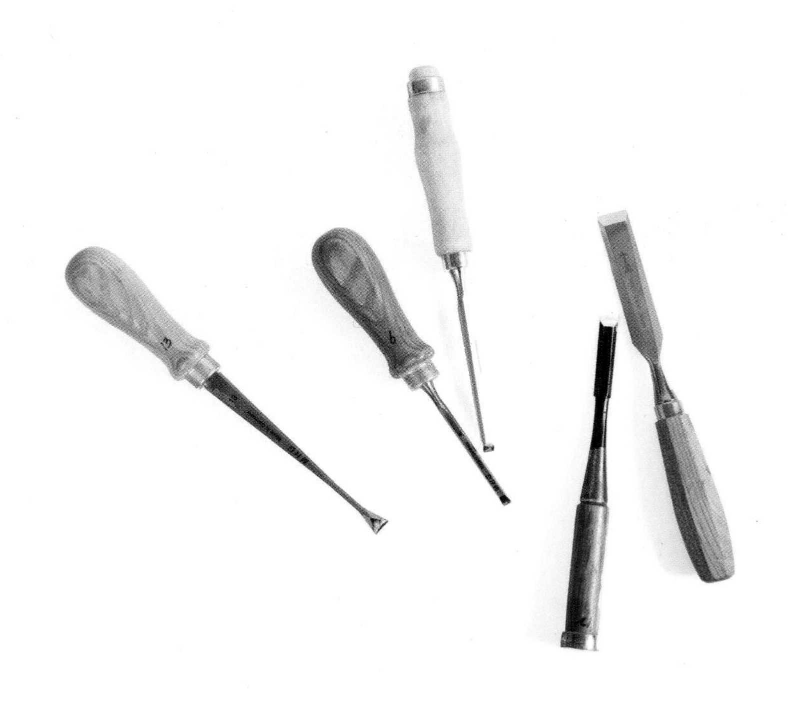

끌은 어디에 사용할까요?

끌은 손잡이에 연결된 날물의 날카로운 끝부분으로 부재를 깎거나 다듬는 수공구로, (1)부재의 안쪽 홈 파기 (2)가장자리 가공 (3)표면 다듬기에 사용합니다. 안쪽 가공은 암장부 작업 등 구멍을 파는 작업이며, 가장자리는 주먹장, 반턱 등에서와 같이 톱으로 옆선 작업을 한 뒤, 톱으로 작업이 안 되는 선 안쪽을 끊어내어 일부를 덜어내는 작업입니다. 표면 다듬기는 끌 또는 다른 도구로 작업하고 남은 부분이나 오차, 구석과 모서리를 일부 깎으면서 다듬는 작업으로 볼 수 있습니다. 이 중에서 표면 다듬기 작업은 다른 도구로 대체할 수 없는 끌의 고유한 영역으로 기계를 위주로 사용하는 작업자들에게도 끌이 꾸준히 사용되어 온 이유이기도 합니다. 반면에 암장부 가공은 끌의 전통적이고 대표적인 역할이었으나 무리하게 끌 작업만을 고수하기보다는 각끌기로 작업하거나 드릴, 라우터 등으로 작업한 뒤에 표면 다듬기 작업으로 대체하는 방법도 고려할 만합니다. 가장자리 가공은 결을 끊어내는 작업과 결 방향 작업의 차이를 확인하고 진행합니다. 결 방향으로 작업할 때는 목재가 결을 따라 한번에 쉽게 갈라질 수 있어 조심해서 작업합니다. 결을 끊는 경우 끌로 덜어내는 부분에 톱길을 여럿 내거나, 드릴이나 밴드쏘 등으로 미리 덜어내서 끌 자체 작업을 수월하게 하는 편이 좋습니다. 무리하게 끌을 타격해서 날끝이 상한 상태로 마무리 작업을 하기보다 끌 사용은 되도록 정교한 작업에 집중할 수 있게 하는 편이 좋습니다.

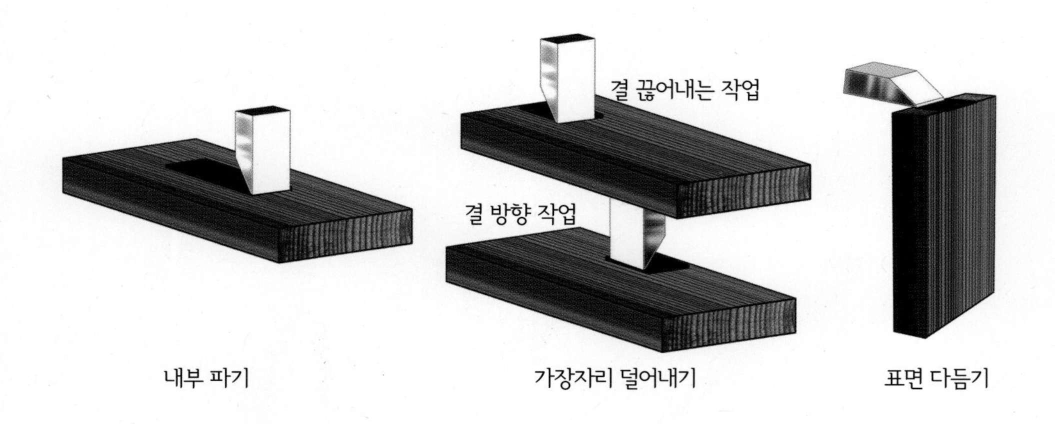

끌의 종류와 선택

초기에는 날 폭 6mm, 12mm 정도의 평끌 두개로 시작하고, 작업이 다양해지면서 더 작거나 큰 날 폭의 끌과 구석을 정리할 수 있는 피시테일 끌(fishtail chisel) 등을 개인의 선호도에 맞게 추가로 구비하는 것이 좋습니다. 기본 기능이 크게 다르지 않으나, 일본끌이나 서양끌 또는 제조사별로 느낌이 다를 수 있습니다.

끌이 다양한 날 폭별로 필요할까요? 전통 목공에서는 보유한 끌 사이즈가 작업의 기준이 되기도 했습니다. 예를 들어 24mm 두께의 부재에 8mm 끌로 암장부를 작업하고, 숫장부는 작업된 암장부의 크기에 맞춰 진행한다면 필요한 작업에 따라 여러 사이즈의 끌이 필요하다고 생각할 수 있으나, 현대 목공에서는 다르게 생각할 필요가 있습니다. 끌의 용도 중 암장부 작업을 빼면 작업에 필요한 사이즈가 그리 다양하지 않으며, 6mm 끌 한 자루면 6mm보다 큰 목재에 작업할 수 있습니다. 다소 큰 부분의 직선 경계를 단차 없이 끊어낼 때는 사이즈가 큰 끌이 유용하지만, 끌 작업 이전에 마킹을 하면서 칼금으로 미리 최종선 작업을 할 수 있으므로 어느 정도 나누어서 작업해도 깔끔하게 마무리하는 데 무리가 없습니다. 실제 작업에서는 다양한 사이즈의 끌이 여러 개 필요한 상황보다 같은 사이즈의 끌이라도 여러 개 있으면 편리한 경우가 많습니다. 작업 도중 날이 나가거나 무뎌질 때마다 매번 연마하기가 성가시기 때문인데, 작업할 때는 항상 날 끝이 살아 있는 끌에 먼저 손이 갑니다.

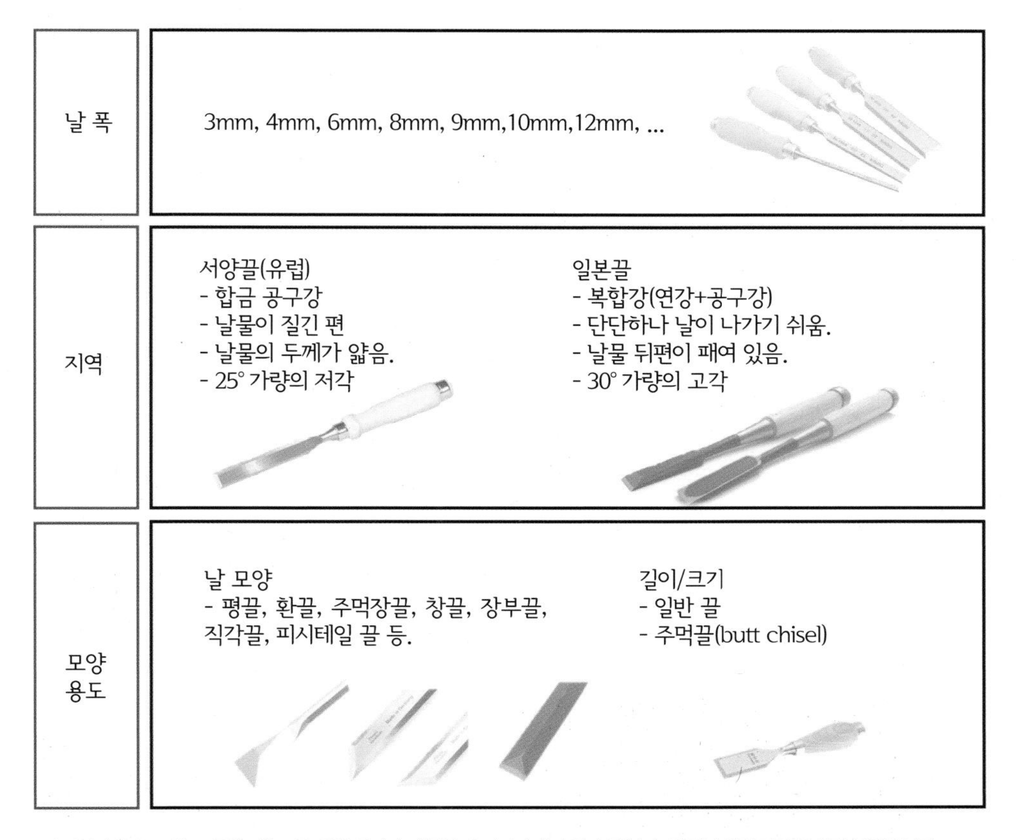

날 폭	3mm, 4mm, 6mm, 8mm, 9mm,10mm,12mm, ...	
지역	서양끌(유럽) - 합금 공구강 - 날물이 질긴 편 - 날물의 두께가 얇음. - 25° 가량의 저각	일본끌 - 복합강(연강+공구강) - 단단하나 날이 나가기 쉬움. - 날물 뒤편이 패여 있음. - 30° 가량의 고각
모양 용도	날 모양 - 평끌, 환끌, 주먹장끌, 창끌, 장부끌, 직각끌, 피시테일 끌 등.	길이/크기 - 일반 끌 - 주먹끌(butt chisel)

서양끌은 스위스, 독일, 체코 등 유럽 국가의 제품을 우리나라에서 많이 접할 수 있어서 밀리미터 단위가 통용됩니다.

날의 각도

끌은 일반적으로 25°~35° 정도의 각도로 연마해서 사용합니다. 고각으로 연마할 때는 이빨이 덜 나가서 단단한 목재를 타격으로 작업하는 데 좋으며, 저각으로 연마한 경우에는 날카로워서 부드러운 목재의 작업이나 다듬는 작업에 유리합니다. 저각으로 연마한 끌에 이중각을 내 사용하기도 합니다. 하지만, 이중각 상태에서 날을 연마하는 경우 이중각이 있는 부분을 모두 갈아내야 하는 등 연마 작업이 비효율적이라 추천하지 않습니다. 새롭게 구입한 끌을 보면 이중각으로 되어 있는 것을 볼 수 있는데, 이는 제품의 초기 상태의 날물을 날카롭게 보호하려는 목적이 큽니다. 끌의 각도는 자주 사용하는 목재, 작업 방법에 따라 달라지므로 각자에게 맞는 수치를 찾는 것이 좋습니다. 일반적으로 숫돌에서 연마하지만, 습식 그라인더를 사용하면 각도를 바꿀 때나 연마량이 많을 때 편리하게 사용할 수 있습니다. 단, 그라인더는 숫돌이 원형이므로 설정한 각도보다 예리하게 연마될 수 있으니, 그라인더 연마 후 숫돌로 마무리해야 합니다.

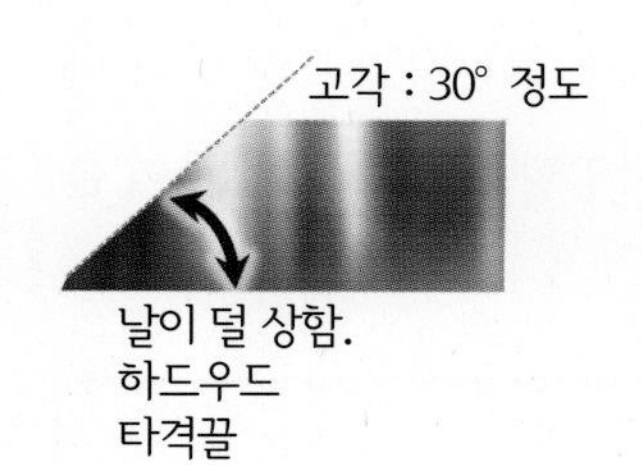

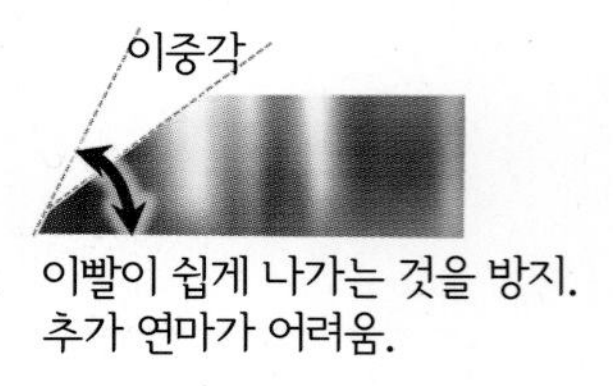

대부분 일본끌은 고각, 서양끌은 저각으로 초기 세팅되어 나옵니다.

끌 작업

작업 방법

손잡이 끝을 망치로 타격하면서 작업하기도 하고(타격끌), 양손으로 잡고 표면을 가볍게 마무리하거나, 작업자 몸의 무게를 실어 밀면서 작업할 수 있습니다(밀끌). 타격할 때 손잡이가 갈라지는 현상을 막으려고 손잡이 끝에 금속의 갱기(steel hoop)를 달아놓지만, 이것이 타격끌과 밀끌을 구분하는 기준은 아닙니다. 금속 장구 망치는 일반적으로 일본끌에서 많이 사용하는 타격법이며, 서양끌에서는 말렛mallet(나무 망치)이 많이 사용됩니다.

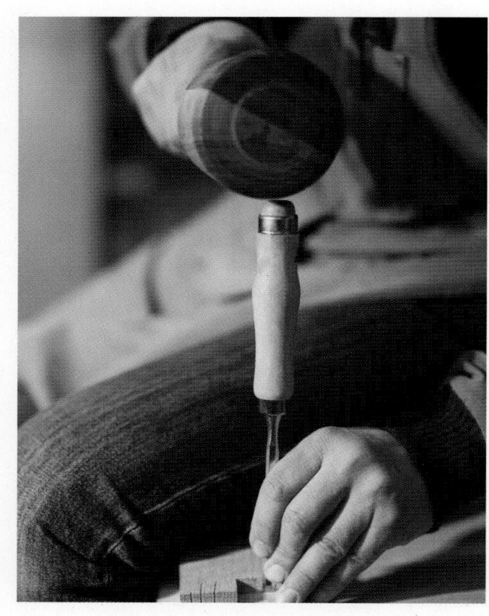

끌을 사용할 때 망치나 말렛으로 타격하는 방법과 두 손으로 밀어서 덜어내거나 다듬는 방법이 있습니다.

끌 작업할 때 확인해야 할 사항

끌을 사용하는 상황이 워낙 다양해서 끌을 어떻게 잡고, 어느 부분을 어떤 각도로 작업하느냐 같은 세부 사항은 각자가 정하는 게 좋습니다. 다음은 끌 작업 시 공통으로 고려해야 하는 사항입니다.

- 끌은 양손 도구입니다. 오른손잡이 기준으로 타격할 때 끌을 잡은 왼손은 손잡이를 잡거나 연필을 쥐듯 날을 쥐고, 망치를 쥔 오른손으로 손잡이 끝을 타격합니다. 밀면서 끌질을 하는 경우에는 양손이 모두 끌에 있어야 하며, 손 전체 또는 일부가 끌 진행 방향 앞에 놓여서는 절대 안 됩니다. 일반적으로 한 손으로 손잡이를 잡고, 다른 손으로 날물의 옆을 잡거나 받쳐줍니다. 만약 부재가 잘 고정되지 않으면 손으로 부재를 붙들고 작업하지 말고 클램프나 바이스를 활용합니다.

끌은 양손을 사용하는 도구이며(왼쪽 그림), 오른쪽과 같이 끌의 진행 방향 앞쪽에 손이 놓이지 않도록 해야 합니다.

- 결을 끊는 작업과 결을 분리하는 작업이 있다면, 결을 끊는 작업을 먼저 합니다. 부재의 일부를 덜어낼 때는 먼저 결을 끊고, 끌로 결을 끊은 만큼 덜어내는 순서로 진행합니다. 결을 끊지 않은 상태에서는 덜어내는 부분이 잘 분리되지 않습니다.
- 끌을 부재에 깊게 박은 상태에서 앞뒤로 흔들면 날이 쉽게 무뎌지거나, 날 끝이 상합니다. 끌은 좌우로 흔드는 습관을 들입니다.
- 타격끌 작업 시 바닥면을 단단하게 받쳐줘야 합니다. 부재는 작업대의 가장자리나 다리 윗부분에 놓고 작업하면 좋습니다. 부재 밑에 나무 조각(끌밥)이 있으면 힘이 제대로 전달되지 않을뿐더러 부재 아랫면이 조각에 찍힐 수 있습니다.
- 끌 작업을 할 때 날을 잘 관리하는 것은 매우 중요합니다. 날이 날카로울수록 작업이 정교해지고, 무리한 힘을 쓰지 않아 안전해집니다. 본격적으로 작업을 시작하기 전에 반드시 끌을 연마해야 하고, 작업량이 많다면 작업 중에도 수시로 연마해야 합니다.
- 작업 처음부터 경계선에 끌을 맞춰 수직으로 내리치면 끌의 경사 때문에 힘의 방향이 경계선의 수직이 아니라 경사 진행 방향에 따라 밀려납니다. 이런 현상을 막기 위해서 경계선 작업 전에 먼저 안쪽을 덜어내고, 경계선이 0.5mm 정도 남았을 때 경계선에 맞춰 작업합니다. 경계선에 칼금이 선행되어 있으면 칼금에 끌을 대고 맞추는데, 타격하는 힘이 커질수록 선 안쪽으로 밀리게 되므로 처음에는 얕은 깊이로 목재의 결을 가볍게 타격하여 끊어 내려간다는 느낌으로 하는 것이 좋습니다.

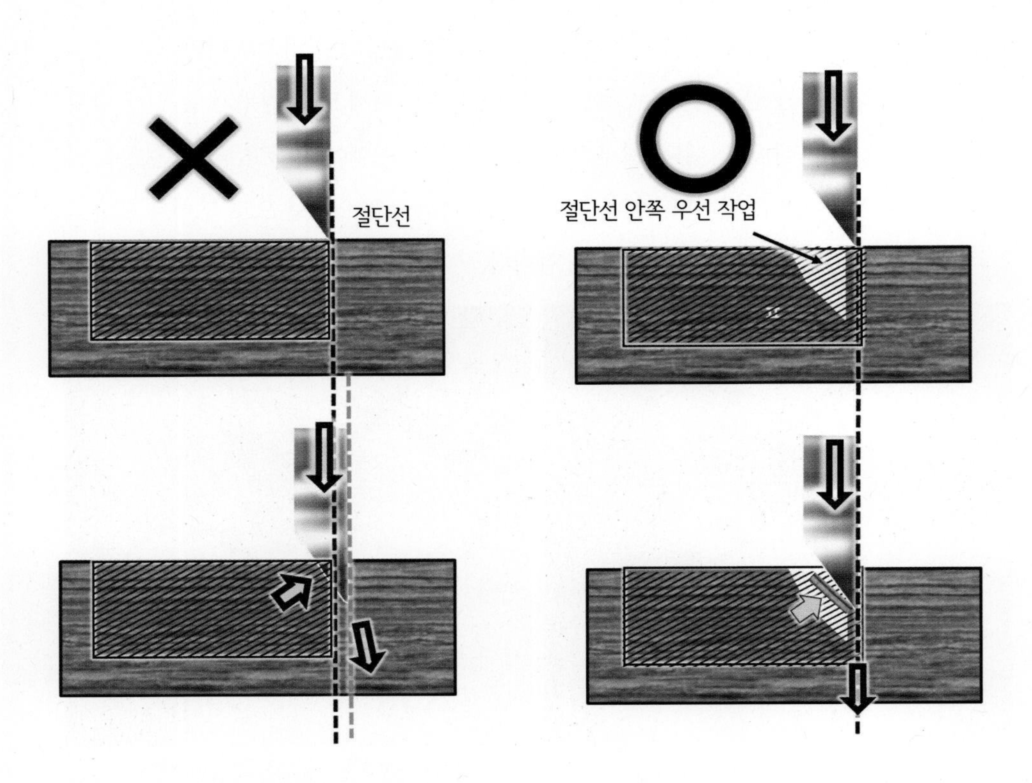

끌은 한쪽 면이 경사가 되어 있습니다. 경사면에 목재의 양이 많으면, 수직으로 작업하더라도 작업선에서 밀려나게 됩니다.

두 손이 끌에 위치해야 하며, 끌 진행 앞 방향에 손을 두어서는 안 됨.

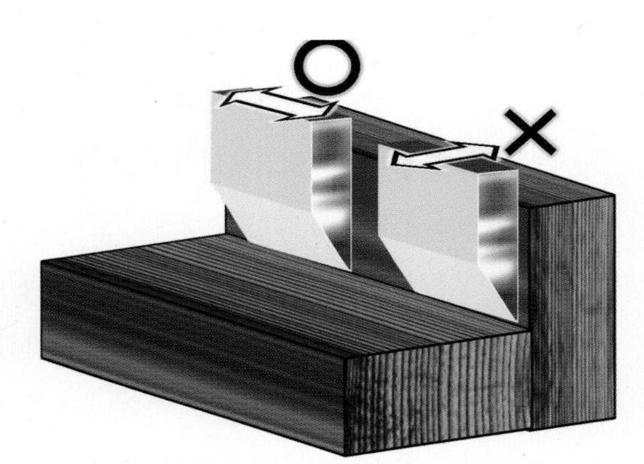

앞뒤 방향으로 무리하게 흔들면 날 끝이 쉽게 상함.

결을 끊어주는 작업을 먼저 진행.

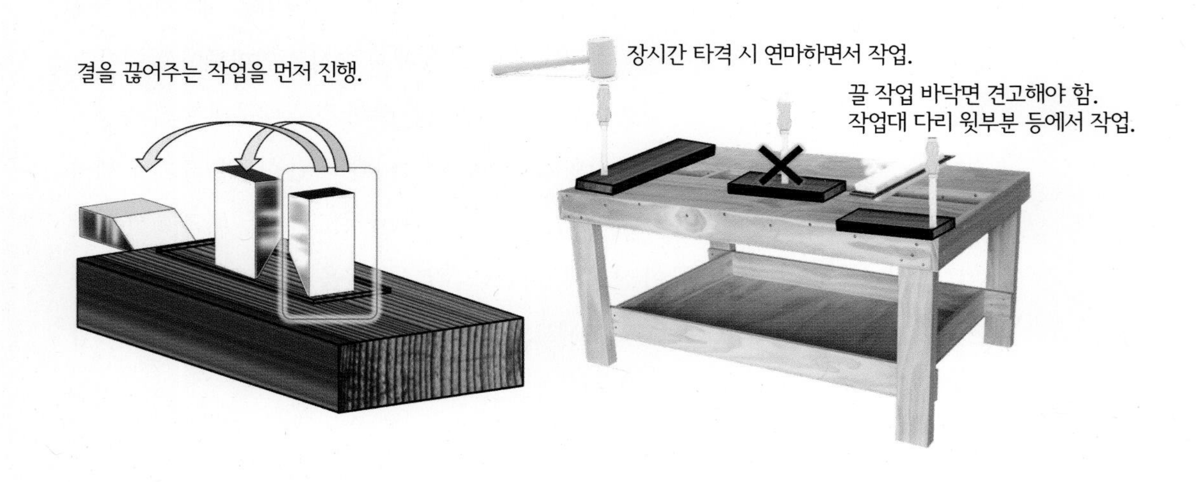

톱

톱의 용도와 종류, 구조에 따른 특징, 그리고 톱을 사용하는 자세에 대해 설명합니다. 수공구인 등대기톱을 중심으로 설명하고, 테이블쏘, 밴드쏘, 원형톱 등의 장비는 별도의 장에서 상세히 알아봅니다.

톱의 종류와 작업 구분

목공에서 절단을 담당하는 톱은 목공 도구 중 가장 다양한 형태로 발달되어 있습니다. 수공구, 전동 공구, 목공 기계 형태의 톱이 할 수 있는 일들은 다음과 같습니다.

- ◆ 직선 재단 : 자르기, 켜기 및 각도, 경사 절단은 대부분의 톱으로 가능합니다.
- ◆ 곡선 재단 : 밴드쏘, 직쏘 등으로 가능하며, 직쏘로는 밴드쏘가 할 수 없는 내부 구멍 재단이 가능합니다.
- ◆ 정밀 가공 : 짜임 등 정밀한 작업에 활용하는 것으로 등대기톱이 넓게 활용되며, 목공 기계로는 테이블쏘, 밴드쏘 등이 사용됩니다.
- ◆ 리쏘잉(다시 켜기) : 부재를 두께 방향에서 얇게 켜는 작업으로 밴드쏘로 하는 주요 작업 중 하나입니다.

용도과 도구에 대한 이해를 위한 그림이며, 용도에 따라 도구가 정확하게 나누어지는 것은 아닙니다.

원형 톱날과 띠형 톱날

톱날의 형태에 따라서, 띠형 톱날과 원형 톱날로 구분해볼 수도 있습니다. 원형 톱날은 전기 모터의 강력한 회전력을 이용하여 깔끔한 절단이 가능하나, 절단면의 형태가 원형이라 부분 절단보다 전체적으로 잘라내는 작업에 적합합니다. 톱날의 면적이 커서 재단 시 직선 작업을 유지해야 하며, 특히, 부재가 톱날과 지지대 사이에 끼이는 킥백을 주의해야 합니다. 띠 형태의 톱날은 절단면이 비교적 깔끔하지는 않으나, 안전한 작업을 할 수 있으며, 날의 너비가 충분히 좁다면 곡선의 재단도 가능합니다. 정반 대비 수직의 직선 형태로 절단이 이루어져 부분 가공을 통한 짜임과 같은 작업에도 유리하게 사용됩니다.

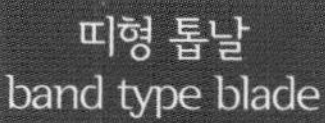

- 날의 너비에 따라 어느 정도 곡선 재단 가능.
- 절단면이 비교적 깔끔하지 않음.
- 날의 면적이 비교적 작아, 날이 부재에 끼이는 현상이 덜 심각함.
- 절단면이 직선이어서, 일부 재단이 용이.

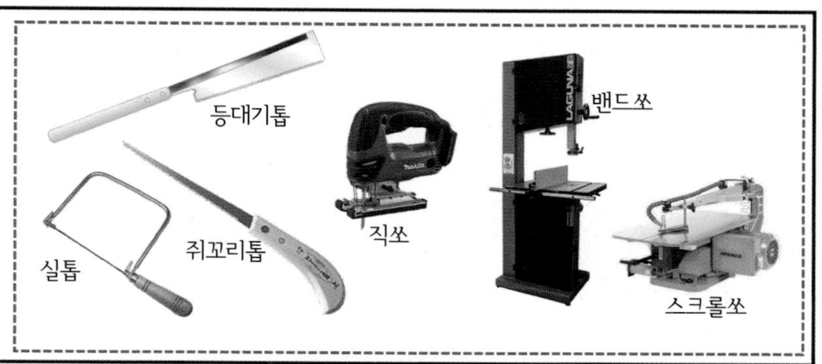

원형 톱날
circular blade

- 직선의 재단만 가능.
- 비교적 절단면이 깔끔함.
- 날의 면적이 커서, 날이 부재에 끼이거나 킥백 현상이 일어날 가능성이 큼.
- 일부 재단보다 끝까지 잘라내는 데 용이.

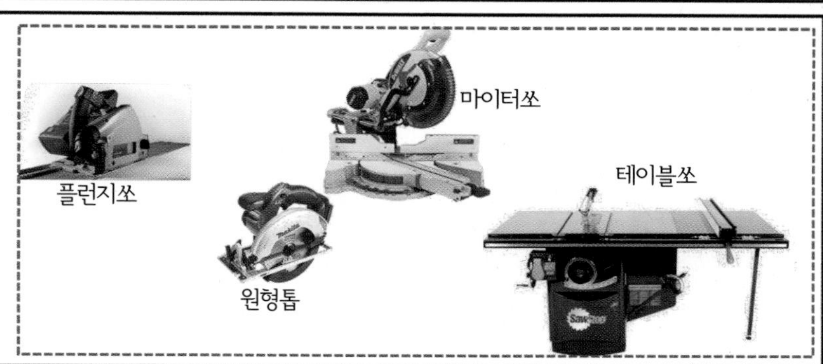

일본톱과 서양톱

일본톱과 서양톱의 가장 큰 차이는 작업 방향인데, 일본톱은 당기는 방향, 서양톱은 미는 방향에서 절단 작업이 주로 이루어집니다. 미는 톱은 부재와 작업자 손 사이에서 톱날이 눌려서 휘는 힘을 받으며, 당기는 톱은 톱날이 당겨지며 펴지는 힘을 받으므로 미는 톱보다 톱날의 두께를 얇게 할 수 있습니다. 등대기톱은 얇은 톱날(0.3mm~)을 보강하려고 두꺼운 금속으로 날 뒷면을 대어 정밀 가공을 하는 데 사용합니다.

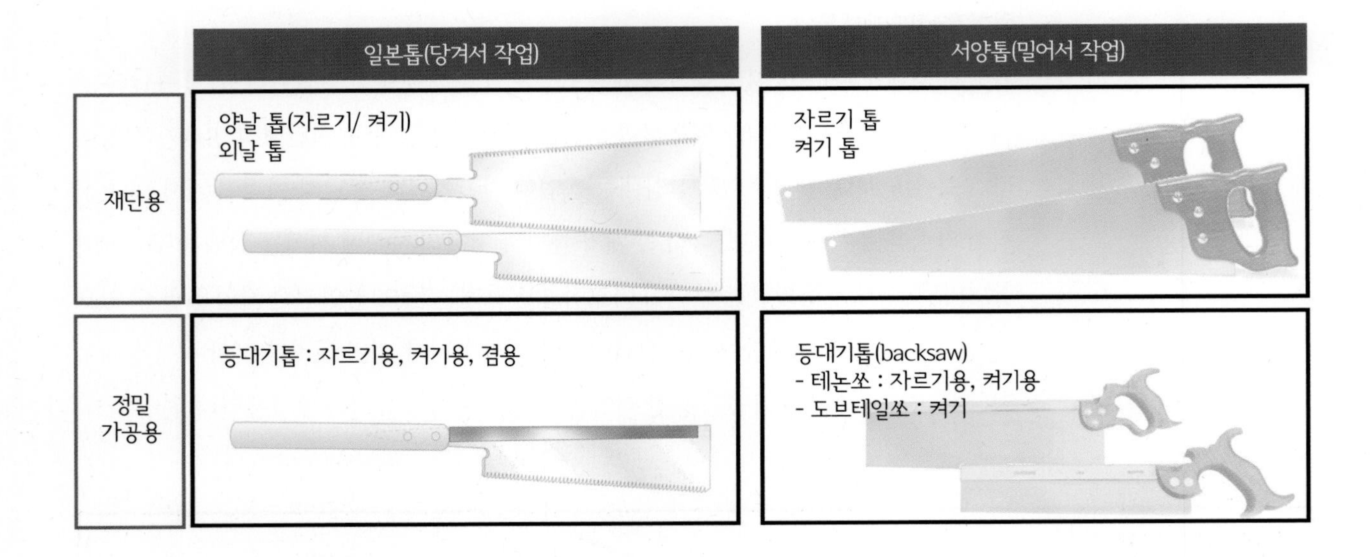

톱날의 구조

수공구 톱을 기준으로 톱날 구조를 설명합니다. 테이블쏘, 밴드쏘 등에 사용되는 원형 톱날과 띠형 톱날에 공통적으로 적용되는 내용도 포함되어 있습니다.

날 간격(pitch) 및 날 수(팁 수)

날 간격이 작으면 절단이 매끄러워 정밀한 작업이 가능하고, 날 간격이 크면 톱밥의 배출이 원활하여 신속한 작업이 가능합니다. 일반 재단용 톱보다 등대기톱의 날 간격이 작으며, 켜기 톱보다 자르기 톱이 날 수가 많습니다. 정밀 가공에 쓰는 등대기톱은 날 간격이 1.0mm(25.4TPI)~1.5mm(16.9TPI)이며, 서양의 장부톱은 2mm 이상인 경우도 있습니다. 'teeth per inch'를 뜻하는 TPI는 1″에 날이 몇 개가 있는지를 나타내는 단위입니다.

테이블쏘에서는 10″ 직경 원형톱이 많이 사용되며, 톱날 수가 많으면 작업 면은 깔끔하나, 톱밥 배출이나 작업 속도가 느려지며 열 배출도 원활하지 않습니다. 많이 사용되는 자르기/켜기 겸용 톱날의 날수는 40~60개 정도입니다.

끊는 각도(rake)

끊는 각이 있는 방향에서 톱 작업이 진행되는데, 경사 각도는 일반적으로 75~90°로 높습니다. 톱의 구조에 익숙하지 않은 분은 경사가 급한 쪽이 아니라 완만한 쪽 방향으로 톱이 진행되면서 작업이 되는 것으로 알고 있으나, 이는 사실과 다릅니다. 대부분의 도구는 날물이 높은 속도로 부재와 부딪치면서 절단 및 절삭 작업이 이루어지며, 작업이 진행되는 방향에서 날물의 경사는 매우 높습니다.

날의 두께와 날어김 폭

톱니는 톱날 면으로부터 좌우 방향으로 어긋나 설정(세팅setting)되어 있거나(톱, 밴드쏘 등 띠형 톱날), 톱날에 날면보다 두꺼운 팁tip이 부착되어(테이블쏘 등 원형 톱날) 있습니다. 이 때문에, 톱 작업에서 톱길 폭(날어김 폭)은 언제나 톱날 면의 두께보다 큰데, 이런 날어김은 톱 가공을 이해하는 핵심 사항이며, 특히 테이블쏘 같은 원형 톱날 작업에서 안전과 밀접한 관계가 있습니다. 날어김이 클수록 직선을 유지하며 작업하는 것이 어려울 수 있으나, 상대적으로 톱길 수정이나 톱밥 배출이 쉽습니다. 날어김이 작으면 정밀 가공이 가능하지만, 톱날이 부재에 끼어서 톱질이 어려워질 수 있습니다. 만약, 날어김 폭이 없다면, 톱날이 부재 사이에 끼이게 되어, 기본적으로 톱 작업이 불가능하게 됩니다. 플러그톱(목심 절단 톱)처럼 특수한 용도의 톱을 제외하고는 모두 날어김이 존재합니다.

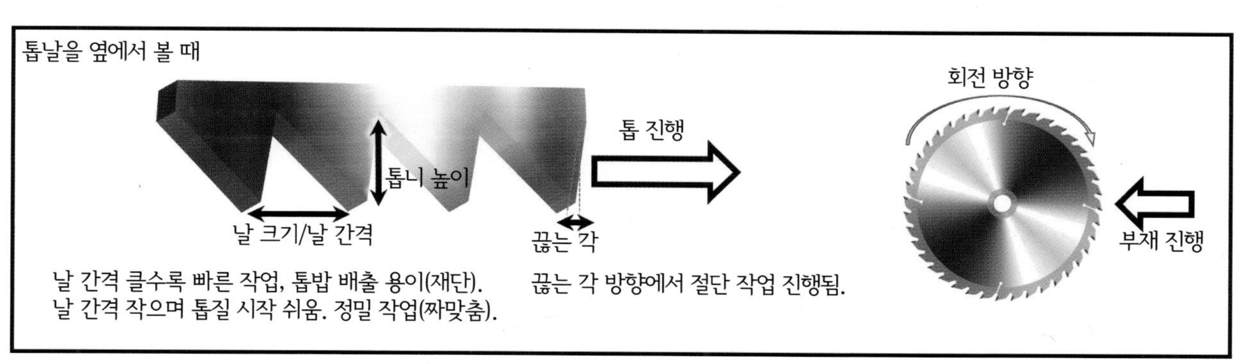

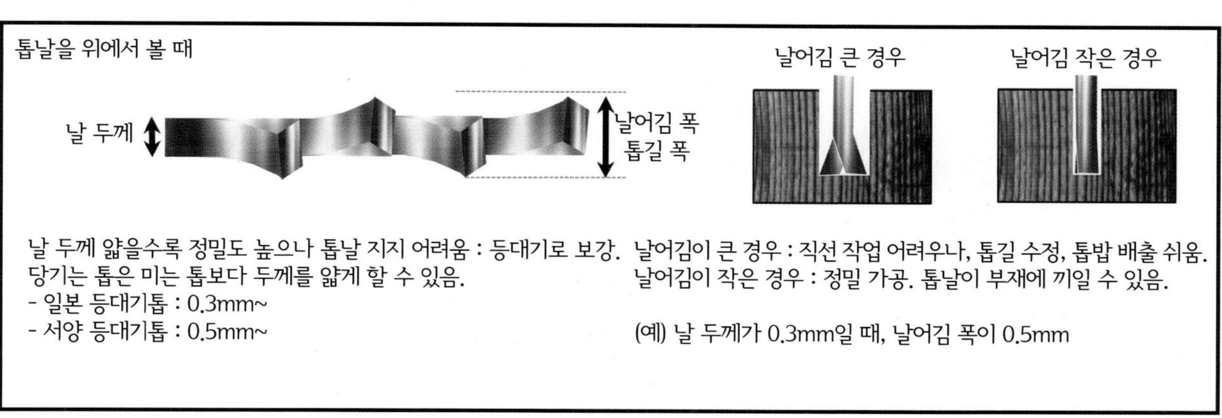

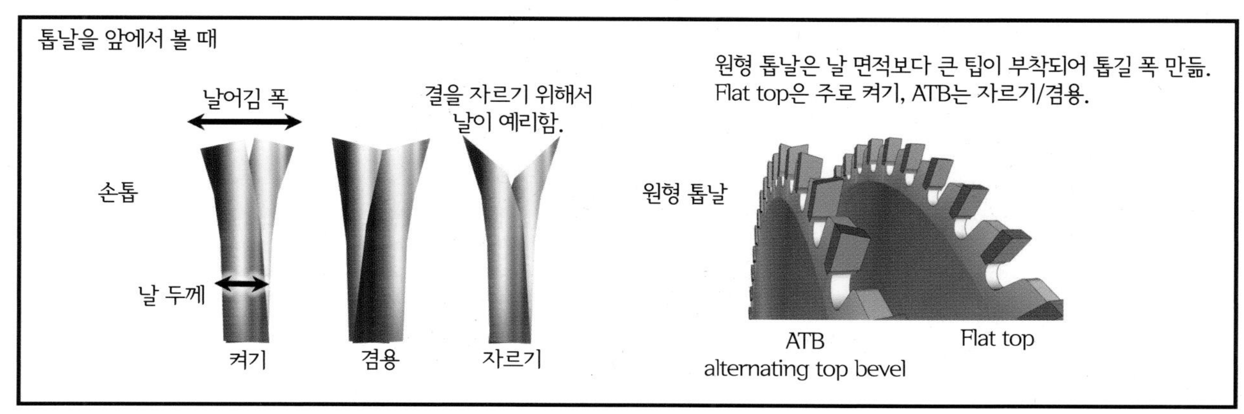

등대기톱, 밴드쏘, 테이블쏘 등 모든 톱의 톱길 폭은 톱날의 두께보다 큽니다.

켜기(rip cut)와 자르기(cross cut)

나뭇결의 방향에 따른 톱질의 작업 특성이 다르게 나타나는데, 나뭇결을 끊어내는 방향으로 톱질하는 것을 '자르기', 나뭇결을 따라 작업하는 것을 '켜기'라고 합니다. 칼로 나뭇결의 수직 방향으로 절단을 하려고 하면 결이 끊어지는 것을 확인할 수 있지만, 나뭇결 방향으로 작업을 하면 칼이 결 사이에 끼이는 것을 볼 수 있습니다. 목재 섬유질의 구조상 결 방향으로 절단할 때는 폭이 좁은 끌 같은 도구로 섬유질을 끊어내는 작업이 유리하고, 결의 수직 방향으로 절단하는 경우에는 칼과 같이 예리한 각도의 도구가 좋습니다. 톱니의 끝 부분이나 옆의 경사각이 톱날 면 대비 90°에 가까우면 나뭇결 방향으로 톱질, 즉 켜기가 용이하고, 각도가 예리할수록 나뭇결 수직 방향 작업, 즉 자르기가 용이합니다. 이 둘을 절충한 각도에서는 자르기 및 켜기 겸용 톱이 됩니다. 자르기 톱으로 켜기를 하면, 톱이 결 사이에 끼면서 작업이 잘 진행되지 않습니다. 반대로 켜기 톱으로 자르기를 하면 결을 뜯어내는 듯해서 작업이 깔끔하게 되지 않습니다.

자르기와 켜기는 톱날의 모양뿐 아니라 날 간격의 차이도 있는데, 일반적으로 자르는 톱날보다 켜는 톱날의 크기가 크고, 따라서 날 간격도 큽니다. 자르기를 하면 톱밥, 즉 잘라나간 섬유질이 잘게 부서지지만, 켜기에서는 길이 방향의 긴 섬유질이 톱밥으로 나옵니다. 더불어 켜기가 목재의 긴 방향으로 진행되므로 한번에 진행되는 작업의 양이 많고, 따라서 더 신속한 작업과 원활한 열 배출이 필요합니다.

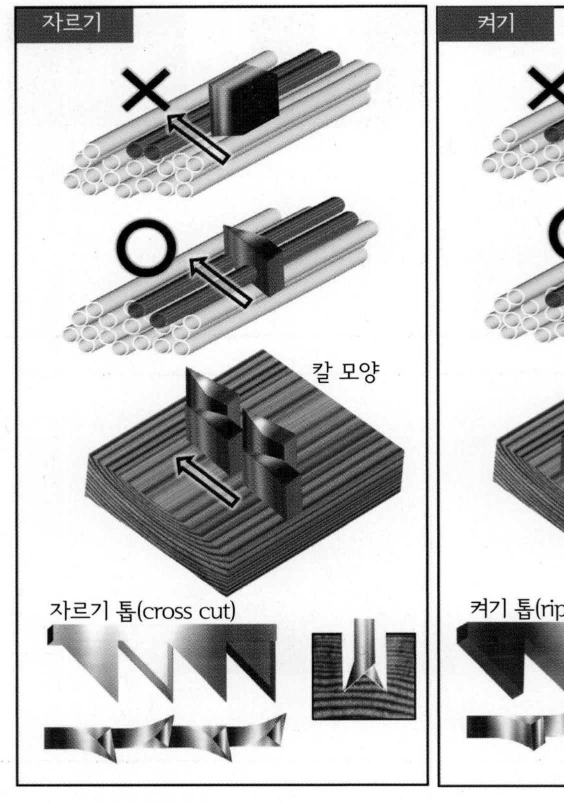

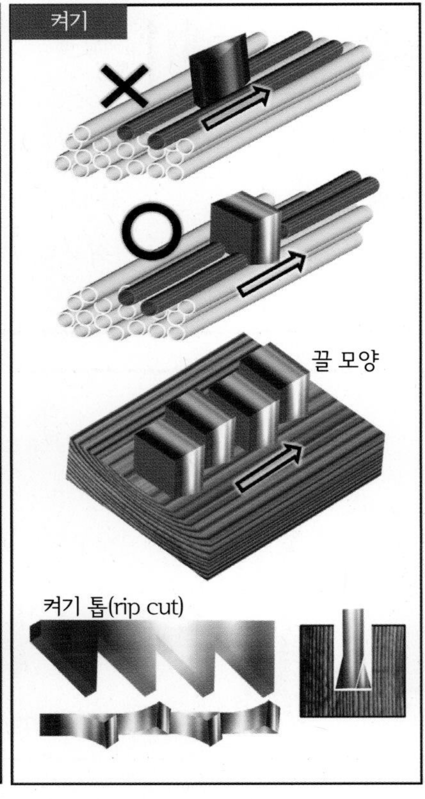

목재에는 결에 따른 방향성이 있고, 톱을 사용할 때도 결에 따라 켜기와 자르기가 구분됩니다.

톱 작업

톱길 폭을 고려한 작업

톱날의 두께가 아니라, 날어김 폭이 톱길 폭이 된다는 사실을 확인하고 작업해야 합니다. 톱 제품에 따라 달라지지만, 당기는 톱, 즉 일본 등대기톱은 톱날의 두께가 0.3mm, 날어김 폭이 0.5mm가량이며, 서양 등대기톱은 이보다 0.2mm 정도 더 두껍습니다. 0.5mm는 짜임 작업 입장에서는 상당히 큰 수치입니다. 남기는 부분과 버리는 부분을 반드시 구분해서 톱 작업이 버리는 부분에서 진행될 수 있도록 항상 신경씁니다.

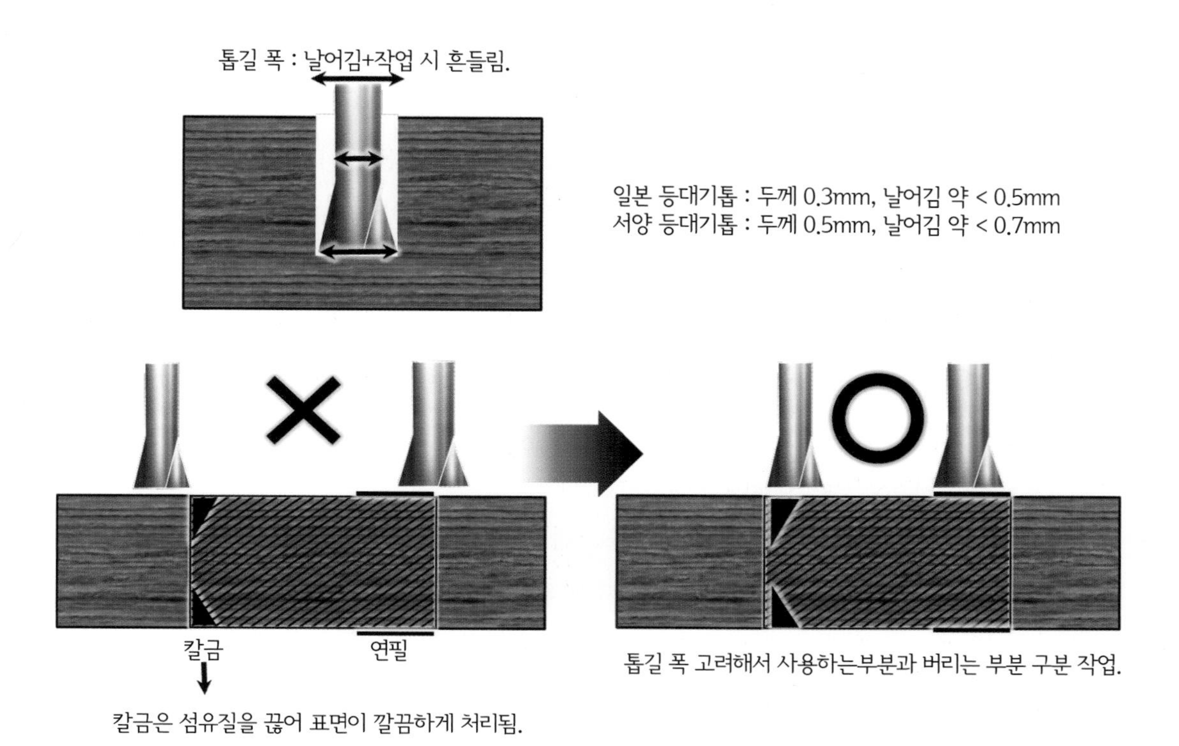

작업 자세

당기는 톱은 선 자세뿐 아니라 앉은 자세로도 톱질할 수 있습니다. 선 자세로는 자르기, 앉은 자세로는 켜기가 편한데, 서서 켜기를 하는 경우에는 작업대의 바이스를 이용하면 됩니다. 서양의 미는 톱으로는 앉은 자세에서 작업이 어려우므로 켜는 작업은 작업대에 부착된 바이스를 이용하는 편이 좋습니다. 톱질 자세에서 구체적으로 신경써야 할 점은 다음과 같이 상세히 정리했습니다. 톱질하는 자세에서 불필요한 힘이 들어가서는 안 되지만, 생각보다 자연스러운 자세가 아닙니다. 톱질을 처음 배울 때는 자세가 상당히 불편하다고 느낄 수 있습니다.

- 손잡이는 자연스럽게 감싸듯이 쥐어야 합니다. 야구배트나 골프채를 쥐고 횡운동橫運動할 때처럼 쥐는 것이 아니라 조리하는 식칼을 쥘 때처럼 합니다. 다트를 던지고 났을 때나 당구채를 쥔 손 모양을 상상해도 좋습니다. 손목을 사용해서 톱 끝을 허공에서 위아래로 움직일 때 좌우로 흔들리지 않게 힘을 줄 수 있는 손 모양을 찾아야 합니다. 톱질은 앞뒤 운동의 반복을 통해서 결과적으로는 목재 아래로 파고 내려가는 작업인데, 쥐는 법이 적합하지 않으면 무의식 중에 톱길이 한쪽으로 치우칩니다. 손에 불필요한 힘을 줘서는 안 되는데, 톱을 잡은 손이나 팔에 힘이 들어가면, 톱니가 목재의 섬유질을 눌러서 물게 되므로 톱의 움직임이 부자연스러워지기 때문입니다. 이럴 때 손과 팔에 힘을 풀고, 어깨로 당겨보면 톱질이 수월해진다는 것을 알 수 있습니다.
- 톱질하는 자세는 생각보다 부자연스럽습니다. 서서 작업할 때는 앞뒤 직선 운동 방향을 기준으로 톱의 머리끝부터 작업자의 어깨까지가 모두 한 평면에 배치가 되도록 일렬을 맞춘 다음, 두 눈이 톱의 중간에 오도록 시선을 맞추기 위해 몸을 틀어줍니다. 앉아서 작업할 때는 이와는 다르게 먼저 몸을 톱의 중간에 두고 시선의 중심을 맞춘 뒤, 팔꿈치를 안쪽으로 가져와 톱의 상하 직선 운동 방향을 기준으로 톱 머리끝부터 팔꿈치까지 일직선이 되게 합니다. 서서 톱질할 때는 팔을 먼저 맞춘 후, 몸과 목을 틀어 시선을 맞추고, 앉아서 톱질할 때는 시선을 먼저 맞춘 후, 어깨를 틀어 팔을 몸 가운데로 가져와야 합니다. 이렇게 방향을 틀면, 처음에는 힘이 어색하게 들어갈 수밖에 없는데, 어느 경우든 운동의 축은 어깨입니다.
- 서서 톱 작업을 하는 동안 톱과 운동 축인 어깨가 최대한 일직선이 되어야 방향이 틀어지지 않고 힘이 정확하게 전달됩니다. 팔에 힘을 줘서 억지로 정렬하는 것이 아니라, 톱을 당긴 지점에서 팔꿈치가 몸 뒤로 나오지 않게 몸의 위치를 정하면 됩니다. 앉아서

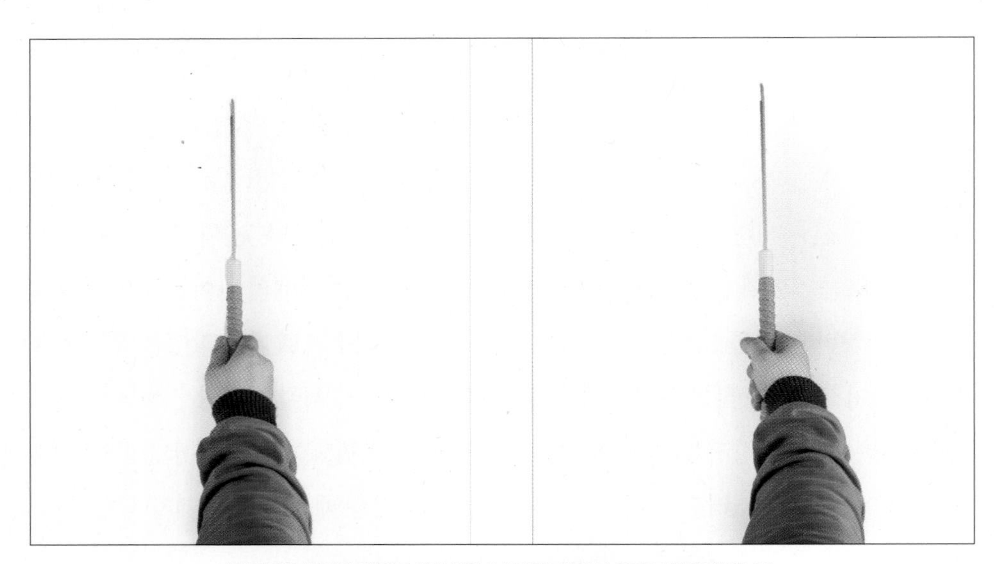

톱 작업은 톱날을 앞뒤로 왕복하면서 방향은 위에서 아래로 향하게 됩니다.
그 과정에서 톱길이 좌나 우로 치우친다면 톱을 쥐고 있는 상태를 확인해봐야 합니다.
왼쪽 사진처럼 좌우에 힘이 고르게 전달되게 해야 합니다. 오른쪽처럼 톱을 쥐고 작업하면 좌우 균형이 깨질 수 있습니다.

하는 작업에서는 어깨의 운동과 톱의 무게로 팔꿈치를 수직 방향으로 떨어뜨린다는 느낌으로 하면 됩니다.

- 서서 작업할 때 부재를 고정하려고 누르는 손에 무게를 일부 실을 수는 있으나, 톱을 든 손에는 무게를 실으면 안 되고, 무게 중심은 두 발에 고정합니다. 부재 고정이 어려울 때는 클램프나 작업대의 바이스를 사용합니다.
- 톱 작업의 과정은 처음 톱길을 내는 작업과 톱길을 기준으로 톱질을 하는, 두 부분으로 나눌 수 있습니다. 톱길을 낼 때는 자세에 신경을 쓰지 말고, 자신에게 적합한 방법을 찾아 최대한 경계선에서 정확하게 톱길이 나도록 합니다. 톱길 자체가 잘못되면 이후에 아무리 좋은 자세로 작업해도 수정이 쉽지 않습니다. 손잡이가 아니라 톱날 면에 손가락을 대어도 좋고, 가이드에 대고 작업하는 것도 좋습니다. 톱을 당기지 않고 밀면서 작업선을 조금씩 뚜렷하게 만들어도 됩니다. 시선은 최대한 작업하는 선을 확인하기 편한 위치로 바꿉니다.
- 끌로 마무리할 것을 전제로 톱 작업을 해서는 안 됩니다. 최대한 작업선에 맞춰 톱으로 작업하고 끝냅니다. 이후 끌 작업이 필요해지면 할 수는 있으나, 톱질 이후 끌 작업이 실제로는 상당히 귀찮을 뿐 아니라 톱으로 정확하게 작업한 것처럼 깔끔한 결과를 내기가 쉽지 않습니다.
- 자세가 특별히 문제가 없는 상황에서 톱길이 특정 방향으로 계속 치우쳐서 내려간다면, 다른 톱을 사용하거나 날을 한번 확인하고 교환할 필요가 있습니다. 어떤 이유에서든 날 한쪽이 무뎌졌다면, 톱질은 날카로운 날이 있는 날어김 방향 쪽으로 치우쳐서 진행됩니다.
- 플러그톱은 플러그나 목심 작업 후에 남은 부분을 제거하는 데 쓰는 톱으로 톱날이 드러난 채 작업합니다. 이때, 톱을 잡지 않은 손의 위치가 날의 앞쪽에 오지 않도록 조심합니다.

톱질이 원하는 방향으로 나가지 않는 경우 근본적인 문제는 팔의 자세보다 시선에 있는 경우가 많습니다. 작업이 진행되는 동안 톱이 경계선을 따라서 움직이고 있는 상황을 두 눈으로 실시간 확인하고 있다면 톱질을 바르지 않게 하기가 오히려 어려울 수 있습니다. 서서 작업을 하는 경우에는 톱이 앞뒤로 움직이는 부재의 윗면과 더불어 절단 진행되는 부재 앞쪽의 경계선을 계속 주시하여야 하며, 앉아서 작업하는 경우에는 톱이 위아래로 움직이고 있는 앞면과 더불어 작업이 진행되고 있는 윗면을 계속적으로 확인해야 합니다.

서서 작업할 때는 톱날과 팔이 일직선이 되게 하고 몸을 틀어 시선을 고정하는 반면,
앉아서 작업할 때는 시선을 먼저 톱의 중앙에 맞춘 뒤에 팔을 틀어 톱을 정렬합니다.

테이블쏘

목재의 켜기, 자르기, 경사 및 각도 절단, 직선의 홈파기 작업 등 여러 작업이 가능한 테이블쏘가 목공 작업의 핵심 장비라는 점에는 많은 분이 동의할 것입니다. 테이블쏘로 할 수 있는 기본 작업과 응용 작업, 그리고 킥백kickback에 관해 상세히 설명하겠습니다. 테이블쏘에서 킥백이 위험하다는 사실은 널리 알려졌으나 이 현상이 일어나는 원인에 대한 이해는 부족한 상황이어서 쉽게 위험에 노출이 되거나 반대로 근거 없는 불안에 사로잡히기도 합니다. 다른 관점에서 의문을 제기하자면, 작업 시 항상 킥백이 일어나지 않는 이유는 무엇일까요?

여기서는 기본적인 형태의 테이블쏘를 기준으로 설명하겠습니다. 참고로, 테이블쏘 날의 한쪽 편 정반에 부재를 고정하고, 정반 자체를 움직이면서 작업하는 테이블쏘를 슬라이딩 테이블쏘sliding table saw 또는 간단히 슬라이딩쏘라고 부르기도 합니다.

테이블쏘 작업과 사용법

기본 작업

테이블쏘로는 기본적인 재단에서 홈 파기까지 다양한 작업을 할 수 있습니다. 주로 부재의 끝에서 끝까지 절단하는 작업을 합니다.

- ◆ 켜기 : 켜기 펜스(립 펜스) 사용
- ◆ 자르기 : 마이터 게이지miter gauge 또는 썰매(sled) 사용
- ◆ 각도 절단 : 마이터 게이지 또는 썰매 사용
- ◆ 경사 절단 : 톱날 각도 조절
- ◆ 홈 파기 : 톱날 높이 조절

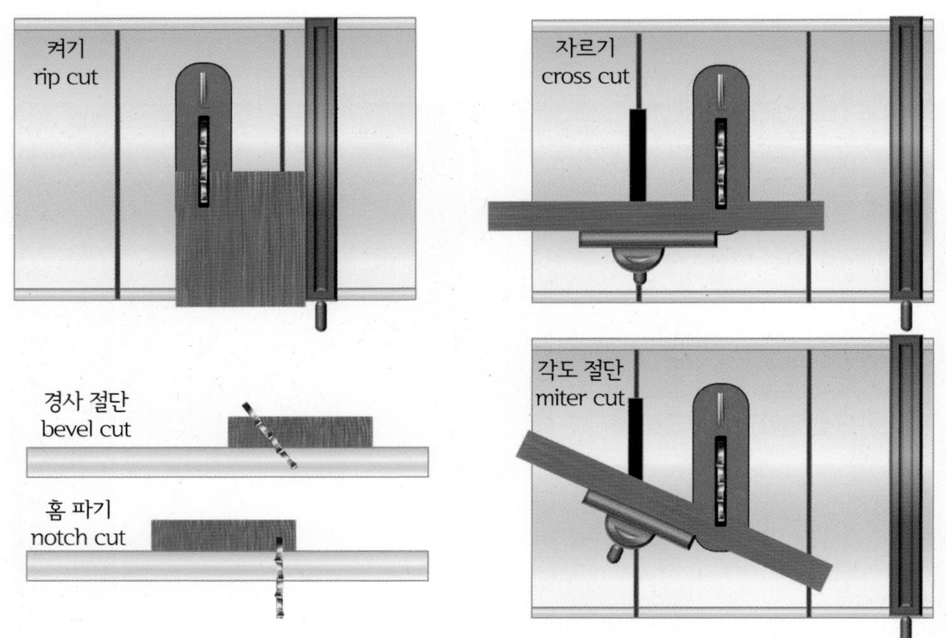

테이블쏘로는 켜기, 자르기, 각도/경사 절단 및 홈 파기를 정교하게 할 수 있습니다.

자르기 작업은 마이터 게이지, 썰매 등 지그를 이용해서 작업하며, 켜기 작업은 켜기 펜스를 이용합니다. 켜기 작업으로 반복적이고 깨끗한 단면을 얻는 데에는 테이블쏘가 절대적인 역할을 하는 반면, 올바른 방법을 익히지 못하면 매우 위험한 킥백 상황이 발생할 수도 있습니다. 테이블쏘로 홈을 팔 때 다도 날(dado blade)이나 켜기 전용(flat top blade) 날을 사용하면, 홈의 안쪽 면이 깨끗하게 다듬어집니다. ATB(alternating top bevel) 형태의 겸용 날이나 자르기 날로 작업한 홈은 안쪽 면에 톱날 팁의 형상이 남아 있는데, 필요하면 테이블쏘 작업 후 라우터 대패나 끌로 다듬으면 됩니다.

참고로, 켜기 펜스는 '조기대'라는 이름으로 통용되나, 여기서는 의미를 명확히 전달할 수 있는 '켜기 펜스' 또는 '펜스'로 부르겠습니다.

자르기 작업과 썰매

테이블쏘에서 자르기를 하는 가장 기본적인 도구는 마이터 게이지이나 별도로 썰매를 제작한다면 아래와 같은 장점들이 있습니다.

- 마이터 게이지를 사용할 때, 부재를 테이블에 밀착시키려고 아래 방향으로 힘을 주면 부재와 테이블 사이 마찰이 생겨 부재를 올바로 이동하기 어려워지고 정확성이 낮아질 수 있습니다. 이런 상황은 부재가 클수록 심각해집니다. 반면에 썰매는 톱날의 양쪽 방향에서 부재를 아래쪽으로 눌러서 잡을 수 있습니다.
- 부재가 너무 작으면 마이터 게이지로 안전하게 부재를 고정하기 어렵습니다.
- 썰매에서는 반복적인 작업을 편리하게 하도록 설정할 수 있습니다.
- 썰매가 부재 뒤쪽을 받쳐주므로 결이 뜯기지 않게 깨끗하게 절단할 수 있고, 부재가 뒤로 튕겨 나가는 상황이 있다면 이에 대해 조금 더 안전한 작업이 가능합니다.

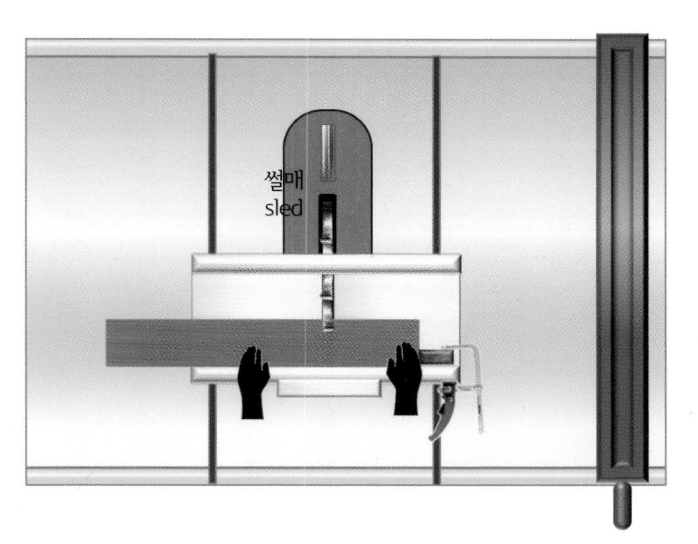

썰매 같은 지그를 제작하면, 안전하고 반복적으로 정확한 자르기 작업이 가능합니다.

켜기 작업과 자세

테이블쏘로 작업하면서 불필요하게 몸이 정면을 향하고 있지는 않은지 확인합니다. 무게 중심을 두 발에 둔 상태에서 오른발이 앞으로 나가고 왼발이 그 뒤에 놓이면 몸이 자연스럽게 1~2시 방향을 바라보게 되는데, 이는 테이블쏘를 비롯한 대부분 목공 도구를 다루는 바른 자세입니다. 이런 상태에서 켜기를 하는 경우 몸을 톱날 왼편에 둡니다. 두 발이 나란히 놓이면, 몸이 정면을 바라볼 수밖에 없고, 몸의 일부는 톱날 오른쪽에 위치해서 킥백의 위험에서 벗어날 수 없습니다. 이는 오른손잡이 기준의 자세이고 상황에 따라 달라지기도 하지만, 기본적으로 켜기를 할 때 몸이 날의 오른쪽 뒤편에 오지 않게 하는 것이 좋습니다.

시선은 (1)톱날이 회전하면서 부재를 자르는 부분과 (2)펜스와 부재가 맞닿는 부분을 번갈아가며 보며, 부재와 펜스가 잘 밀착된 상태에서 진행되고 있는지 실시간으로 확인합니다. 테이블쏘 작업 시 작업자가 부재를 제어하는 힘은 (1)앞으로 미는 힘 (2)정반에 밀착시키는 힘 (3)지지면 밀착시키는 힘, 이 세 가지가 지속적으로 사용됩니다. 켜기 작업에서 지지면은 펜스가 되며, 썰매나 마이터 게이지를 사용하여 자르기 작업을 할 때 지지면은 앞쪽 펜스가 됩니다.

켜기 작업에서는 부재가 펜스와 톱날 사이에 끼여 작업자 방향으로 날아가는 킥백의 상황이 발생할 수 있습니다. 켜기 작업 시의 상세한 자세와 주의 사항에 대해서는 킥백을 설명하면서 다시 이야기하겠습니다.

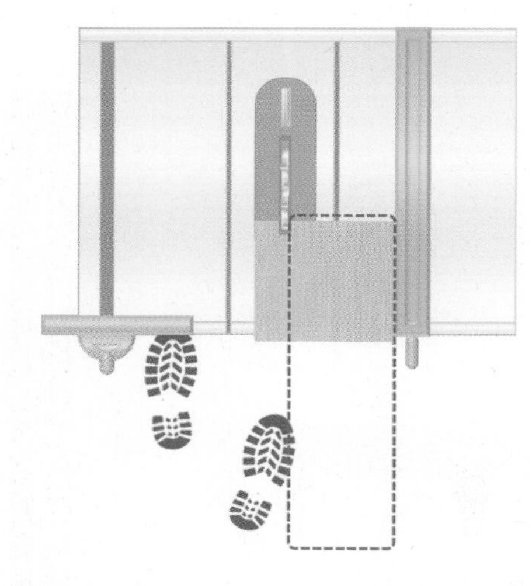

작업자의 몸이 켜기 펜스와 톱날 사이에 놓이지 않게 합니다.

날의 높이 설정

톱날의 높이 설정에 관해서는 여러 주장이 있지만, 대체적으로 날이 낮을 때 안전하고, 높으면 효율적이고 깨끗하게 절단할 수 있다고 볼 수 있습니다. 날 높이에 따라 어떤 장단점이 있는지 보겠습니다.

톱날을 낮게 설정할 때는 톱날의 최대 높이가 부재보다 약 3mm(1/8″)가량 높게 위치하고, 톱날을 높게 설정하는 경우에는 톱날의 날골(gullet) 근처에 부재가 오도록 합니다. 날이 낮을 때는 날이 적게 드러나 안전하게 작업할 수 있고 킥백이 발생할 가능성도 낮아지나, 부재가 위쪽으로 들리는 경향이 있으며 열의 분산이 잘 되지 않아 목재에 버닝 마크가 쉽게 생길 수 있습니다. 날을 높게 설정한다면 상대적으로 더 위험할 수 있으나 빠르고 효율적인 작업이 가능합니다. 날이 낮은 상황이 대체적으로 안전하므로, 테이블쏘를 처음 접하는 경우에는 되도록 날을 낮추는 편이 좋으며, 부재가 크다면 날을 어느 정도 높이는 것이 작업에 도움이 됩니다.

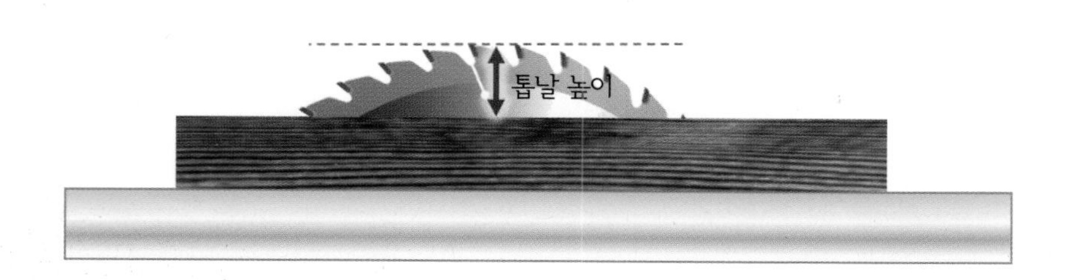

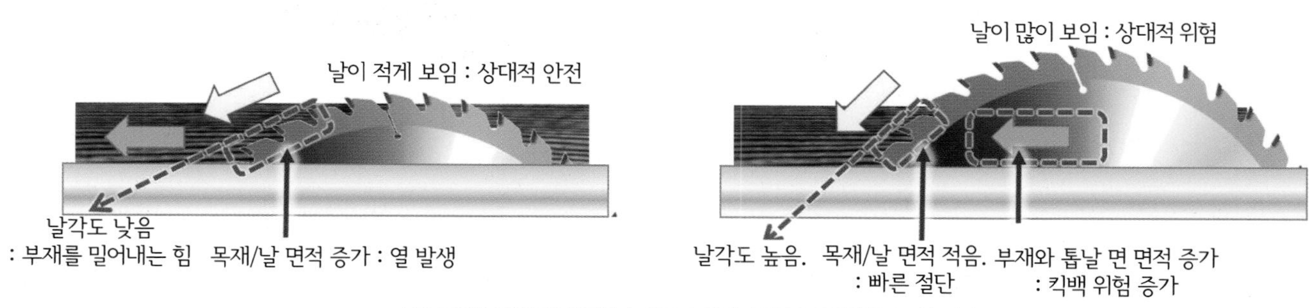

날을 낮추면 안전하게 작업할 수 있고, 높이면 효율적으로 작업할 수 있습니다.

작업 속도

부재를 미는 작업 속도가 몸에 배기 전에 작업 속도에 따라 절단 결과가 어떻게 나오는지 확인할 필요가 있습니다. 부재를 빠른 속도로 이동할수록 절단면이 거칠어집니다. 부재를 느리게 미는 경우 절단면이 매끄러워지지만, 너무 느리다면 부재가 타면서 버닝 마크가 생길 수 있습니다.

적당한 속도로 부재를 제어해야 하지만, 부재에 버닝 마크를 남기지 않으려고 불편하게 느껴질 정도의 속도로 작업하는 것은 좋지 않습니다. 제어할 수 있는 속도로 작업하고 나서 버닝 마크는 대패나 사포로 제거합니다.

킥백

킥백이란 무엇인가?

테이블쏘로 작업하면서 킥백을 방지하는 여러 가지 방법과 도구를 사용하지만, 정작 킥백 현상이 어떤 것이고 어떻게 일어나는지 그 실체와 원인을 정확하게 파악하지 못해서 위험에 쉽게 노출되기도 하고, 혹은 근거 없이 불안해하거나 두려워합니다.

"킥백은 목재가 켜기 펜스와 톱날 판 사이에 끼여, 톱날의 회전력에 의한 빠른 속도로 작업자 방향으로 날아가는 현상입니다."

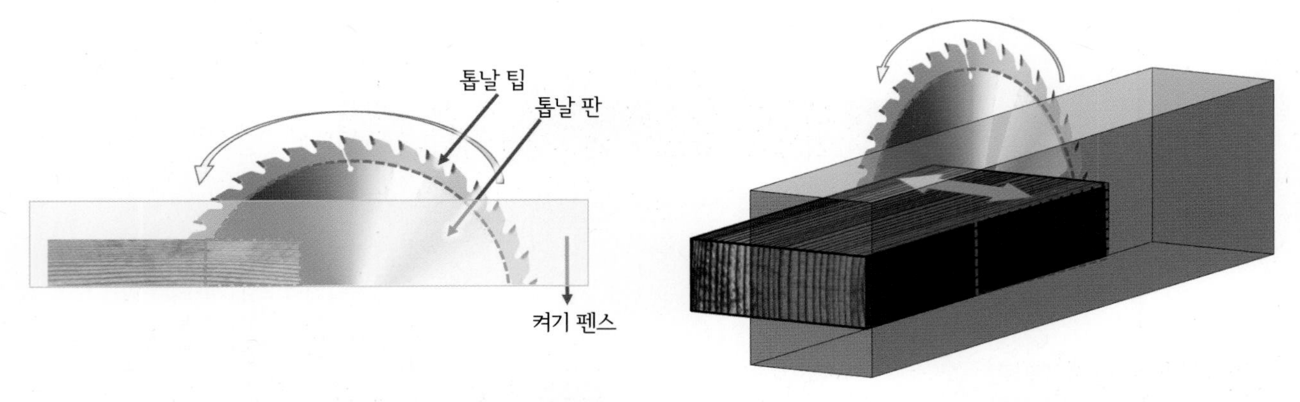

킥백은 목재가 켜기 펜스와 톱날 판에 끼여서 톱날의 회전력에 의해 날아가는 현상입니다.

참고로, 위와 같은 킥백 현상을 '타입2 킥백'으로 부르며, 날이 부재를 튕기거나, 부재가 날을 튕겨내는 '타입1 킥백'과 구분하기도 합니다. 타입1 킥백은 라우터 비트나 톱날을 부재에 닿은 채로 동작을 시작하거나 멈추는 경우에 발생합니다. 여기서는 타입2 킥백을 중심으로 설명합니다.

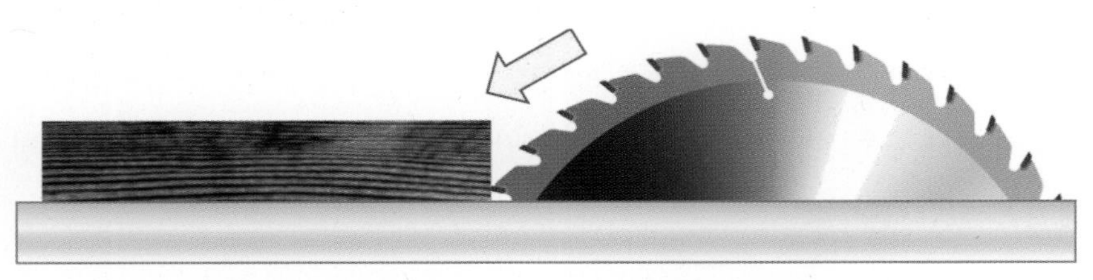

톱날과 부재가 맞닿은 채 작동하기 시작하면, 타입1 킥백이 발생할 수 있습니다.

킥백으로 날아가는 부재의 속도는 얼마나 빠를까요? 4,000rpm으로 작동하는 10" 원형톱의 가장자리에 끼어서 속도 저하 없이 날아간다면, 초당 50m, 즉 발사된 총알 속도의 1/8에 해당하는 속도로 날아갑니다.

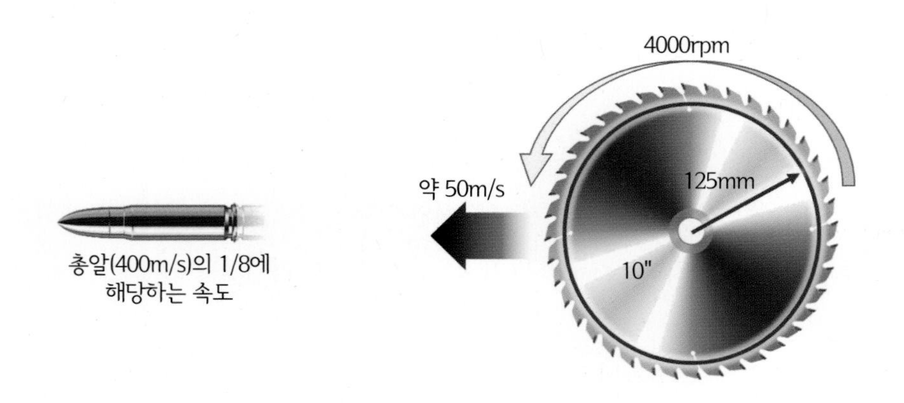

왜 킥백은 항상 발생하지 않을까요?

킥백이 일어나는 원인을 이해하려면, 킥백이 왜 항상 발생하지 않는지를 알아야 합니다. 원형 톱날 팁은 톱날 판보다 두꺼워서(예를 들어 판 두께 1.8mm, 팁 두께 2.7mm), 톱길 폭은 언제나 톱날 판의 두께보다 크게 만들어집니다. 이런 여유 공간이 없으면, 목재는 켜기 펜스와 톱날 사이에 끼여 항상 킥백이 발생할 수 있습니다. 다시 말해 킥백의 발생 조건은 톱길 폭에 의해 만들어지는 공간을 없애는 모든 상황이라고 말할 수 있습니다.

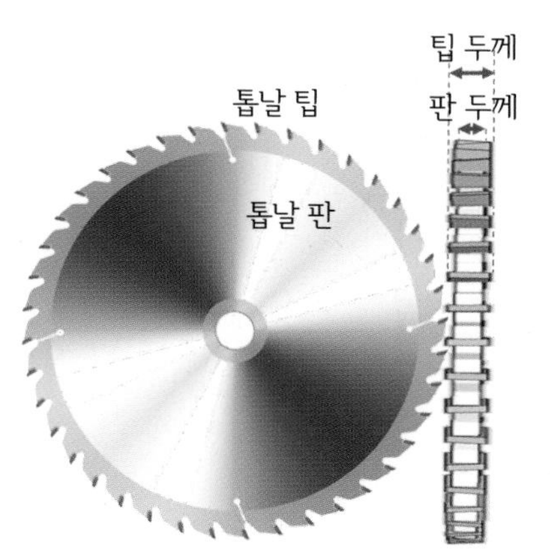

원형 톱날의 팁은 톱날 판보다 두꺼우며,
따라서 톱날판 두께보다 넓은 톱길 폭이 생김.

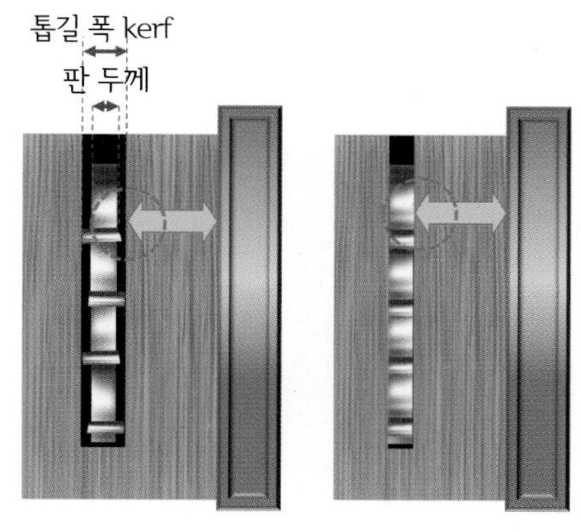

톱길 폭이 톱날 판의 두께보다 커서 부재가 끼지 않음(왼쪽).
톱날 판보다 큰 톱길 폭이 없다면 부재가 끼며 킥백 발생(오른쪽).

킥백을 발생하는 조건은 날어김으로 생기는 공간을 없애는 모든 상황입니다.

킥백을 방지하는 두 가지 전제

킥백을 방지하는 두 가지 큰 원칙은 다음과 같습니다. 잘려나간 부분이 톱날 방향으로 접근하는 것을 막아주는 라이빙 나이프는 필수적이지만, 보조적인 역할로 근본적인 방지책은 아닙니다.

- 톱날과 켜기 펜스는 항상 평행이 되어야 합니다.
- 부재와 켜기 펜스는 항상 밀착되어 부재의 흔들림이 최소화되어야 합니다.

톱날과 켜기 펜스의 평행은 장비 관리 차원에서 확인해야 할 사항이며, 사용자 입장에서는 작업할 때 부재와 켜기 펜스가 밀착되지 않은 상황을 주의하며 대처해야 합니다.

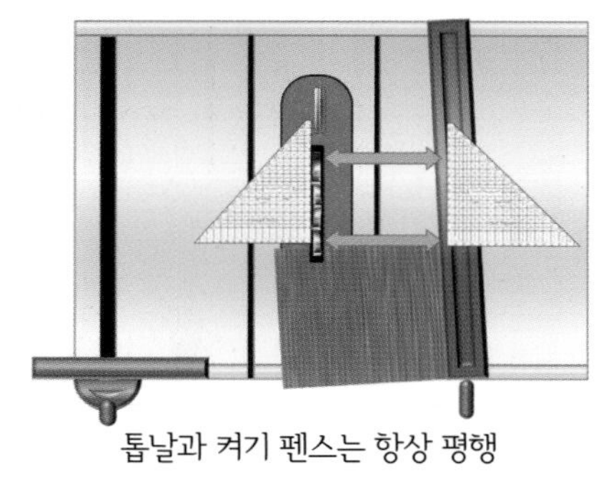
톱날과 켜기 펜스는 항상 평행

부재와 켜기 펜스는 항상 밀착

킥백을 방지하기 위한 켜기 작업 자세

켜기 작업 시에는 몸의 위치가 톱날의 왼편에 오게 한 상태에서, 부재를 앞(부재 진행), 아래(정반), 기준면(켜기 펜스)의 세 방향으로 지속적인 힘을 가합니다. 켜기에서 톱날과 펜스 사이에는 부재가 톱날을 벗어날 때까지 직접적으로 미는 힘이 존재해야 하는데, 켜기 작업을 하는 크기에 따라 오른손이나 푸시 블록push block 또는 푸시 스틱push stick을 이용해서 부재를 펜스 방향과 아래 방향으로 안정적으로 밀착되게 하여 부재를 밀고, 왼손은 적절한 위치에서 보조적인 역할을 합니다.

톱날과 펜스 사이에서 오른손(푸시 블록)으로
세 방향의 힘(앞, 정반, 펜스)을 고르게 전달.

부재가 긴 경우, 오른손으로 부재를 받치며 밀고,
왼손이 정반 아래, 펜스 방향의 힘을 지속적으로 유지.

부재를 미는 주된 힘은 오른손, 즉 톱날과 펜스 사이에 있으나, 부재가 길어서 오른손이 정반에서 떨어진 위치에서 부재를 밀기 시작하는 경우, 왼손은 부재에서 떨어지지 않은 상태에서 지속적인 힘으로 부재를 옆쪽 펜스 방향과 아래쪽 정반 방향으로 누르고 있어야 합니다. 왼손이 몸의 앞쪽에서 톱날 앞쪽 사이의 정반 위에서 움직이며 부재의 이동을 보조할 때, 부재에 밀착되어 움직이는 손가락이 부재에 쓸리거나 나무 가시가 박혀 불편하게 느낀다면 일부 손가락에 테이프를 감고 작업하는 것도 좋습니다. 부재가 커서 왼손의 위치가 톱날의 옆까지 이동하는 경우에는 힘의 방향을 바꾸어 켜기 펜스 방향으로 부재를 미는 힘을 가하지 않고 부재가 전진하는 방향으로 가볍게 받쳐줍니다. 왼손이 켜기 펜스 방향으로 힘을 가한다면 부재가 펜스가 아니라 중간에 위치한 톱날 면으로 밀리

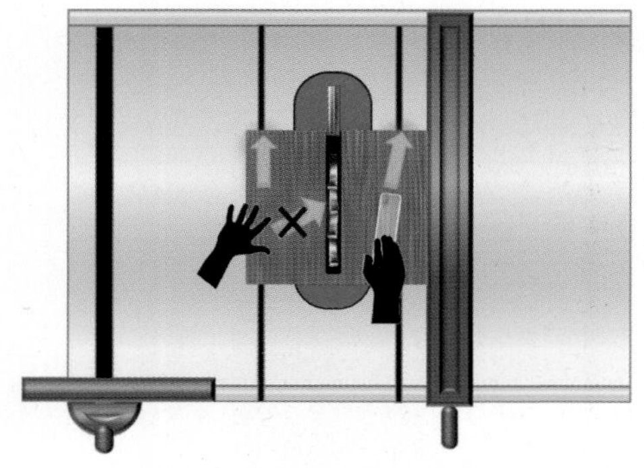
왼손의 위치가 톱날 옆에 온 경우,
날 쪽으로 힘을 가하지 않음.

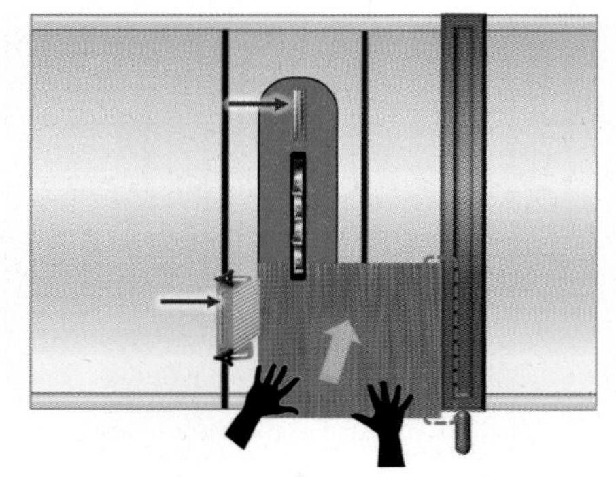
부재가 커서 제어가 어려운 경우,
패더 보드를 사용해서 부재 밀착.

게 되어 올바른 힘의 전달도 되지 않을 뿐 아니라 톱날과 부재 사이의 공간을 없애면서 위험한 부재의 변형을 가져옵니다. 부재가 커서 양손으로 부재를 안정적으로 제어하기 힘들다고 판단하는 경우, 패더 보드feather board를 사용하여 부재를 켜기 펜스 방향으로 효과적으로 밀착시킵니다. 더불어, 켜기에 익숙하지 않을 때의 실수는 부재가 톱날을 완전히 지나지 않은 시점에서 절단을 멈추는 것입니다. 켜기 작업에서는 부재가 톱날을 완전히 통과한 상태가 작업이 완료되는 시점입니다.

켜기 작업 시 기본적으로 확인해야 할 사항 가운데 하나는 부재의 형태가 펜스에 안정적으로 밀착되는지 여부입니다. 제재목으로 부재를 준비할 때, 수압대패로 기준면을 잡은 후 테이블쏘로 작업을 해야 하며, 자르기를 할 때 켜기 펜스를 이용해서는 안 되는 이유입니다. 부재의 좁은 면을 펜스에 안정적으로 밀착시키면서 제어하기가 어려워 부재가 조금이라도 흔들리면 킥백이 발생할 수 있습니다. 닿는 면적의 문제도 있지만, 마구리면은 펜스에 닿아 매끄럽게 밀리지 않아 쉽게 균형을 잃을 수 있습니다.

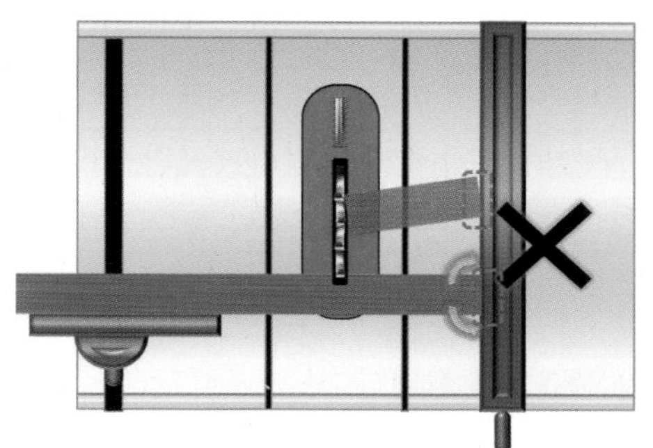
자르기에 켜기 펜스를 이용하거나,
좁은 부재를 켜기 펜스에서 작업해서는 안 됨.

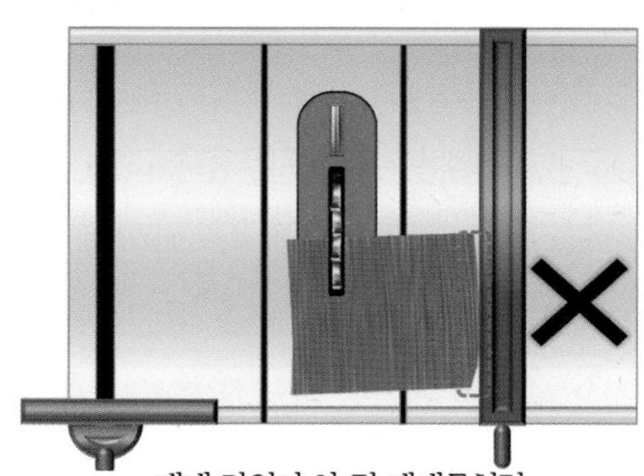
대패 작업이 안 된 제재목처럼
켜기 펜스에 밀착되지 않는 부재를 사용해서는 안 됨.

킥백은 켜기 작업에서 주로 볼 수 있는 문제 상황이지만, 간혹 자르기 작업에서도 발생할 수 있습니다. 반복적인 자르기 작업을 위해서 스톱 블록stop block을 사용하는 경우, 부재가 변형이 있어 썰매의 펜스에서 떠 있거나, 절단 과정에서 부재가 과도하게 흔들리면 부재가 스톱 블록과 톱날 사이에 끼여 킥백이 일어날 수 있습니다. 주로 절단을 하고 되돌아올 때 집중을 하지 않아 발생하는 경우가 많으므로 절단 작업이 완료될 때까지 부재가 흔들리지 않도록 주의합니다.

테이블쏘 활용

반복 작업

테이블쏘를 사용한다면 반복적인 켜기나 자르기 작업에 익숙해져야 합니다. 자르기를 할 때는 썰매나 마이터 게이지에 스톱 블록을 장착하고 작업합니다. 앞서 이야기했듯이 자르기를 하면서 켜기 펜스에 부재를 대고 작업하지 않도록 주의합니다. 켜기 펜스를 이용한 켜기의 반복 작업은 테이블쏘의 강력하고 기본적인 기능입니다.

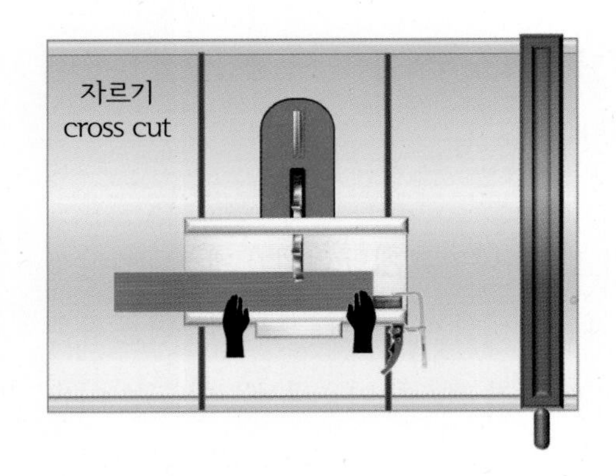

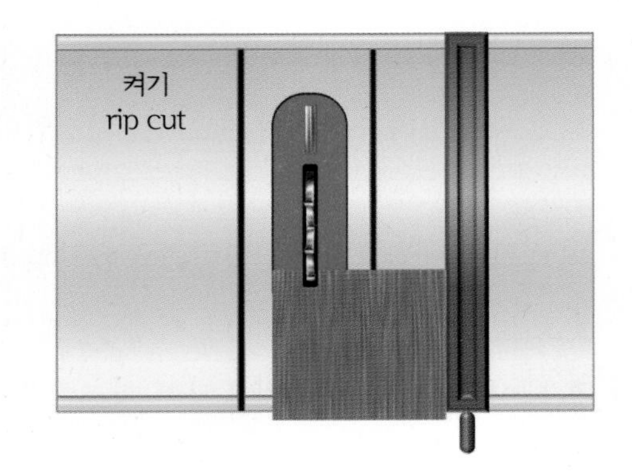

자르기에서 길이를 맞추거나 반복적인 작업을 위해서 켜기 펜스를 스톱 블록으로 사용하는 경우가 절대로 있어서는 안 됩니다. 자르기에서 켜기 펜스를 활용하기 위해서는 아래와 같이 켜기 펜스에 보조 부재를 대고 여유 공간을 확보한 뒤 반복 자르기를 할 수도 있으나, 덧대는 보조 부재의 두께가 충분하지 않는 경우, 잘린 목재가 톱날과 펜스 사이에 끼여 킥백이 일어날 수 있습니다. 작업하는 부재의 크기에 따라 달라지지만, 이러한 방식으로 활용하기 위해서는 일반적으로 100mm 가까이 여유를 둘 수 있도록 충분히 큰 보조 부재를 대는 것이 좋습니다. 이러한 내용이 충분히 숙지되지 않은 상황이라면 습관적으로 켜기 펜스를 자르기에 함께 사용하는 일은 없도록 합니다.

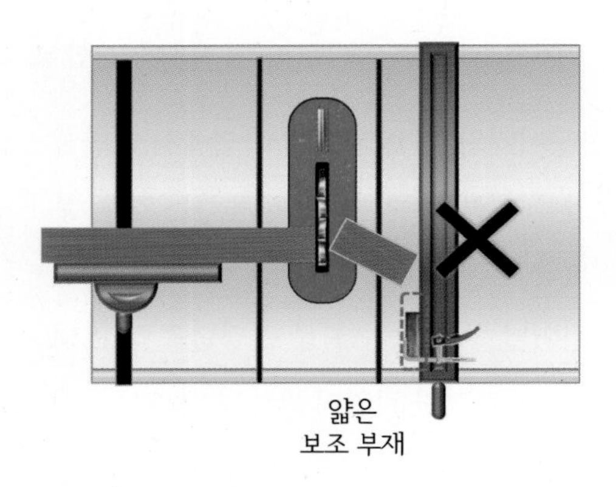

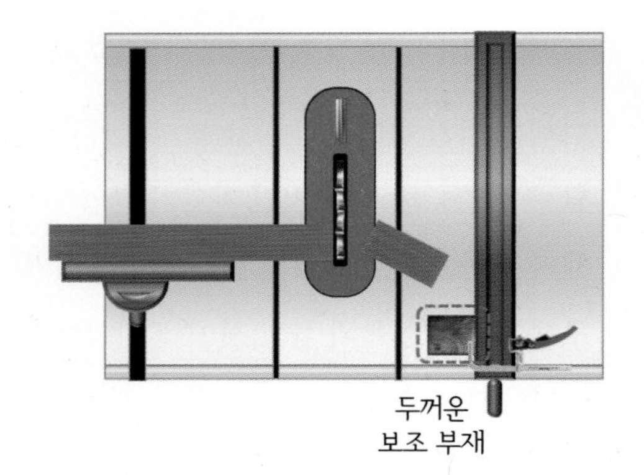

얇게 반복 켜기

켜기에서 톱날과 펜스 사이에 항상 직접적으로 미는 힘이 존재해야 하는데, 반복해서 얇게 켤 때는 켜기 펜스와 날 사이 간격이 좁아져서 일반적인 방법으로 부재를 잡고 밀어주기가 어려워집니다. 10mm 정도 얇기에서는 마이크로지그Microjig사의 그리퍼Grr-ripper 같은 푸시 블록이 안전하고 효과적일 수 있으며, 더 얇은 경우에는 희생 푸시 블록(sacrificial push block)을 사용하거나, 다음의 오른쪽 그림과 같이 얇게 켜기 전용 지그를 사용하여 날의 왼쪽에서 작업을 반복할 수 있습니다.

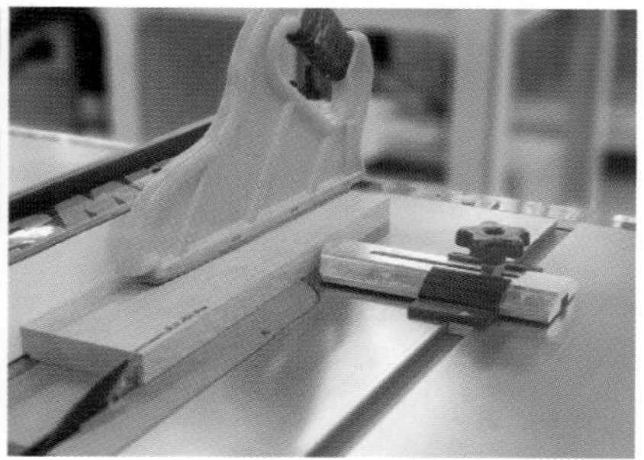

반복적인 얇게 켜기는 작업에 알맞은 푸시 블록이나 지그를 사용해서 안전하게 작업합니다.

각도 절단(miter cut)

테이블쏘에서 여러 각도로 절단 작업을 하는 경우는 적지 않습니다. 필요한 각도로 자르기를 할 때는 마이터 게이지를 해당 각도로 설정해서 작업하는 것이 일반적입니다. 간혹 자르기 작업이 아니라 켜기 작업을 특정한 각도에서 해야 하는 경우가 있는데, 이 경우 테이퍼링 지그tapering jig를 사용합니다.

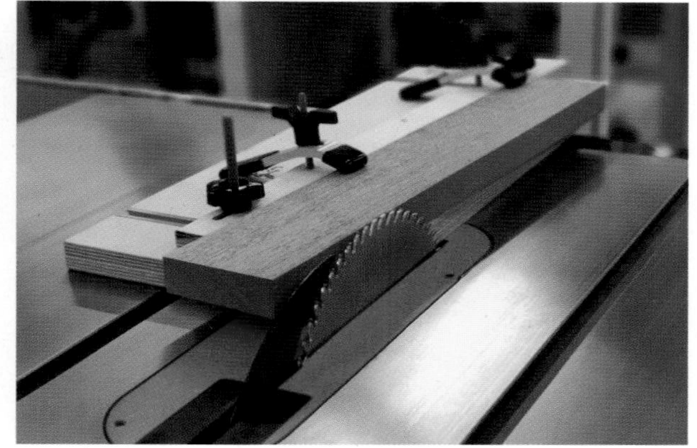

마이터 게이지나 테이퍼링 지그를 사용해서 여러 가지 각도 절단을 할 수 있습니다.

경사 절단(bevel cut)

부재의 두께 방향에서의 각도를 경사라고 부릅니다. 판재의 양끝을 45°로 경사 절단을 하여 서로 맞대 캐비닛을 제작하는 등에 널리 사용되는데, 테이블쏘의 날을 원하는 각도로 기울여서 작업할 수 있습니다. 하지만, 테이블쏘에 익숙한 작업자도 정확한 45° 경사 자르기 작업에 어려움을 느끼는 경우가 많으며, 작업 결과가 생각한 대로 나오지 않기도 합니다.

일반적으로 90° 직각 절단 작업을 할 때 부재의 두께가 일정하지 않거나 부재를 균일한 힘으로 정반에 밀착하지 않아도 특별한 문제가 없는 한 작업 선에서 벗어나 절단이 되지 않습니다. 반면, 톱날을 기울여 작업할 때는 부재에 존재할 수 있는 불균등한 두께 차이에 따라서 절단되는 위치가 달라지고, 두께가 일정하더라도 부재에 변형이 있거나 부재가 정반에 고르게 밀착되지 않으면 원하는 선을 따라 절단되지 않습니다. 부재의 변형은 길이 방향보다 너비 방향으로 생기기 쉬워서 흔히 경사 켜기보다 경사 자르기에서 문제가 생깁니다. 경사 절단 작업을 안전하게 작업하려면 먼저 테이블쏘 날의 경사를 조정하고 나서 날이 기운 반대 방향에서 작업합니다. 날이 기운 방향에서 작업하면 날이 작업자의 손을 향하고 있어 위험하고, 기울어진 날과 정반 사이에 부재가 끼여 킥백이 일어날 확률이 높아집니다. 날이 기운 반대 편에서 부재를 일정한 압력으로 누르며 절단하는데, 부재가 넓을 때는 손으로 부재 전체를 누르기가 어려우므로 그림과 같은 누름 지그를 만들어 작업하면 완벽한 45° 경사 절단이 가능합니다.

경사 절단 작업에서는 부재 전체를 일정한 힘으로 누르는 것이 중요합니다.
날이 기운 반대 방향에서 누름 지그를 사용하면 정확한 작업이 가능합니다.

버티컬 지그(vertical jig)의 활용

일반적으로 테이블쏘에서 판재나 각재는 정반에 밀착시킨 상태로 작업하지만, 부재를 세워서 작업할 수 있다면 테이블쏘의 활용도는 훨씬 커집니다. 테이블쏘는 주로 부재의 끝에서 끝까지 절단하는 작업에 사용하는데, 부재를 중간까지 절단하고 되돌아온다면 작업 면이 직선이 아니라 원형으로 만들어지기 때문입니다. 부재를 세워서 자르기나 켜기 작업을 하면 부재의 가장자리 부분을 직각으로 절단할 수 있어, 여러 가지 짜맞춤 가공에 응용할 수 있습니다. 더불어, 90°~45°까지 경사가 가능한 테이블쏘에서 부재를 세워 작업을 진행하면, 예각, 즉 0°~45°의 작업도 가능합니다. 이런 작업에는 정확하고 안전한 지그 제작이 필요한데, 지그를 만들 때 지그의 지지면이 정반과 정확히 90°가 되게 하고, 부재가 지그에 고른 힘으로 고정되도록 신경써야 합니다.

버티컬 지그를 제작하여 부재를 세운 상태로 작업하면 짜맞춤 등에도 테이블쏘를 활용할 수 있습니다.

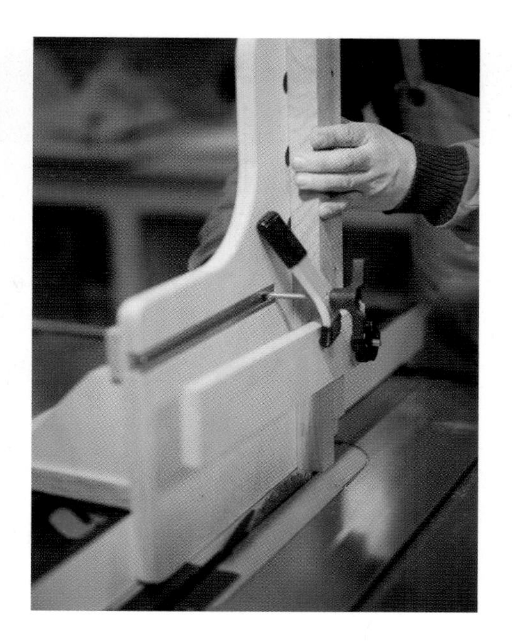

인서트(insert) 관리

어느 정도 사용감이 있는 테이블쏘에서 켜는 작업 시, 얇게 잘린 조각이 톱날과 인서트 사이에 끼여, 부서지거나 튕겨 나가는 현상을 볼 수 있습니다. 일반적인 90° 작업뿐 아니라, 45° 경사 절단 시에도 어렵지 않게 볼 수 있는 이러한 문제는 킥백만큼 널리 알려져 있지는 않지만, 안전 문제를 일으키거나 사용자에게 상당한 두려움을 주기도 합니다. 톱날의 정렬(alignment)에 심각한 문제가 있는 경우가 아니라면, 테이블쏘를 장기간 사용하면서 인서트에 불규칙한 틈이 벌어져서 생기는 경우가 대부분이며, 이를 방지하기 위해서는 톱날의 종류, 경사 절단을 위한 각도 등 사용 조건에 따라 톱날 폭과 빈틈이 없이 맞는(zero clearance) 인서트의 관리가 필요합니다. 매번 새로운 제품을 구입하는 것은 비용 문제가 있을 수 있으므로, 직접 제작하거나 교체가 가능한 인서트로 개조하는 것은 안전한 사용에 큰 도움이 됩니다.

인서트에 얇은 부재가 끼이는 현상이 보인다면(왼쪽), 빈틈이 없는 인서트로 관리해야 합니다(오른쪽).

밴드쏘

여러 기계가 잘 갖춰진 시설이 아니라 좁은 공간에서 한 대의 목공 기계만 사용해서 작업해야 한다면, 주저없이 밴드쏘를 택할 것입니다. 자르기, 켜기, 리쏘잉의 직선 절단 작업과 곡선 작업을 비교적 안전하고 조용한 환경에서 할 수 있으며, 장비가 공간을 크게 차지하지 않습니다. 원형 톱날이 달려 있는 다른 장비보다 톱길 폭이 비교적 좁아 톱밥 양도 적습니다. 테이블쏘는 원형으로 목재를 절단하지만, 부재의 직각 방향으로 절단해서 숫장부 등 짜임 가공도 수월하고 훌륭하게 해냅니다. 이처럼 목공에서 다양하게 사용되는 밴드쏘는 장비의 설정과 관리에 따라 작업 품질이 크게 바뀌기도 하는데, 안타깝게도 우리나라에는 이에 대한 정보가 많이 소개되지 않았습니다.

밴드쏘의 구조

밴드쏘는 좁은 띠 모양의 톱날이 두 개의 휠에 감겨져 있어서, 모터의 동력으로 휠이 돌아가며 절단하는 기계로 목공뿐 아니라, 목재를 다루는 곳이나 철공鐵工에서도 널리 사용됩니다. 밴드쏘 아이디어는 지금으로부터 약 200년 전에 나왔지만, 오늘날 사용하는 밴드쏘의 원형은 100년이 채 되지 않았습니다. 밴드쏘는 휠 직경이 최대 가공 폭(throat width)을 결정하며, 제품 크기는 10″~24″입니다. 일반적으로 14″를 표준 크기로 보는데, 최근에는 18″도 널리 사용되며, 18″ 제품은 목재의 가장자리에서 450mm 까지 가공할 수 있습니다.

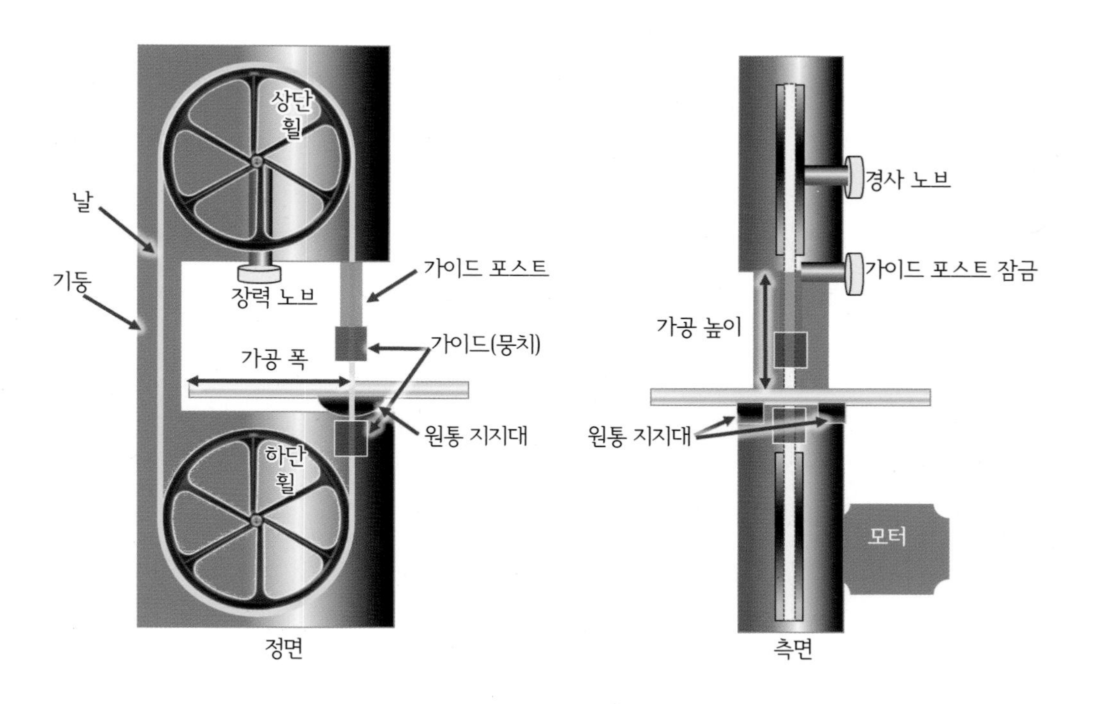

- 휠(wheel) : 알루미늄이나 주철 등으로 만들어지는데, 밴드쏘의 작동과 최대 가공 폭을 결정합니다. 휠 가장자리(rim)는 평평하거나 둥근 모양(crowned)인데, '타이어tire'라고 부르는 고무로 싸여 금속인 밴드쏘 날을 보호하고 충격을 흡수합니다.
- 장력 노브(tension knob) : 밴드쏘는 날의 두께 등 조건에 따른 최적의 장력에서 가장 잘 작동합니다. 위쪽 휠의 위치를 상하로 미세하게 움직여 장력을 조절합니다.
- 경사 노브(tilt knob) : 위쪽 휠을 앞뒤로 미세하게 기울이면서, 날이 휠 타이어 위에서 원하는 지점에 자리잡게 합니다.
- 정반과 원통 지지대(trunnion) : 금속 정반에 날이 관통해서 지나가는 구멍이 있으며, 일반적으로 마이터 슬롯mitor slot이 나 있어, 마이터 게이지를 사용할 수 있습니다. 원통 지지대를 조정해서 정반을 직각으로 맞추거나 필요하면 정반에 각도를 줄 수 있습니다.

- 가이드 뭉치(blade guide assembly) : 한 쌍의 가이드 뭉치가 정반 위아래에 있는데, 정반 아래쪽은 고정되어 있고, 위쪽은 부재의 두께에 따라 위치를 조정합니다. 가이드 뭉치 내의 사이드 가이드는 작동할 때 날이 양옆으로 편향(deflect)하는 현상을 막고, 트러스트 베어링thrust bearing은 날이 뒤쪽으로 밀리지 않게 해줍니다.
- 가이드 포스트(guide post) : 위쪽 가이드의 위치(높이)를 조절하는 역할을 하며, 밴드쏘 날의 노출을 막아줍니다. 높이 조절이 끝나면 반드시 밴드쏘 뒤편 가이드 포스트 락lock을 걸어 잠가야 합니다.

작업 시 주의 사항

밴드쏘를 사용할 때 명심해야 할 점은 가이드의 높이를 부재의 두께에 맞게 적절히 설정하는 것으로, 부재의 높이가 바뀔 때마다 확인하고 변경해야 합니다. 일반 원칙은 부재 두께보다 1/4″, 즉 6mm가량 높게 설정하는 것인데, 정확한 수치보다는 부재의 이동과 시선에 방해가 되지 않는다면 되도록 낮게 설정할수록 좋습니다. 부재와 가이드 사이 간격을 손가락이 들어가지 않을 정도(1/4″)로 설정하면, 작업할 때 안전에 도움이 될 뿐 아니라 날이 편향되는 것을 제한해서 결과물의 정확성도 높아집니다. 밴드쏘를 사용할 때 기본적으로 신경써야 하는 부분이지만, 중요성을 모르거나 귀찮아서 무시하는 경우가 흔합니다. 가이드의 높이를 변경한 뒤에는 반드시 뒤쪽 노브로 잠가야 하는데, 잠기지 않은 상태에서는 가이드가 완전히 고정되지 않아서 날을 잡아주는 역할을 하지 못합니다.

밴드쏘를 사용하면서 가장 기본적이고 중요한 사항은
가이드를 부재에 가까운 위치에 고정하는 것입니다.

밴드쏘는 두 개의 무거운 주물 휠의 힘으로 작동하여, 절단하는 힘과 휠의 회전 관성이 매우 큽니다. 밴드쏘가 원형 톱날을 사용하는 기계에서 생길 수 있는 킥백이 없다는 점 등 비교적 안전한 장비라, 작업이 익숙해지면 손가락이 날에 가까워지는 사례가 많은데, 작동 중인 날 앞쪽에는 손을 두지 않는 습관을 들여야 합니다. 밴드쏘 작업은 높은 집중도를 요구할 때가 많아서 가이드를 눈높이 위까지 올린 채 작업하다 보면 자신도 모르는 사이에 머리나 코가 날에 가까워질 수 있습니다. 밴드쏘는 전원을 끈 상태에서도 휠의 관성으로 한동안 작동되므로, 절단 작업이 끝나고 스위치를 끈 상태에서도 날이 계속해서 돌아가는 동안에는 주의해야 합니다.

밴드쏘는 목공 기계 중 거의 유일하게 프리 핸드free-hand로 조작할 수 있습니다. 즉, 하나의 정반 외에 별도의 지지대 없이 작업이 가능한데, 밴드쏘 날은 정반에서 보면 위에서 아래로 내려가는 방향으로 진행하므로 작업할 때 작업 시 부재를 정반에 밀착시키는 것이 중요합니다. 날물과 부재가 끼는 킥백은 없으나, 부재가 정반에 밀착되지 않으면 날이 큰 힘으로 부재를 정반 방향으로 밀어낼 수 있습니다. 고급 사용자들이 곡선의 가구를 제작할 때 날이 지나가는 부분에서 부재가 정반에서 떨어진 채 작업하는 모습을 보았을 수도 있는데, 이때도 부재의 어느 한쪽은 정반에 붙은 상태여야 하고, 이런 작업에는 높은 숙련도가 필요합니다.

설정

밴드쏘는 목공 기계 장비 중 설정하고 확인해야 할 부분이 많은 장비로, 작업자는 충분히 원리를 파악하고 조작해야 합니다.

날의 종류와 선택

밴드쏘 날의 길이는 규격화되어 있지 않고 제품마다 다르므로 해당 장비에서 사용하는 톱날의 길이를 확인한 뒤 주문해야 합니다. 밴드쏘 날 자체를 생산하는 제조사와 별도로 밴드쏘 날을 각 장비에 맞는 길이로 자르고 납땜하여 판매하는 제조사가 별도로 있어서, 원하는 길이의 톱날을 구매하는 것은 그리 어렵지 않습니다. 길이가 정해졌다면, 사용 목적에 맞는 재질과 너비를 정하면 됩니다.

밴드쏘 날로 가장 많이 사용하는 세 가지 재질을 간단히 설명하겠습니다. 검은빛을 띠는 탄소강(carbon steel)은 가장 많이 유통되는 재질로, 공방에서 합리적인 가격으로 사용할 수 있는 좋은 선택입니다. 바이메탈bimetal은 고속도강(HSS)과 합금을 붙여 만든 재질로, 날 끝은 고속도강으로 되어 있고, 날 몸체는 일반 재질의 금속으로 되어 있습니다. 탄소강보다 훨씬 높은 장력을 견디고, 내구성을 갖췄으나 가격이 다소 비싸고, 초기 상태 날은 탄소강처럼 날카롭지 않습니다. 바이메탈이 아니라 전체가 고속도강으로 된 제품도 나옵니다. 초경팁(carbide-tipped) 날은 탄소강 날 끝에 초경을 접합한 것으로 값이 가장 비싸지만, 내구성도 가장 큽니다. 초반의 날 자체의 날카로움은 가장 낮지만, 내구성이 강해서 초기의 날카로움을 가장 오래 유지합니다.

날 선택에서 가장 중요한 요소는 날의 너비입니다. 밴드쏘는 하나의 날을 걸고 수명이 다할 때까지 사용하는 것이 아니라, 용도에 따라서 다른 너비의 날을 수시로 교체하면서 사용하는 것이 좋습니다. 여유가 있다면 밴드쏘를 2대 갖추고 직선용과 리쏘잉용, 그리고 곡선용으로 구분해서 사용하기도 합니다. 정확한 수치가 중요하지는 않지만, 일반적으로 볼 수 있는 너비는 3/4″(20mm), 1/2″(12mm), 1/4″(6mm)입니다. 너비가 넓을수록 강한 장력과 낮은 드리프트drift의 직선 작업, 특히 리쏘잉이 원활하며, 너비가 좁으면 곡선 작업에 유리합니다. 12mm 너비의 날은 직선과 어느 정도의 곡선 작업이 가능하며, 20mm는 직선 작업용, 6mm는 곡선 작업용이라고 보면 됩니다. 곡선의 반경을 정하는 요소가 날의 너비인데, 이는 아래의 그림으로 확인할 수 있습니다. 밴드쏘가 만드는 톱날 폭 내에서 방향을 바꾸려면 너비가 좁을수록 유리하며, 곡선 작업을 좀 더 원활하게 하기 위해서 날의 뒷부분 모서리를 연마해서 사용하기도 합니다.

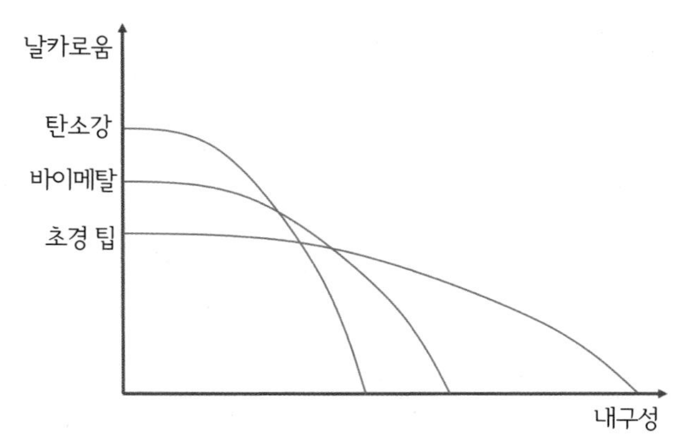

초경으로 날 끝이 제작된 밴드쏘 날은 초기의 날카로움은 약해지지만, 내구성이 가장 강합니다.

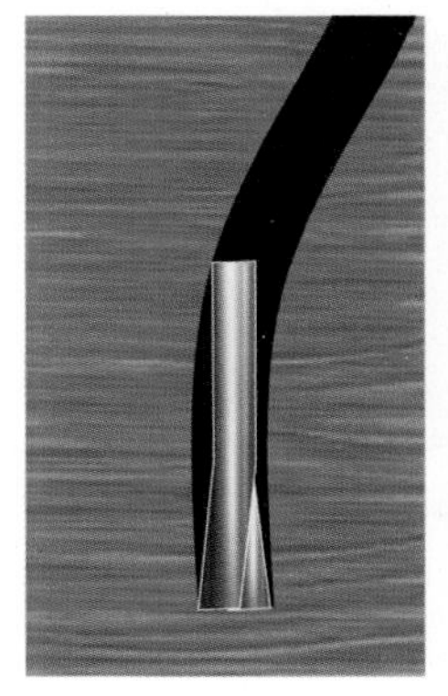

곡선 작업은 밴드쏘 날의 너비와 톱날 폭의 함수 관계가 결정합니다. 곡선 작업을 원활하게 하려고 톱날의 뒤쪽 모서리를 갈아주기도 합니다.

장력 조정

밴드쏘가 동작하는 동안 날이 좌우로 흔들리지(flexing, wandering, deflecting) 않으려면 날에 충분한 장력(tension)이 있어야 합니다. 장력을 결정하는 요소는 날의 너비와 재질, 목재의 종류, 작업 시 부재의 이동 속도 등인데, 이 중 날의 너비가 가장 중요합니다. 예를 들어 날의 너비가 넓고, 고속도강처럼 재질이 단단하며, 날 끝이 무디고, 빠른 속도로 하드우드 부재를 움직이며 작업한다면, 장력을 높여야 합니다. 곡선 작업을 위해 장력을 낮추는 것은 잘못된 방식입니다. 곡선 작업도 실제로는 직선 작업의 연속이며, 장력을 낮추면 도움이 되지도 않을뿐더러, 작업의 품질을 저하시킵니다.

적절한 장력이 부여되지 않으면, 날이 스스로 충분한 장력을 확보하는 상태와 방향으로 움직이게 되면서(self-tensioning) 원하는 작업이 이루어지지 않는데, 이런 현상은 두꺼운 부재를 작업할 때나 리쏘잉에서 두드러지게 나타납니다. 가이드를 대고 진행한 작업의 시작점과 끝점이 일치하지 않거나, 부재의 위와 아래가 일치하지 않은 상태로 작업이 되는데, 일반적으로 한 쌍의 가이드에서 위쪽 가이드가 부재에 가까우므로, 부재의 아래쪽이 원하는 선에서 많이 벗어나 있음을 확인하게 됩니다. 이때 날과 가이드와 심하게 마찰되어 가열되기도 합니다.

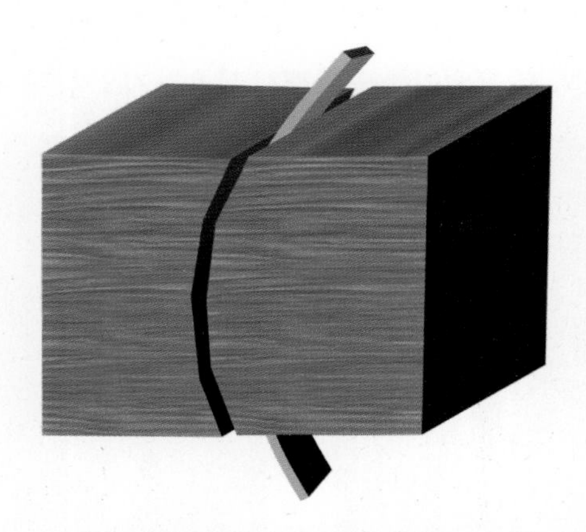

밴드쏘 날은 스스로 충분한 장력을 갖추는 위치에
자리잡게 되어 있습니다(배럴컷 barrel cut).

사이드 가이드와 트러스트 베어링

가이드 뭉치는 정반 위아래 한쌍으로 장착되며, 가이드 뭉치 안에는 사이드 가이드와 트러스트 베어링이 있습니다. 사이드 가이드는 날이 옆으로 휘거나 돌아가는 현상을 막아주는 역할을 하며, 트러스트 베어링은 날이 뒤쪽으로 밀리지 않게 해줍니다. 사이드 가이드는 금속, 세라믹, 페놀 같은 블록 타입과 베어링 등 여러 종류가 있으며, 세부적으로 조정하는 방식은 조금씩 차이가 있습니다. 기본적으로 가이드는 날과 최대한 가깝게 하되, 부재 없이 날만 회전할 때 가이드에 닿지 않게 설정합니다.

- 사이드 가이드 : 날과 가이드 사이에 지폐 한 장 정도의 틈을 둡니다. 부재 없이 작동할 때 날이 가이드에 닿아서는 안 되며, 부재를 사용하여 작업할 때 좌우 가이드에 닿는 정도여야 합니다.
- 트러스트 베어링 : 사이드 가이드가 날을 충분히 감싸되, 작업할 때 날이 뒤로 밀려서 트러스트 베어링에 닿는 위치에서 톱날의 날어김 부분이 사이드 가이드에 닿지 않도록 합니다.

위쪽 가이드는 여러 높이에서 사용됩니다. 정반과 가까운 위치(얇은 부재)나 먼 위치(두꺼운 부재)에서 가이드 설정이 유효한지도 확인해야 합니다. 가이드의 설정이 모든 위치에서 똑같은 장비는 거의 없으므로 자주 사용하는 위치를 위주로 설정하고, 사용하면서 위치에 따라 값이 다를 때 간단히 조정하는 편이 좋습니다. 가이드 위치를 바꾸면, 가이드 포스트 락을 잠가야 합니다. 잠그지 않으면 가이드가 흔들리므로 이런 상태에서 사용하는 것은 의미가 없습니다.

날의 위치

경사 조절 노브를 이용해서 위쪽 휠의 기울기를 조정하면, 날이 스스로 휠에 안착하는 위치를 찾아갑니다. 위쪽 휠이 앞으로 기울면 날은 앞쪽으로 이동하고, 휠이 뒤로 기울면 날도 뒤쪽으로 따라갑니다. 아주 미세한 기울기로도 변화가 크므로 미세하게 조정해야 하며, 조금씩 조정할 때마다 손으로 휠을 돌리면서 확인해야 합니다. 전원을 뽑은 상태에서 조정한 후, 위치가 완전히 고정되었다고 판단할 때까지는 절대 전원 스위치를 켜서 작동시켜서는 안 됩니다.

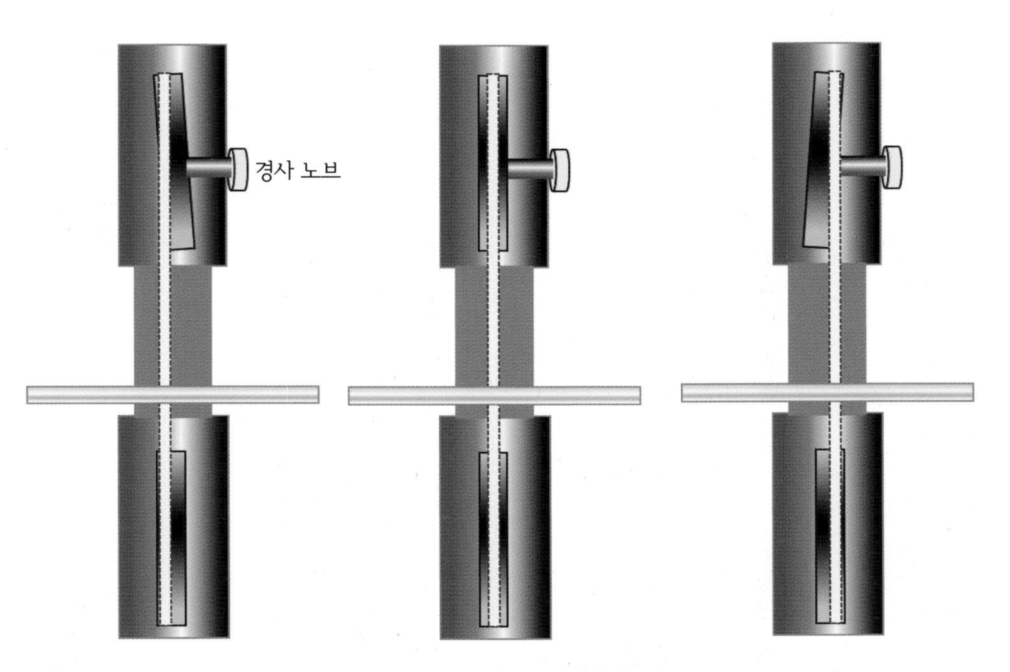

밴드쏘 뒤편에 있는 경사 노브(tilt knob)는 밴드쏘 날을 휠의 원하는 위치에 안착되도록 조정합니다.

휠에 안착되는 위치는 아래의 그림과 같이 날의 중앙이 타이어의 중앙에 오게 되는 지점이 좋습니다. 휠의 테두리가 곡면이 아니라 평면인 타이어를 사용할 때 날어김 부분을 타이어를 벗어난 앞부분에 위치시키기도 합니다.

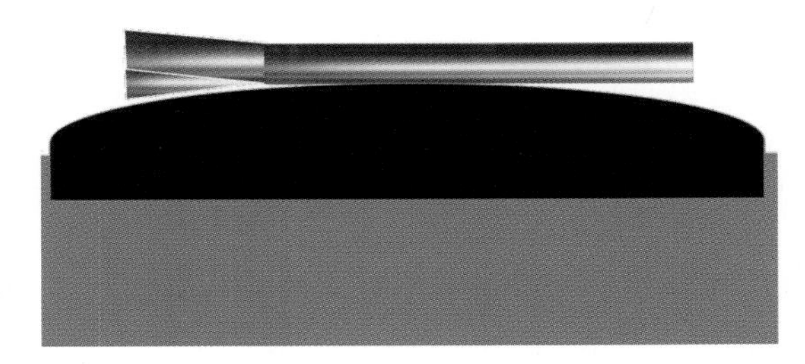

일반적인 밴드쏘 휠에는 둥근 모양의 타이어가 장착되어 있습니다. 톱날은 타이어 중앙에 와야 합니다.

직각 확인

정확한 작업을 위해서는 날이 정반에 직각이 되었는지 반드시 확인하고 조정해야 합니다. 정반과 날의 옆면이 직각으로 맞지 않으면 정반 아래의 원통 지지대를 이용해서 영점 조정을 합니다. 원통 지지대는 정반의 기울기를 조정하여 원하는 각도로 경사 절단을 할 때 사용하므로 수시로 확인합니다.

날의 뒤편과 정반이 직각이 되는지도 확인해야 합니다. 곡선 절단과 두꺼운 부재 작업에 영향을 미치고, 특히 장부 등 짜임 가공을 할 때 부재의 위, 아래에서 작업이 끝나는 선을 맞추기 위해서도 날 뒤편의 직각이 중요합니다. 이 부분이 맞지 않으면 한쪽 원통 지지대에 얇은 물체를 넣어(shimming) 조정해줍니다.

밴드쏘 하단의 원통 지지대는 기본적으로 직각을 맞추는 데 사용되며, 경사 절단 시 정반을 특정 각도로 설정할 수 있게 합니다.

드리프트(drift)

밴드쏘에서 펜스를 사용해서 부재를 일정한 너비로 절단 작업을 할 때 너비가 시작 위치와 달라지는 상황이 발생하기도 합니다. 드리프트는 작업이 원하는 방향으로 진행되지 않고 날이 좌우 어느 한쪽 방향으로 치우쳐서 절단이 되는 현상으로, 모든 밴드쏘는 어느 정도의 드리프트는 있을 수 있지만 드리프트 현상이 심하면 정밀한 작업은 어려워지므로 원인을 찾아 해결해야 합니다. 일반적인 각재나 판재로 작업할 때에는 가이드가 날을 좌우로 잡아줘서 드리프트를 감지하지 못할 수도 있으나 리쏘잉처럼 깊은 부재 작업에서는 문제가 확연히 드러날 수 있는데, 부재의 아래쪽은 위쪽과 달리 가이드로부터 거리가 멀어서, 정해둔 선을 벗어나는 정도가 커집니다. 드리프트가 발생하는 이유는 매우 다양하지만 몇 가지 중요한 사항을 확인해 보겠습니다.

드리프트 문제를 확인하려면 위쪽 가이드를 높이 올린 채로 고정해서, 가이드의 도움을 최소화한 상태로 날의 움직임만을 점검하는 것이 좋습니다. 좌우 양쪽으로 드리프트가 생기는 것은 날의 장력이 약해서일 수 있기 때문에 장력을 다시 조정해봅니다. 타이어 위에서의 날의 위치도 영향이 있을 수 있지만, 날이 확연하게 한쪽으로만 쏠린다면, 밴드쏘 날에 문제가 있는 경우가 많습니다. 날의 한쪽만 마모가 심해졌다면, 부재를 절단할 때 날 끝이 날카로운 방향으로 쏠립니다. 품질이 낮은 날에서 날 어김이 한쪽으로 치우친 상태일 수도 있고, 제조 과정에서 직선 날을 원형 띠로 납땜하면서 오차가 생겼을 수도 있습니다. 톱니가 경화되는 과정에서 날의 앞 톱니 부분이 살짝 수축되는 경우가 있어서 완벽하게 좌우 균형이 맞는 날을 만들기는 쉽지 않습니다. 드리프트가 심하다고 판단되면, 날의 상태를 확인하고, 필요하다면 교체하는 편이 좋습니다.

밴드쏘 작업

직선 절단

테이블쏘와 달리 밴드쏘로 작업할 때는 자르는 길이의 한계가 있어서 18″ 밴드쏘 기준으로 자르는 양옆 길이가 모두 450mm를 넘어가면 작업할 수 없습니다. 하지만 밴드쏘로는 작은 부재도 비교적 안전하게 작업할 수 있고, 테이블쏘가 하지 못하는 200mm가 넘는 두꺼운 부재도 문제없이 절단할 수 있습니다. 켜기 펜스와 마이터 게이지를 적절히 사용하면 반복 작업과 여러 각도의 작업도 가능하며, 경사면 절단도 정반을 기울여서 할 수 있습니다. 절단면이 직각이라 짜임 가공에도 효율적으로 사용됩니다.

밴드쏘로 작업한 절단면은 테이블쏘와 달리 깨끗하지 않아, 후가공이 필요한 경우가 많습니다. 여러 방법의 샌딩과 더불어 대패, 라우터 패턴 비트 등을 잘 활용하면 밴드쏘의 활용도를 훨씬 높일 수 있습니다.

곡선 절단

곡선 재단을 밴드쏘만큼 강력하게 해내는 장비는 없습니다. 폭이 좁은 날을 사용할수록 더욱 급격한 곡선 작업을 할 수 있는데, 도마 제작처럼 간단한 작업부터 곡선 테이블 다리, 말루프 의자(Maloof rocking chair) 제작 같은 어려운 작업에도 밴드쏘는 중심 역할을 합니다. 경사가 있는 곡선은 정반을 기울인 상태에서 작업하면 됩니다.

곡선의 경사면은 밴드쏘만이 만들어낼 수 있는 결과물 중 하나입니다.

리쏘잉

리쏘잉은 '다시 재단한다'라는 뜻으로, 통나무에서 켠 제재목을 다시 켜서 얇은 판재로 만드는 작업을 말합니다. 패널의 알판을 만들거나 적층 벤딩, 북매칭book matching을 이용해서 목재의 무늬를 최대한 살릴 때 리쏘잉으로 얇은 판재를 만드는 경우가 적지 않은데, 이때 밴드쏘는 훌륭히 그 역할을 해냅니다. 리쏘잉할 때는 넓은 날을 사용하는 것이 유리하며, 드리프트를 최소화하도록 날의 장력을 적절히 조정할 필요가 있습니다. 참고로, 리쏘잉 시에는 부재 4면의 대패 작업이 되어 있어야 합니다. 한쪽 옆면은 정반에 수직으로 밀착되어 부재가 바르게 세워진 상태에서 작업이 가능하게 하며, 다른 옆면은 작업자가 보면서 작업을 하는 면이라 마킹이 되어 있어야 합니다. 리쏘잉 작업에서 나누어지는 얇은 부재는

리쏘잉할 때도 부재 높이에 맞는 가이드 설정은 중요합니다.
넓은 부재의 작업에서 페더 블록을 사용하면 효과적으로 압력을 가할 수 있습니다.

부재를 곡선으로 리쏘잉한 뒤 절단된 부분을 뒤로 붙이면
자연스러운 곡면의 판재를 만들 수 있습니다.

수압대패 작업을 하기에 위험한 경우가 많습니다. 4면 대패가 되어 있다면 리쏘잉한 면만 자동대패에서 바로 대패 작업이 가능합니다.

적층 절단

두 개 이상의 서로 다른 판재를 양면 테이프로 접착한 상태에서 재단한 뒤에 함께 맞추면 아래 그림처럼 적층 절단을 활용할 수 있습니다. 이때 목재의 함수율이 서로 비슷해야만 수축과 팽창 문제를 피할 수 있습니다.

밴드쏘 박스

두꺼운 부재의 곡선 재단 작업을 활용하면, 다양한 형태의 밴드쏘 박스를 만들 수 있습니다.

마이터쏘와 원형톱

마이터쏘

마이터쏘는 원형 톱날이 장착된 헤드를 조작하여 여러 각도의 목재 자르기에 특화된 장비로, 우리나라에서는 '각도 절단기'라고도 하는데, 정식으로는 '슬라이딩 컴파운드 마이터쏘sliding compound miter saw'라고 부릅니다. 이는 슬라이딩+컴파운드 마이터+쏘의 합성으로 복합각도(compound miter), 즉 각도와 경사를 설정한 뒤에 '날물을 밀면서(sliding) 작업하는 톱'이라는 뜻입니다. 인테리어 현장에서는 필수 장비 중 하나인데, 공방에서는 제재목을 가재단하는 용도로도 쓰입니다. 제재목이 목재 창고에서 나와 공방에서 가장 먼저 만나는 장비가 바로 마이터쏘입니다.

마이터쏘는 간단해 보이지만 실제로는 사용할 때 주의가 필요한 장비인데, 장비 자체의 특성보다 마이터쏘가 제재목을 다루어야 하기 때문입니다. 제재목은 수축 과정에서 길이 방향으로 앞뒤로 굽힘(bowing), 옆으로 휨(crooking), 너비 방향으로 휨(cupping, crowning), 뒤틀림(twisting) 등의 변형이 생기며, 이렇게 변형이 생긴 목재로 작업을 할 때, 톱날이 부재에 끼이거나, 톱날 뭉치가 작업자 쪽으로 튕겨 나오는 킥백 현상이 생길 수 있습니다. 이런 문제에 대한 가장 원칙적인 대처 방법은 부재를 올바른 방향으로 두는 것입니다. 톱날이 지나가는 선을 기준으로 부재가 바닥 쪽으로는 장비의 플레이트에 밀착되게 하고, 옆면은 앞쪽 펜스에 밀착되게 하여 절단 작업을 해야 합니다. 변형이 없는 정확한 직선 상태의 부재라면 두는 방향이 상관없으나, 굽은 부재는 볼록한 면을 아래로 하고, 옆으로 휜 부재는 튀어나온 부분이 앞쪽 펜스에 닿게 해야 톱날이 지나갈 때 부재가 밀리면서 톱날을 죄는 현상이 일어나지 않습니다. 더불어, 변형이 심한 목재나 두꺼운 목재를 작업할 때는 부재를 한 번에 절단하지 말고 두께를 기준으로 여러 차례 나누어서 작업하는 것이 좋습니다.

기계를 사용할 때 원칙은 날물이 부재에 닿지 않은 채 공구를 켜고 끄며, 날물이 정상 속도일 때 부재에 대고 작업한다는 것이나, 마이터쏘는 다소 예외적으로 느낄 수 있습니다. 날물이 부재에 닿지 않은 상태에서 스위치를 켜고 절단 작업을 시작하지만, 절단 후에는 톱을 바로 원위치시키지 않고, 절단이 끝난 위치에서 스위치를 끄고 그대로 톱이 완전히 멈추기를 기다립니다. 첫째 이유는 절단 작업이 진행되는 방향과 톱을 원위치시키는 방향이 달라서 톱을 드는 사이에 부재가 끼일 수 있다는 것이고, 둘째는 슬라이딩 기능이 날물을 흔들리지 않게 잡아주고 있으므로 그 자리에 멈춰 있는 편이 더 안정적이기 때문입니다.

원형톱, 트랙쏘, 플런지쏘

원형톱(써큘러쏘circular saw)은 원형 톱날을 사용하는 대표적인 전동 공구입니다. 유사한 공구로 트랙쏘track saw, 플런지쏘plunge saw 가 있는데, 기본적으로는 원형톱에 특정 기능이 추가된 형태로 볼 수 있습니다.

원형톱이 테이블쏘의 반복성, 정확성, 효율성, 편리함은 따라올 수는 없으나, 테이블쏘에서 할 수 있는 자르기, 켜기, 각도 절단, 경사 절단, 홈파기 등 작업의 대부분을 할 수 있는 강력한 전동 공구입니다. 목공 기계의 사용이 제한되는 경우는 아주 큰 부재를 재단하는 것과 같이 부재의 제어가 힘들 때입니다. 이 경우 전동 공구나 수공구가 안전하고 효과적인데, 원형톱은 합판 원판이나 큰 테이블 상판 등 부재를 움직이며 다루기 어려운 재단을 할 때 사용할 수 있습니다.

원형 톱날을 가진 도구는 반드시 직선 작업을 해야 하는데, 트랙쏘는 원형톱에 트랙, 즉 가이드 레일guide rail을 장착할 수 있거나 장착이 된 형태로 원하는 방향의 직선 작업을 좀 더 편리하게 할 수 있습니다. 플런지쏘는 동작 시에 설정된 깊이만큼 눌러서 작업하는 기능이 추가된 원형톱으로 날물이 정상 회전 속도에 도달한 상태에서 부재에 대고 작업이 가능하므로, 작업 깊이만큼 톱날을 뺀 상태로 작동시키는 일반적인 원형톱에 비해 타입1 킥백 현상을 현저히 줄일 수 있는 장점이 있습니다. 가이드 레일을 사용하는 트랙쏘와 플런지쏘는 수십 년 전 페스툴사에서 특허를 보유하며 소개했던 기능으로, 모두 전통적인 원형톱에서 부가적인 기능이 추가된 원형톱 계열로 볼 수 있습니다.

모든 원형 톱날의 공구나 기계는 킥백의 위험이 있으며, 원형톱도 예외가 아닙니다. 부재의 절단선 아랫면이 바닥에 닿지 않은 상태에서 부재 양쪽 옆이 지지가 되어 있다면, 절단이 진행되면서 부재가 날의 양옆을 조이게 되어 높은 확율로 킥백(타입2)이 발생하면서 원형톱이 강하게 뒤로 튕길 수 있습니다. 변형이 있는 합판 원판이나 각재를 작업대 위에서 재단할 때는 부재를 오목한 형태로 두어야 하고, 부재를 두개의 보조 각재 위에 올려 두고 작업한다면 부재의 변형에 상관없이 킥백이 발생할 가능성이 매우 크므로 부득이한 경우에는 하나의 보조대만 이용해서 부재를 띄우고 작업합니다. 지속적으로 원형톱을 사용하는 상황이라면 부재 전체를 받칠 수 있는 작업대를 사용하는 것이 좋습니다. 일반적으로 부재의 두께보다 1~2mm 더 깊게 설정하여 작업하므로, 톱 자국에도 상관없이 작업대를 사용할 수 있으면 더욱 좋습니다.

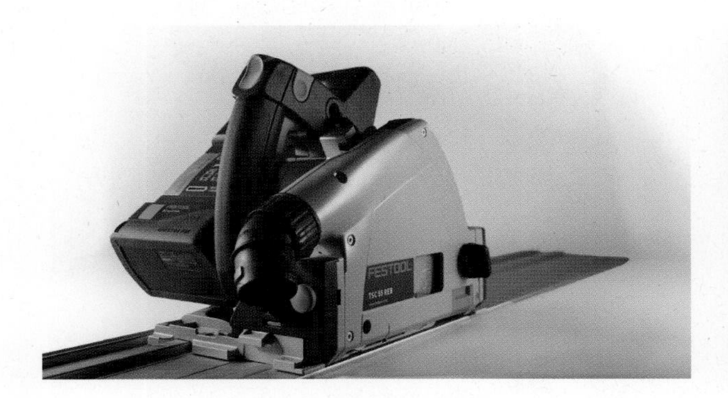

플런지쏘는 큰 부재를 직선 절단할 때 테이블쏘보다 더 안전하게 작업할 수 있게 해줍니다.

원형톱을 효과적이고 안전하게 사용하기 위해서는 가이드와 작업대가 필요합니다.

대패

손대패의 종류별 특징과 쓰임새, 각 부분의 구조와 역할을 소개하고, 일본대패를 기준으로 세팅과 사용법에 대해서 간단히 보겠습니다.

이 책에서는 동양대패로도 불리는 일본대패와 미국대패, 즉 150여 년 전 러나드 베일리가 개발한 서양대패를 위주로 설명합니다. 수압대패와 자동대패는 다음 장에서 별도로 다루겠습니다.

대패의 종류와 쓰임새

대패의 쓰임새

대패는 동력에 따라서 손대패, 전동대패, 기계대패(수압대패, 자동대패)로 구분할 수 있습니다. 참고로, 기계대패는 북한에서 자동대패를 뜻하는 용어로 사용되나 여기서는 수압대패와 자동대패를 통칭하는 용어로 사용합니다. 손대패는 용도나 모양에 따라 여러 종류가 있으며, 전동이나 기계대패는 주로 부재를 준비하는 과정에서 사용됩니다. 달리 말하면, 목공에서 부재 준비의 역할은 기계대패가 전통 방식의 손대패를 대체했다고 볼 수 있어, 손대패는 장비를 갖추기 전에 어떤 용도로 사용할 것인지 생각해볼 필요가 있습니다. 일반적으로 손대패를 기본 수공구로 여기지만, 현재 목공에서는 특수 수공구로 접근하는 것이 더 타당합니다. 부재 준비 단계에서 수압대패와 자동대패의 작업 속도와 편리함, 강력함을 손대패가 더 이상 따라올 수 없습니다. 마무리 단계에서도 손대패의 사용은 실제 많지 않은데, 아무리 고운 사포로 갈아내도 날카로운 칼로 베는 단면보다 좋을 수는 없듯이 잘 연마된 손대패의 표면 마감을 샌딩이 따라올 수 없는 것은 사실이지만, 엇결 작업의 어려움으로 특히 하드우드 판재의 표면을 마무리하는 데 과감하게 대패를 사용하는 것은 쉽지 않습니다.

이렇게 대패로 판재 작업을 하는 것은 힘들거나(부재 준비) 어려운데(마무리), 판재의 결면 작업보다 판재 옆면이나 각재 작업에서 전동 공구나 기계로 가공이 어려운 각도나 곡선을 가공해야 하는 경우, 기계대패를 사용할 수 없는 넓은 테이블 상판이나 슬랩 보드의 초벌 작업, 다루기 어려운 큰 부재의 일정 부분을 덜어내는 경우, 모서리를 다듬는 작업, 밴드쏘 작업 후 마무리, 마구리면 정리 등 일부 작업에서는 유용하게 활용할 수 있는 특수 도구로 접근하는 것이 손대패의 활용을 높이는 방법입니다.

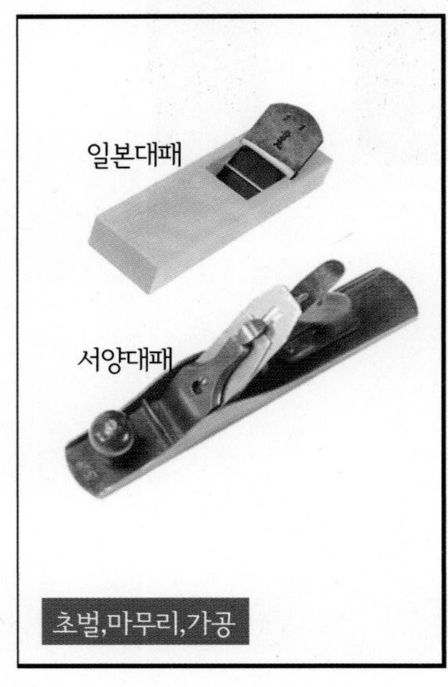

초벌,마무리,가공

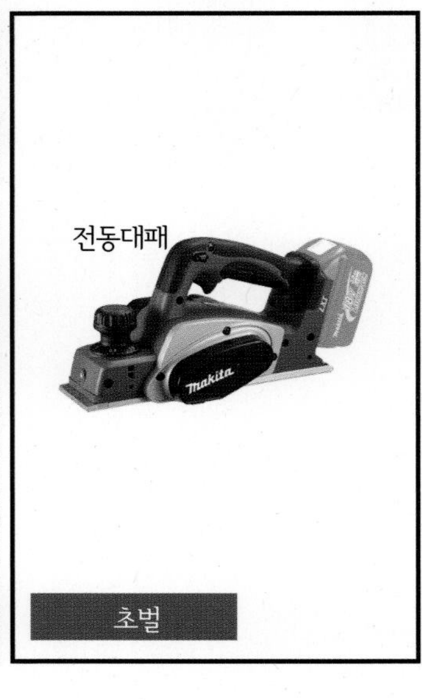

초벌

초벌

손대패의 구분

톱에서 힘을 가하는 방향과 마찬가지로 일본대패는 당겨서 작업하고, 서양대패는 밀어서 작업한다는 차이가 있습니다. 평대패(bench plane)에서 덧날 세팅은 중요한 역할을 하는데, 일본대패는 작업 도중 조정이 자유롭지만, 서양대패에는 어미날이 고정되어 있습니다. 물론, 대패를 해체해서 다시 세팅하면 되지만, 작업 중에 세팅을 변경하기는 어렵습니다. 이런 특징으로 일본대패는 가용 범위가 넓어지고, 서양대패는 용도에 따라 구분되면서 다양한 크기의 대팻집에 날이 장착됩니다.

일본대패	서양대패
날 폭 : 42mm~70mm 대팻집 길이 : 약 140mm~400mm	No.4 스무딩플레인 No.5 잭플레인 No.7 조인터플레인
- 당겨서 작업. - 단단한 목재(가시나무) 대팻집 : 바닥평 수시 확인. - 가벼워 작업성 좋음(1kg). 작업자의 힘으로 제어. - 덧날 위치, 날 깊이, 좌우 균형을 수시 수정(숙련도). - 가용 범위가 넓음(초벌~마무리, 마구리면 처리). - 날입 크기 조정 불가. - 절삭각 38° 가량.	- 밀어서 작업. - 금속 몸체 : 바닥 평, 대팻집의 변형이 적음. - 무거움. 대패의 무게감 이용한 작업(2~4.5kg). - 덧날 위치 고정, 대패마다 용도가 한정됨. - 날 깊이, 좌우 균형을 노브와 레버로 정밀하게 조정. - 날입 크기 조정 가능(프로그 frog 설정). - 절삭각 45° 가량.

일본대패와 서양대패는 선호도가 확연히 갈리는 경우가 많습니다. 대패는 작업 중에도 계속 세팅을 하면서 사용해야 하는데, 조작의 관점에서 보면 서양대패는 자동 기어 자동차, 일본대패는 수동 기어 자동차와 같은 느낌이 듭니다. 서양대패는 일본대패에 비해서 초기 세팅의 부담이 적으며, 사용 시에도 날물의 조정이 쉽습니다. 대팻집의 변형도 적어 날물의 상태만 좋다면 오랜만에 대패를 다시 사용해도 날물을 제외하고는 손 볼 부분이 그리 많지 않습니다. 서양대패가 안정성이 높으며 사용이 편리함에 비해, 일본대패를 선호하는 분들은 날물의 우수함을 이야기합니다. 잘 연마된 일본대패의 날물은 서양대패가 따라오기 힘듭니다.

대패의 구조와 역할

대팻날의 각도와 방향

대패에서는 두 가지 각도가 존재하는데, 하나는 날 자체의 각도인 날각도이고, 다른 하나는 대팻집의 세팅으로 결정되는 절삭각입니다. 이 가운데 절삭각이 대패의 작업성과 직접적인 연관이 있습니다.

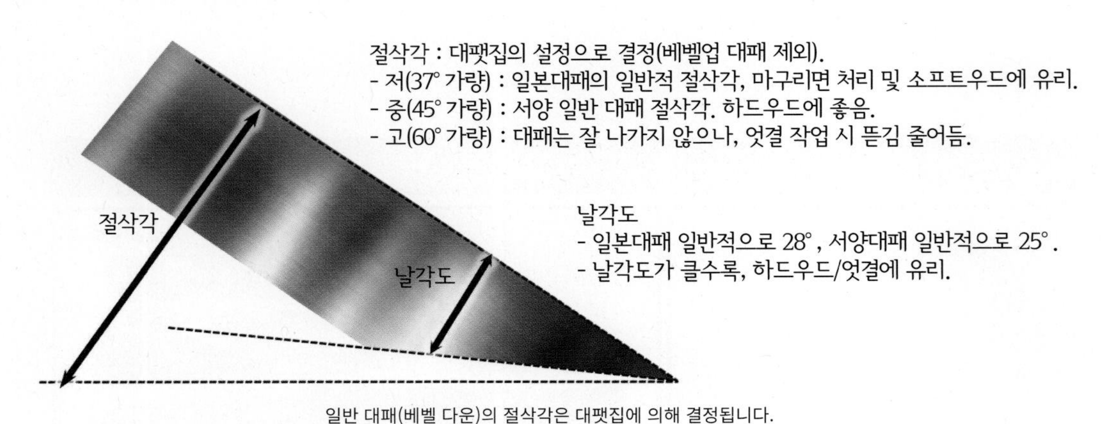

일반 대패(베벨 다운)의 절삭각은 대팻집에 의해 결정됩니다.

일반적인 대패는 그림과 같이 날의 경사면이 아래쪽을 향하는 구조입니다(bevel down). 이런 구조에서는 경사의 반대면에 덧날의 장착이 가능하나, 절삭각은 대팻집에 의해서 고정이 됩니다.

경사면이 위쪽을 바라보는 베벨업bevel-up은 서양 저각(low-angle) 대패에서 주로 사용되는데, 구조가 간단하고, 연마에 따라 절삭각을 변경할 수 있다는 장점이 있으나, 덧날의 장착이 불가하여 엇결 처리가 어렵습니다. 반면, 낮은 절삭각으로 설정 시 마구리면 처리는 뛰어납니다.

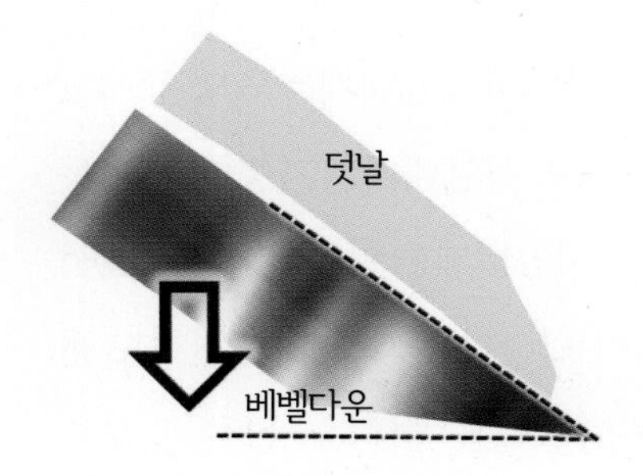

- 일반적인 일본/서양 평대패 구조.
- 절삭각이 대팻집에 의해 고정.
- 덧날 장착 가능.

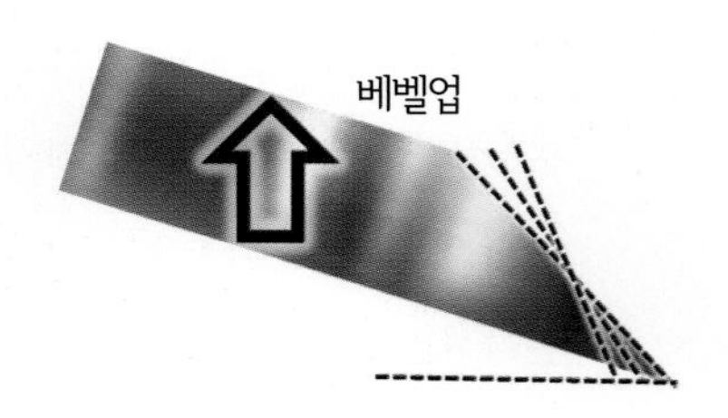

- 서양 베벨업 대패 구조.
- 연마에 따라 절삭각 변경 가능.
  : 용도에 맞게 이중각으로 절삭각 조정.
- 덧날 장착할 수 없음.
  : 가볍고, 쉽게 세팅이 가능.
  : 엇결 처리가 어려움.

어미날의 경사면의 방향에 따라 베벨다운(일반대패)과 베벨업 대패로 나눌 수 있습니다.

대패를 결면에서 작업하는 경우, 가능한 순결 방향으로 해야 하지만, 작업 시 엇결을 피할 수 없습니다. 절삭각이 높으면 날이 목재의 결을 옆에서 긁는 듯이 작동하므로, 작업면이 깔끔하지 않을 수 있지만, 엇결 처리에는 유리합니다. 마구리면에서는 절삭각이 낮다면 결을 옆으로 자르는 듯이 작업이 되어 저각이 유리합니다.

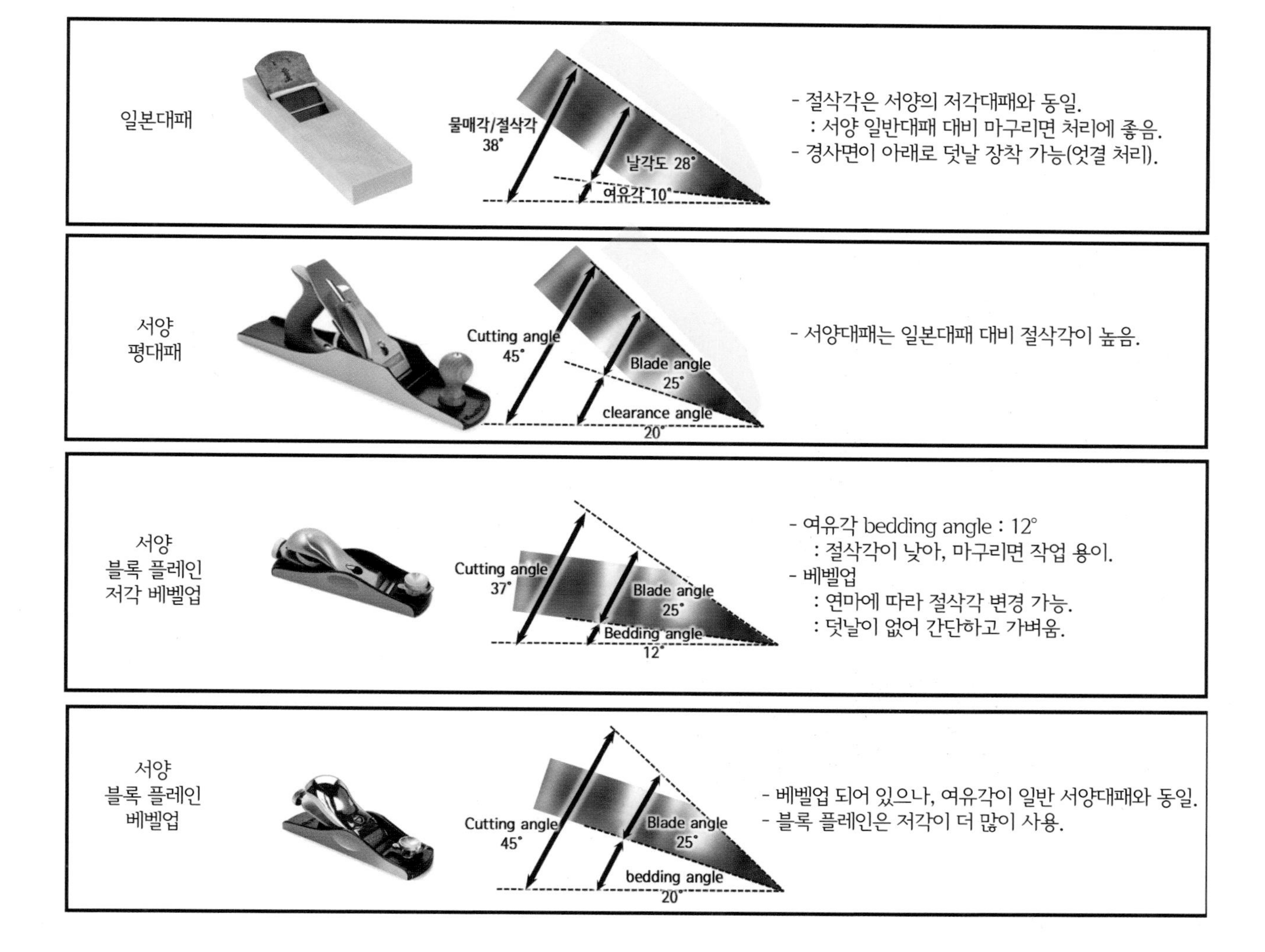

각도 및 경사 방향에 따른 대패의 종류

손대패의 절삭각은 37°(또는 38°)와 45°의 두 가지가 주로 사용됩니다. 서양대패 기준으로 절삭각은 일반각 45°와 저각 37°로 분류하며, 이보다 더 높은 고각의 대패도 있습니다. 일본대패는 저각이라 부르지는 않으나, 일반적으로 절삭각이 38° 정도입니다. 동서양에서 사용하는 대패의 각도 차이는 각 지역에서 많이 사용되는 수종에 영향을 받은 듯합니다.

덧날의 역할

덧날은 영어로 칩 브레이커chip breaker라고 합니다. 어미날을 적절한 압력으로 고정하는 역할을 하는 동시에 어미날에 의해 깎여 들어오는 결을 누르거나 꺾으면서 어미날이 목재의 결을 따라 파고들지 않게 함으로써 작업 면을 안정적으로 만듭니다. 특히, 대패 작업이 엇결 방향으로 진행될 때 표면의 뜯김 현상을 줄입니다. 덧날은 어미날에 완전히 밀착되게 연마되어야 대팻밥, 나무 조각이 끼지 않는데, 이중각으로 고각을 만들면 좀 더 효과적으로 결 처리를 할 수 있습니다. 덧날은 어미날에 최대한 가까이 붙여서 세팅하기도 하는데, 위치는 기본적으로 대패 바닥보다 높아야 합니다. 어미날을 바닥 아래로 내는 정도가 절삭 두께 정도를 정하는데, 절삭하는 두께 안에서 결을 꺾는 것은 맞지 않습니다.

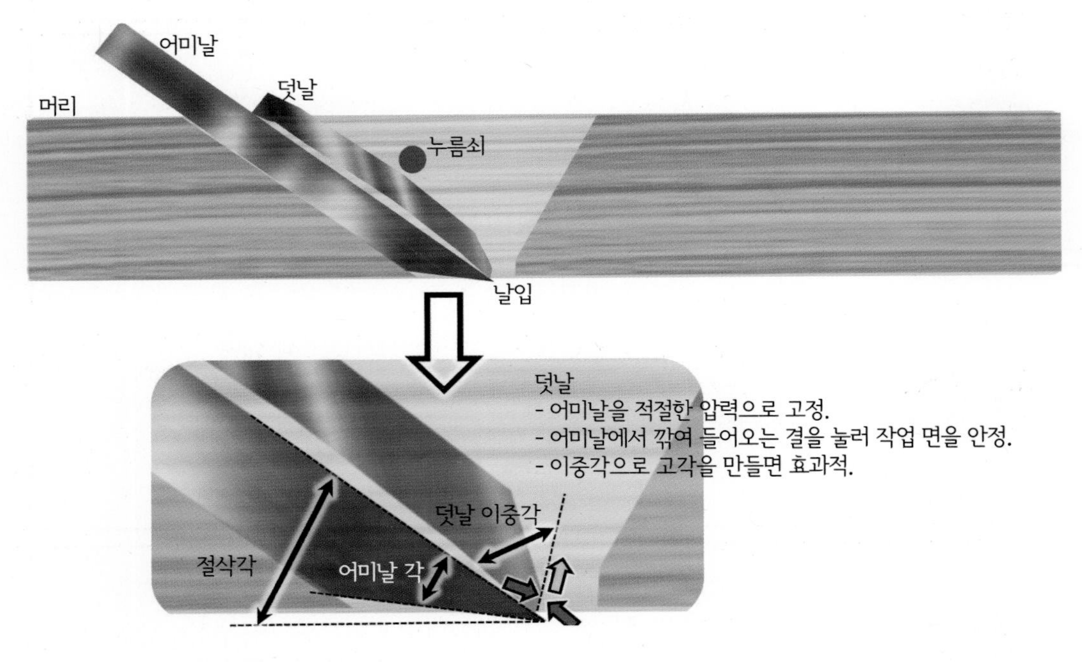

덧날은 어미날이 작업한 결을 눌러줌으로써 작업을 안정화시키며, 특히 엇결 작업에 효과적으로 작동합니다.

엇결의 처리는 작업 두께가 얇을수록, 덧날이 어미날 끝에 가까울수록, 덧날의 각도가 높을수록 효과적입니다. 어미날 끝부터 덧날까지의 거리를 대패가 작동하며 목재를 파고드는 깊이로 파악할 수도 있습니다.

어미날 끝부터 덧날까지가 대패가 엇결을 만나 작동하면서 목재에 파고 드는 깊이입니다.

세팅과 사용법

일본대패 세팅

톱 전문가나 끌 전문가는 없지만, 대패는 전문가가 있을 정도로 마니아의 대상이 될 만한 장비입니다. 쐐기와 같은 날물이 변형 가능성이 있는 목재로 된 대팻집에 박혀 있는 단순한 구조에서 매우 정밀한 작업을 하도록 설정하기는 어렵고도 까다롭습니다.

- 일본대패의 어미날은 머리에서 날 끝 쪽으로 가면서 좁아지는 쐐기 형태로, 서양대패처럼 날 끝과 옆면이 직각으로 가공되지는 않지만, 좌우 대칭이어야 하고 한쪽으로 치우친 모양이 되어서는 안 됩니다. 숫돌에 연마하는 과정에서 한쪽으로 치우치게 되는 것을 '편갈이'라고 부르는데, 새 제품에 편갈이가 있기도 합니다. 다음 단계 세팅을 위해서는 먼저 편갈이를 없애는 것이 기본입니다.
- 어미날은 기본적으로 대팻집의 날골에 가장자리가 단단히 고정되고, 날물의 몸체가 대팻집의 물매면에 이격 없이 받쳐져야 합니다. 어미날과 대팻집의 고정이 정확하고 압력이 균등할수록 어미날의 떨림이 줄어 정교한 작업이 가능하며, 날 세팅 시 좌우가 치우치지 않게 됩니다.
- 어미날에는 배부름 현상이 없어야 합니다. 날의 구조상 배부름 현상이 커지면 절삭 작업 자체가 불가능해집니다. 더불어, 덧날은 어미날에 완벽하게 밀착되어야 합니다.
- 대팻집의 바닥은 기본적으로 평이 잡혀야 하며(1점평), 작업의 편의성이나 정교함을 위해, 2, 3, 4점평을 잡기도 합니다. 대팻집이 함수율에 따라 변형할 수 있으므로 바닥평은 수시로 잡습니다.

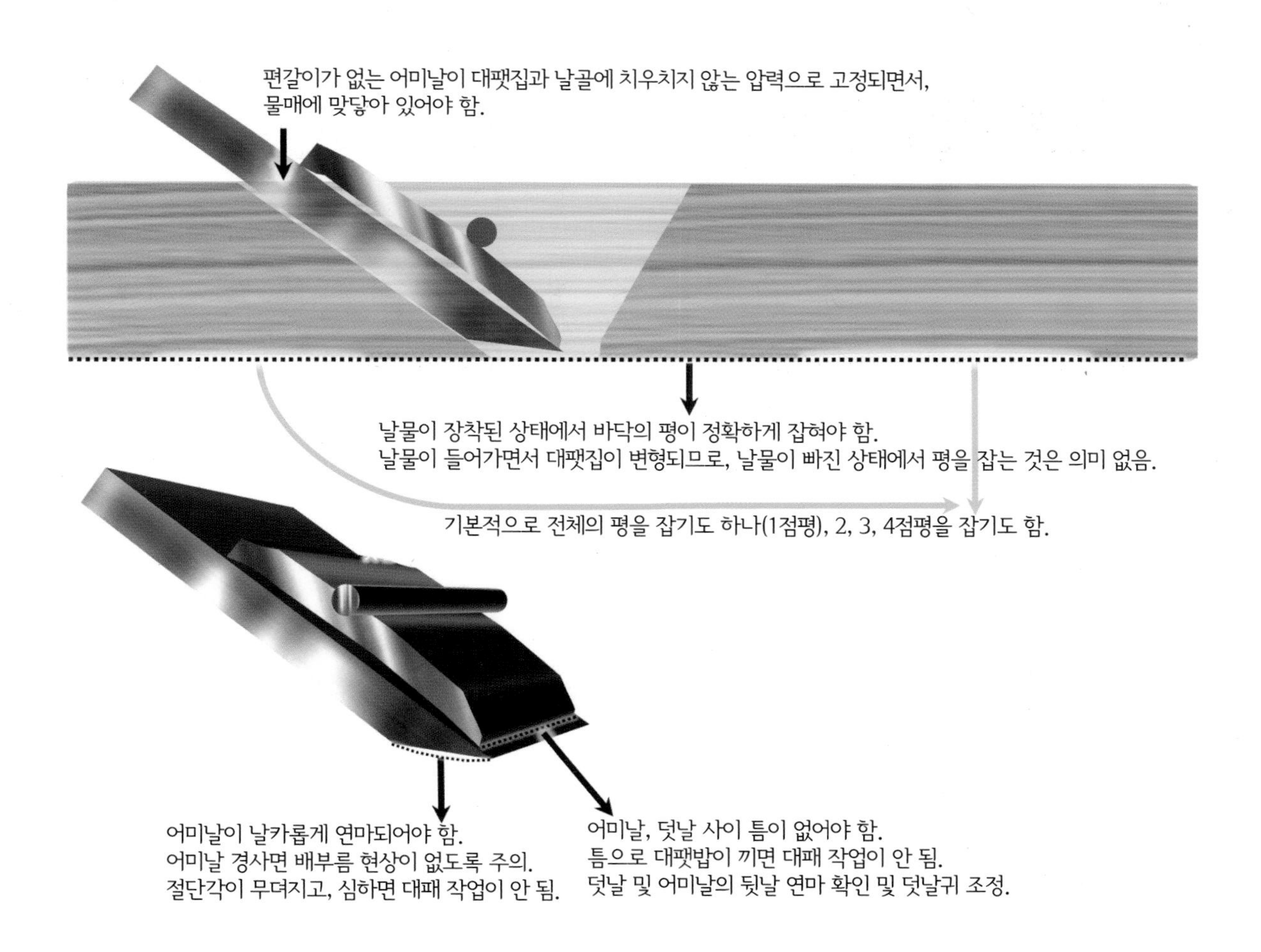

대패 작업 시 확인 사항

- 부재의 결을 확인하고 순결 방향으로 진행하며, 엇결이 있을 때 덧날 세팅에 주의합니다.
- 대패는 정교한 도구로, 손으로 누르는 압력에 민감하므로 일정한 압력으로 누를 수 있도록 합니다. 필요 시 한쪽 방향에 힘을 주어 작업하기도 하나, 부재의 평을 잡는 경우는 좌우 균형에 주의합니다.
- 대패로 목재의 평을 잡을 때는 시작점과 끝점의 위치에서 주의해서 부재 전체를 작업할 수 있게 하고, 특히, 시작이나 끝 부근에서 대패가 눌리거나 들리지 않도록 합니다.
- 부재가 길 때는 팔을 움직이는 것보다, 균형을 잡고 몸을 이동하면서 작업합니다.

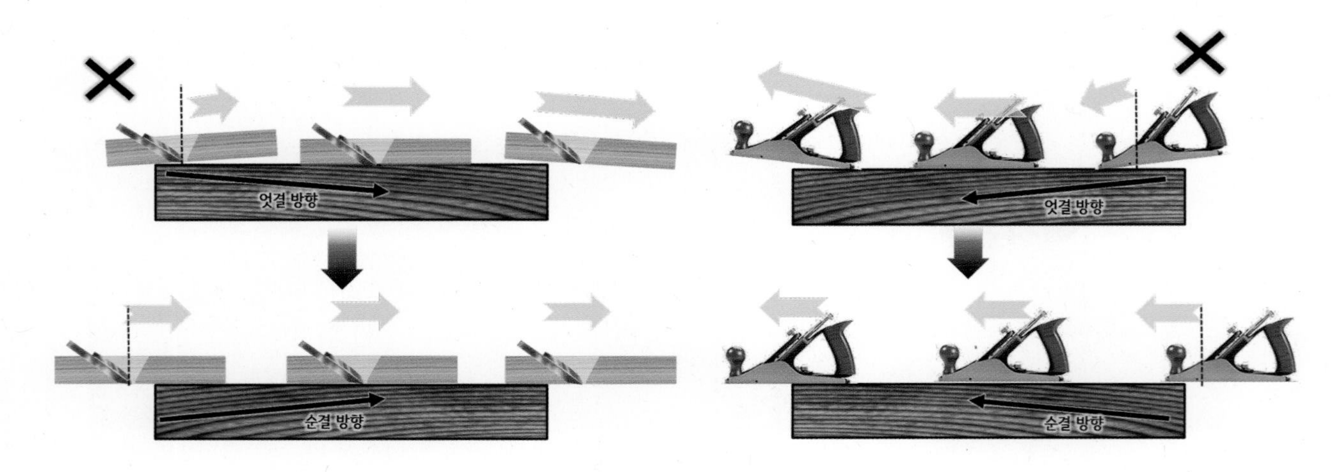

되도록 순결 방향으로 부재 전체를 작업하면서 시작과 끝부분에서 대패가 치우치지 않게 합니다.

기계대패

부재 준비 과정에서 가장 많이 사용하는 목공 기계가 수압대패와 자동대패입니다. 작동 원리와 사용법, 주의 사항에 대해서 이야기합니다. 더불어, 기계대패를 이용해서 부재를 준비하는 과정을 정리했습니다.

수압대패

수압대패란?

수압대패는 두 개의 정반 사이에서 회전하는 날물 위로 부재를 이동시키며 (1)목재를 평면으로 만들거나(face planing) (2)옆면을 직각으로 만드는 작업(jointing planing)을 합니다. 수압手押은 손의 압력을 뜻하나, 작업의 기준은 손의 압력이 아니라 정반 간의 높이 차이입니다. 수압대패라는 이름 때문에 손에 힘을 많이 주고 작업해야 한다고 자칫 오해할 수도 있으나, 수압대패를 이용해 올바르게 작업하려면 손의 압력을 최소한으로, 그리고 적절한 위치에 가해야 합니다.

평면 및 직각 작업은 부재 준비에 가장 중요한 부분이며, 다른 어떤 공구나 기계도 수압대패만큼 효율적으로 기준면 작업을 할 수 없습니다. 작동 방법은 간단하게 느껴질 수 있으나 수압대패는 매우 위험한 장비여서 안전에 대한 충분한 숙지 없이는 사용하지 않을 것을 권합니다.

작동 원리와 설정

부재는 앞정반(infeed table)과 뒷정반(outfeed table) 사이에 있는 날물을 지나면서 작업이 되는데, 뒷정반의 높이는 날물의 최고점과 동일하게 고정되어 있으며, 앞정반의 높이를 조정하여 가공 두께를 정합니다. 일반적으로 가공 두께는 1mm 내외로 설정하고 작업합니다.

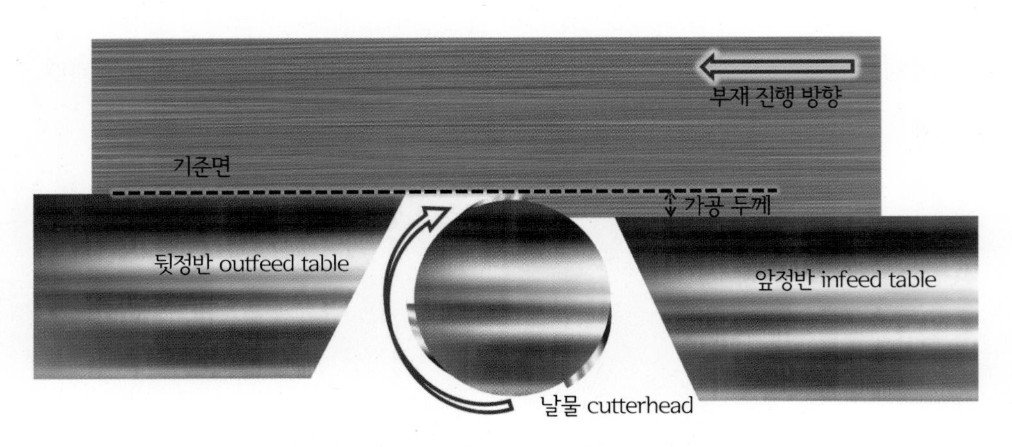

수압대패에서 부재는 앞정반과 뒷정반 사이 날물을 지나가며 가공됩니다.

뒷정반의 높이가 날물이 절삭하는 최고의 높이와 일치하도록 관리합니다. 전원을 끈 상태에서 부재를 뒷정반에 올린 후 앞정반 쪽으로 천천히 당겼을 때, 날물의 높은 부분이 부재에 스쳐 살짝 돌아가는 정도면 날물과 뒷정반의 높이가 맞게 설정되었다고 볼 수 있습니다.

수압대패의 날물의 높이는 뒷정반에 맞춰져 있으며, 앞정반과 뒷정반의 차이가 절삭이 되는 가공 두께가 됩니다.

수압대패를 손대패를 뒤집어놓은 형태로 이해할 수 있으나, 기준면에서 다소 차이가 있습니다. 손대패는 대패 면을 기준으로 어미날을 가공하고자 하는 두께에 맞게 빼서 작업한다면, 수압대패는 뒷정반과 앞정반의 차이가 가공 두께가 되며, 뒷정반이 기준면이 됩니다.

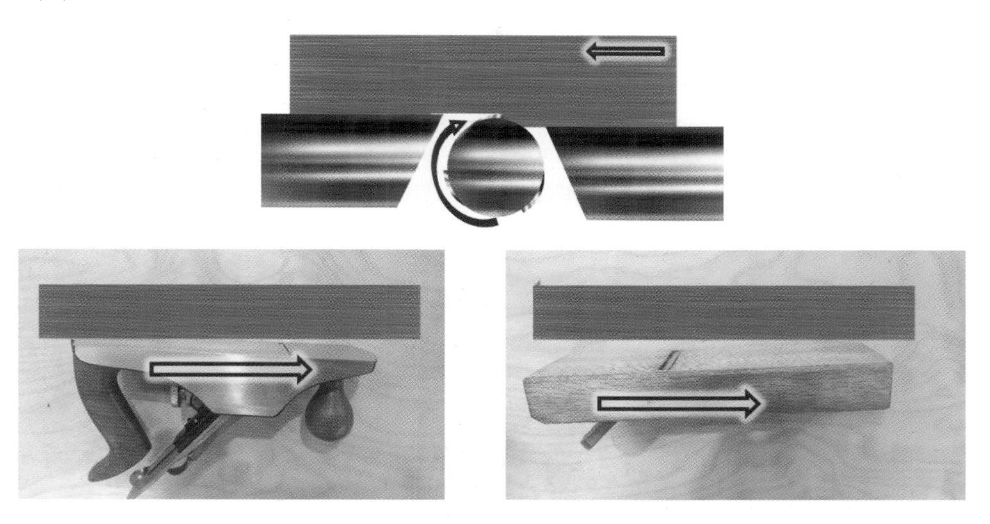

수압대패는 앞뒤 정반의 차이로 작업이 진행되며, 손대패는 날물을 바닥에서 빼는 깊이로 작업이 진행됩니다.

부재의 두께를 최대한 확보하려면

수압대패의 목적은 고르지 않는 부재의 한 면을 평평하게 만드는 일, 즉 부재의 평을 잡는 것입니다. 조금 덧붙이자면, 수압대패는 최소의 목재 손실로 이후 작업의 기준이 되는 기준면을 잡는 일을 하는 것인데, 수압대패를 잘 사용한다는 것은 무엇보다 안전한 작업 방법을 통해 주어진 부재에서 최대한 두께를 확보하면서 기준면을 만드는 것입니다.

부재를 두는 방향 일반적으로 제재목은 마이터쏘에서 가재단을 거친 후, 수압대패로 오게 됩니다. 수압대패 작업은 여전히 제재목 상태에서 진행하는 가공이므로, 목재가 수축이 되면서, 길이 방향으로 휘거나(bow), 너비 방향으로 휘는(cup, crowning) 등 변형이 있는 경우가 대부분입니다. 수압대패에 부재를 두는 원칙은 부재 가장자리가 정반에 닿도록 하는 것입니다. 변형이 복합적이더라도 목재 가장자리가 정반에 닿게 하면 안정적이며 손실을 최소화할 수 있습니다. 길이 방향과 너비 방향이 복합적일 때는 길이 방향의 휨에 중점을 두고 부재를 위치시킵니다. 가장자리가 정반에 닿는 방향으로 작업이 되지 않을 때는 누르는 방향과 힘에 따라 손실이 커집니다.

수압대패를 사용하는 목적은 기준면을 잡는 것이어서 작업한 면이 얼마나 깔끔해지느냐는 부가적인 사항입니다. 작업이 순결 방향이 되도록 부재를 놓는 것보다 부재의 변형에 따라 방향을 설정하는 것을 우선적으로 고려합니다. 단, 엇결 방향이라 저항이 심해 부재 이동이 불편하다면, 안전의 관점에서 결 방향을 맞춰줍니다.

부재의 가장자리가 정반에 닿도록 부재 방향을 정하는 경우

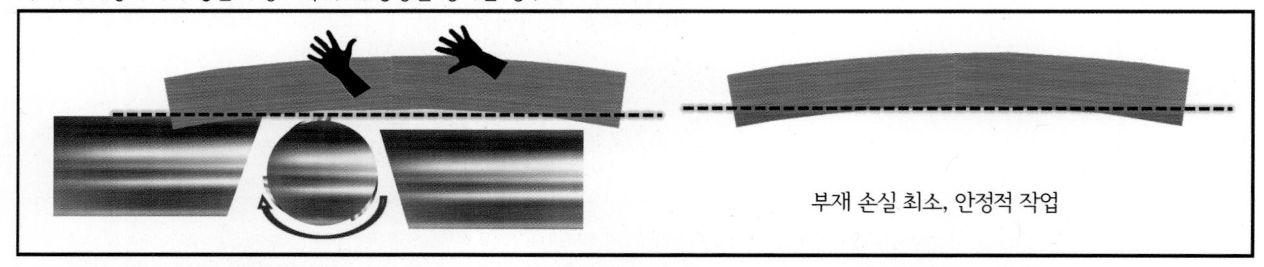

부재의 볼록하게 변경된 부분이 정반에 닿도록 부재 방향을 정하는 경우

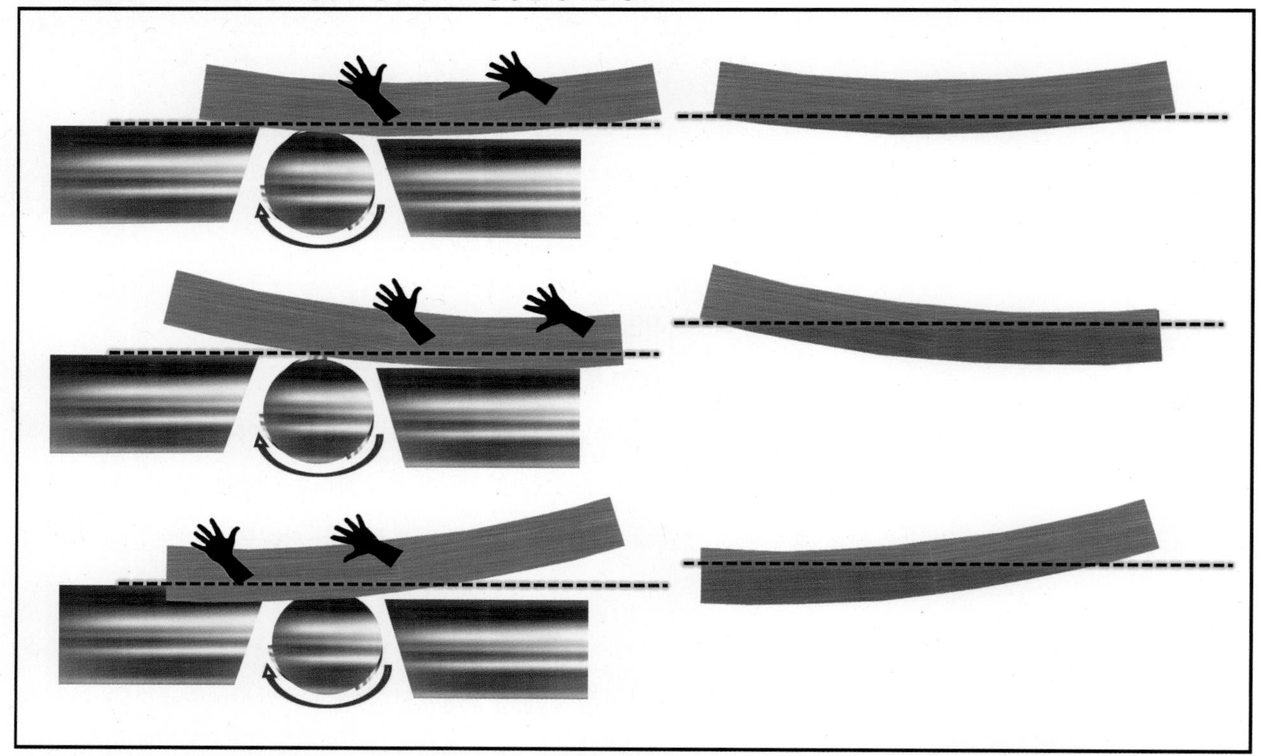

부재 가장자리가 정반에 닿는 방향으로 두고 작업합니다.

부재에 가하는 힘 수압대패 작업에서 손으로 목재를 위에서 아래로 누르는 힘은 최소화하고, 힘을 주로 진행하는 방향으로 집중하되, 필요하다면 누르는 힘은 작업이 진행된 뒷정반에서만 가하도록 합니다. 다음 그림은 과장되게 표현되었지만, 왼쪽과 같이 누르는 힘을 과도하게 가할 때는 반복 작업을 해도 목재의 평을 잡기가 어렵습니다.

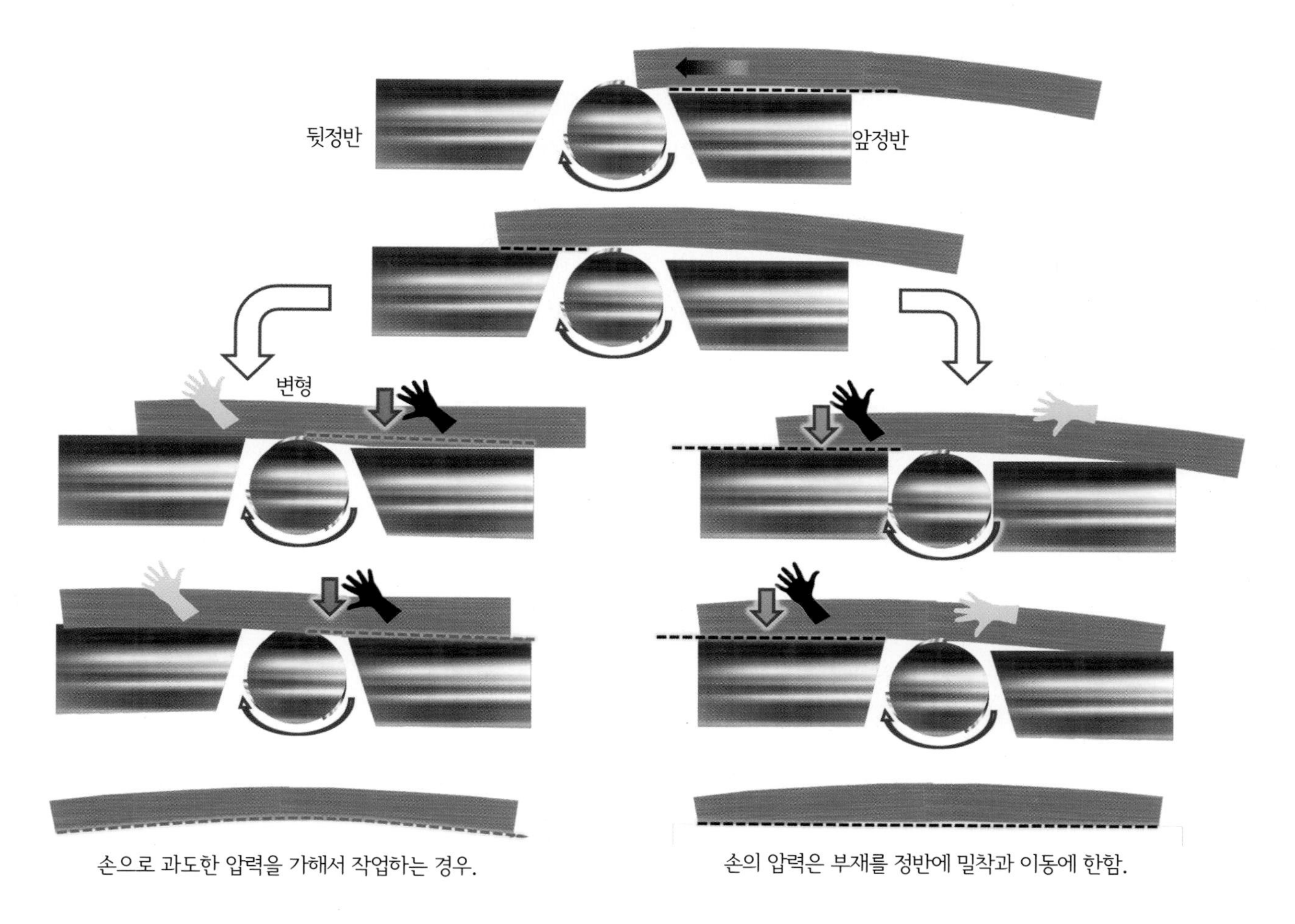

작업하면서 오른손, 즉 앞정반에 과도한 힘을 가하면 수평 작업이 잘 진행되지 않습니다. 힘줄 필요가 있을 때 뒷정반 쪽에 누르는 힘을 가합니다.

수압대패로 작업할 때 목재가 무겁거나 전진이 원활하지 않으면 목재를 양손으로 힘껏 누를 수밖에 없습니다. 특히, 목재가 클수록 불필요하게 누르는 힘이 더 들어가고, 온몸의 힘을 다해 목재를 밀기도 하는데, 그러다 보면 위험한 상황이 발생할 수도 있습니다. 수압대패의 정반을 왁스wax 등으로 수시로 관리해서 목재가 원활하게 움직이게 해야 하는 것은 작업의 정확성뿐 아니라 안전을 위해서도 중요한 일입니다.

가장자리가 많이 휜 부재를 작업할 때, 부재가 날물을 통과한 뒤 뒷정반에 걸릴 수 있습니다. 그럴 때는 당황하지 말고, 부재를 뒤로 살짝 당겼다가 누르는 힘을 더욱 빼고 다시 밀어주면 됩니다.

수압대패 작업 진행은 깎인 목재 면을 눈으로 확인할 수 있지만, 작업에 조금 익숙해진다면 목재가 깎여 나가는 소리와 손에 전해지는 감각으로도 확인할 수 있습니다.

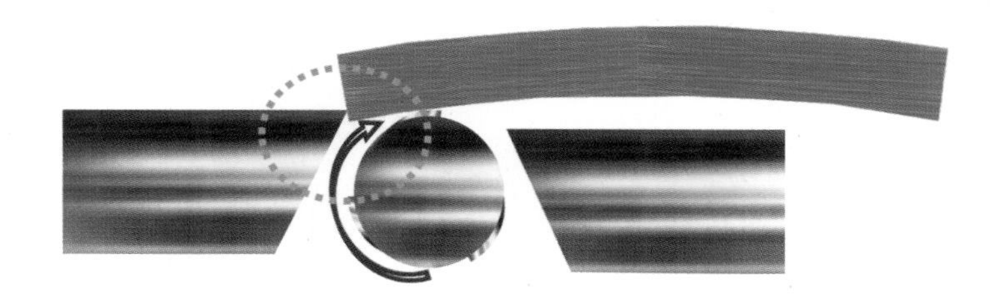

초반 수압대패 작업할 때 부재의 가장자리가 뒷정반에 걸릴 수도 있습니다.

목재가 처음부터 끝까지 고르게 깎여 나가는 소리가 난다면 평 잡는 작업이 어느 정도 완료된 상태입니다.

수압대패는 이후 자동대패나 테이블쏘에서 사용할 기준면을 잡는 것이 목적이며, 수압대패로 면 전체를 완벽하게 작업할 필요는 없습니다. 대패 작업이 안 된 부분이 가운데 조금 남았더라도 자동대패 작업의 기준면으로 사용할 수 있는 경우가 많습니다. 해당 부분은 기준면 역할을 한 이후에 자동대패로 처리해도 되는데, 일반적으로 자동대패가 작업도 더 쉽고 정교하며, 작업 면도 대체로 더 깔끔하게 처리할 수 있습니다.

안전한 수압대패 사용

수압대패는 목공 기계 중 가장 위험한 기계로 알려졌습니다. 안전한 사용을 위해 다음과 같이 몇 가지 사항을 정리했지만, 수압대패에서 무엇보다 중요한 것은 작업 도중, 특히 작업 사이 날물이 회전하는 동안에 최대한 주의를 기울이는 것입니다.

옆면 가공 옆면 가공 작업 자체는 평면 가공보다 쉽고 안전하다고 느낄 수 있으나 손의 위치, 특히 왼손에 주의해야 합니다. 옆면 가공에서 기준면은 직각 펜스가 되므로, 왼손으로 부재를 펜스 쪽으로 밀착시킨 상태로 부재를 이동합니다. 이때, 왼손 전체를 이용해서 펜스 쪽으로 밀지 말고, 엄지손가락을 부재 옆면에 걸친 상태로 작업해서 왼손이 어떤 상황에서든 미끄러지지 않도록 주의합니다.

각재의 가공 4면 대패가 된 판재를 켜서 필요한 각재를 준비하는 경우, 각재를 수압대패에서 작업해야 할 필요는 없지만, 각재의 두께를 확보하기 위해 집성을 한다면 수압대패로 평면과 직각 작업을 해야 합니다. 각재는 판재에 비해 크기가 크지 않아 특히 조심해야 하며, 손으로 직접 부재를 제어하지 않고 푸시 블록을 사용하는 것이 좋습니다. 각재는 바닥이 직각인 형태의 푸시 블록을 사용하여 펜스에 밀착시킵니다.

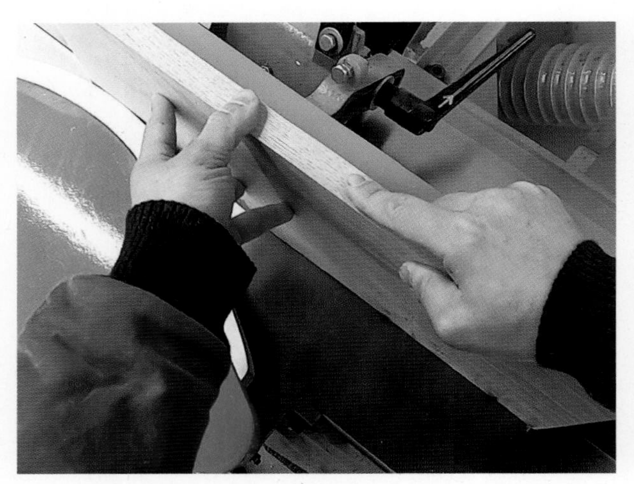

옆면 가공 시 특히 왼손이 부재에서 미끄러지지 않도록 주의합니다.

각재를 사용하여 기준면 대비 직각인 평면을 잡을 때는 바닥이 직각인 푸시 블록을 사용합니다.

부재의 한계 짧은 부재는 날물 위에서 앞정반과 뒷정반의 지지를 충분히 받지 못해서 중심을 잃을 수 있고, 얇은 부재는 작업 도중 날물의 회전력으로 부서질 수 있습니다. 수압대패에 따라 명시된 수치는 각기 다르지만, 부재는 길이 200~300mm 이하는 사용하지 않도록 합니다. 그리고 두께가 10mm 이하인 부재의 가공도 피하는 것이 좋습니다.

안전 커버 미국산 수압대패와 이탈리아 등 유럽산 수압대패는 안전 커버가 다른 방식으로 작동합니다. 안전 커버는 수압대패의 날물을 덮고 있는 가드guard인데, 미국식은 스윙swing 스타일로 부재가 커버를 밀면서 열리고, 부재가 지나간 뒤에 커버가 다시 제자리로 돌아오는 방식이고, 유럽식은 부재가 지나갈 수 있도록 높이를 조절하거나 지나가는 자리를 열어서 사용합니다. 두 가지 모두 자칫 위험할 수 있는 수압대패의 중요한 안전 장치인데, 일부 미국식 커버에서는 문제가 될 수 있는 상황이 종종 발생하므로 개선을 고려해 보는 것도 좋습니다.

미국식 안전 커버는 수압대패의 앞정반 옆에 설치되어 있는데, 일반적으로 사용하는 1mm 정도의 절삭 깊이에서 20mm 정도 두께의 부재가 정반과 커버 사이에 끼여 부재를 제어할 수 없어서 위험한 상황이 발생할 수 있습니다. 제품을 이렇게 설정한 이유는 수압대패의 앞정반을 20mm까지 내려 특수 가공을 할 수 있게 한 것인데, 실제 수압대패에서의 절삭은 1mm 정도로 진행되므로 20mm 가까운 양을 작업하는 사례는 거의 없습니다. 간혹 이런 불편을 피하려고 안전 커버를 제거하고 사용하는 경우도 있는데, 쉽게 위험에 노출될 수 있으므로 안전 커버는 반드시 부착해야 합니다. 안전 커버에 부재가 끼이는 현상이 있는 제품의 경우, 아래 그림처럼 커버 앞쪽에 부재를 덧대어 수정하면, 이런 끼임 현상을 완전히 줄여 안전한 사용이 가능합니다.

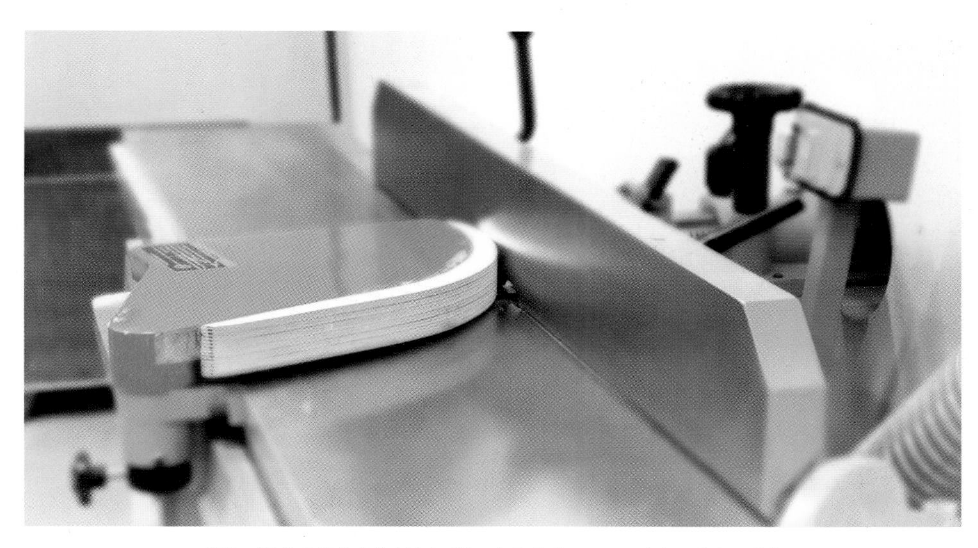

일부 미국식 수압대패에서 볼 수 있는 안전 커버는 20mm가량 두께의 부재가 정반과 가이드 사이에 끼이는 문제가 있어 주의가 필요합니다.

자동대패

자동대패란?

자동대패는 높이 조정이 가능한 정반 위에서 이동하는 부재를 위쪽에 설치된 날물로 깎으면서 (1)목재를 기준면 대비 평행하게 만들거나 (2)특정한 두께로 만들어주는 작업을 합니다. 수압대패가 손으로 밀면서 작업하는 도구라면, 자동대패는 내부의 롤러가 기계에 넣은 부재를 이동하며 평면 작업을 하는 자동화된 장비입니다. 수압대패는 날물이 부재 아래에 있고, 자동대패는 부재 위에 위치합니다.

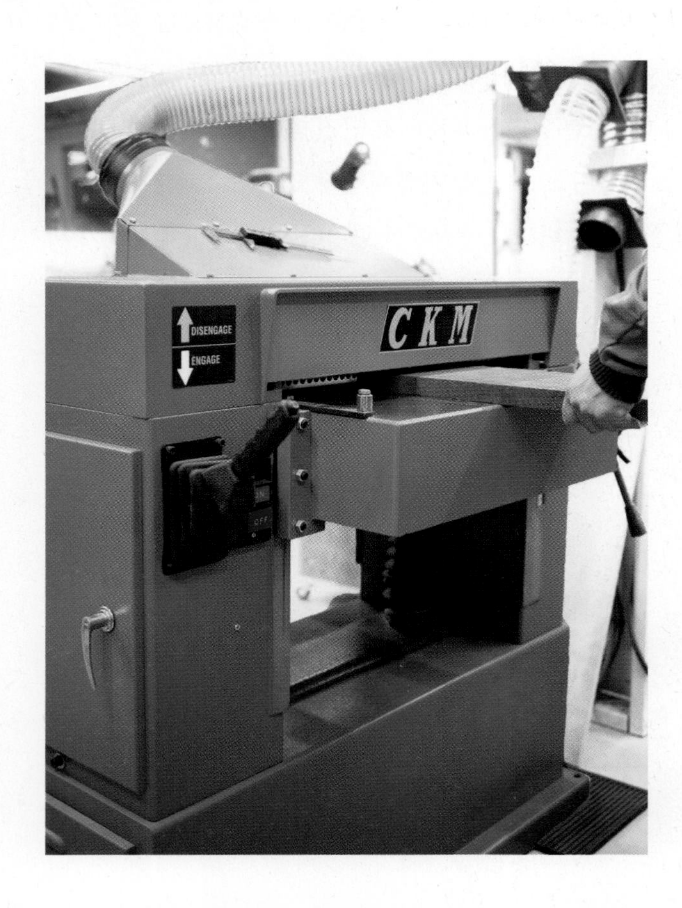

자동대패는 앞쪽에 장착된 인입 롤러(infeed roller)가 기계에 들어온 목재를 당기면, 이와 반대 방향으로 회전하는 날물이 목재를 가공하고, 인입 롤러와 같은 방향으로 회전하는 송출 롤러(outfeed roller)가 가공된 목재를 밀어서 보냅니다. 정반에 있는 바닥 롤러(bed roller)는 별도의 구동 장치 없이 위쪽의 인입, 송출 롤러의 힘에 따라 수동으로 움직입니다. 인입 롤러는 강력한 힘으로 부재를 잡기 위해서 일반적으로 톱니 모양을 하고 있는데, 목재가 톱니에 눌린 부분은 날물이 목재를 깎으면서 대부분 사라집니다. 톱니 모양의 자국이 과도하게 남거나, 목재의 인입·송출이 원활하지 않다면 압력을 조정하기도 합니다.

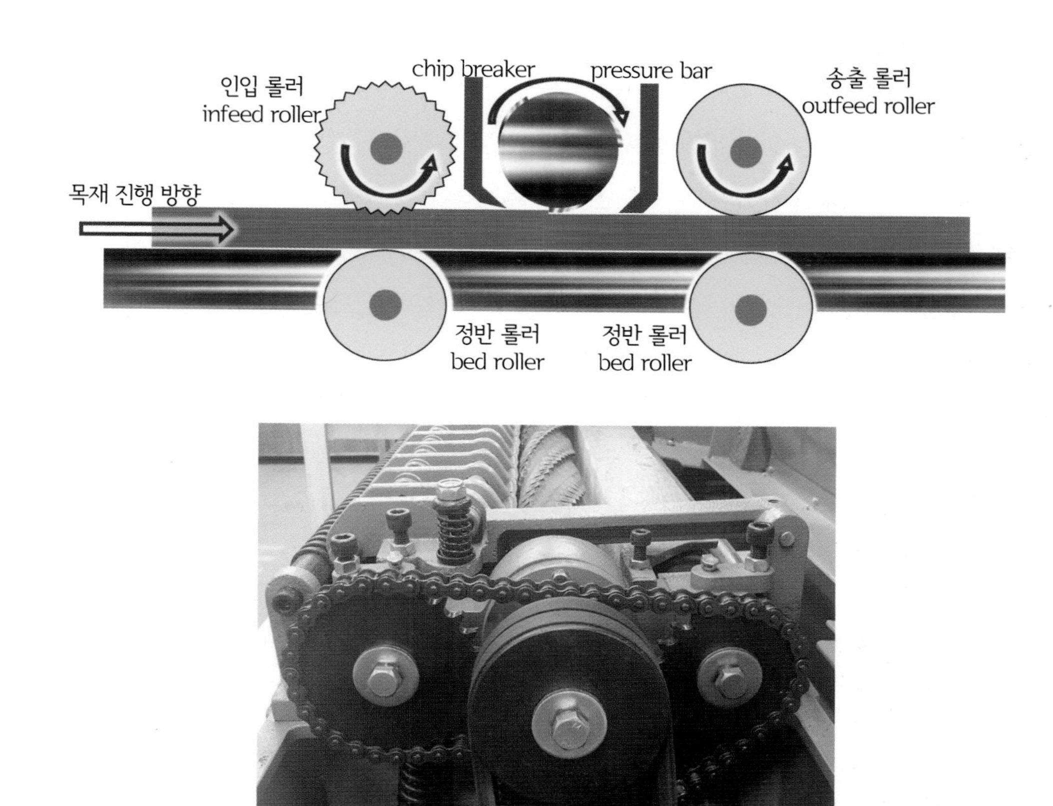

자동대패에서는 날물의 앞뒤로 장착된 롤러가 부재를 이동시키며 가공합니다. 롤러와 날물은 반대 방향으로 회전합니다.

자동대패 사용 시 확인 사항

자동대패는 기준면 대비해서 작업이 진행되므로, 자동대패 작업 이전에 목재의 바닥면에 평이 잡혀 있어야 합니다. 아래의 그림과 같이 평이 잡혀 있지 않은 목재는 설정된 두께에 따라 깎이기는 하나, 자동으로 평이 잡히지 않아, 아래 기준면의 모양을 따라갑니다.

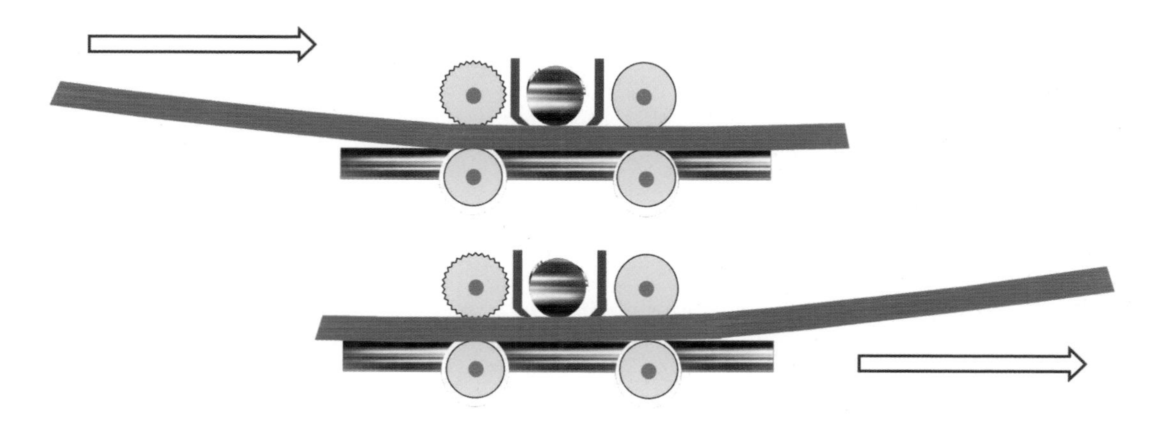

부재의 바닥의 평이 잡히지 않은 상태에서는 자동대패의 정확한 가공이 되지 않습니다.

자동대패의 인입 롤러는 부재를 대팻날로 보내주는 역할 외에 날물의 회전 반대 방향으로 부재를 밀어주어 킥백이 발생하는 것을 방지합니다. 안정적으로 세팅이 된 장비에서는 킥백의 위험이 거의 없다고 볼 수 있으나, 자동대패는 사용할 수 있는 부재의 길이 제한이 있습니다. 부재가 짧으면 내부 인입·송출 롤러 어느 쪽에도 물리지 않을 수 있으며, 어디에도 고정되지 않은 부재를 날물이 강한 회전력으로 쳐내면서 문제가 발생할 수 있습니다. 기계마다 규정하는 길이가 다를 수 있으나, 일반적으로 길이가 300mm 이하인 목재는 작업하지 않습니다.

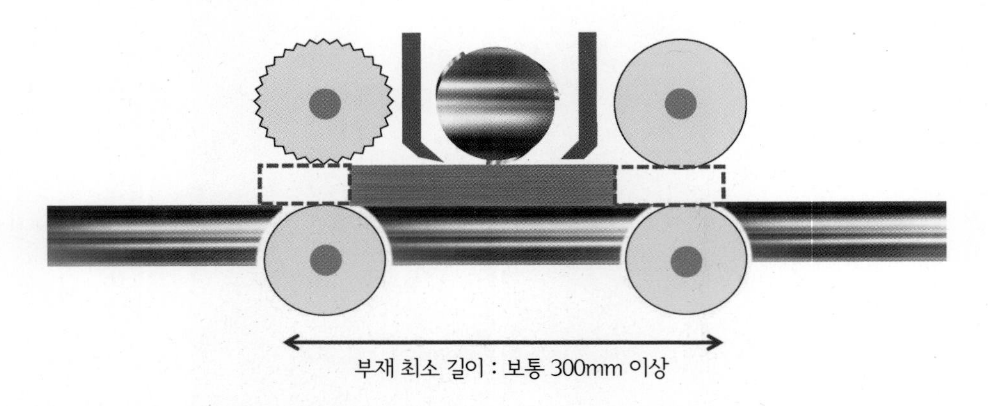

부재가 앞쪽과 뒤쪽 롤러에 모두 물리지 않는 상황은 반드시 피합니다. 사용하는 부재의 최소 길이는 장비의 사양에 따릅니다.

목재를 넣는 순간, 인입 롤러가 목재를 물면서 정반을 빠른 속도로 칠 수 있으니 손의 위치에 주의해야 합니다.

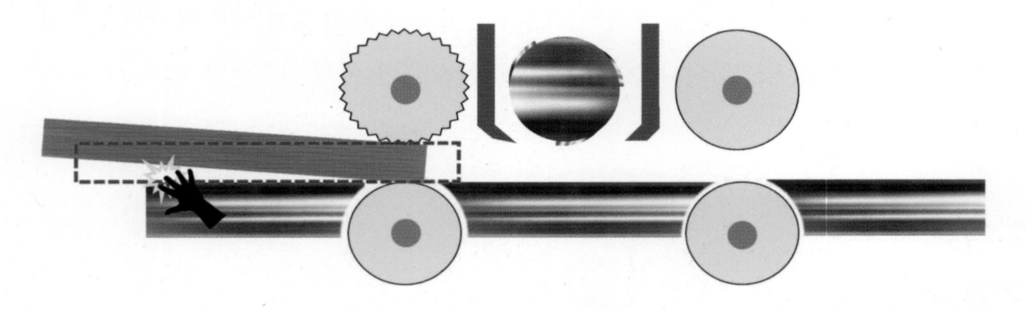

가공하는 목재의 두께는 가장 두꺼운 부분을 버니어 캘리퍼스Vernier calipers 등으로 측정한 뒤에 이를 기준으로 가공 후의 목재 두께를 기계에서 설정하는 방법으로 정합니다. 일반적으로 가공 두께가 1mm를 넘지 않도록 합니다. 두꺼울수록 기계에 무리가 가고, 표면이 깨끗하게 처리되지 않을 수 있습니다.

마무리 단계에서 깔끔한 표면을 얻기 위해 가공 두께를 아주 얇게 설정하기도 하는데, 이 경우 오히려 기계대패 자국이 남는 것을 볼 수도 있습니다. 이는 인입 롤러의 톱니 자국인데, 이 롤러는 부재를 효과적으로 잡기 위해서 날물보다 조금 아래로 내려오게 세팅되어 있으며, 부재가 들어오면 내부 스프링 압력으로 살짝 들리며 돌아갑니다. 이 압력으로 눌린 부분은 일반적으로 날물에 깎여 나가지만, 너무 얇은 두께를 가공한다거나 특히 소프트우드처럼 표면이 약한 목재는 이 자국이 부재에 찍힌 채 그대로 나옵니다. 이러한 자동대패 자국은 손대패나 샌더로 제거하는데, 대패 자국이 항상 남아 문제가 된다면, 인입 롤러의 높이 설정을 확인합니다.

가공 두께는 일반적으로 1mm 이하로 정합니다. 가공량이 너무 작으면 오히려 롤러 자국이 남을 수 있습니다.

리쏘잉이나 적층 밴딩 등 얇은 목재를 자동대패에서 가공해야 하는 경우가 적지 않습니다. 목재가 얇으면 아래 정반과 윗쪽 날물이 가까워져서 문제가 발생할 수 있는데, 제조사나 모델마다 설정치가 달라 확인이 필요하지만, 일반적으로 6mm(1/4″) 또는 3mm (1/8″)까지도 설정할 수 있습니다. 하지만 설정이 가능하더라도 얇은 부재를 그대로 자동대패에 사용하지 않는 것이 좋은데, 롤러가 강하게 무는 힘을 목재가 견디지 못해서 문제가 생길 수 있기 때문입니다. 10mm 이하 두께의 얇은 판재를 가공해야 한다면 별도의 지그를 만드는 것이 좋습니다.

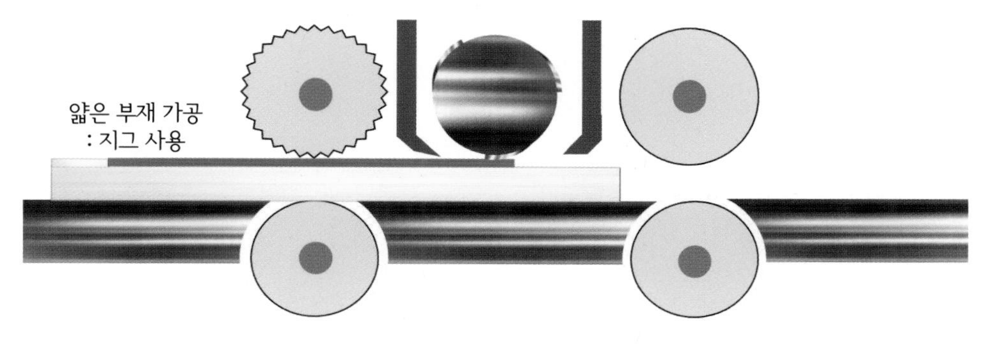

얇은 부재는 가공 시 내부의 힘을 견디지 못하고 부서질 수 있습니다. 지그를 제작해서 가공합니다.

목공 기계를 이용한 부재 준비

수압대패와 자동대패, 테이블쏘로 제재목의 4면 평을 잡는 방법을 설명하면서 부재 준비에서 기계대패 사용 사례를 소개하고자 합니다. 4면 직각 평 잡기는 목공 제작 과정에서 가장 기본적인 작업입니다. 평이 안 잡히거나, 직각이 맞지 않은 부재로 다음 단계를 진행하는 것은 의미가 없습니다.

제재목 가재단

제재목은 옹이, 파임 등 부분적 이상과 건조 과정에서 굽어짐, 뒤틀림 등 변형이 생기므로, 가재단을 통해 목재를 작은 단위로 나누어서 이후 대패 작업 과정 등에서 생길 수 있는 목재 손실을 최소화합니다. 필요한 부재의 길이가 자동대패에서 제한하는 길이(일반적으로 300mm)보다 짧다면 다른 부분과 묶어서 재단한 후, 대패 작업이 끝난 뒤 나누어 줍니다. 필요한 크기에서 20~30mm 정도 여유를 두고 재단하는데, 여유를 어느 정도 두는지는 목재의 상태에 따라 다릅니다. 특히, 제재목의 끝부분은 갈라짐 등의 현상이 있으므로 좀 더 여유를 둡니다. 마이터쏘뿐 아니라, 손톱, 직쏘, 원형톱 등의 도구는 부재 크기의 제한을 적게 받으므로, 제재목 재단에 사용할 수 있습니다.

제재목을 필요한 길이에서 여유를 두고 재단합니다

4면 직각 평 잡기

위아래 평면 작업 및 옆면 직각 작업에서 모두 수압대패로 기준면을 잡는 작업이 우선합니다.

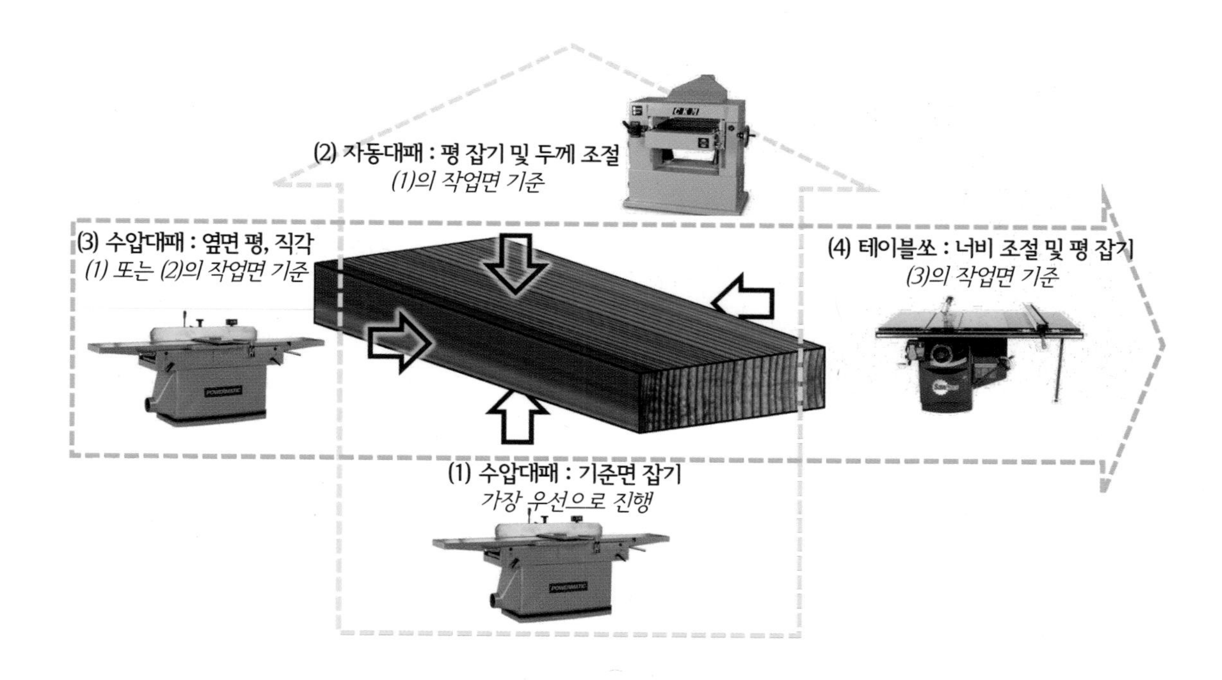

위아래 평 잡기 수압대패로 기준면을 작업하고 나서 자동대패로 반대면 평을 잡고 두께를 조절합니다. 수압대패가 없으면 손대패를 사용하거나 자동대패에 지그를 만들어 기준면 작업을 할 수 있는데, 이 단계는 건너뛸 수 없습니다. 자동대패는 목재의 일정한 범위를 누르면서 작업을 하므로, 기준면 평이 잡히지 않으면, 바닥면을 따라 굴곡이 생길 수 있습니다.

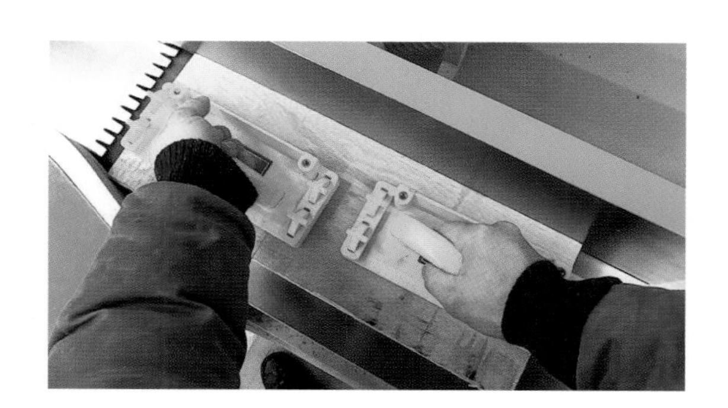

수압대패로 한 면을 기준면으로 평을 잡습니다

수압대패로 평을 잡은 면을 기준으로 자동대패를 이용하여 반대면의 평을 잡고 부재의 두께를 맞춥니다.

좌우 평 잡기 수압대패를 사용하여, 위에서 작업한 평면을 기준으로 직각이 되도록 옆면을 작업합니다. 이 단계를 건너뛰고 테이블쏘로 옆면을 바로 켜기 작업을 하려는 시도는 킥백을 발생시킬 수 있어 매우 위험합니다. 수압대패로 옆면을 잡기 어려운 상황에서는 원형톱을 사용하거나 테이블쏘에서 지그를 만들어 진행합니다.

앞에서 평을 잡은 면 가운데 한 면을 기준으로
수압대패에서 한쪽 옆면의 평과 직각을 잡습니다.
이 과정을 건너뛰고 테이블쏘 작업을 하면
킥백의 위험이 있습니다.

수압대패에서 잡은 면을 기준으로 테이블쏘에서
나머지 면을 가공합니다.
이 과정을 수압대패로 하는 경우, 직각은 잡히나
너비가 일정하지 않게 됩니다.

라우터

여러 형태의 모서리와 홈, 면을 가공할 수 있는 라우터는 가장 고속으로 작동하는 공구이며, 다양한 목적으로 사용할 수 있는 만큼 안전 관련 확인 사항도 많습니다. 라우터, 트리밍 라우터(트리머), 라우터 테이블의 작동 원리와 사용법을 여러 가지 상황을 통해 살펴보겠습니다.

참고로, 라우터는 '경로'라는 뜻의 라우트/루트route가 아니라 '쳐부수다'라는 의미의 라우트rout에서 유래된 단어로, 흔히 부르는 '루터'는 잘못된 용어입니다. 더불어 CNC computer numerical control는 기계를 컴퓨터로 자동 제어하는 방법으로 여러 종류의 절단기, 절삭기에 사용됩니다. CNC 밀링머신, CNC 라우터, CNC 선반, CNC 레이저 절단기 등을 볼 수 있으나, 목공에서는 라우터를 X, Y, Z축으로 움직이며 자동 제어하는 기계, 즉 CNC 라우터를 CNC라고 부르기도 합니다.

라우터 소개

라우터는 고속의 모터에 다양한 형태의 비트가 장착되어 있는 공구로 비트의 모양에 따라 모서리 가공이나 홈 가공뿐 아니라 여러 가지 작업이 가능합니다. 테이블쏘 다음으로 많이 사용하는 공구라고도 하나, 라우터가 어떤 일을 하는 공구라고 규정하기는 쉽지 않습니다. 다양한 작업이 가능한 것은 여러 형태의 비트를 장착할 수 있기 때문이고, 비트가 다양한 것은 모터의 빠른 회전력을 이용해서 비트의 아래 방향뿐 아니라 옆 방향까지 이용해 작업하기 때문입니다.

라우터는 크게 모터와 비트, 그리고 이를 연결하는 콜렛의 세 부분으로 구성됩니다. 모터에서는 10,000~30,000 rpm으로 작동하는 고속 동력을 제공하는데, 이는 전동 드릴의 약 10배에 가까운 속도이며, 전동 공구로는 가장 높은 속도여서 안전에 특히 유의해야 합니다. 비트를 고정하기 위해 너트를 돌리면 콜렛에 나 있는 여러 개의 틈이 라우터 비트의 기둥(샤프트shaft 또는 샹크shank)을 단단히 고정하는데, 라우터 제조사마다 다른 모양으로 설계되어 있으므로, 해당 제조사의 콜렛을 구해야 합니다.

라우터 종류는 라우터, 트리밍 라우터, 라우터 테이블로 구분할 수 있습니다. 고정 또는 플런지 베이스plunge base가 장착되어 있으며, 일반적인 작업이 가능한 라우터, 주로 한 손으로 잡고 간단한 트리밍 작업을 위주로 하는 트리밍 라우터(트리머), 그리고 라우터 모터를 테이블에 설치한 라우터 테이블은 모두 원리는 같지만 사용 용도와 환경에 따라 각각 장단점이 있습니다. 트리머는 일반적으로 샹크가 6mm 또는 8mm인 얇은 비트를 장착하고, 라우터는 샹크가 8mm나 12mm인 비트를 장착합니다. 비트의 굵기가 바뀔 때는 해당되는 콜렛을 사용해야 하

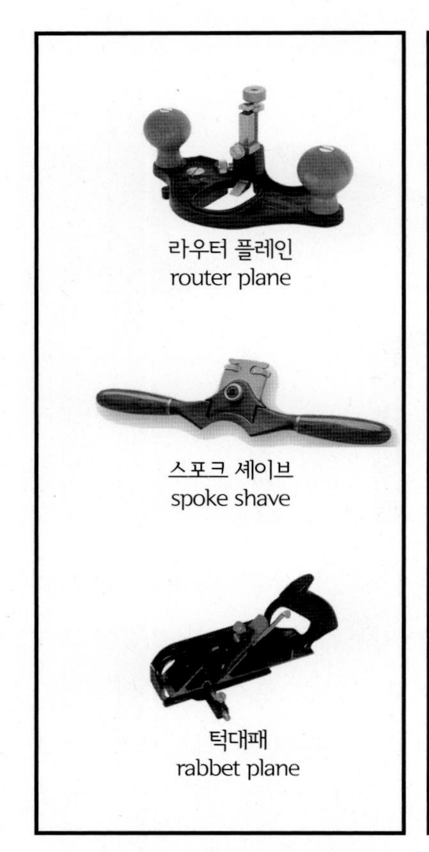
라우터 플레인
router plane

스포크 셰이브
spoke shave

턱대패
rabbet plane

트리밍 라우터, 트리머
trimmer

라우터
router

라우터 테이블
router table

수공구로도 일부 라우터 역할을 할 수 있으나 전동 라우터 또는 라우터 테이블의 다양한 작업을 따라갈 수는 없습니다.

는데, 이때 미터 단위와 인치 단위 섕크를 반드시 구분합니다. 예를 들어 12mm 섕크와 1/2″(12.7mm) 섕크는 같지 않습니다. 참고로 섕크는 라우터 비트를 콜렛에 장착하는 부분으로 완벽한 원통의 형태로 되어 있어야 하는데, 섕크가 클수록 안정적이고 흔들림이 적습니다.

기본 작업과 안전

기본 확인 사항

라우터를 안전하게 사용하려면 비트의 회전 방향, 작동 원리와 방법을 잘 파악해야 합니다.

- 비트의 회전 방향과 작업 방향은 안전과 밀접한 관계가 있습니다. 기본적으로 비트의 회전이 목재와 부딪치는 방향에서 절삭 작업이 이루어지는데, 라우터로 작업할 때에는 비트가 어느 방향으로 회전하는지가 항상 파악되고 있어야 합니다.
- 트리머와 라우터는 공구를 이동하는 전동 공구이며, 테이블 라우터는 부재를 이동하며 작업하는 목공 기계입니다. 트리머, 라우터를 사용할 때는 부재를 반드시 단단히 고정해야 합니다.
- 절삭량이 많다면 한 번에 작업하지 않고 여러 번 나누어 작업합니다. 한 번에 깎는 양이 많을수록 큰 힘을 다뤄야 하고, 제어하기 어렵습니다. 6mm 라운드오버 비트는 한 번에 모서리를 깎는 데는 무리가 없지만, 24mm 라운드오버 비트는 한 번에 진행하기에는 위험한 작업이어서 여러 번에 걸쳐 작업합니다.
- 스위치를 켜거나 끌 때 회전 속도가 높아지거나 낮아지면서 토크가 올라가서 부재나 라우터가 튕길 수 있는데, 이런 현상이 라우터에서 볼 수 있는 킥백입니다. 부재에 비트가 닿은 상태에서 스위치를 켜거나 꺼서는 안 됩니다. 부득이하게 부재가 닿은 상태에서 스위치를 끄는 경우에는 회전이 완전히 멈출 때까지 라우터나 부재를 움직여서는 안 됩니다.
- 라우터보다 간단해 보이는 트리머가 위험한 공구인 이유는 간단한 트리밍 작업 외에 다소 무거운 작업에 한 손으로 사용하는 트리머를 사용하려고 시도하기 때문입니다. 트리머는 모서리 가공 위주로 사용하고, 홈파기 등의 작업에는 라우터를 이용합니다. 트리머로 홈파기 등 다소 무거운 작업을 할 때 플런지 베이스를 장착하고, 추가적으로 가이드를 장착하면 안전에 도움이 됩니다.
- 비트를 잡아주는 콜렛은 영구적으로 사용하는 부품이 아닙니다. 라우터가 수명을 다할 때까지 몇 차례 교체해야 합니다. 자주 일어나는 현상 중에서 윗부분과 아랫부분이 마모되어 느슨해지는 '종 모양 벌어짐(bell mouthing)'이 있는데, 이럴 때 정확성과 안전성에 문제가 생깁니다.
- 대부분 라우터에는 속도 조절 기능이 있습니다. 날을 포함한 비트의 직경이 커질수록 라우터 속도를 낮추고, 속도 조절이 불가능하면 절삭량을 줄입니다.
- 비트를 교체할 때는 반드시 전원을 뽑거나 배터리를 제거합니다.

라우터 작업 방향

공구 자체의 회전력이 크므로, 작업 방향이 비트의 회전 방향을 따라가면 안 됩니다. 원칙은 비트의 회전이 부재와 부딪치도록 방향을 잡는 것입니다. 라우터, 트리머에서는 작업자의 위치에서 볼 때 비트가 시계 방향으로 회전하며, 라우터 테이블은 모터가 테이블의 아래에 고정이 되므로 비트가 시계 반대 방향으로 회전합니다. 라우터나 트리머는 공구 진행 방향의 왼쪽에 부재를 고정하고, 라우터 테이블에서는 비트의 왼쪽에서 부재를 밀며 작업합니다.

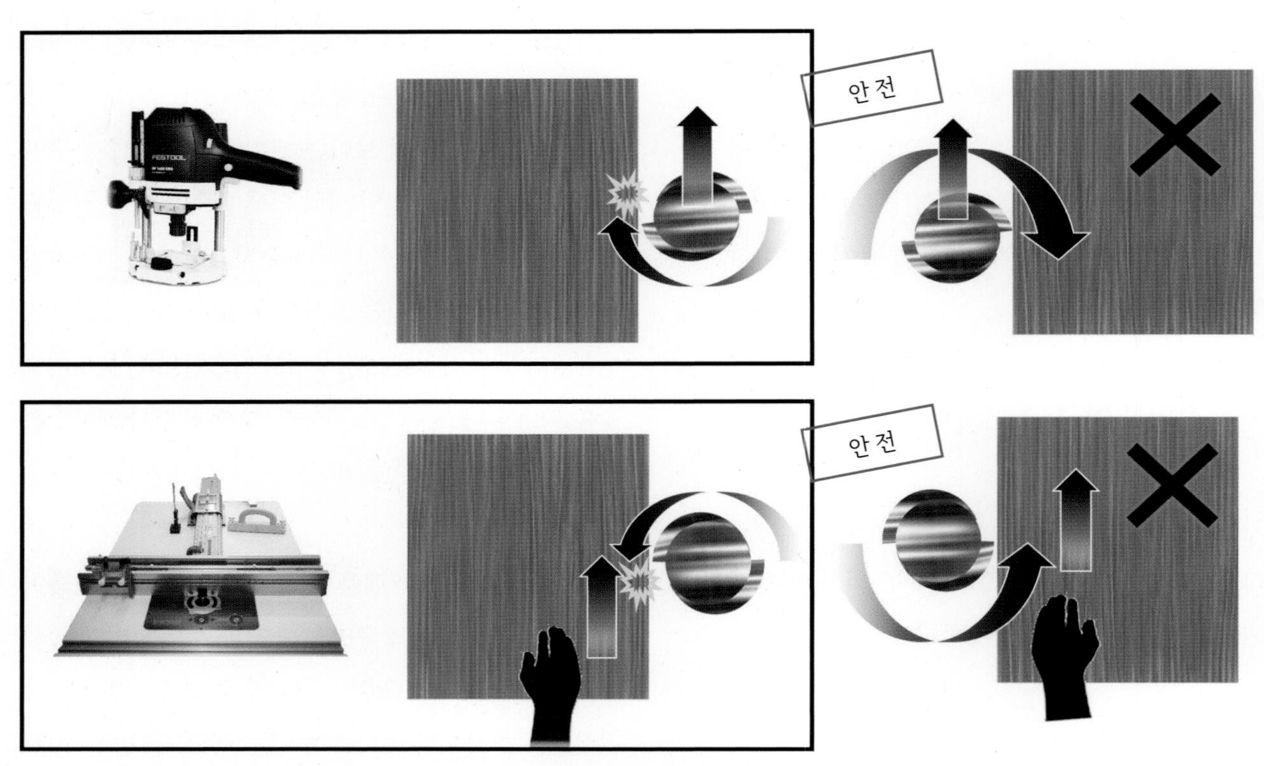

라우터 비트의 강한 회전이 부재와 부딪치는 방향으로 작업합니다.

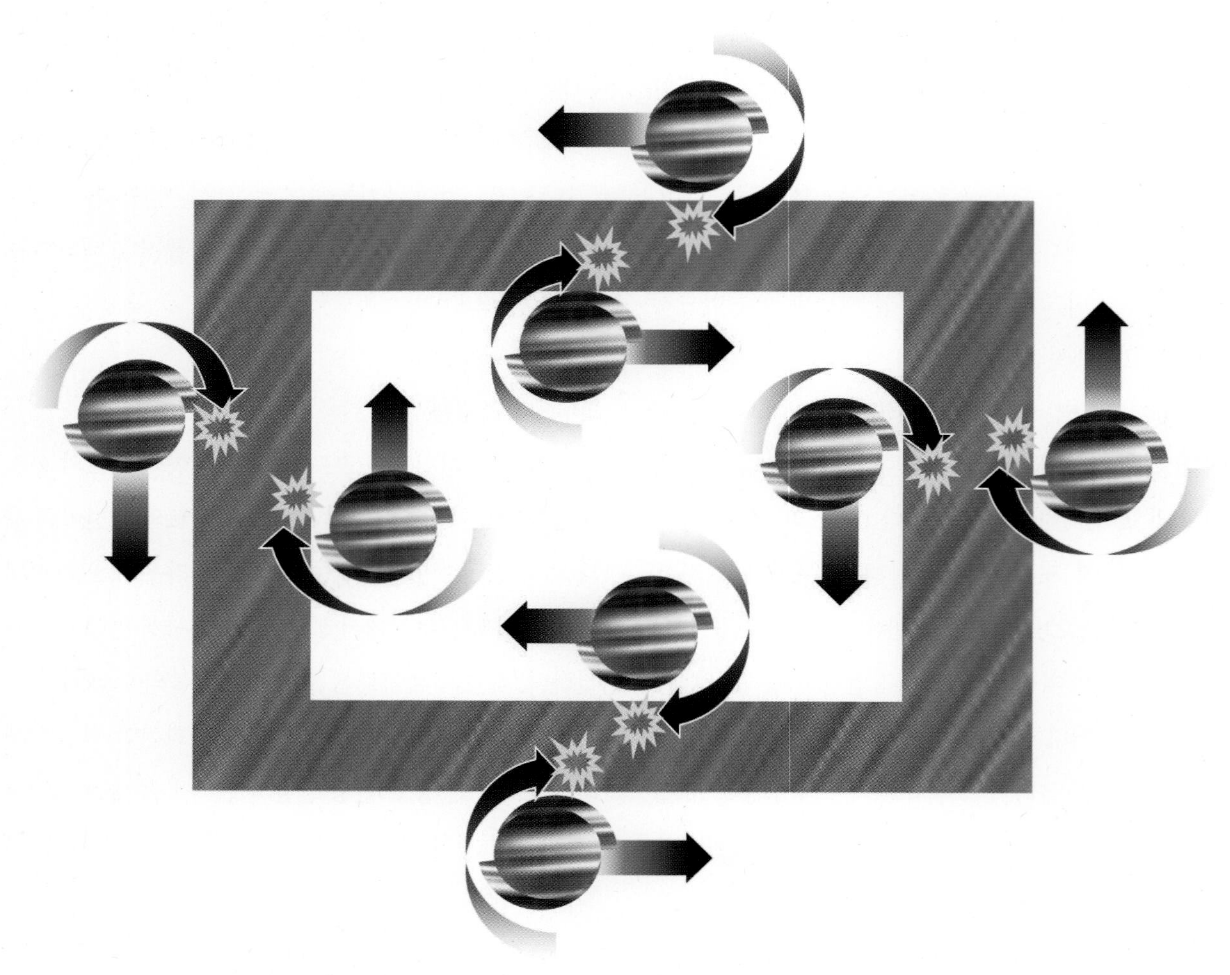

라우터와 트리머에서는 부재를 공구가 진행하는 방향 왼쪽에 오게 합니다(테이블에서는 반대).

라우터에서 킥백의 이해

라우터에서 킥백은 다양한 상황에서 발생할 수 있으므로 그 원리를 파악하는 것이 중요합니다.

킥백은 날물의 회전 방향을 따라갑니다. 테이블쏘에서 직선 방향으로 킥백이 발생하는 것과 달리 라우터에서는 날물이 옆으로 회전하고, 또 라우터와 테이블 라우터에서의 방향도 반대이므로 이로 인해 발생하는 킥백 방향은 복잡해 보일 수 있습니다. 작업할 때 항상 비트의 회전 방향을 파악하고 있어야 순간적으로 일어나는 킥백에 대처할 수 있습니다.

반복해서 강조하지만 작업 시 절삭량을 최소화하는 것이 기본입니다. 절삭량을 줄이기 위해서는 비트의 깊이를 조정하거나 가이드를 조정하면서 여러 번 가공해야 하는데, 실제 작업 시에는 상당히 귀찮게 느껴질 수도 있습니다. 고정 베이스보다는 플런지 베이스를 사용하고, 지그를 활용하여 작업의 반복성을 높일 필요가 있습니다. 절삭량은 비트의 모양이 다양해 정량화하기 어렵지만, 정사각형 가공을 기준으로 보면 됩니다. 예를 들어 6mm 직경 일자 비트는 한번에 가공하는 깊이를 6mm 이내로 설정하는 것이 좋습니다.

라우터 비트가 정상적인 회전 속도에 다다르지 못한 상태에서 부재를 대고 있어서는 안 됩니다. 부재를 대고 전원을 켜지 말아야 하고, 부재가 닿아 있는 상태로 전원을 끄지도 말아야 합니다. 부득이하게 부재가 닿은 상태에서 전원을 끈다면, 그 상태에서 날물이 완전히 멈출 때까지 부재도 라우터도 움직여서는 안 됩니다.

실제 상황과 대처법

라우터로 홈을 작업하는 순서

비트 직경보다 넓은 홈을 파는 것은 라우터나 라우터 테이블로 흔히 하는 작업이지만, 작업 순서를 제대로 지키지 않으면 문제가 생길 수 있습니다. 첫 번째 홈을 아무 위치에 파고 나면 나중에 홈을 넓히는 작업에서 부재 제어가 힘들어질 수 있으므로, 첫 번째 홈 위치를 신중히 정한 뒤에 작업을 시작해야 합니다. 라우터나 라우터 테이블 모두 넓은 홈의 오른쪽 부분을 먼저 작업해야 나중에 홈을 넓힐 때 라우터 비트의 회전 방향이 부재와 부딪치면서 올바른 작업이 가능합니다.

6mm 직경 비트로 10mm 너비, 9mm 깊이의 홈을 판다면, 부재의 오른편에서 작업 깊이를 3mm, 3mm, 3mm의 세번에 걸쳐 9mm 깊이를 맞춘 후, 비트를 9mm 낸 상태에서 왼쪽으로 2mm씩 두번 작업하여 10mm의 너비를 맞추어 줍니다.

비트 직경보다 큰 홈을 작업하는 경우

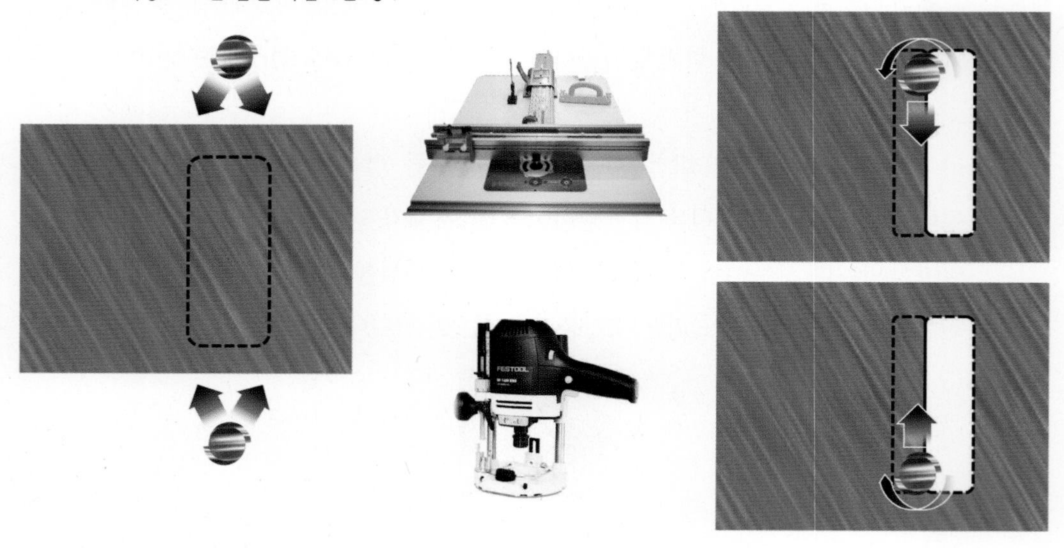

클라임 컷(Climb Cut)

클라임 컷은 앞서 이야기한 기본적인 작업 방향과 반대의 방향으로 진행하는 작업을 말합니다. 즉, 부재와 비트가 부딪히는 방향이 아니라, 비트의 회전 방향을 따라서 작업하는 것으로, 일반적인 방향으로 진행하기에는 목재의 결이나 부재의 모양이 맞지 않는 상황에서의 해결책입니다. 다음의 그림과 같이 라우터 진행 방향이 목재의 결 방향과 반대되는, 즉 엇결로 작업하는 경우가 생기는데, 결 터짐 현상이 심하다면 비트 회전 방향과 부재의 이동 방향이 같은 클라임 컷을 고려할 수 있습니다. 클라임 컷은 원리를 이해하고, 안전에 유의하고, 특히 절삭량의 최소로 줄이는 것이 중요합니다. 절삭량을 최소화하지 않으면 라우터의 강한 회전력에 작업자가 제어력을 잃어버리는 상황이 발생할 수 있습니다. 절삭량을 줄이려면 일반 방향으로 작업하고 나서 얇은 면만을 남겨서 클라임 컷으로 작업하며, 특히 부재나 도구를 단단히 쥐고 작업해야 합니다.

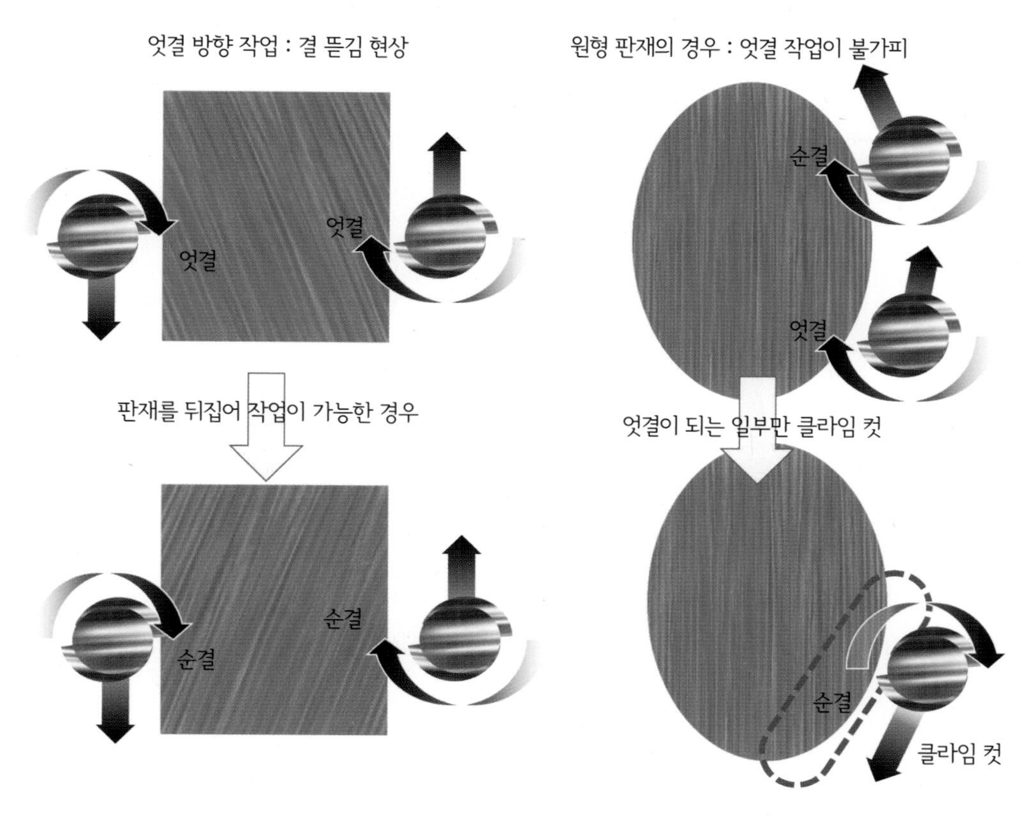

클라임 컷은 결 뜯김 현상을 보완하고자 비트 회전 방향으로 작업을 진행하는 것입니다.
가공하는 목재가 얇아야 라우터를 제어할 수 있습니다.

각재 끝 면 가공과 킥백

다음 페이지의 노란색 화살표는 라우터와 테이블 라우터에서 킥백이 발생하는 방향으로, 라우터 작업에서는 부재나 라우터가 튕겨 나가고, 라우터 테이블에서는 부재가 튕겨 나갈 수 있습니다. 킥백은 비트 회전을 따라가므로 작업할 때 비트의 회전 방향을 항상 파악하고 있어야만 고정하려는 위치에 신경쓸 수 있고, 갑자기 일어나는 킥백에 대응할 수 있습니다.

라우터로 작업할 때 킥백 방향을 숙지하고 부재를 단단히 고정해야 합니다. 테이블 라우터로 작업할 때는 스타터 핀starter pin이나 펜스를 이용해서 킥백에 대처하기도 하지만, 이는 보조적인 수단일 뿐으로 이 방법에 의지해서는 안 됩니다. 작업 위치, 방향, 절삭량 등 기본 사항 준수가 우선이며, 각재의 끝 면(좁은 마구리면) 같은 작업에는 반드시 마이터 게이지나 썰매를 별도로 제작해서 작업합니다.

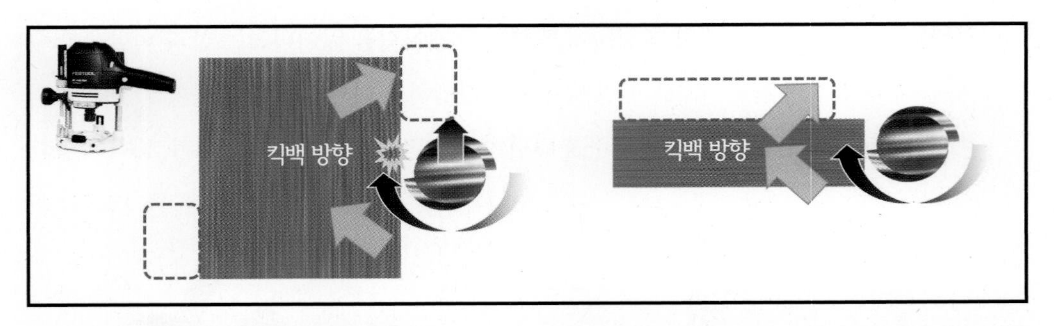

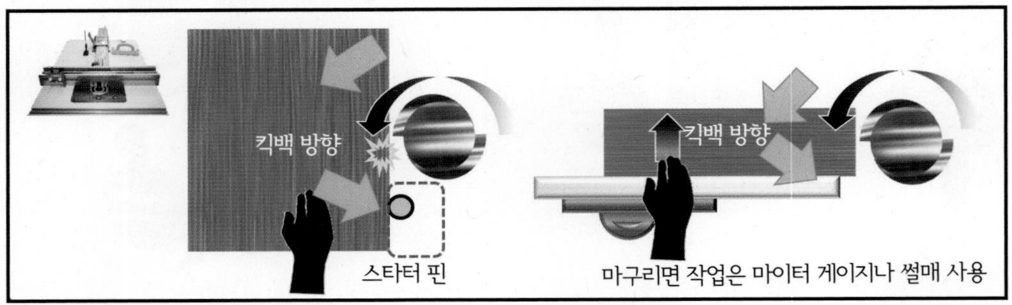

강력하게 회전하는 날물은 부재를 회전 방향으로 튕기거나, 부재가 고정되었을 때는 라우터를 튕겨낼 수 있습니다. 작업할 때 힘이 들어가는 회전 방향을 파악해야 합니다. 특히, 테이블 라우터에서 마구리면 작업은 지그를 활용합니다.

각재의 옆면 가공과 킥백

각재의 한쪽 옆면만을 가공하게 될 때가 많지만, 작업이 생각보다 쉽지 않습니다. 어디서부터 시작해서 어떤 방향으로 작업해야 할까요? 아래 왼편 그림과 같은 방법을 일반적으로 생각할 수 있겠지만, 처음 라우터를 접촉하는 위치가 부재의 모서리가 된다면 킥백이 생길 가능성도 커집니다. 오른쪽 그림처럼 모서리 부분을 피해서 작업하고, 남은 부분은 조심스럽게 클라임 컷으로 진행합니다. 라우터 테이블에서는 시작 위치와 방향을 반대로 생각하면 됩니다.

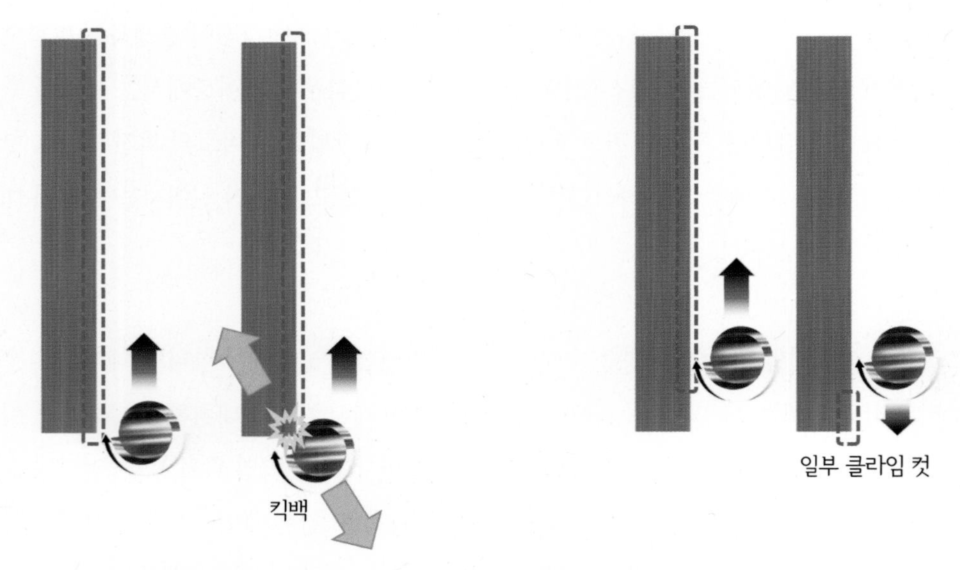

한쪽 면만을 가공할 때 시작점 선정이 매우 중요합니다. 모서리부터 시작하면 쉽게 킥백이 발생합니다.

결 터짐

라우터 작업이 끝나는 위치가 아래 그림과 같이 마구리면의 끝부분이라면, 작업하는 깊이에 따라 정도가 다르지만, 대부분 결터짐이 일어납니다. 4면 가장자리를 모두 작업한다면, 아래 왼쪽 그림과 같이 결터짐을 무시하고 계속해서 작업하기도 합니다. 모서리 부분을 클라임 컷으로 진행하기도 하지만, 한쪽 면만을 작업하는 경우라면, 보조 부재를 덧대는 것이 효과적입니다.

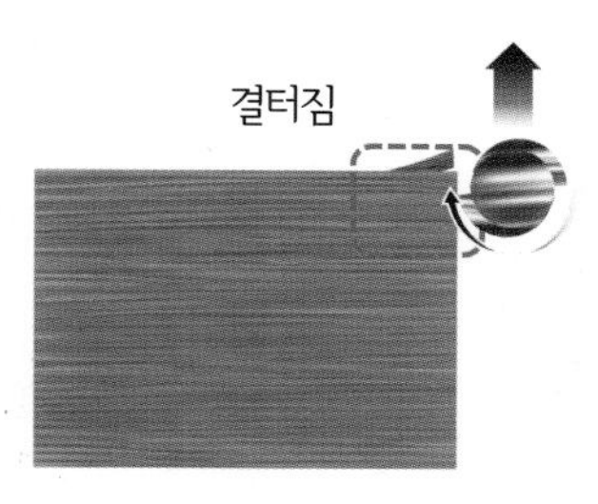

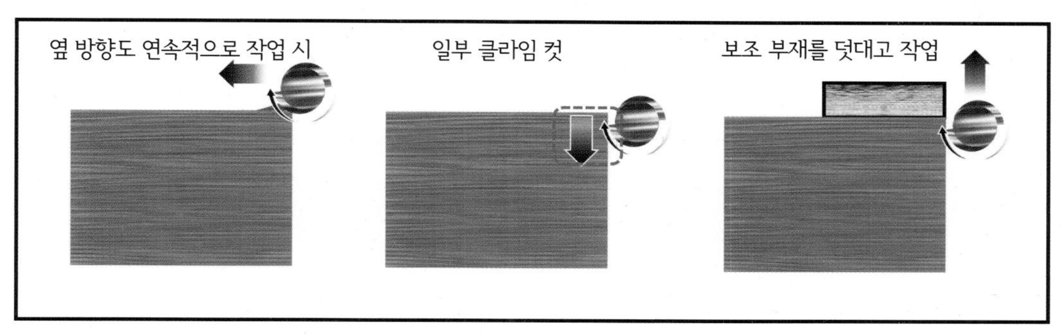

라우터가 결의 끝부분을 지나가면 반드시 결터짐 현상이 있다고 가정하고 대처합니다.

푸시 블록의 사용

라우터 테이블에서 비트에 손이 가까워지는 작업은 푸시 블록을 사용합니다. 양손에 모두 푸시 블록을 사용하다 보면 제어하기가 어려워질 수도 있는데, 그럴 때는 한 손씩 차례로 사용하는 방법이 유리합니다. 특히, 비트에 부재가 처음 닿는 순간 비트의 회전력으로 제어를 잃지 않게 왼손을 조심하면서 천천히 작업에 들어갑니다.

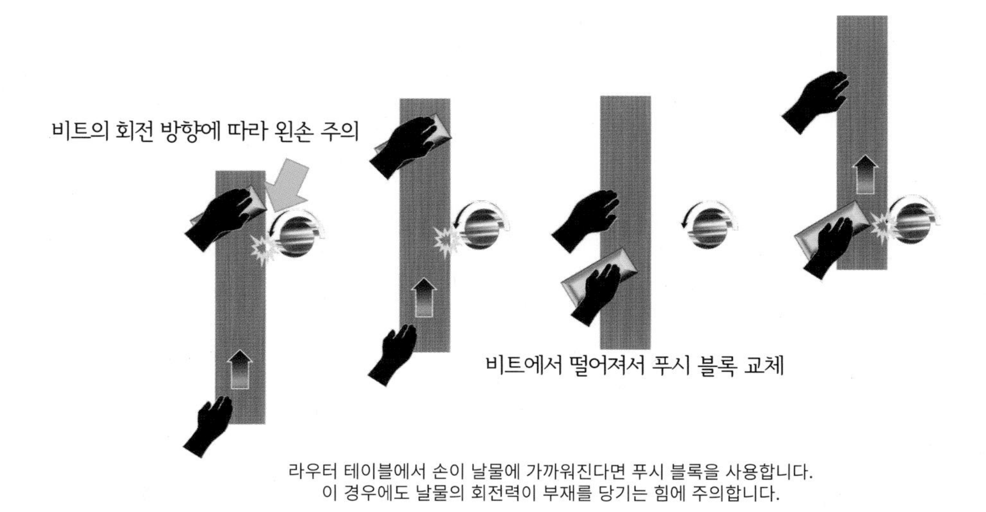

라우터 테이블에서 손이 날물에 가까워진다면 푸시 블록을 사용합니다.
이 경우에도 날물의 회전력이 부재를 당기는 힘에 주의합니다.

가이드의 위치

가이드가 없는 상태에서 직선으로 홈을 판다면 라우터는 어느 방향으로 진행할까요? 위에서 볼 때, 라우터의 비트는 시계 방향으로 회전하므로 전진하는 힘을 받는 경우 동시에 좌측으로 진행하는 경향이 있습니다. 비트의 회전으로 인한 편향성이 있으므로 가이드 레일은 왼편에서 받쳐주고, 엣지 가이드는 오른편에서 막아주는 것이 올바른 사용법입니다. 같은 이유로 라우터 테이블에서 가이드는 항상 비트의 오른편에 위치합니다.

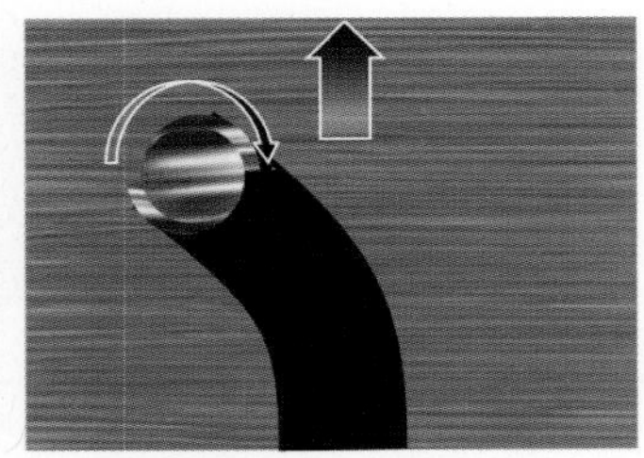

비트의 회전력으로 왼편으로 치우침.

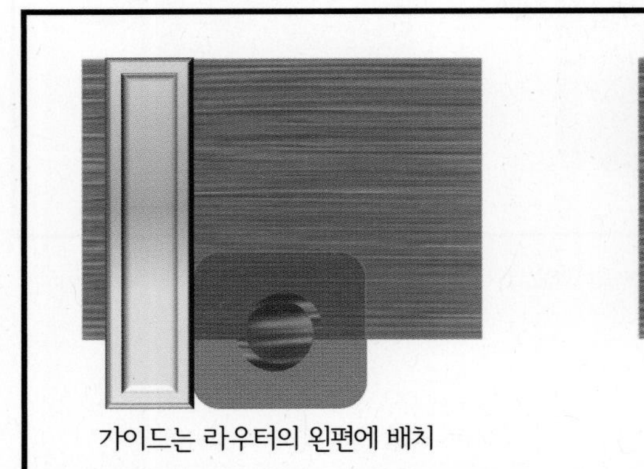

가이드는 라우터의 왼편에 배치

엣지 가이드는 라우터의 오른편에 배치

라우터는 전진하는 힘을 가하더라도 회전력에 의해 왼편으로 치우쳐 진행합니다.
가이드는 이를 막아주는 방향에 위치시킵니다.

라우터 비트

라우터 비트의 종류는 매우 다양하지만, 일반적으로 많이 사용되는 일자 비트, 스파이럴spiral 비트, 라운드오버roundover 비트, 45° 비트, 패턴pattern 비트, 반턱(rabbet) 비트, 주먹장 비트를 소개합니다.

왼쪽부터 일자 비트, 스파이럴 비트, 라운드오버 비트, 45°(챔퍼) 비트, 패턴 비트, 반턱(라벳) 비트, 도브테일 비트

가장 일반적이고, 다양한 방법으로 사용할 수 있는 것이 일자 비트입니다. 직경이 3mm부터 시작해서 20mm가 넘는 것까지 다양한데, 다도나 그루브 등 홈 파는 용도로는 직경 4~6mm 비트가 많이 사용됩니다.

스파이럴 비트도 일자 비트와 유사한 작업을 하는데, 비트의 회전 방향 대비 날이 경사져 있어서 절삭 면이 깨끗하고 작업이 원활합니다. 일반적으로 라우터 비트는 탄소강이나 고속도강의 몸체에 초경(텅스텐 카바이드) 팁을 붙여 제작하는데, 스파이럴 비트는 구조의 복잡성으로 전체가 초경으로 되어 있어서 가격이 비쌉니다. 업 스파이럴은 날의 경사가 라우터 몸체 방향으로 향해 있어서 톱밥 배출이 원활하고, 암장부 가공 등 홈 파는 작업에 유리합니다. 단, 라우터 방향으로 나뭇결을 뜯어내서 작업 윗면이 깨끗하지 않게 되기도 하는데, 이런 현상은 목재가 약하거나 얇을 때 두드러집니다. 이에 비해 다운컷 비트는 목재를 누르는 방향으로 회전해서 얇은 목재 작업에 유리하고, 홈을 팔 때도 윗면이 깔끔해지지만, 톱밥 배출이 어려워 작업 속도를 너무 빨리해서는 안 됩니다.

모서리를 둥글게 다듬을 수 있는 라운드오버 비트와 45° 비트(chamfer)는 트리밍 용도로 사용합니다. 대부분 날 끝에 베어링이 장착되어 있어, 이를 기준으로 옆면을 따라가면서 작업합니다. 일반적으로 모서리를 트리밍할 때는 절삭량이 많지 않다고 생각할 수 있으나, 라운드오버 비트의 직경이 12mm를 넘을 때는 한 번에 작업하지 않고 두 번에 나누어서 작업하는 방법을 고려해야 합니다.

일자 비트에 베어링이 부착된 것을 '패턴 비트' 또는 '플러시 트림flush trim 비트'라고 부릅니다. 베어링을 패턴에 대고 이를 따라서 작업하거나, 베어링이 닿는 선을 기준으로 쳐낸다는 의미로 사용하는 용어입니다. 베어링의 위치에 따라 위(top) 베어링(섕크 부분에 베어링), 아래(bottom) 베어링(비트 끝에 베어링)으로 구분하는데, 양쪽에 모두 베어링이 장착된 비트도 있습니다. 그중 아래 베어링 모델이 부재의 두께에 맞춰 비트를 노출하므로 작업을 편히 할 수 있고 쓰임새도 좋습니다.

도브테일 비트로 슬라이딩 도브테일sliding dovetail 작업할 때는 일자 비트나 테이블쏘로 일부를 먼저 덜어내고 작업하는 것이 좋습니다. 라우터 테이블에서 주먹장 가공을 할 때는 부재를 세워서 작업할 수 있는 장치가 필요합니다.

반턱(라벳) 비트는 베어링과 비트 지름 차이를 이용해서 반턱 가공을 하는데, 여러 직경의 베어링을 교차함으로써 반턱의 깊이를 조절하는 제품이 유용합니다. 판재의 반턱 가공은 일반 일자 비트와 가이드를 사용해서도 작업이 가능한데, 반턱 비트는 말루프 의자 제작이나 두꺼운 상판과 다리의 연결처럼 직선이 아닌 다양한 형태의 반턱 작업에 활용됩니다.

도미노와 비스킷

두 개 이상의 부재를 재단한 형태 그대로 붙이는 맞댐 연결(butt joint)에서는 기계적인 견고함이나 마구리면의 접착력이 약하므로 나사와 같은 결합 보조물(fastener)의 사용이 반드시 필요한데, 도미노나 비스킷은 전통적인 목심과 더불어 널리 사용되는 결합 보조 방법이며, 나사와 다르게 겉으로 드러나지 않습니다. 비스킷은 100mm 정도 직경의 원형 톱날이 장착된 비스킷 조이너를 사용해서 일정 깊이의 원형 톱자국 양쪽 부재에 낸 후, 비스킷 모양 나무 재질의 칩을 장착하는 방식이고, 도미노는 여러 직경의 라우터 비트가 회전과 동시에 좌우로 움직이면서 일정한 두께와 깊이, 너비의 암장부를 양쪽 부재에 가공한 뒤, 도미노칩과 유사한 형태의 목재 칩을 사용하여 결합하는 방식입니다.

도미노는 목공에서 오래전부터 사용하던 플로팅 테논floating tenon 방식 중 하나로, 부재의 양쪽에 암장부 작업을 하고 나서 별도의 숫장부를 끼워 넣는 결합법입니다. 비스킷 조이너는 여러 회사에서 공구를 제조하지만, 도미노 조이너는 독일의 페스툴Festool 사가 2004년 특허 등록을 하고 독점적으로 장비를 공급하는데, 특허 유효 기간이 끝나는 2024년 이후에는 여러 제조사에서 유사한 장비가 출시될 것으로 예상됩니다.

여기서는 도미노와 비스킷 조이너의 사용에 필요한 작동 원리를 중심으로 설명합니다.

도미노 조이너

암장부를 작업하기 위해서는 부재 내에서 암장부의 위치를 정하는 작업과, 가공하는 암장부의 두께, 폭, 깊이를 설정하는 작업이 필요합니다. 부재 내에서 좌우의 위치는 별도의 마킹을 하고 이에 맞추는 방법이 일반적이며, 위아래의 위치는 도미노 조이너의 펜스나 헤드의 바닥을 이용합니다. 암장부의 치수는 작업에 적합한 크기의 도미노 비트를 선택한 뒤 가공 폭과 깊이에 따른 설정으로 정할 수 있습니다.

암장부 두께, 깊이와 도미노 칩

암장부의 두께와 깊이는 도미노 칩의 선택(두께×길이)과 관련 있습니다. 암장부 두께가 정해졌다면 해당되는 직경의 비트를 선택하는데, 5, 6, 8, 10mm가 많이 사용됩니다. 암장부의 깊이는 도미노 조이너에서 가공 깊이로 설정할 수 있습니다. 라우터와 다르게 깊이를 간단히 설정할 수 있으며, 이것이 가능한 이유는 도미노 비트가 콜렛으로 고정되어 있지 않고, 나사(screw)로 고정하는 방식이라 규격의 비트를 사용할 때 항상 설정된 만큼의 같은 작업 깊이가 정해지기 때문입니다. 가공되는 깊이는 맞닿는 부재의 암장부 깊이의 합이 도미노 칩의 길이가 되도록 하면 되고, 일반적으로 도미노 칩 길이의 1/2 깊이로 두 부재를 각각 가공하지만, 반드시 그럴 필요는 없습니다. 부재의 상황에 따라서 한 쪽을 깊게 할 수도 있으며, 경우에 따라서는 도미노 칩을 잘라서 사용하기도 합니다.

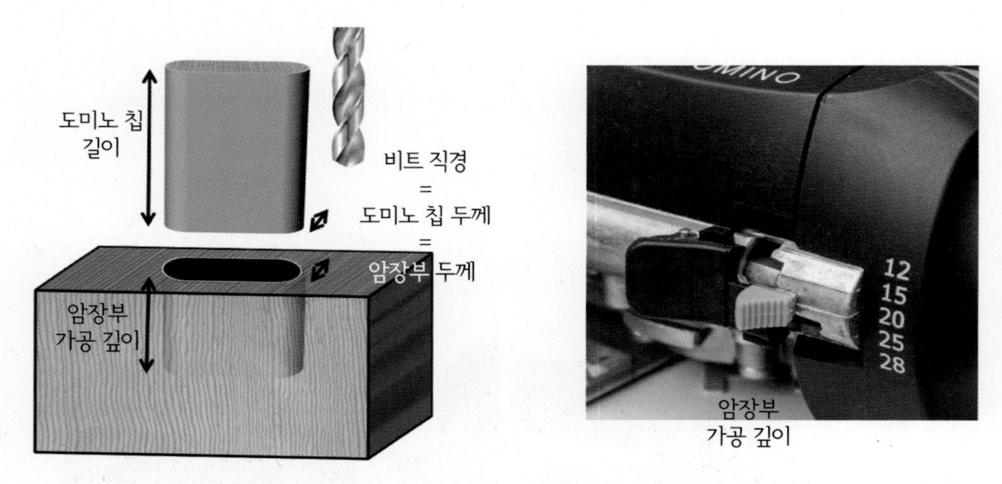

도미노 칩의 크기(두께×길이)는 암장부의 두께와 가공 깊이와 관련 있습니다. 가공 깊이는 오른쪽 그림의 탭으로 설정합니다.

가공 너비

도미노 칩은 두께와 길이의 선택은 있으나, 너비의 선택은 없습니다. 장비에서 가공하는 너비에는 3단계가 있으며, 각각의 단계에서 도미노 조이너의 비트는 13mm, 19mm,

23mm만큼 좌우로 움직이면서 가공합니다. 예를 들어 직경 8mm 비트를 장착하고 너비 13mm로 설정하면, 13mm+8mm 너비의 암장부 가공이 되고, 10mm 비트는 23mm 너비의 암장부를 만듭니다. 판매되는 도미노 칩은 13mm 가공을 기준으로 제작되어 첫 번째 단계인 13mm로 설정하면 정확하게 맞는 크기가 됩니다. 첫 단계의 13mm가 도미노 칩과 크기가 일치하는 가공 너비이며, 다른 두 단계는 도미노 칩보다 각각 6mm, 10mm 더 넓은 가공을 하는데, 칩의 너비보다 큰 너비의 암장부를 가공하는 이유는 다중 장부, 즉 여러 개의 암장부를 일렬로 가공할 때 모든 위치를 정확하게 맞추기가 어렵기 때문입니다. 이 중 하나의 위치만 정확하게 가공한 뒤, 옆에 있는 암장부는 어느 정도 좌우 오차가 있는 상태로 가공해도 결합에는 문제가 되지 않으며, 오히려 모든 위치를 칩 크기 기준으로 가공할 때, 부재가 서로 맞지 않게 되는 경우가 많습니다. 예를 들어, 판재가 3개의 도미노 작업으로 연결되는 경우, 하나의 판재는 3개 모두 칩 크기의 가공을 하며, 다른 판재에는 하나만 칩 크기의 가공을 합니다.

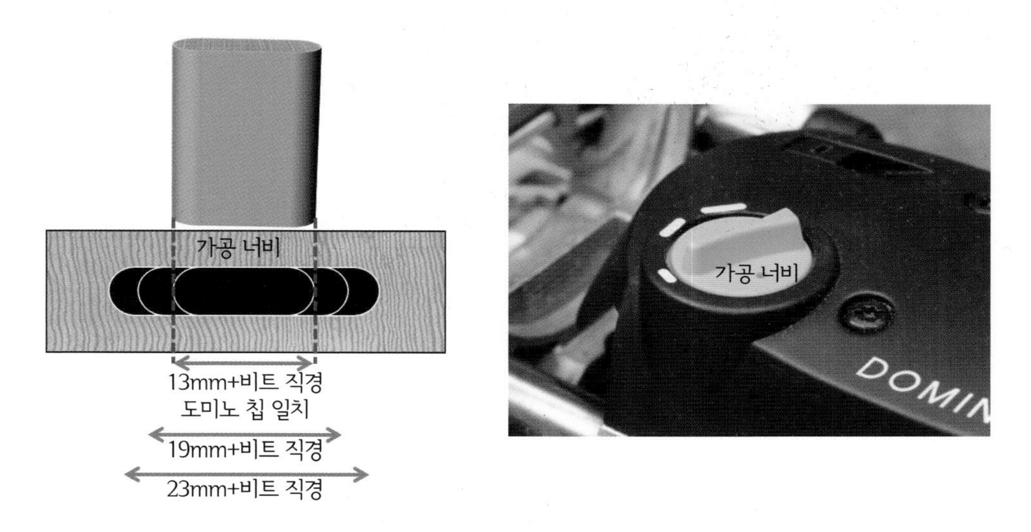

도미노 조이너의 비트는 13, 19, 23mm의 3단계로 좌우 운동을 합니다.
이 수치와 비트의 직경이 더해져서 암장부의 너비가 됩니다. 1단계는 도미노 칩의 너비와 일치합니다.

기준 높이와 펜스 설정

가공하는 중심의 좌우 지점과 높이를 정하는 것으로 암장부의 위치를 정하는데, 좌우 위치는 마킹한 부분을 보면서 작업하면 되고, 높이는 도미노 조이너의 헤드를 사용하여 정합니다. 도미노 조이너의 헤드에는 높이와 각도 조절이 가능한 펜스가 있으며, 펜스의 높이를 조정하여 가공 위치를 정합니다. 판재의 중간 부분에 가공을 하는 것과 같이 펜스의 높이 설정 기능을 사용할 수 없을 때에는 헤드의 바닥면을 이용할 수 있는데, 바닥은 비트의 중심에서 10mm 떨어진 고정된 위치에 있습니다.

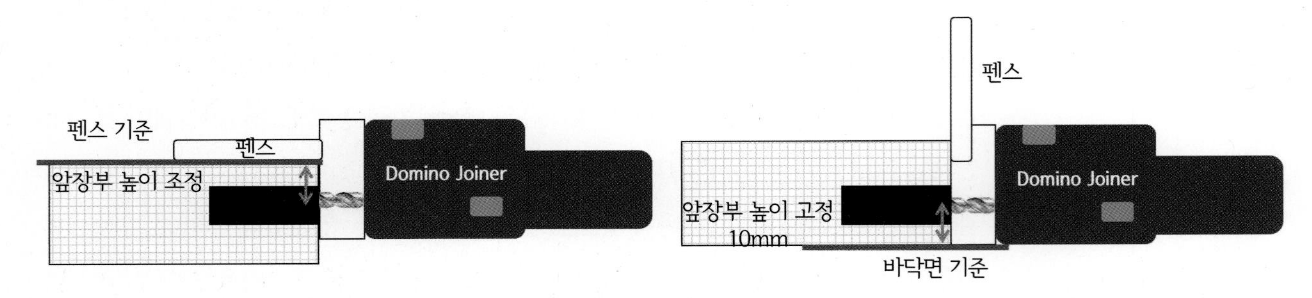

암장부의 높이 중심은 펜스의 높이를 조정하거나, 바닥을 기준으로 정합니다.

왼쪽의 눈금은 비트의 중심에서 펜스가 어떤 높이로 설정되어 있는지를 나타냅니다. 그 아래 블록의 수치는 몇 가지 부재의 두께를 신속하게 설정할 수 있게 도와줍니다. 예를 들어 25에 맞춰 펜스를 내리면, 12.5mm로 설정됩니다.

판재 작업

각재의 작업은 가공하는 위치를 정확히 지키고, 부재를 잘 고정하면 그리 어렵지 않지만, 판재 작업은 몇 가지 고려할 점이 있어 그림과 같이 정리합니다.

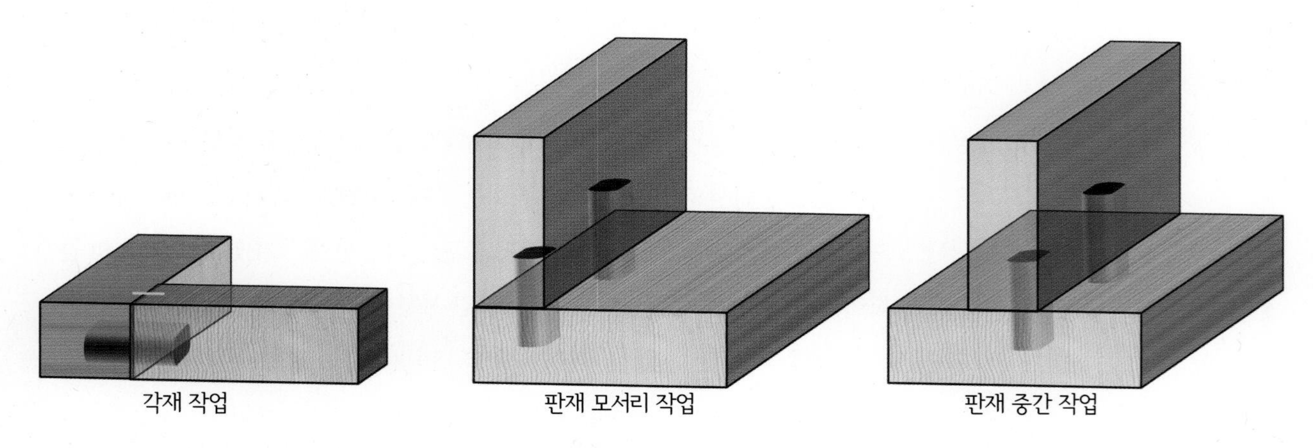

각재 연결에서 가공 위치의 설정은 그리 어렵지 않으나 판재 작업은 직관적이지 않습니다.

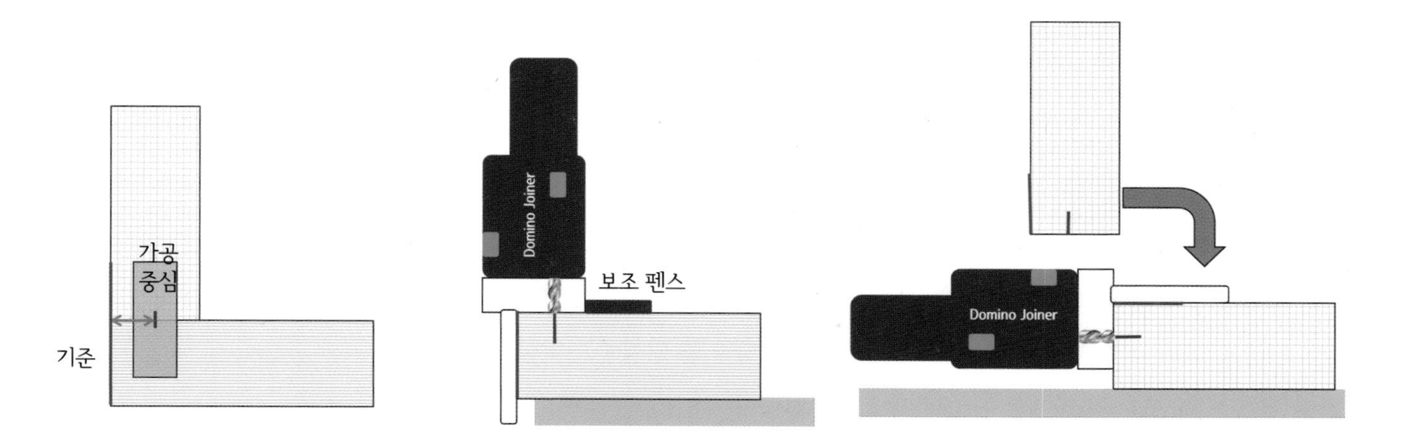

판재 가장자리를 연결할 때 펜스가 기준면이 됩니다. 높이 설정은 자유롭게 하면 됩니다.

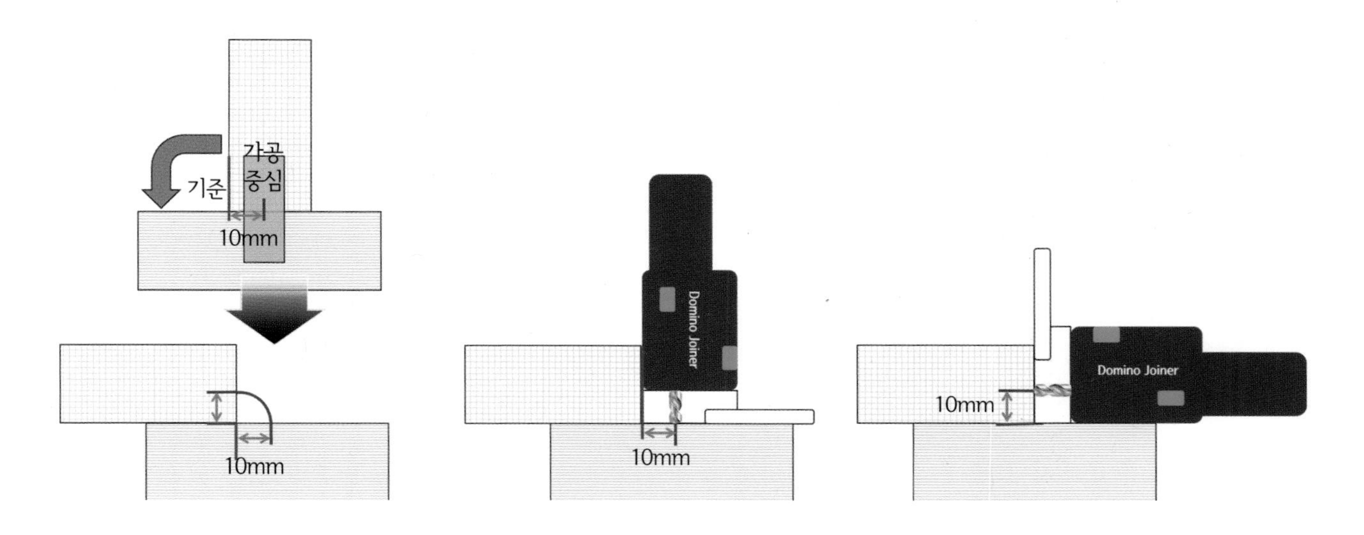

판재 중간에서 연결할 때 장비 바닥이 기준면이 됩니다. 10mm로 고정할 때 맞닿는 부재를 기준선에 맞춰 눕힌 뒤에 작업하면 됩니다.

판재의 중간에 암장부 작업을 하는 경우에는 작업을 하는 중심 위치에서 10mm 떨어진 위치에 별도의 부재나 펜스를 이용하여 가이드를 만든 후, 이를 기준으로 도미노 조이너의 헤드 바닥면을 붙인 채 작업하면 됩니다.

비스킷 조이너

비스킷 조이너를 사용할 때 설정 방법은 도미노 조이너의 경우와 유사합니다. 비스킷은 도미노 대비 칩 자체의 강도가 크지 않아서 각재를 연결할 때보다 판재를 연결하거나 집성할 때 많이 사용됩니다. 판재 집성은 마구리면이 없는 결면끼리의 결합으로 접착제만으로도 충분히 결합의 강도가 보장되어, 별도의 보조 결합이 필요하지는 않습니다. 비스킷은 결합 강도를 증가시키는 역할보다 집성 시 판재의 높이를 맞춰주는 역할이 더 크다고 볼 수 있으며, 특히 긴 판재를 집성할 때 효과적입니다.

다소 큰 테이블의 상판을 집성할 때 비스킷을 사용할 수 있는데, 비스킷의 위치를 잘못 잡으면 집성 후 추가적인 재단을 할 때 비스킷이 드러나 보이는 수가 있습니다. 집성 후 부재를 추가 재단한다면, 비스킷 등의 결합 보조물 위치에 신경을 씁니다. 오랜 시간이 지난 후 테이블 상판 비스킷의 위치가 일부 침몰된다는 이야기가 있어, 비스킷의 높이는 상판의 윗부분보다 아랫부분에 가깝게 정하는 것이 좋습니다.

드릴과 드라이버

짜맞춤을 선호하는 목공인 중에서 나사 사용을 꺼리거나, 나사는 DIY에서나 사용하는 방법으로 내구성이 떨어진다고 생각하시는 분이 있습니다. 목공의 완성도나 미적 효과를 위해 짜맞춤을 추구하는 것은 좋지만, 나사에 대한 오해는 불식할 필요가 있습니다. 실제로 나사를 올바른 방법으로 사용하기는 생각보다 어려운데, 실용적인 목적의 목가구를 신속하게 제작하는 경우뿐 아니라 주요한 결합의 보조수단으로 나사 체결은 고려할 만한 방법이고, 말루프 의자 같은 고급 목공 작업에도 나사는 효과적으로 사용되고 있습니다.

모터를 사용하는 대부분의 기계는 모터의 회전력을 벨트로 전달해서 날물을 회전시킵니다. 반면에 드릴이나 라우터 같은 전동 공구는 모터의 회전력을 직결로 사용하는데, 회전력으로 구멍을 뚫는 드릴과, 나사를 체결하는 전동 드라이버는 하나의 공구 내에 함께 기능하도록 되어 있는 경우가 많습니다. 목공뿐 아니라 실생활에서도 많이 사용하는 드릴과 드라이버에 관해 상세히 설명합니다.

카빙 의자 같은 작업에서도 나사는 효과적으로 활용됩니다. 사진은 나사 장착 후, 플러그로 막은 작업입니다.

드릴

전동 드릴의 역사는 1900년 전후로 거슬러 올라가, 지금도 전동 드릴과 드라이버 등 전동 공구를 활발히 생산하는 독일의 파인Fein이라는 회사에서 개발되었습니다. 드릴과 유사하게 모터에 직결한 날물이 회전하는 전동 공구인 라우터도 비슷한 시기에 개발되었는데, 라우터는 드릴보다 10배가 넘는 속도로 회전하면서 비트 모양에 따라 다양한 절삭 작업을 하는 반면, 드릴은 비트가 목재 표면에서 자유로운 각도로 전진하며, 구멍을 뚫는 작업을 합니다. 반대로 생각하면, 드릴 사용에서 가장 신경쓰이는 부분이 목재 표면에서 작업하는 각도를 설정하고 유지하는 일입니다. 기계 드릴, 즉 드릴 프레스drill press는 이 문제를 해결할 수 있는 도구이지만, 부재의 크기에 따른 제한이 있어 드릴 프레스를 갖춘 작업장에서도 전동 드릴이 차지하는 비중이 작지 않습니다.

목공 작업에서 드릴을 사용하는 경우는 다음과 같습니다.

- **나사의 선先 작업** 나사를 체결하기 전 목재의 갈라짐을 방지하기 위해서 드릴로 선 가공을 합니다. 목재는 결을 분리하는 방향으로 가해지는 인장 강도에 매우 취약한데, 나사가 들어가는 부피 일부를 덜어내지 않으면 나사가 결을 벌리면서 목재가 갈라질 수 있습니다. 특히, 목재의 가장자리나 합판의 옆면에 나사 작업을 할 때 이런 현상이 흔히 나타납니다. 반대로 하드우드에서 긴 나사를 그대로 체결할 때 나사가 중간에서 부러지기도 합니다. 정밀 목공에서 나사는 대부분 마지막 단계에서 사용하므로 부주의한 조작으로 전체 작업을 망치지 않도록 조심합니다. 일반적으로 목가구에서 사용되는 나사는 나사산螺絲山 포함 3.5mm~4mm 직경의 제품이 많습니다. 이 경우, 나사산을 제외한 나사 지름의 드릴 비트을 사용하는데, 주로 직경 2.5mm~3mm짜리가 사용됩니다. 접시 머리 나사를 사용할 때는 이중 비트로 가공하고 나서 나사를 체결하며, 작업 후 플러그로 구멍을 메우기도 합니다. 이중 비트를 사용할 때 나사 머리 크기와 이후 제작하는 플러그의 크기를 고려해야 합니다. 일반적으로 나사 머리는 나사산 직경의 두 배, 7~8mm 정도입니다.
- **원형 구멍 또는 홈 가공** 나무 도마의 걸이 구멍 같은 단순 가공이나, 8자 철물, 경첩과 같은 철물의 장착을 위한 가공에 사용됩니다. 목심의 체결, 윈저체어 등살과 같은 스핀들의 체결, 스툴의 좌판에 원형 다리 체결과 같은 원형의 부재를 체결하기 위한 가공 작업에도 사용됩니다.
- **원통형 제작** 목심이나 플러그(나사 체결 구멍을 막는 용도) 제작에 드릴이 사용됩니다. 목심은 강도를 위해 결 방향으로 제작되고, 플러그는 무늬를 맞추기 위해서 일반적으로 결의 옆 방향으로 제작됩니다.
- **작업 보조** 짜임의 가공에서 일부를 덜어내는 경우나, 의자의 좌판, 그릇의 안쪽과 같이 많은 부분을 덜어내는 작업을 하기 전에 작업 깊이를 정하기 위해 해당 위치에 드릴로 일정 깊이를 선작업합니다. 드릴에 원통형 사포를 장착해 샌딩 작업에 사용하기도 합니다.

드릴 프레스는 강력한 힘과 비교적 정확한 작업 각도에 유리하나,
부재가 크면 사용하기에 불편하다는 단점이 있습니다.

드릴 비트

목공에서 사용하는 비트는 회전 동작 시 중심을 잡는 센터링centering의 특징이 있으며, 다음에 소개할 브래드포인트 비트brad point bit나 포스너 비트Fostner bit 모두, 비트의 가운데 부분이 못처럼 뾰족하게 되어 있습니다. 목재 결의 영향을 덜 받고 작업할 수 있으며, 전동 드릴의 비중이 큰 목공 작업 시 중심을 잡기가 용이합니다.

드릴이나 드라이버 비트는 공구의 척chuck에 장착됩니다. 척은 키key를 이용해서 비트를 장착하는 일반 척(keyed chuck)과 키가 필요없는 키레스(keyless) 척이 있습니다. 일반적으로 볼 수 있는 척은 최대 1/2″(13mm)의 비트를 장착하며, 소형은 1/4″(6.35mm), 대형은 5/8″(15mm)의 샹크까지 장착이 됩니다.

드릴을 사용할 때 주의해야 할 점은 비트의 크기가 커질수록 회전 속도와 작업 속도를 감소시키고, 부재나 공구를 단단히 고정해야 한다는 것입니다. 전동 드릴을 사용할 때 비트의 직경이 크면 작업자가 받는 힘도 커서 주의하지 않으면 안전사고로 이어질 수 있습니다. 드릴 프레스를 사용할 때도 직경이 큰 포스너 비트를 사용한다면 반드시 부재를 단단히 고정해야 합니다. 드릴이나 드라이버는 친숙한 공구이나 비트의 직경이 큰 경우에는 주의를 기울여야 합니다.

- 브래드포인트 비트 : 브래드는 가는 못을 뜻합니다. 도웰링 비트dowelling bit라고도 부르는데, 목재를 가공할 때 중심 위치를 잡기 위해서 센터가 날카롭고 뾰족하게 되어 있습니다. 목재의 드릴 작업에 가장 일반적으로 사용됩니다.
- 포스너 비트 : 19세기 말 벤자민 포스너Benjamin Fostner가 발명한 비트로, 비교적 뾰족한 센터가 중심을 잡으면서 양쪽의 날개를 이용해서 큰 면적을 깎아냅니다. 직경이 넓은 구멍 작업에 사용됩니다.
- 이중 비트 : 접시 머리 나사로 작업하기 전에 나사가 들어가는 부분과 나사 머리가 들어가는 부분에 동시에 구멍을 내줍니다. 소프트우드에서 접시 머리 나사의 머리는 목재에 파고들어 결합력을 강하게 하나 하드우드에서는 나사 머리가 목재에 파고들지 않으므로 나사 체결 이전에 이중 비트로 선작업을 해야 하며, 이중 비트로 표면보다 깊게 작업한 후 플러그로 구멍을 메워 나사가 보이지 않게도 합니다. 시중에 판매하는 이중 비트는 3mm의 센터 드릴과 8mm의 카운터싱크coutersink 비트로 이루어져 있어, 많이 사용되는 4mm 직경 나사의 선작업을 할 수 있습니다. 이중 비트 중 카운터싱크 비트의 직경이 7.8mm인 제품도 있는데, 나사 작업 후 8mm의 플러그를 이격없이 단단히 체결할 수 있는 장점이 있습니다. 7.8mm~8.2mm와 같이 테이퍼링 플러그를 제작할 수 있는 플러그 커터가 있다면 8mm의 카운터싱크 비트의 구멍도 완전히 메울 수 있습니다.

왼쪽은 포스너 비트이고, 오른쪽은 브래드포인트 비트입니다. 드릴 비트는 다양한 크기를 구비하는 것이 좋습니다.

전동 드라이버

목공에서는 드릴 기능과 드라이버 기능을 함께 사용할 수 있는 드릴 드라이버drill driver가 많이 활용됩니다. 드릴 드라이버는 기본적인 드릴 기능에서 토크를 제한하여 동작하는 드라이버 기능이 추가된다고 볼 수 있습니다. 전력은 회전 속도와 회전을 시킬 수 있는 힘인 토크로 전환되는데, 일반적으로 회전 속도가 증가하면 전력의 총량에 따라 토크가 줄어듭니다. 드릴 드라이버에서 드릴 작업은 기기가 낼 수 있는 최고의 토크에서 진행되는데, 드라이버 작업은 과도한 토크를 제한할 필요가 있어 슬립 크러치slip clutch를 사용하여 토크를 제어합니다. 드릴 드라이버에서 척 뒤에 있는 1~20 등의 숫자로 구분이 되어 있는 부분을 조정하여 해당 토크에 도달했을 때 클러치가 풀려 동력이 전달되지 않게 합니다. 드릴 모드와 드라이버 모드의 선택이 가능한 공구에서 드릴 모드를 선택하면 이러한 토크 제어 기능이 적용되지 않고 장비가 가지고 있는 최대의 토크로 동작합니다. 전동 드릴 드라이버의 회전 속도는 트리거로 조정하며 손가락으로 누르는 압력에 따라 속도가 증가합니다. 기기에 따라 별도의 속도 선택이 있는 경우도 있는데, 고속 모드에서는 최대 토크가 줄어듭니다.

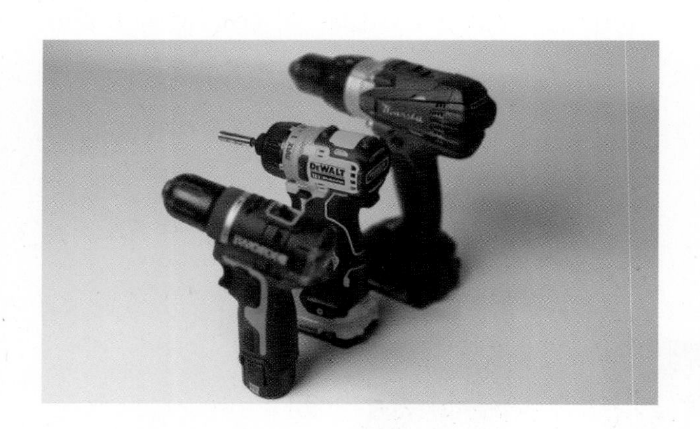

드릴 드라이버와 함께 시중에서 많이 볼 수 있는 임팩트 드라이버impact driver는 보통 척이 아니라 슬리브 형태의 홀더에 1/4″ 육각 샤프트의 비트를 고정하도록 되어 있어 앞뒤가 짧고 크기가 작은 편입니다. 토크 제어 없이 비트의 회전 방향으로 연속적인 충격을 주어 나사의 빠르고 강한 체결을 돕는데, 제어되지 않는 강력한 힘으로 회전력을 더해주기 때문에 정밀하게 나사를 체결하는 용도로 사용하기는 적절하지 않으며 개인 목공 작업보다 효율적인 작업이 필요한 현장에 유리합니다. 반대로 정밀한 목공 작업에서 나사 체결에 주의가 필요하거나 작업 공간이 부족하다면 전동 공구가 아니라 (손)드라이버로 작업하는 것도 좋은 방법입니다. 드릴이 전진하는 방향으로 연속적 충격을 주는 해머hammer 기능은 콘크리트의 타공 같은 작업에 사용됩니다. 별도의 전용 장비 또는 드릴 드라이버 중 해머 기능이 추가된 제품이 있습니다.

나사

금속 나사는 15세기에 소개되어 18세기부터 가구에 널리 사용되어 왔으나, 목재로 된 나사의 역사는 수천 년을 거슬러 올라갈 만큼 오래된 결합 보조물(fastener)이며, 그 종류도 매우 다양합니다. 다음에서는 목공에서 많이 사용되는 몇 가지 종류의 나사를 확인해보겠습니다.

일반적으로 '십자 나사'로 통용되는 나사는 실제로 십자 나사가 아니라 대부분 필립스 나사입니다. 예전 십자 머리 나사(cross head screw)와 비교해보면 십자로 교차하는 부분의 홈이 조금 더 넓은 것을 볼 수 있는데, 나사가 과도한 토크를 받아 드라이버와 체결이 풀리는 과정(cam-out)에서 드라이버가 원활하게 나사의 홈에서 빠져나가 나사 머리가 손상되는 것을 막도록 고안된 것입니다. '필립스'라는 명칭은 이 나사를 발명한 헨리 필립스Henry Phillips의 이름에서 유래했으며, 나사의 크기는 PH0, 1, 2, 3, 4 등으로 나누는데, 실제의 수치와 무관합니다. 일반적으로 PH2가 많이 사용됩니다.

포지드라이브Pozidriv 나사는 필립스 나사의 십자 모양에서 45°로 작은 십자를 추가로 새긴 형태로, 나사와 드라이버 비트의 체결력을 높여서 드라이버 비트가 빠져나오는 현상을 개선했습니다. 이는 과도한 힘이 부과될 때 필립스 나사처럼 비트가 자연스럽게 나사를 빠져나올 필요가 없는 상황, 즉 나사 재료와 드릴 드라이버의 토크 제어 기능의 발달과 관련 있다고 볼 수 있습니다. PZ0, 1, 2, 3, 4 등으로 크기가 구분되는데, PZ2가 많이 사용됩니다. PH용 드라이버 비트를 사용할 수도 있으나, 체결력을 높이려면 PZ용 드라이버 비트 사용을 권합니다. 반대로, PZ용 비트를 PH 나사에 사용해서는 안 됩니다.

십자

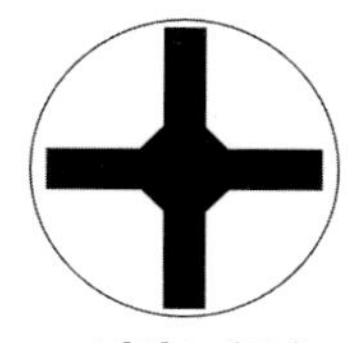

필립스 (PH)

포지드라이브 (PZ)

나사 머리의 모양은 둥근 머리와 접시 머리로 나눌 수 있는데, 철물 장착에는 둥근 머리를 많이 사용하고, 목재에 바로 사용하는 경우에는 이중 비트(combination countersink bit)나 접시날 비트(countersink bit)를 사용해서 선작업을 해서 나사가 표면에서 튀어나 보이지 않게 한 후 접시머리 나사를 사용합니다. 나사산이 몸통 전체에 나 있는 전체 나사산과 부분 나사산도 구분해서 사용하는데, 목재 두 개를 체결할 때 부분 나사산의 체결력이 전체 나사산보다 뛰어납니다. 철물을 사용할 때는 전체 나사산, 목재 체결 시에는 부분 나사산을 사용하면 됩니다. 목재 결합 시 부분 나사의 원리로 결합력을 최대화하기 위해서 나사 머리에 가까운 목재는 헐겁게 드릴 작업을 하기도 합니다.

목심과 플러그

원기둥 모양의 목심과 플러그는 6, 8, 10, 12mm 직경의 제품을 시중에서 쉽게 구할 수 있고, 직접 만들어 사용할 때도 목심과 플러그의 제작 방식이 유사해서 혼용될 때도 있으나 각각 용도가 다르므로 구분해야 합니다. 목심은 도미노나 비스킷처럼 짜임에서 결합력을 높일 목적으로 사용하며, 플러그는 나사 등을 작업한 구멍을 메우는 용도로 사용합니다. 즉 목심은 겉으로 드러날 때는 미적인 요소도 고려해야 하지만, 기본적으로는 실용적인 목적으로 사용되므로 반드시 결 방향으로 제작해서 자체 강도를 갖춰야 합니다. 이와 다르게, 플러그는 외관을 위해서 적용되므로 의도적으로 결 방향으로 제작하거나 다른 종류 목재를 사용해서 두드러지게 보이게도 하나, 기본적으로는 플러그가 장착되는 주변 목재와 결 방향이 일치하게 해서 나사 작업을 숨깁니다.

일반적으로 목심과 플러그를 제작할 때는 목심/플러그 커터를 드릴에 장착해서 작업합니다. 이런 특수 비트는 센터링 기능이 없어서 전동 드릴보다 안정적인 작업이 가능한 드릴 프레스에서 좀 더 편리하게 작업할 수 있습니다. 플러그 커터 중에는 위와 아래의 직경이 다르게 테이퍼링이 되는 플러그를 제작할 수 있는 제품이 유용합니다.

플러그와 목심은 드릴 프레스로 목재의 끝까지 뚫지 않고 일정 깊이까지만 작업한 뒤에 밴드쏘 등으로 아랫부분을 잘라서 만듭니다.

포켓홀(Pocket hole)

나사를 결면에서 수직으로 체결하면 강한 내구성을 가지나, 마구리면으로 체결하면 시간이 지나면서 결합력이 약해지며, 나사가 빠지는 경우도 적지 않게 발생합니다. 두 개의 판재나 각재를 맞댄 상태에서 나사를 사용하여 결합하면 나사의 끝부분은 한쪽 부재의 마구리면에 체결되는데, 이러한 구조는 큰 내구성을 가지지 못합니다. 나사 결합의 내구성에 대한 문제와 평가는 이런 체결 방법에서 비롯하는데, 이를 보완한 포켓홀 방식의 나사 결합은 나사가 결의 옆 방향으로 체결되게 하는 훌륭한 해결책입니다.

부재의 옆면을 15° 정도 이중 드릴 비트로 작업한 뒤, 나사를 연결하는 방법을 포켓홀이라 부릅니다. 포켓홀은 나사의 끝부분이 부재의 결면과 체결되게 함으로써, 실용적인 목적의 제품을 빠르고 견고하게 만들 수 있게 해줍니다. 나사가 마구리면에 장착되지 않고 결의 옆면을 통해 장착됨으로써 결합력의 내구성 문제를 해결하고, 동시에 부착되는 면에 나사가 보이는 것을 어느 정도 숨길 수도 있습니다. 정확한 작업을 위해서는 별도의 지그와 클램핑이 필요하나, 가장 손쉽고 튼튼하게 목제품을 만들 수 있는 방법 중 하나입니다. 하드우드를 사용한 원목 가구에는 보이지 않는 부분의 보조 결합으로 사용할 수 있으며, 실용적인 목적으로 신속하게 제작이 필요한 경우에는 주 결합으로 고려할 만한 방법입니다.

지그를 사용하여 부재의 옆면에 이중 비트로 선가공 후,
클램프로 단단히 고정한 상태로 나사를 체결합니다.

포켓홀은 부재의 두께에 따라 나사의 길이를 선택하고, 지그를 사용해서 드릴 작업의 위치나 깊이를 정하게 되어 있는데, 보유하고 있는 나사의 길이에 따라 부재의 드릴 작업의 위치와 깊이를 직접 정해야 하는 경우가 있습니다. 드릴의 위치는 드릴 작업을 하는 부재의 두께와 관련 있습니다. 나사가 부재 옆면의 중앙을 관통하는 것이 가장 좋으므로 두꺼운 부재를 사용할수록 드릴의 위치는 결합면과 멀어집니다. 일반적인 포켓홀 지그와 같이 15°로 작업할 경우 부재 두께의 약 1.8배 정도의 위치에서 드릴을 하면 부재의 중심을 통과하게 됩니다. 드릴의 깊이는 맞닿는 부재의 두께와 나사의 길이가 관련 있습니다. 나사 길이의 2/3 정도가 맞닿는 부재에 파고들며, 그 길이가 부재 두께보다 크지 않게 하면 됩니다. 가지고 있는 나사와 사용하는 부재에 대해서 설정값을 정하기 어려운 경우라면 가능한 한 부재의 중심을 통과하도록 드릴 위치를 정하고, 맞닿는 부재에 충분히 나사가 체결되도록 드릴의 깊이를 정하도록 시험 후 작업을 하도록 합니다. 일반적으로 32mm 길이의 나사는 20mm 전후 두께의 부재에 적합하게 작업할 수 있습니다. 포켓홀은 일반적으로 상용 지그를 사용하여 작업하나, 사용하는 나사는 특정 제품으로 한정할 필요는 없습니다. 목재끼리의 결합이므로 부분 나사선이 체결면에서 우수하며, 맞닿는 부분에는 드릴 작업이 되지 않으므로 나사의 끝부분에 홈이 파여 있는 직결 나사가 유리합니다.

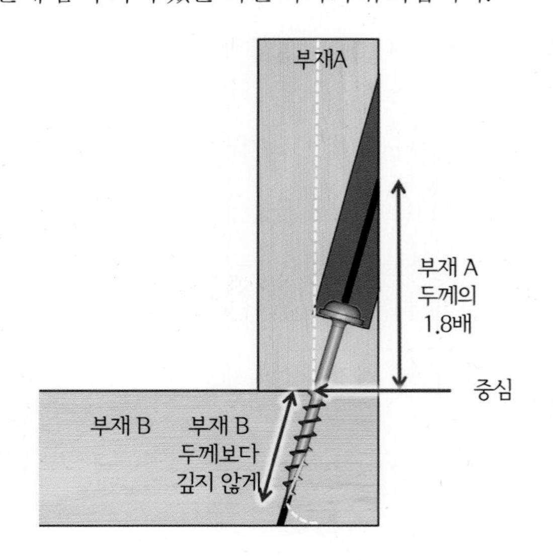

목선반

목선반 소개

목선반 또는 목공 선반은 목재를 회전시키면서 가공하는 장치로, 기원전 천여 년 전에서도 흔적을 찾아볼 수 있을 정도로 역사가 오래되었습니다. 다른 목공 기계와 마찬가지로 목선반도 산업혁명의 증기기관과 그 이후 전기 모터의 영향을 받아 현재의 형태로 발전되어 왔는데, 목공에서 선반은 독특한 위치를 차지하고 있습니다.

목공 기계 중에서 유일하게 날물이 없는 장치로, 기계는 목재를 회전만 시키며, 작업자가 가우지gouge 등의 도구를 제어하면서 가공합니다. 다른 기계와 달리, 작업자의 높은 기술과 감각이 요구되어 숙련이 필요한 장비여서 목선반은 목공에서 별도의 전문 분야로 취급되기도 합니다. 목선반으로 할 수 있는 작업은 센터 워크center work, 엔드 그레인 워크end grain work, 페이스 워크face work의 세 가지로 구분해볼 수 있습니다. 이 중 센터 워크는 '스핀들spindle 작업'이라고도 부르는데, 목선반의 축과 나뭇결이 평행이 된 상태로 의자의 등살이나 다리 등 원통형 작업을 하는 것이며, 엔드 그레인 워크는 원통형 연필꽂이처럼 마구리면을 파는 작업입니다. 페이스 워크는 목선반 축과 나뭇결이 수직인 상태로 그릇 등을 만드는 작업을 말합니다.

일반적인 목공에서는 센터 워크만으로도 많은 것을 다룰 수 있으며, 이를 중심으로 기본적인 내용과 작업 시 주의 사항을 확인해보겠습니다.

목선반 구조

헤드스톡headstock과 테일스톡tailstock 사이에 목재를 두고 회전시키며, 가우지 등 목선반용 도구를 툴 레스트tool rest에 올린 채 작업합니다. 스핀들 작업을 위해서는 일반적으로 헤드스톡의 스퍼 센터spur center(돌출된 날로 목재를 고정)와 부재의 회전을 따라 도는 테일스톡의 라이브 센터live center 사이에 부재를 고정합니다. 그릇과 같은 페이스 작업에서는 헤드스톡의 스핀들에 척chuck을 사용하여 부재를 고정합니다.

목선반은 작업 이전 잠금장치를 확인하고 고정하는 것이 중요합니다. 일반적으로 헤드스톡은 고정되고, 테일스톡을 움직여 고정하는데, 테일스톡에는 테일스톡의 위치와 라이브 센터를 나사 형태로 밀어 고정하는 잠금장치가 있으며, 툴 레스트와 벤조banjo도 위치를 조정했다면 잠금장치를 이용해서 고정합니다.

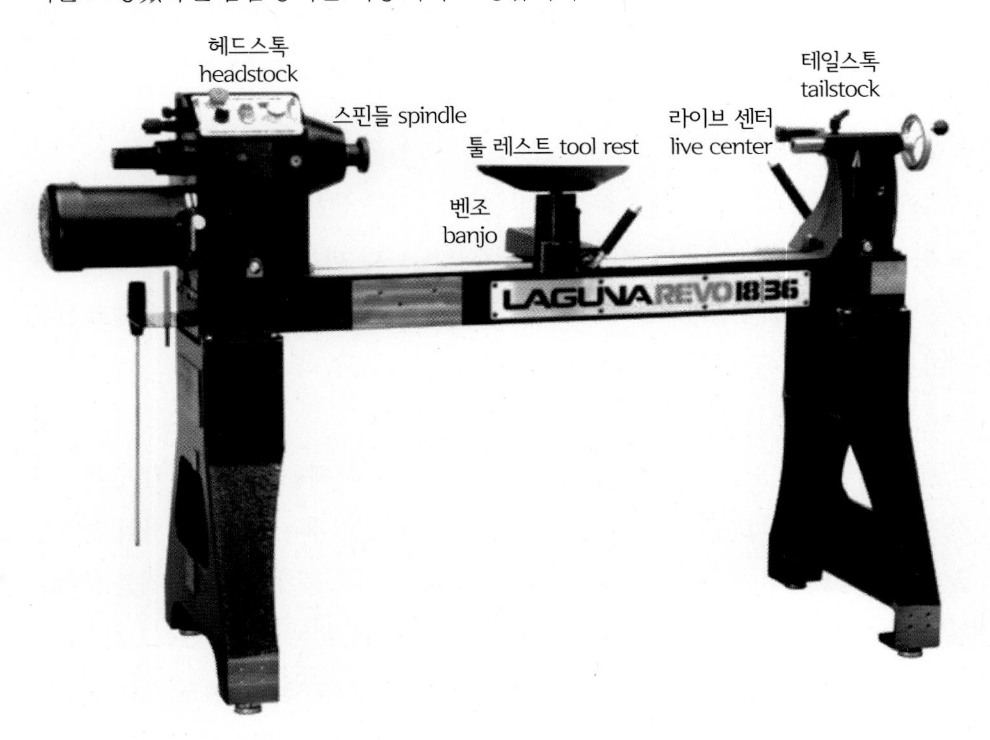

목선반용 도구

금속 끝을 날카롭게 가공해서 사용하는 도구 중에서 끝이 일자로 되어 있으면 '끌(chisel)', 둥글게 되어 있으면 '가우지'라고 부릅니다. 여러 가지 크기와 경사각으로 된 가우지와 파팅 툴, 스큐는 주요하게 사용하는 도구입니다. 도구는 일반적으로 고속도강(HSS)을 사용하여 제작되며, 습식 그라인더로 연마합니다.

왼쪽부터 스큐, 보울 가우지, 스핀들 가우지, 파팅 툴, 러핑 가우지

◆ 러핑 가우지roughping gouge : 러핑 작업, 즉 필요 없는 부분을 덜어내어 원형의 모양을 만드는 역할을 하는데, 일반적으로 목선반을 작업할 때 가장 먼저 사용하는 도구입니다.
◆ 파팅 툴parting tool : 일정한 깊이로 홈을 파서 부재의 작업 구역을 구분하거나, 작업하려는 깊이를 선작업하는 역할을 합니다.
◆ 스핀들 가우지spindle gouge : 스핀들 작업에 사용하며, 볼록한 모양(beads)과 오목한 모양(coves) 등 여러 형태의 모양을 만드는 작업에 사용됩니다.
◆ 보울 가우지bowl gouge : 스핀들 가우지와 유사하나 일반적으로 경사 각도가 높습니다. 그릇 같은 페이스 작업에 유리합니다.
◆ 스큐 치즐skew chisel : 경사가 있는 직선의 끌로, 표면을 다듬거나 날카로운 홈을 만드는 작업 외에 스핀들 가우지나 파팅 툴이 하는 여러 가지 일을 할 수 있습니다. 스큐 하나만으로 다양한 작업을 할 수 있지만, 사용하기가 까다로워서 초보자가 아니라 목선반에 익숙한 작업자들이 애용하는 도구입니다.

작업 방법과 주의 사항

사전 준비

작업하기 전에 반드시 가우지 상태를 확인합니다. 가우지의 날은 버burr가 생길 때까지 연마하는데, 작업 중에도 가우지를 확인하고 날이 무뎌지면 수시로 연마해야 합니다. 목선반에서 분당 수백 번 회전하는 속도로 목재와 부딪히는 가우지는 날이 쉽게 무뎌집니다. 무딘 날물로 작업하면 작업 자체뿐 아니라 날물이 목재에 걸려 파고드는 현상, 즉 캐치catches가 발생해서 작업자의 안전에도 문제가 생길 수 있습니다. 가우지의 연마는 일반적으로 습식 그라인더로 진행하는데, 목선반과 그라인더는 같이 사용하는 도구라고 여깁니다. 러핑 가우지로 초반 작업할 때는 나무 조각이 많이 튕겨 나가므로 반드시 안면 보호구를 착용하고, 단추나 지퍼를 목까지 잠그고 주머니가 열려 있지 않은 상의를 입습니다.

자세

고속으로 회전하는 선반은 정밀한 제어가 요구되므로 자세가 매우 중요합니다. 두 발은 어깨 너비만큼 벌려서 몸이 정면에서 조금 오른편으로 향하게 하고, 무게 중심은 항상 두 발에 둬야 합니다. 왼손으로 툴 레스트tool rest 위에서 가우지를 단단히 고정하는데, 오버핸드 그립overhand grip 방식과 언더핸드 그립underhand grip(또는 핑거 그립finger grip)의 두 가지 방법이 있습니다. 오버핸드 방식이 더 안정적이긴 하지만 핑거 그립이 좀 더 정교한 제어가 가능합니다. 오른손으로 가우지 손잡이 아랫부분을 잡고 제어하는데, 작업할 때 오른쪽 팔꿈치가 몸에서 떨어지지 않게 주의합니다. 툴 레스트는 가우지 작동의 축이 되는 지렛대라고 생각하면 되는데, 오른손으로 손잡이의 끝을 잡아야 잡은 위치가 축에서 멀리 떨어져 있어서 가우지 끝이 미세하게 제어됩니다. 정교하게 작업하는 경우, 손과 팔을 고정한 상태에서 몸 전체를 천천히 좌우로 이동하기도 합니다. 목선반을 처음 다루는 분들에게 종종 나타나는 문제가 가우지가 툴 레스트에서 떨어진 채로 작업하는 것입니다. 어떤 경우든 툴은 툴 레스트에 붙어 있어야 합니다.

러핑 가우지로 작업할 때는 안면 보호구를 착용합니다. 오버핸드 그립 방식(오른쪽 위)은 안정적이고, 핑거 그립(오른쪽 아래) 방식은 정교한 작업에 유리합니다.

목선반 작업과 ABC

목선반 작업에서 이야기하는 ABC는, Anchor(고정), Bevel(경사), Cut(절삭)을 뜻합니다.

부재를 헤드스톡과 테일스톡 사이에 고정하고, 부재에 따라 툴 레스트의 위치를 정한 뒤에는 반드시 모든 잠금장치를 확인하고, 해당 노브를 사용하여 고정합니다(Anchor). 툴 레스트는 부재의 회전에 방해되지 않는 최대한 가까운 위치에 고정합니다(약 1/8″, 3mm). 툴 레스트의 높이는 가우지가 부재의 중앙, 또는 중앙에서 살짝 높은 지점에 닿도록 합니다. 작업이 진행됨에 따라 목재 상태가 계속해서 달라지므로 벤조를 이동하여 툴 레스트의 위치도 수시로 변경해야 합니다. 툴 레스트가 부재에서 멀어지면 오른손의 움직임에 따른 날 끝의 움직임이 더 커지므로, 정교한 작업이 어렵고 캐치가 발생할 때 가우지 끝이 툴 레스트와 목재 사이로 들어가 위험한 상황이 발생할 수 있습니다.

가우지의 경사면이 회전하는 부재의 경사면에 안정적으로 닿은 뒤에 오른손으로 미세하게 각도를 조정하면서 작업합니다. 기본적으로 선반 작업은 가우지의 경사면이 목재에 닿은 상태로 움직인다고 생각해야 합니다(Bevel). 가우지의 경사면이 목재를 타고 다니면서 작업이 진행되지 않고, 가우지의 날 끝이 먼저 닿으면, 날 끝이 쉽사리 부재를 파고들어서 캐치가 발생합니다.

부재의 중심을 찾아 송곳으로 표시한 뒤에 고정합니다. 작업할 때는 잠금장치를 항상 확인합니다.

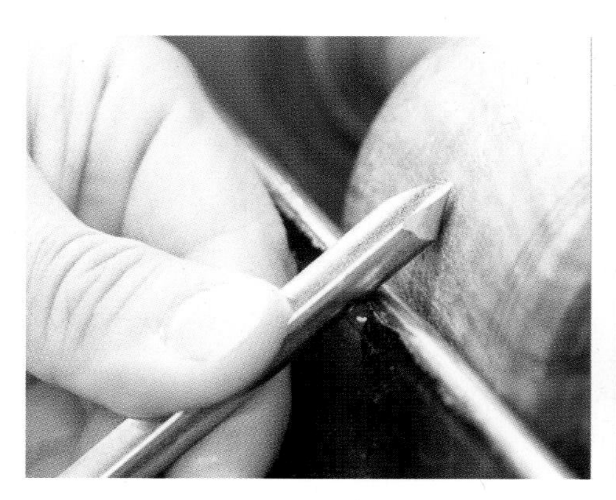
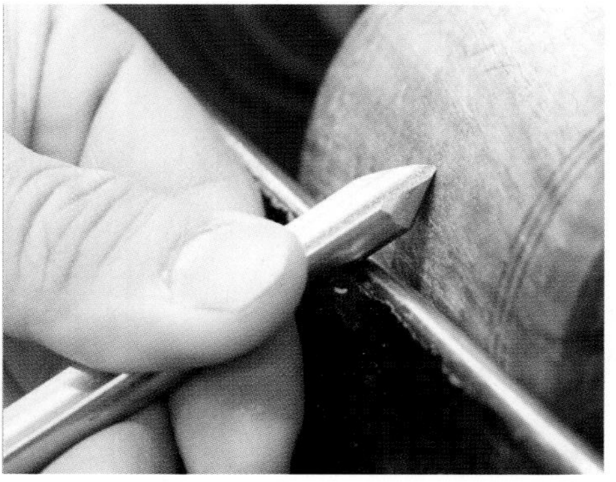

왼쪽 그림과 같이 가우지의 경사면이 목재에 닿은 뒤에 오른손의 제어로 미세하게 기울이며 작업합니다.
오른쪽 그림처럼 날 끝이 먼저 닿으면 캐치가 발생합니다.

목공 도구 사용 시 주의 사항

목공 도구를 사용할 때 주의해야 할 사항을 자세, 날물, 지지면, 목재로 나누어 짚어보겠습니다. 각 도구의 특성에 따른 사항들 외에 도구 간 공통적으로 적용되는 사항들에 대해 살펴봄으로써 안전한 목공 도구 사용에 대한 통찰력을 가질 수 있기를 바랍니다.

자세

작업의 시작과 끝 (ARS)

ARS(Anchor, Run, Sense)의 순서는 전동 공구를 포함해서 목공 기계를 안전하게 사용하기 위해 기본적으로 신경 써야 하는 사항입니다.

- ♦ 앵커Anchor : 설정값이나 위치를 변경했다면, 잠금장치를 반드시 잠그는 습관을 들입니다. 수압대패에서 펜스를 이동하거나 가공 깊이를 조정하고 나서는 노브를 잠그고, 테이블쏘에서 켜기 펜스를 이동했다면 고정하며, 목선반 툴 레스트를 이동한 뒤에는 노브를 잠그는 등 설정을 변경한 후에는 늘 고정하는 습관이 필요합니다. 잠금장치가 풀린 상태는 때에 따라서 안전사고를 일으키는 원인이 됩니다.
- ♦ 런Run : 스위치를 켜고 날물이 정상적인 속도에 도달한 뒤에 목재에 대고 가공을 시작하며, 가공을 끝내고 목재가 날물에서 떨어진 뒤에 스위치를 끕니다. 스위치를 켜거나 끈 직후에는 날물의 회전이 정상 작동 속도가 아닌데, 이런 저속이나 변속 과정에서는 토크가 커져서 절단이나 절삭 작업 대신, 날물이 목재를 튕겨내는 현상, 즉 킥백이 발생합니다. 라우터 비트에 목재가 닿은 상태에서 스위치를 켜거나, 원형 톱날에 목재가 닿은 상태에서 작동시키고, 도미노 본체를 밀면서 스위치를 켜는 등 잘못된 순서로 작업해서는 안 됩니다. 스위치를 끌 때도 목재와 날물이 떨어진 상태여야 하는데, 마이터쏘나 일부 라우터 작업같이 불가피한 경우에는 날물의 회전이 완전히 멈출 때까지 목재나 공구의 상태를 그대로 유지하고 움직이지 말아야 합니다. 목재를 날이나 비트에 댄 상태에서 스위치를 끄고 바로 목재를 움직이면 목재나 공구가 튕기는 현상을 어렵지 않게 볼 수 있습니다.
- ♦ 센스Sense : 날물이 회전하고 있는 동안에는 작업 도중뿐만 아니라 작업 직후나 작업 사이에도 주의를 기울입니다. 테이블쏘, 밴드쏘, 수압대패와 같은 장비는 스위치를 끈 뒤에도 상당히 강한 회전력으로 동작을 지속하므로, 날물 돌아가는 소리가 완전히 멈출 때까지는 날물의 상태나 위치를 계속해서 점검해야 합니다. 장비가 익숙하기 전까지는 날물이 완전히 멈췄는지 눈으로 직접 확인하는 습관을 들이면 좋습니다.

자세(Stance)

몸의 무게 중심은 되도록 두 발에서 벗어나지 말아야 합니다. 테이블쏘를 사용할 때 부재에 몸의 무게를 실어서 작업하지 않고, 수압대패를 사용할 때 손으로 부재를 누르는 상태에서도 항상 두 발로 몸을 지탱하는 것이 매우 중요합니다. 움직이는 부재에 무게 중심을 둔다면 제어할 수 없는 상황이 발생할 수 있습니다.

창의적이지 않은 작업(In a non-creative way)

디자인은 창의적으로, 공구는 보수적으로 다룹니다. 목공 도구는 새로운 방법, 충분히 파악되지 않은 방법으로는 작업을 시도하지 않습니다.

그렇다면, 어떻게 해야 목공 도구를 잘 활용할 수 있을까요? 전문가의 사용법을 보고, 제대로 된 지식과 방법에 대한 교육과 연습으로 활용 범위를 점차 넓혀가야 합니다. 목공 도구를 운용하는 데 불필요하다고 생각할 수 있지만, 각 공구와 기계의 작동 원리를 파악하면 도구에 대한 확신이 생기고, 예측하지 못했던 위기 상황에 대처하는 데에도 도움이 됩니다. 사용할 때 조금이라도 의문이 있으면 확신이 들 때까지 계속해서 사용 방법이 맞는지 확인하고, 충분히 숙지한 범위에서만 운용하도록 합니다.

복장과 보호 장비 착용(Dress and safety rule)

전동 공구를 포함해서 장비를 사용할 때는 날물에 장갑이 낄 수 있으므로 원칙적으로는 장갑을 사용해서는 안 됩니다(장갑은 목재 이동 시에만 사용). 날물과 장갑을 낀 손이 충분한 거리를 유지하며 작업하면 문제없다고 생각할 수 있지만, 장갑이 위험한 이유는 일반적인 작업 상황이 아니라 킥백과 같이 날물이나 부재가 튕겨나가서 제어가 힘든 순간 때문입니다. 묶지 않은 긴 머리나 고정되지 않고 늘어지는 장신구도 피해야 합니다. 짧은 앞치마는 기계에 말려들어갈 수도 있으니 적절하지 않고, 앞치마를 사용할 때는 끈이 쉽사리 풀어지지 않는지 확인해야 합니다.

장비의 안전 가이드를 보면, PL법(product liability 제조물 책임법)에 따라 보호 안경이나 마스크 등 꽤 많은 보호구 착용을 권하는데, 무조건 안전구를 착용하라고 권하는 것은 오히려 역효과를 가져오기도 합니다. 기본적인 가이드 외에 각자의 작업 환경에서 안전구가 반드시 필요한 조건을 확인하고 구체적인 가이드를 다시 만들 필요가 있습니다. 보호 안경 착용은 불편합니다. 하지만 이런 불편을 감수할 만한 상황이 있다면 이를 규칙으로 정하고 지켜야 합니다.

- 테이블쏘로 목재의 가장자리를 다듬는 경우, 톱날이 톱밥을 테이블 아래쪽으로 잘 밀어내지 못해서 먼지가 심하게 나고, 절단된 얇은 목재가 인서트의 틈에 끼여 튕겨 나갈 수도 있습니다. 이럴 때 보호 안경과 마스크 착용은 도움이 됩니다. 켜기 작업할 때 왼손가락에 나무 가시가 박혀 불편하다면, 손가락에 테이프를 감는 방법도 좋습니다.
- 목선반에서 작업 초반에 러핑 가우지로 사각형 부재로부터 센터 워크center work를 하는 경우, 목재가 심하게 튀므로 반드시 안면 보호구를 착용합니다.
- 라우터 작업할 때는 소음이 크므로 귀를 보호하는 장비 착용을 권합니다. 또한, 절삭량이 많을 때는 보호 안경을 착용합니다.
- 밴드쏘 작업할 때 집중하다 보면 무의식 중에 얼굴이 톱날 쪽으로 너무 가까워질 수 있는데, 챙이 있는 모자를 쓰는 것은 좋은 습관입니다. 리쏘잉 작업처럼 두께가 있는 목재 작업을 하는 경우에는 특히 톱밥과 먼지가 많이 나므로 마스크를 착용하도록 합니다. 밴드쏘 사용 시 보조 조명을 이용하면 시야 확보뿐 아니라 안전 거리 유지에 도움이 됩니다.
- 샌더를 사용할 때는 반드시 마스크를 쓰는데, 마이터쏘와 같이 효과적인 집진이 어려운 경우에도 마스크를 착용합니다.
- 마감재가 안전하다는 것은 경화(curing) 이후 제품 사용 시의 안전을 말할 때가 많습니다. 도포 작업할 때 희석제(thinner)나 용제의 증발로 공기가 유해할 수 있으므로 마스크를 착용하고, 환기에 주의해야 합니다.

날물

날물의 회전과 작업(Direction)

전동 공구나 기계를 사용할 때에는 날물의 회전 방향 또는 진행 방향을 항상 파악하고 있어야 작업 자체를 제어하고 안전을 확보할 수 있습니다. 원형 톱날, 라우터 비트, 밴드쏘 톱날 등 모든 장비는 날물의 회전 또는 진행 방향이 목재의 진행 방향과 맞부딪히면서 작업이 이루어집니다. 목재의 방향과 날물의 회전 방향이 같다면, 절단 작업이 안 될 뿐 아니라 작업자가 날물의 회전에 제어력을 잃어버려서 사고로 이어질 수 있습니다.

날물의 교체(Changing cutters)

날물을 교체하며 사용하는 장비는 비트를 사용하는 라우터, 드릴, 각끌기 등이 있으며, 테이블쏘와 밴드쏘도 필요 시에 날물을 교체합니다. 비교적 안전한 드릴을 제외하고는 날물을 교체할 때는 항상 전원을 차단하고 배터리를 제거합니다.

원형 톱날이나 라우터 비트를 고정하는 너트는 날물이 회전하는 반대 방향으로 잠그게 되어 있어서, 회전할수록 더 단단하게 잠겨 풀리는 일이 없게끔 해줍니다. 날물의 교체를 위해 너트를 푸는 방향은 회전 방향을 따르면 됩니다. 날물을 장착할 때, 날물의 경사면이 목재와 부딪히도록 방향이 맞게 되어 있는지 확인합니다. 밴드쏘나 스크롤쏘 같은 형태의 날물은 절단면이 정반을 향하게 합니다. 밴드쏘 날은 간혹 보관할 때 안팎이 뒤집히기도 하므로 확인해야 합니다.

라우터 비트 중 스파이럴 비트는 높은 가격대를 제외하고는 일자 비트와 비교할 때 여러 면에서 뛰어나지만, 콜렛을 잠글 때 특히 조심해야 할 사항이 있습니다. 일자 비트는 회전할 때 날이 목재와 부딪히면서 옆으로 비트가 힘을 받게 되나, 스파이럴 비트는 날의 모양에 따라 다운컷은 라우터 안쪽으로, 업컷은 라우터 바깥쪽으로 힘을 받습니다. 다시 말해 업컷 스파이럴 비트는 작업 중 라우터에서 빠져나오려는 성향이 있어서 더욱 주의해서 콜렛을 단단히 고정해야 합니다.

회전 속도와 날물 반경(Rotation speed)

일반적으로 테이블쏘, 마이터쏘, 플런지쏘 등의 원형 톱날이 장착된 기계의 분당 회전 수는 수천(약 1,000~5,000rpm)에 달하며, 라우터와 같은 장비는 수만(약 10,000~30,000rpm)에 달합니다. 기계대패는 수천~수만 rpm으로 원형톱과 라우터의 중간 정도입니다.

실제 날물의 작업 속도는 회전 속도와 날물 반경의 함수입니다. 같은 속도로 회전할 때 날물의 반경이 클수록 운동량이 비례해서 커지는데, 10″ 반경의 날물이 1″ 날물보다 10배 더 운동합니다. 예를 들어 라우터 비트와 테이블쏘 원형 톱날의 직경이 10배 차이가 난다면, 라우터의 회전 속도가 10배 더 빠르더라도 같은 운동량과 파괴력이 있습니다.

라우터로 작업할 때 직경이 큰 비트를 사용하게 되면 속도를 줄여야 합니다. 핸드 드릴에 포스너 비트 등 직경이 큰 드릴 날을 사용할 때는 자세에 주의하고 손목을 다치지 않게 조심해야 하며, 드릴 프레스에서는 비트의 직경이 커질수록 목재의 고정에 주의해야 합니다.

날물이 무딜수록 위험해집니다(Dull and dangerous blade)

'무딘 날에 다친다'는 말은 조금 어색하게 들릴 수도 있으나, 칼로 요리를 많이 해본 분들은 익히 아시는 내용일 것입니다. 끌 같은 수공구는 날이 무디면 작업에 불필요한 힘이 들어가면서 갑자기 제어력을 잃어버리는 일이 쉽게 발생합니다. 끌과 유사한 도구를 사용하는 목선반에서도 가우지의 날카로운 연마는 필수입니다.

밴드쏘나 테이블쏘 같은 기계를 어느 정도 사용해보신 분은 톱날이 무뎌졌을 때 부재의 제어가 힘들거나, 날을 새로 교체했을 때 작업이 얼마나 수월해지는지 경험한 적이 있을 것입니다. 이는 수압대패나 자동대패도 마찬가지입니다. 특히, 라우터를 사용할 때 눈에는 잘 보이지 않는 팁의 손상은 정확한 작업뿐 아니라 안전에 큰 영향을 끼치므로 혹시 라우터 비트를 바닥에 떨어뜨렸을 때는 반드시 꼼꼼히 문제 여부를 점검해야 합니다.

목공 기계에서 사용하는 원형톱이나 라우터 비트에는 초경(텅스텐 카바이드)의 팁이 용접되어 있는데, 어느 정도까지는 팁을 연마하면서 사용할 수 있고, 또 연마 비용도 그리 비싸지 않습니다. 품질이 좋은 날을 2개 이상 준비해두고 항상 예리한 날의 상태를 유지하는 것은 원활한 작업과 안전의 시작입니다.

지지면

목재 지지면(Guide)

목공 공구와 기계를 익힌다는 것은 (1)도구의 작동 원리와 작동법을 익히고, (2)적절한 방향(가이드)으로 일정한 힘을 주는 동작을 숙달하는 것입니다. 이는 안전한 작업과 정확한 결과를 위한 필수 조건입니다.

공간이 세 방향으로 구성되어 있다고 볼 때, 목재 가공은 기본적으로 2면을 지지면으로 사용합니다. 1면만을 지지해서 작업할 때(주로 정반) 이를 '프리 핸드'라고 부르는데, 밴드쏘처럼 날물이 좁은 장비는 프리 핸드로 작업할 수 있습니다.

테이블쏘를 보면 정반과 켜기 펜스, 썰매의 바닥과 펜스 등 항상 2면의 가이드가 필요한데, 1면만 지지한 상태, 즉 목재를 정반에 올린 상태에서 손으로만 목재를 이동하면서 작업하는 경우는 없습니다. 마이터쏘의 경우에도 부재가 아랫쪽 플레이트와 앞쪽 펜스에 밀착되는 것이 매우 중요하며, 수압대패는 정반과 펜스를 가이드 삼아 작업합니다. 참고로, 자동대패는 부재를 밀어 넣으면 작업이 완료되는 자동화된 기기로, 목공 작업한다는 표현이 어울리지 않습니다.

1면만을 가이드로 해서 작업이 가능한 기계는 밴드쏘, 스크롤쏘 등이 있으며, 주로 정반을 이용해서 작업하므로, 목재의 절단 부위가 정반에서 뜨지 않고 밀착되도록 주의해서 작업한다면 안전합니다. 이런 장비도 가이드나 펜스를 이용하여 더욱 정밀하고 반복적인 작업을 진행할 수 있습니다.

라우터의 경우, 2면 가이드를 이용하는 장비로 인식하고 사용해야 합니다. 라우터 베이스의 바닥 또는 라우터 테이블의 정반이 첫 번째 가이드가 되고, 별도의 펜스나 레일, 비트에 장착된 베어링 등이 두 번째 가이드가 됩니다. 인레이inlay 등 일부 작업에서 프리 핸드로 작업하기도 하지만, 이 경우 안전하고 정확한 작업을 위해서 되도록 절삭되는 양을 최소화합니다.

마구리면과 지지대(End grain)

마구리면은 섬유질 끝부분이라 가이드에 밀착된 상태로 원활하게 이동하지 않습니다. 기본적으로 테이블쏘나 라우터 테이블, 수압대패 등 목공 기계에서 마구리면을 가이드에 지지하며 작업을 해야 하는 상황은 없습니다. 지금 하려는 작업이 좁은 마구리면을 가이드에 대고 밀면서 해야 하는 것이라면, 무엇인가 잘못되어 있을 수 있으니, 잠시 멈추고 다른 방법을 찾아보는 것이 좋습니다.

일정한 힘으로(Constant feeding)

목공을 할 때 힘을 빼는 것은 중요한 일이지만 어렵다고들 하는데, 이는 수공구뿐 아니라 기계 장비에도 해당합니다. 목공 기계를 다루면서, 목재를 지지면에 대고 이동하기 위해서는 힘을 주어야 하므로 힘을 빼라는 말이 어렵고 의미 없는 주문이라고 생각할 수 있습니다.

기계 장비를 사용하면서 힘을 줄 때 주의해야 할 사항은 '일정한' 힘을 가해야 한다는 것입니다. 큰 힘을 가해야 한다면, 그 큰 힘을 일정하게 유지해야 하는데, 지속해서 그렇게 하기가 어렵고, 또 그렇게 큰 힘이 필요한 목공 기계는 없습니다. 예를 들어 테이블쏘로 켜기 펜스를 이용해 작업하는 경우, (1)목재를 정반에 밀착하는 힘, (2)켜기 펜스에 밀착하는 힘 (3)목재를 미는 힘, 세 방향으로 힘을 줘야 하는데, 켜기 펜스에 처음부터 과도한 힘으로 밀착한다면 이 힘을 일정하게 유지하기 어려워서 절단 중에 목재가 톱날과 펜스 사이에 끼이면서 굉음이 나고, 이로 인해 더 큰 힘을 주게 되는 악순환이 일어납니다. 수압대패도 손으로 목재를 누르는 힘을 과도하게 가해서는 안 됩니다. 큰 힘을 줄 필요도 없지만, 특히 목재에 변형이 생길 정도의 힘을 줘서는 안 됩니다.

킥백(Kickback)

날물이 목재를 튕겨내거나, 날물과 펜스 등에 목재가 끼인 후 큰 힘으로 날아가는 현상을 킥백이라 합니다. 킥백은 자체로도 위험할 수 있지만, 작업자가 킥백에 놀라서 사고가 나는 2차 위험도 있으므로, 위험 상황을 예상하고 방지하는 노력이 필요합니다.

테이블쏘, 라우터, 마이터쏘, 원형톱 등은 이런 킥백의 위험에 대비해야 하는 장비입니다. 세부적인 내용은 각 도구 설명에서 다루었습니다.

목재

목재 상태(Stock status)

기계의 상태와 세팅이 완벽하더라도 목재를 항상 완벽한 상태로 작업할 수는 없습니다. 목공 기계 중에서 마이터쏘와 수압대패처럼 작업이 제재목 상태에서 주로 이루어진다면 목재 상태에 특히 유의합니다. 제재목은 건조 과정에서 생긴 굽힘, 뒤틀림 등 변형이 있어, 마이터쏘 작업 시, 제재목의 상태와 모양을 파악하고 작업하지 않으면 킥백 등이 일어날 수 있습니다.

목재가 반듯하게 재단된 것처럼 보일 때도 내부에서 응력이 작용하고 있으므로 재단 시에 추가적인 변형이 일어나는 경우도 있습니다. 특히, 미성숙재나 목재의 결이 특이한 경우에 이러한 현상이 보이기도 하나, 외형만으로는 판단하기 어려우므로 작업 시 평소와 다른 소음이나 힘이 전달된다면 주의를 기울여야 합니다.

더불어, 목재에 있는 옹이는 매우 단단한 부분이어서 가공되는 느낌이나 모양이 다르므로, 이를 인지하고 있어야 합니다.

나뭇결과 작업(Wood grain)

대패나 라우터로 작업할 때 목재의 결을 파악하고 진행하면 좋지만, 제재목 상태에서 결을 파악하기가 쉽지 않습니다. 결의 변화가 심한 경우도 있고, 순결 방향으로 작업이 어려운 경우도 있습니다.

수압대패는 초기 단계이므로 목재결보다는 목재의 변형된 형태에 더 신경을 쓰는 편이 낫고, 자동대패의 마무리 단계에서 결에 대해 신경쓰면서 진행하면 됩니다. 라우터는 날물의 회전 방향을 고려한 작업 방향이 우선인데, 클라임컷을 하는 경우에는 절삭량과 작업 속도에 대한 별도의 주의가 필요합니다.

수압대패, 자동대패에서 헬리컬 커터helical cutter를 사용하면 결의 방향을 좀 더 자유롭게 작업하는 데 도움이 됩니다. 마찬가지로, 라우터에서 일자 비트보다 스파이럴 비트가 좀 더 편한 절삭과 결과를 얻을 수 있습니다. 이는 판재 손대패 작업을 하면서 결에 비스듬하게 대패 방향을 정하는 것과 같은 이치입니다.

절삭량(How much to shave?)

기본적으로 절삭량은 크지 않게 합니다. 기계대패의 경우 일반적으로 1mm 내의 가공 두께를 정해 작업하며, 라우터는 비트 모양에 따라 매우 다양하기는 하나, 많은 양을 가공해야 할 때는 한 번에 가공하지 않고 여러 번에 나누어 작업합니다. 가공 두께가 클수록 날물이 받는 스트레스도 커지며, 날물이 목재를 밀어내는 힘도 커지고, 절삭면이 깨끗하게 가공되지 않습니다.

목재가 타는 경우와 작업 속도(burn mark, scorch mark)

작업 속도가 너무 빠르면 절단면이나 절삭면이 거칠게 되고, 느릴수록 작업면은 깔끔해집니다. 하지만 작업 속도가 너무 느리면 날물이 같은 자리에서 일정한 시간(몇 초) 반복 회전하면서 목재 표면이 타서 검게 그슬리는 현상이 나타나는데, 원형 톱날이 장착된 기계나 라우터에서 이런 현상이 자주 있습니다. 밴드쏘의 긴 날은 열을 분산시키기에 용이하나, 넓은 부재의 리쏘잉과 같은 느린 작업에서는 목재가 그슬리는 현상을 볼 수 있습니다. 마찰로 인한 열 에너지가 한 곳에서 계속해서 쌓이기 때문입니다.

새로 간 날이나 잘 연마된 원형 톱날에서는 작업 속도가 어느 정도 느려도 목재가 거의 타지 않습니다. 날물을 완벽한 상태로 유지하는 것이 기본이지만, 기계 장비에서 항상 그런 상태로 작업하기는 어렵습니다. 기본적으로 목재가 타는 현상을 막으려면 날물이 한자리에서 반복하며 머무르지 않게 하면 됩니다. 즉 목재(또는 날물)를 일정한 속도로 계속해서 이동하면 되지만, 기계에 익숙하지 않은 상황에서는 이를 고려하면서 작업하는 것이 오히려 좋지 않을 수 있습니다. 목재가 타는 것을 막으려고 작업을 서두르다가 추가적인 안전사고가 있어날 수 있으므로, 자신의 속도에 맞게 작업하고 나서 목재의 탄 부분은 나중에 대패나 사포로 처리하는 것이 좋습니다.

목재의 크기(Stock size)

목공 기계는 너무 크거나, 너무 작거나, 너무 얇은 부재를 다루기에 적합하지 않습니다. 이 경우 전동 공구나 수공구로 처리하는 것이 안전하고 편리한 경우가 많습니다.

기계에 따라 다르지만, 일반적으로 400~800mm 정도 길이의 부재가 무게도 적당하고 다루기도 편합니다. 큰 부재는 충분히 제어가 가능한지 확인해야 하며, 너무 작은 부재는 기계 작업 자체를 피해야 할 때가 많습니다. 큰 부재는 수공구나 전동 공구를 고려해보고, 작은 부재는 테이블쏘보다는 비교적 안전한 밴드쏘나 수공구를 사용하는 편이 좋습니다. 자동대패로는 너무 짧은 부재를 사용해서는 안 되며, 수압대패에서도 부재가 짧으면 정반 사이에서 지지되지 않는 상황이 생길 수 있으므로 부재의 길이를 자동대패와 같은 수준으로 관리합니다. 테이블쏘로 얇게 켜기를 하는 경우 신경 쓸 부분이 많아집니다. 짧은 부재를 사용해야 한다면, 작업하기 좋은 크기로 재단하고 대패 작업 등을 마친 뒤에 마지막 단계에서 원하는 크기로 나누면 됩니다.

아무리 값비싼 끌이나 고급 대패라도 날물이 연마되지 않으면 사용할 수 없듯이, 수공구에서의 날물의 연마와 관리는 반드시 필요한 과정입니다. 수공구를 갖추고 어느 정도 사용하다보면 어떤 연마 도구를 준비해야 될지 그리고 어떻게 연마를 해야 될지 고민하게 됩니다. 그러나 비슷해 보이는 수많은 연마 도구 중에 어떤 것을 선택하는가는 쉽지 않으며, 막상 숫돌과 같은 연마 도구를 구비하더라도 연마 작업 자체도 어렵다는 것을 깨닫게 됩니다. 시행착오를 거쳐 어느 정도 연마에 익숙해지더라도 숫돌을 물에 담그고 기다리는 준비과정은 번거로우며, 작업을 하면서 손이 더럽혀지고 주변이 어지럽혀지는 등 연마 작업은 매우 성가시고 귀찮은 일임을 알게 됩니다. 이러한 이유들로 연마를 조금씩 꺼리게 되고, 결국은 수공구를 멀리하거나 포기하는 상황이 생기기도 합니다. 수공구의 사용에 있어서 연마는 필수적이나 그 자체가 목적이 아니라 목공을 위해 사용하는 도구를 준비하는 과정일 뿐입니다. 어떻게 하면 자신의 상황에 맞게 효율적으로 접근할지에 대해 고민할 필요가 있습니다.

목공에서 사용하는 날물의 재료

연마에 대해서 이야기하기에 앞서 공구에서 사용하는 날물의 재료에 대해 알아보겠습니다. 금속은 철 금속과 비철 금속으로 크게 나눌 수 있으며, 철 금속은 탄소 함량에 따라 순철(pure iron), 강(steel), 주철(cast iron)/선철(pig iron)로 구분합니다. 탄소량이 적을수록 인성靭性이 좋아 질기며, 탄소량이 많으면 경도가 높아 내마모성, 즉 절삭력이 좋아지지만 상대적으로 깨지기도 쉽습니다. 무쇠라고도 부르는 주철은 탄소의 함유량이 높고 녹는점이 낮아 주물의 방법으로 제작되는데, 테이블쏘의 정반, 밴드쏘의 휠과 같이 목공 기계에서도 볼 수 있고 프라이팬과 같은 조리 도구에도 사용하지만, 산업용과 공업용으로는 탄소량이 약 2% 이하로 순철과 주철의 중간인 강(steel) 또는 강철이 널리 사용됩니다. 강철에서 철과 탄소가 주성분인 재료를 탄소강(carbon steel 보통강)이라고 하고, 탄소 이외에 텅스텐, 크롬, 바나듐, 몰리브덴 등 특수 금속 원소가 포함되는 경우를 합금강(alloy steel 특수강)이라고 합니다. 이 중 탄소의 함유량이 1% 전후의 탄소강 또는 합금강은 다른 재료를 성형하는 공구의 제작에 적합하여 공구강(tool steel)이라 부르기도 합니다.

탄소강은 내마모성이나 절삭력은 우수하나 열에 약한 단점이 있어 약 300℃ 이하의 저온에서만 사용되는데, 이를 보완하는 합금강 중 고속도강(HSS high speed steel)은 탄소강에 크롬 등을 추가하여 고속의 작업 시 마찰열을 견딜 수 있게 한 것입니다. 1900년 전후 서양에서 고속도강을 만든 지 얼마되지 않아, 일본의 히타지 야스기安來 제련소에서 고속도강을 제작하기 시작했는데 이는 일본 공업 발전의 근간이 되었으며 한편으로는 조선시대 제련 기술과 함께 발달한 국내 전통 수공구들이 일제 강점기를 거치며 점차 사라지게 된 계기가 되기도 했습니다. 고속도강은 일본에서 하이스강이라고 불렀는데, 야스기 제련소에서 만들어진 탄소강과 고속도강의 재료와 등급에 따라 백지강(백색 라벨, 탄소강), 황지강(노란색 라벨, 고탄소강), 은지강(은색 라벨, 하이스강), 청지강(청색 라벨, 하이스강에 텅스텐 추가한 고급 하이스강)으로 구분한 분류법이 아직 통용되고 있습니다. 일본의 끌과 대패는 탄소의 함유량이 적은 연강과 하이스강을 붙인 복합강이 많이 사용되며, 서양의 수공구는 합금공구강, 즉 탄소강에 크롬이나 바나듐 등이 들어간 고속도강이 많이 사용됩니다. 드릴 비트는 고속도강이 일반적으로 사용되며, 코발트 합금강이나 초경팁을 붙인 탄소강의 재질도 있습니다. SUS 기리, 스텐비트의 이름으로 판매되는, 스테인레스 가공까지 사용할 수 있는 드릴 비트가 코발트 합금강인데, 높은 녹는점과 내구성을 가진 코발트 합금강은 금속의 가공에는 적합하나 목공으로는 다소 지나친 사양으로 볼 수 있습니다. 참고로 스테인레스강은 크롬의 함량을 높인 합금강으로 공구 사용보다는 강한 내부식성에 초점이 맞춰져 있습니다.

비철 금속로는 텅스텐 카바이드tungsten carbide가 목공에서 원형톱날의 팁, 라우터 비트의 날, 기계대패의 날 등 고속의 강한 회전이 필요한 날물에 사용됩니다. 텅스텐과 탄소 등의 합성물로 초경 또는 카바이드라고도 부르는 매우 단단한 물질인데 내마모성이 우수하고 고속도강보다 높은 열에서 견딜 수 있습니다. 광물질의 경도를 10단계로 구분한 모스 경도(Mohs scale)에 의하면 텅스텐 카바이드는 9.5 정도의 경도를 가집니다. 참고로 다이아몬드가 10이며, 고속도강은 7~8 정도입니다.

연마 도구와 연마재

연마에 사용되는 물질, 연마재研磨材는 자연에서 얻을 수 있는 재료를 사용해 왔으며 현재에도 천연 재료가 적지 않게 사용되고 있으나, 가격이나 수급 등의 이유로 현재는 인공 재료가 더 널리 사용됩니다. 가장 많이 사용되는 연마재로는 산화알루미늄(aluminum oxide)과 탄화규소(silicon carbide)가 있으며, 이를 종이나 천과 같은 얇은 막에 코팅하는 경우 사포가 되며, 접착 물질을 사용해서 덩어리로 만들면 숫돌이 됩니다. 숫돌 중에는 균일한 금속판에 다이아몬드 가루 같은 연마재를 코팅한 것도 있습니다. 연마재를 다른 물질과 섞은 연마제 컴파운드는 가죽에 발라 마무리 단계 연마에 사용하기도 합니다.

숫돌이 없는 경우 유리와 같이 평평한 면에 부착한 사포는 좋은 연마 도구가 되며, 카빙을 위한 칼이나 조각도의 연마 또는 대팻집의 평을 잡는 곳에 사용하기도 하지만, 사포와 같이 연마재가 코팅되어 있는 경우에는 연마재의 층이 얇고 쉽게 떨어져 나가 어느 정도 사용 시 연마 정도가 고르지 않게 될 수 있습니다. 정도의 차이가 있지만, 다이아몬드 숫돌의 수명이 한정적인 이유도 이러한 까닭입니다. 숫돌의 경우 서양에서 많이 사용하던 기름 숫돌(oil stone)과 동양에서 많이 사용하던 물 숫돌(water stone)이 있는데, 여기서 기름과 물은 표면 장력으로 연마를 원활하게 하고 연마된 날물의 찌꺼기를 밀어내는 윤활재와 날물의 과열을 막는 냉각재 역할을 합니다. 기름 숫돌과 물 숫돌 모두 산화알루미늄과 탄화규소가 재료로 널리 사용되므로, 이 둘의 차이는 연마재가 아니라 접착 물질의 종류와 접착 방식, 그리고 이에 따른 밀도와 기공의 분포로 볼 수 있습니다. 일반적으로 물 숫돌이 기공이 크게 분포되어 있어 부드럽고 절삭 속도가 빠르며, 기름 숫돌은 단단하여 예리한 날을 세우는 데 유리합니다. 물 숫돌의 경우에는 제품의 종류나 입도에 따라 사용 전에 5분에서 30분 정도 물에 담가두어서 내부의 기공을 포함해서 숫돌 전체가 충분히 수분을 머금고 있어야 하는데, 물 숫돌 중 사용 전에 물에 담가 둘 필요 없는 샤프톤Shapton사의 '인의 흑막'과 같은 제품은 편리하게 사용할 수 있다는 장점이 있습니다. 이 제품은 세라믹이라는 특수한 재료를 사용한 것처럼 홍보되고 있으나 연마재로 사용되는 산화알루미늄이나 탄화규소 모두 세라믹 계열이어서 다른 숫돌과 차별화된 특수한 재료를 사용한다고 볼 수 없으며, 반대로 거의 대부분의 숫돌이 세라믹 숫돌이라고 해도 무방합니다. 다만, 물 숫돌은 연마재 못지않게 접착 방식과 밀도가 중요해 이러한 제조 방식의 차이로 작업 방법이나 관리의 차이가 발생할 수 있습니다. 제조사의 권장 사항에 따라 달라지겠지만 물 숫돌은 항상 표면에 물이 마르지 않은 상태로 있어야 하는데, 숫돌에 물을 뿌려 보았을 때 바로 흡수가 된다면 작업 전에 물에 담가 두는 것이 좋으며, 물이 어느 정도 머물러 있다면 물을 뿌리면서 작업할 수 있습니다. 물에 담갔을 때 물방울이 올라오는 것은 숫돌 내부의 기공에 물이 채워지는 과정입니다.

입도(粒度)

사포나 숫돌과 같은 연마 도구에서 사용하는 입도, 즉 얼마나 연마재가 곱거나 거친지를 나타내는 정도에 대해서 알아보겠습니다. 입도라는 단어는 광물이나 금속 분말 알갱이의 크기를 뜻하며, 국내에서는 220방, 1000방과 같이 '방'이라는 단위로 통용됩니다. 방의 숫자가 낮을수록 거칠며, 수치가 높을수록 고운데, 목공에서 사포는 80에서 600방 사이가 주로 사용되며, 끌이나 대패를 연마하는 숫돌은 200~400방을 초벌, 1000~2000방을 중벌, 3000방 이상을 마무리 숫돌로 나누기도 합니다.

연마 도구의 입도에 대해서 정해 놓은 규격은 국가별로 다양하며 심지어 제조사별로 자체적인 규격을 쓰기도 하나, 가장 일반적으로 통용되는 규격은 FEPA(Federation of European Producers of Abrasives)입니다. FEPA는 유럽의 규격이고, 미국CAMI, 일본JIS, 러시아GOST 등 국가나 단체도 자체적인 규격을 가지고 있으나, FEPA는 미국을 포함하여 많은 국가에서 통용되고 있습니다. 국내에서 볼 수 있는 대부분의 사포에 표기되어 있는 입도도 FEPA 규격에 따른 것인데, FEPA 규격 중 사포와 같이 연마재가 표면에 코팅되는 사항은 FEPA-P, 숫돌과 같이 뭉쳐져 있는 경우에는 FEPA-F로 나뉘어져 있어, 사포의 입도가 320P 또는 P320과 같이 표기되는 것을 확인할 수 있습니다. 물 숫돌의 경우에는 일본 제품이 널리 사용되고 있어서, JIS, 즉 일본의 규격으로 명시되어 있는 제품이 많은데, JIS는 수치 앞에 #을 붙여서 표기하는 것이 일반적입니다.

그렇다면 입도에서 수치가 의미하는 것은 무엇일까요? 단위 면적이나 부피에서의 입자 수를 뜻한다는 말도 있으며, 제조 과정에서 연마재의 입자를 거르는 망의 촘촘한 정도를 나타낸다고도 하나, 입도를 나타내는 수치는 이보다 조금 더 복잡한 의미가 있습니다. 입자의 수나 제조 과정이 입도 수치의 유래와 연관이 있을 수 있으나, 표준화된 수치 자체에는 물리적인 의미가 없으며 해당 수치마다 대응되는 입자 크기의 분포가 정의되어 있는 체계라고 볼 수 있습니다. FEPA 기준으로 예를 들어 P320은 연마재 입자 지름의 평균 46.2um 전후의 분포를 나타냅니다. FEPA-F, FEPA-P, JIS, CAMI 등 각 규격에서의 수치와 이에 해당하는 평균값과 분포가 서로 일치하지는 않으나, 특히 낮은 입도에서는 물리적 입자 크기와 차이가 크지 않아 목공에서는 이를 구분하지 않고 사용해도 큰 무리가 없습니다. 즉, FEPA 기준으로 제작된 미국 숫돌과 JIS 기준으로 제작된 일본 숫돌의 입도는 같은 의미는 아니나 목공에서 숫돌의 용도를 정하는 데는 혼용해도 무방합니다.

목재의 섬유질은 수십um, 기공을 포함하면 수백um의 지름을 가지고 있어 사람 머리카락 굵기와 비슷하거나 조금 더 큰 정도로 볼 수 있습니다. P120에서 P320의 입도를 가진 사포에서는 연마재 입자의 지름이 100~50um 전후로 분포되어 있으며, F1000의 숫돌의 입자가 약 5um 전후로 분포되어 있는 것을 참고하면 목재와 샌딩, 목재와 도구의 연마에 관해 좀 더 구체적인 느낌을 가질 수 있을 것입니다.

연마는 어떻게 해야 하나요?

연마를 하는 자세나 방법에 대해서는 상세히 설명된 동영상 자료를 어렵지 않게 찾을 수 있어, 여기서는 세부적인 사항 대신 연마에서 원칙적으로 확인해야 할 내용에 대해서 몇 가지 정리해 보겠습니다.

두 면이 만나 하나의 선에서 각도가 형성되는 것처럼 끌이나 대패는 평평한 뒷날이 경사가 있는 앞날과 만나면서 각도가 만들어집니다. 따라서 연마 작업에서 신경 써야 할 사항은 뒷날과 앞날이 최대한 평면을 유지하는 것이며, 연마의 기본 목표는 두 면이 만날 때까지 작업하는 것입니다. 평면을 유지하는 데에는 경험과 연습이 필요한데, 날물의 연마면이 고른 힘으로 숫돌에 밀착된 상태로 연마가 될 수 있도록 자신만의 자세를 찾고, 대팻날과 같이 날물의 너비가 큰 경우에는 연마를 하면서 수시로 숫돌의 평을 잡아 주어야 합니다. 연마 작업 시에는 앞날이 숫돌에 잘 밀

날 끝 전체나 일부에서 빛이 반사된다면 앞날과 뒷날이 완전하게 만나지 않은 상태입니다(왼쪽).
날넘이는 눈으로는 잘 보이지 않으나 뒷날의 날 끝을 만져보면 확인할 수 있습니다(오른쪽).

착이 되었는지 확인하고 날물을 밀거나 당기는 방향으로 스트로크를 한 뒤 여전히 날과 숫돌이 잘 밀착되어 있는지 봅니다. 빠르게 날물을 왔다 갔다 하면서 연마하거나 손끝에 과도한 힘을 주는 것은 날물의 평을 깨뜨려 오히려 연마 시간이 길어지거나 연마 자체를 어렵게 합니다. 숫돌은 입도에 따라 보통 초벌, 중벌, 마무리로 나누고 차례대로 진행하는데, 각 단계에서 연마가 끝나는 시점은 두 면이 만날 때입니다. 일반적으로 뒷날을 연마한 후에 앞날을 연마하는데, 뒷날은 날 끝부분 포함 연마를 한 모든 부분이 고르게 빛을 반사하는지 확인합니다. 앞날 면을 연마하면서 뒷날 면과 만나는 순간은 두 가지로 확인이 가능합니다. 앞날의 연마가 진행되면서 뒷날 면과 만나는 순간부터 앞날 면에서 갈려 나간 날의 찌꺼기 일부가 뒷날 쪽으로 넘어가는데, 이를 날넘이, 또는 버burr라고 부르고, 이는 연마하는 면의 뒤쪽, 즉 뒷면에서 날 끝부분을 만져 보면 확인할 수 있습니다. 다른 방법은 날 면에 빛을 비추면서 날 끝에서 빛이 반사되지 않는지를 보는 것인데, 날 끝의 어느 한 부분이라도 빛을 반사한다면 그 부분은 아직 완전하게 연마되지 않는 상태입니다. 날넘이를 확인하면서 전체적인 진행 상황을 파악할 수 있고, 날 끝의 빛 반사는 특정 부분에 대해 상세한 확인이 가능하기 때문에 연마를 하면서 두 가지 방법에 모두 익숙해지는 것이 좋습니다.

연마에 익숙하지 않다면 날물의 성능보다 동작에 집중할 필요가 있습니다. 우선순위가 맞지 않는 작업을 한다면 날이 반짝이도록 연마를 했음에도 불구하고 대패나 끌은 여전히 무딘 상태로 제대로 동작하지 않을 수 있습니다. 연마가 효율적으로 되지 않을 때에도 초벌 단계에 집중하며, 값비싼 마무리 숫돌보다 성능이 좋은 초벌 숫돌에 투자하는 것이 좋습니다. 초벌 단계에서 연마가 완료되지 않았다면 다음 단계로 넘어가는 것은 아무런 의미가 없는데, 가장 절삭력이 좋은 초벌 숫돌에서도 두 면이 만나도록 작업할 수 없다면 다음 단계에서 아무리 오랜 시간을 투자해도 연마를 완성하기는 어렵습니다. 반면 초벌 단계에서 작업이 완료되었다면 중벌이나 마무리 작업은 짧고 간단한 작업만으로도 훌륭한 결과를 얻을 수 있습니다. 초벌로 사용하는 320방 연마재의 입자 크기는 50um 정도이며 중벌 1000방은 5um 정도인데, 초벌 숫돌에서 앞날과 뒷날이 제대로 만난다면 중벌에서는 10~20회 정도의 스트로크만으로도 해당 단계에서의 연마를 마무리할 수 있습니다.

연마 작업 자체에 흥미를 가지고 접근을 하는 것도 목공에서 느낄 수 있는 하나의 즐거움이나, 연마는 목공을 위한 도구를 준비하는 과정으로 손쉽게 접근하며 간결하고 효율적으로 작업할 수 있어야 합니다. 숫돌을 물에 담그고 기다리는 시간이 걸림돌이 된다거나, 물을 뿌리고 사용하는 숫돌이 적합할 수 있습니다. 날이 많이 상한 경우나 날의 각도를 바꿀 때에는 호닝 가이드honing guide를 사용하여 안정적으로 연마하는 것도 좋은 방법이지만, 평소에는 가이드 없이 작업하여 지그의 세팅 시간까지 줄이는 것도 좋습니다. 연마가 필요한 수공구는 끌과 대패인데, 사용 목적과 날물의 모양에 따라 다르게 접근하는 것도 좋습니다. 끌은 목재를 파고 덜어내는 등 거친 작업에도 많이 사용되므로 마무리 단계에 지나치게 신경을 쓸 필요가 없습니다. 반면 대패는 날 폭이 넓어 숫돌의 평이 중요하며 수십um에서 수백um의 미세한 가공에 많이 사용되므로 마무리 연마에 신경 써서 작업합니다.

[목공 상식] 모터와 배터리

전동 공구나 목공 기계를 사용하게 되면 브러시리스 모터brushless motor, 인덕션 모터induction motor, 유니버셜 모터universal motor 등 모터에 대한 이야기를 한두 번은 들어 보았을 것입니다. 전기적인 장치에 관심이 없더라도 수공구를 제외한 대부분의 목공 도구가 모터에 의해서 동작한다는 사실은 알고 있을 것입니다. 모터는 전기 에너지를 기계 에너지로 변환하는 장치로, 외부의 고정자(stator)와 내부의 회전자(rotor) 사이에서 발생하는 자기장의 변화로 회전자가 회전 운동을 하며 동력을 외부로 전달합니다. 목공 기계에서 주로 사용되는 인덕션 모터와 전공 공구에 사용되는 유니버셜 모터와 브러시리스 모터의 원리와 배터리에 관한 몇 가지 내용들을 살펴보도록 하겠습니다.

인턱션 모터와 목공 기계

유도 전동기, 즉, 인덕션 모터는 대표적인 교류 전원(AC) 모터로 인류 역사상 최고의 천재 중 한 명인 테슬라Nikola Tesla에 의해 발명되었습니다. 단상이나 3상의 교류 전원을 그대로 사용하는데, 속도나 방향을 제어하기 힘든 단점이 있으나, 효율이 좋고 수명이 길며 발열이 적어, 선풍기, 에어콘, 냉장고, 펌프 등 일상 생활 제품에도 널리 사용됩니다. 최근 들어 AC 모터에 기술적인 발전이 거듭되면서 전기 자동차용 모터도 대부분 AC 모터를 채택하고 있습니다. 목공 기계에서는 테이블쏘, 밴드쏘, 기계대패, 집진기 등 대형으로 오랜 시간 작동해야 하는 장비에 인덕션 모터가 사용되는데, 뒤에 설명할 유니버셜 모터에 비해서 무겁고 속도도 빠르지 않지만, 조용하며 강한 힘(마력)을 제공합니다. 인덕션 모터는 고정자에 감겨 있는 코일(권선)에 교류 전원이 인가되면서 전자기장이 유도되어 안쪽의 회전자를 동작시킵니다. 3상 전원인 경우에는 3개의 다른 위상을 가진 전원을 이용해서 모터에 회전 자기장을 공급할 수 있는데, 단상의 경우에는 전원의 위상이 하나여서 별도의 구동 회로가 있어야 합니다. 단상 모터는 주 권선(main winding)과 별도로 90° 위상을 가지는 위치의 구동 권선(auxiliary winding)에 구동 콘덴서(starting capacitor)가 직렬로 연결되어 있어 모터 회전에 필요한 자기장을 공급합니다. 큰 용량의 구동 콘덴서는 모터가 초기 회전에 필요한 위상의 전류를 공급하는데, 모터가 정속도로 동작을 할 때는 시작 시에 필요한 힘과 전류가 지속적으로 요구되지 않기 때문에, 구동 콘덴서는 원심력 스위치 등에 의해서 차단되고 작은 용량의 운전 콘덴서(run capacitor)가 구동 콘덴서를 대체합니다. 220V 단상 모터 옆에 붙어 있는 콘덴서가 하나라면 구동 콘덴서만으로 동작하는 타입이며, 두 개인 경우에는 구동 콘덴서와 동작 콘덴서로 이루어져 있는 제품입니다. 인덕션 모터의 수명은 매우 긴 편이나, 단상에서는 간혹 콘덴서에 문제가 생기는 경우가 있으니, 모터의 동작이 현저히 저하되거나 모터 자체가 회전을 하지 않는다면 이 부분을 확인할 필요가 있습니다. 3상 전원을 사용하는 목공 기계는 이러한 구동 콘덴서가 없어 내구성이 좀 더 좋다고 할 수 있으며, 효율도 우수합니다. 그 대신 3개의 전원 선을 올바르게 연결하지 않으면 자기장의 회전이 바뀔 수 있으니, 초기 장비 설치 시 날물이 반대로 회전하는 경우에는 전원의 결선을 확인해야 합니다.

목공 기계에 사용되는 모터 주변의 구조를 간단히 보면, 모터 회전자의 샤프트(기둥)와 날물이 회전하는 샤프트에 일정한 크기의 도르래(pulley)가 고정되어 있으며, 벨트가 양쪽 도르래에 서로 연결되어 있습니다. 도르래의 크기 차이에 따라 날물에서 필요한 일정한 속도를 얻을 수 있으며, 모터가 날물에 직결되어 있는 구조와 대비해서 모터의 진동을 흡수하여 날물이 안정적으로 회전할 수 있습니다. 테이블쏘, 밴드쏘, 기계대패와 같은 목공 기계는 속도를 변경할 필요가 거의 없기 때문에 제품에 따라 모터와 날물에 있는 도르래를 연결하는 벨트의 위치를 수동으로 바꾸어 간단히 한두 단계의 속도를 정하기도 하나, 목선반과 같이 정교하게 모터의 속도를 제어해야 할 때는 인버터inverter를 별도로 사용하기도 합니다. 인버터는 주파수 변환기로 AC 전원의 주파수를 바꾸어 모터의 속도를 제어하는 장치입니다.

유니버셜 모터, 브러시리스 모터와 배터리

직류 전원을 사용하는 DC 모터는 AC 모터와는 다르게 속도나 방향의 제어가 용이하며, 장난감, 청소기, 전동 공구 등 용도나 기능에 따라 여러 종류가 사용되고 있습니다. 전통적인 DC 모터는 일정한 자기장을 형성하는 외부의 고정자와 코일이 감겨 있는 내부의 회전자가 있으며, 직류 전원이 브러시를 통해 회전자의 코일에 공급되면서 코일이 일정한 방향과 속도로 회전하게 합니다. 이러한 브러시 모터(brushed motor)는 카본과 같은 재질의 브러시에서 기계적인 마찰, 소음, 스파크 등의 현상이 발생하면서 내구성과 수명의 문제가 발생하는데, 브러시가 없는 타입의 DC 모터, 즉, 브러시리스 모터(brushless DC motor, BLDC motor)가 이에 대한 대안으로 점차 널리 사용되고 있습니다. 브러시리스 모터는 제어 회로에 의해 고정자의 여러 위상에 있는 코일에 순차적으로 전원이 공급되면서 자석으로 되어 있는 회전자를 구동시키는 원리로, 브러시 모터가 가지고 있는 여러 문제를 해결합니다. 구조상으로 보면 인덕션 모터와 유사하여, AC 인덕션 모터와 브러시리스 DC 모터는 여러 분야에서 비교되기도 합니다. 이와 더불어 전통적인 DC 모터를 기반으로 직류 전원뿐 아니라 교류 전원에서 사용되도록 수정된 모터를 범용 모터 또는 유니버셜 모터라고 부릅니다. 유니버셜 모터는 인덕션 모터에 비해 효율이 떨어지고 소음이 크나, 순간적으로 큰 힘을 내며 일정한 토크 유지, 회전 방향과 속도 제어에 유리한 DC 모터의 성질을 가지고 있습니다. 드릴/드라이버, 트리머/라우터, 원형톱/플런지쏘, 샌더, 직쏘 등 목공용 전동 공구나 무겁지 않은 목공 기계에 유니버셜 모터가 사용되며, 배터리와 같이 직류 전원만 사용하는 전동 공구에는 브러시리스 모터가 유니버셜 모터 대신 점차 많이 채택되고 있습니다.

전동 공구에 사용하는 배터리의 전압 규격은 혼란스러운 점이 있어 한번 살펴보겠습니다. 배터리의 전압은 공구가 낼 수 있는 힘으로, 목공용 전동 공구에서는 10~20V 사이가 일반적으로 사용되고 있으며, 'Ah' 암페어 시(時)는 일정한 전류를 공급할 수 있는 시간으로 배터리의 공급 용량을 나타냅니다. 배터리의 전압은 내부에 직렬로 연결된 셀cell의 수에 의해서 결정되는데, 셀 하나의 일반 전압, 즉 공칭 전압(nominal voltage)은 3.6V 정도로 큰 힘이 필요하지 않은 전동 드릴, 드라이버와 같은 공구는 3개의 셀, 10.8V가 사용됩니다. 강한 힘이 필요한 드릴, 트리머, 직쏘, 원형톱은 18V(5셀)가 사용되는데, 더욱 강력한 힘이 필요한 공구에서는 18V 배터리를 2개 연결하는 구조로 36V가 공급되기도 합니다. 참고로 정격 전압

(rated voltage)는 제품을 안전하게 사용하기 위해 공급받는 전압으로, 배터리보다는 배터리나 전원을 사용하는 기기에 적용되는 용어입니다. 2개의 셀을 연결한 7.2V나 4개의 셀을 연결한 14.4V 배터리를 사용하는 제품도 있으나, 전동 공구에서는 10.8V와 18V의 배터리가 일반적으로 사용되고 있는데, 공구 제조사에서 마케팅 목적으로 같은 전압을 높게 보이기 위해 공칭 전압이 아닌 최대 전압으로 표기하기도 합니다. 전동 공구의 사양이 최대 12V(12V max), 최대 20V(20V max)로 표기되는 것은 각각 공칭 전압 10.8V(nominal 10.8V), 18V(nominal 18V)와 정확히 동일한 표현으로, 서로 혼용된다고 보면 됩니다. 참고로, 최대 전압은 충전이 완료되고 부하가 없을 때의 전압으로, 셀 하나의 최대 전압은 4V입니다.

인덕션 모터와 도르래, 벨트(왼쪽), 브러시리스 모터와 배터리(오른쪽).

짜임

Joinery

기원전 3천 년 이집트의 유물에서도 장부 결합의 흔적을 볼 수 있듯이, 짜임은 동서양을 막론하고 목공과 함께해 왔습니다. 목공에는 수많은 짜임이 있는데, 정성스럽게 만든 멋진 작업을 책이나 미디어를 통해서 어렵지 않게 구경할 수 있습니다. 보기에도 복잡한 구성으로 만든 짜임이, 한 치의 오차도 없이 딱 맞아떨어지는 것을 보면 신기하기까지 합니다. 그런데 막상 스스로 해보려고 하면 어떻게 구성되어 있는지 생각나지 않으며, 어떤 식으로 시작해야 할지조차 헛갈릴 때가 많습니다.

때로는 이렇게 많은 정보가 오히려 짜임에 쉽게 접근하기 어렵게 하는 것은 물론, 창의적인 시도에도 걸림돌이 되는 것 같습니다. 짜임은, 단순하게는 목재끼리 맞대 붙이거나, 목재와 목재를 끼워 넣어 결합하는 것입니다. 하고자 하는 목적이나 상황에 맞게 몇 가지 논리적인 패턴으로 구분하고, 이에 대한 변화로 그 밖의 것들을 해석해보면 짜임에 대한 통찰력을 갖출 수 있습니다.

의자 좌판 제작. 드로나이프(drawknife) 카빙(carving)

짜맞춤

'짜다'라는 우리말은 모서리 부분을 서로 맞물리게 가구나 상자 등을 만드는 작업을 말하는데, '계획을 짜다' 등의 표현에서도 볼 수 있듯이 일반적인 의미로도 널리 사용되고 있습니다. 목공에서는 두 개 이상의 부재를 서로 연결하는 방법, 형태, 행위를 '짜임', '짜맞춤(짜서 맞춤)', 얽어 놓는 방법을 말하는 한자어 '결구법結句法' 등의 용어로 부르며, 영어로는 조이너리joinery라고 합니다.

오랜 목공의 역사를 통해 다양한 결구법이 발전했고 소개되어 있으나, 체계적인 분류가 어렵고 용어가 통일되어 있지 않아서 막상 어떤 방법을 적용해야 할지 고민스러운 경우가 많습니다. 너무 많은 짜임을 익히는 것이 불가능한 일이라 생각하여 경험으로 익숙해진 결구법만을 사용하다보니 창의적인 접근이 어려워지기도 합니다.

전체적인 구조에서 요구되는 강도와 목재의 재질, 두께, 색상 등의 상태, 전체 디자인에 적합한 외형, 작업 기간과 노력에 따른 효율성 등 여러 판단 기준에 따라 가장 적합한 결구법을 생각하고, 이를 창의적으로 적용할 수 있어야 합니다. 여기에서는 여러 결구법에 대한 체계적인 분류를 시도해서 이러한 요구 사항에 적합한 결구법을 쉽게 떠올리고, 나아가 창의적인 짜임의 응용이 가능하도록 합니다.

짜임의 이해

두 개 이상의 부재를 연결할 때 목재의 결, 접착면의 결합력, 기계적 강도를 어떻게 해석할지와 짜임의 미적 접근에 대해서 간단히 보겠습니다.

목재의 강도

일반적인 짜임에서는 두 개 이상의 판재나 각재가 한쪽은 결면, 다른 한쪽은 마구리면으로 일부 구간에서 서로 만납니다. 롱 그레인으로 재단이 되는 각각의 판재나 각재는 자체로 기본적인 강도를 가지고 있지만, 결면으로 연결되는 부재는 작은 면적의 연결 부위에서 인장 강도를 견뎌야 합니다. 만약 두 부재를 맞대고 접착제로 고정한 후 외부에서 과도한 힘을 가한다면, 목공용 접착제의 접착력은 목재 섬유질의 결합 강도보다 강하기 때문에 접착면이 아니라 결면으로 연결된 부재에서 파괴가 일어납니다. 여러 가지 짜임은 부재 연결의 기본적인 목적과 더불어 연결 부위에서 목재의 강도를 향상하는 방법으로 해석할 수 있습니다.

롱 그레인 부재의 연결　　결면의 연결 부위 취약　　짜임으로 연결 부위의 강도 향상

접착면과 결합력

현대 목공의 발전은 높은 수준의 합성 접착제의 보급과 관련 있으며, 견고한 짜임을 위해서는 접착면에 대한 이해가 있어야 합니다. 전통적인 짜임이 기계적인 강도를 높이는 방향이었다면, 현대적인 짜임은 접합면을 크게 하는 방향으로도 해석할 필요가 있습니다. 짜임이 어느 정도로 견고하게 가공되어야 하는지에 대한 느낌을 설명하기는 힘들지만 확실한 사실은 짜임이 헐거운 경우 빈틈을 메울 수 있을 정도로 접착제의 양을 늘리더라도, 전체의 결합력은 상당히 떨어진다는 것입니다. 이는 접착제의 특성과 관련 있는데, 흔히 사용하는 목공용 접착제는 수용성으로 상당 부분이 물로 이루어져 있어 경화되면서 부피가 크게 줄어들고, 짜임의 빈 부분에 접착제를 채울 수 있도록 충분한 양을 바르더라도 경화가 된 후에는 접착면의 일부에만 접착제로 고정되었을 가능성이 큽니다. 접착제의 최대 성능을 보장하려면 맞닿는 면의 틈이 없어야 하며(약 0.2mm 이내), 짜임의 경우에는 추가적인 클램핑이 어려우므로 짜임의 가공은 부재에 무리가 없는 한 다소 빡빡하게 하는 것이 좋습니다. 집성을 하거나 조립을 하는 경우 클램프로 가능한 큰 압

력을 가할 수 있으나(10~20kgf/cm^2) 조립 과정에서 장부의 옆면에 가해지는 압력은 짜임 자체의 압력을 제외하고는 없어 가공의 완성도에 의존합니다.

기계적 결합력

짜임에서 접착면의 중요성과 더불어 기계적인 결합력도 확인할 필요가 있습니다. 짜임에서 부재끼리는 직각으로 결합하는데, 길이 방향으로 연결되는 특수한 짜맞춤을 제외하고는 대부분 짜임에서 결의 직각 방향 만남을 피할 수 없습니다. 직각으로 만나는 면적이 각재나 판재의 두께로 함수율에 따른 수축과 팽창을 무시할 수 있으나, 장기적인 문제에 노출되어 있고 결과적으로 완벽한 짜임을 불가능하게 합니다. 장부 결합에서 숫장부가 수축·팽창하는 방향과 암장부가 수축·팽창하는 방향은 서로 수직입니다. 판재끼리 만나는 부분은 수직 결이 됩니다. 주먹장에서도 암장부와 숫장부는 서로 다른 방향으로 수축하고 팽창합니다. 이 부분을 고려한다면 짜맞춤하는 각재나 목재 부분의 나뭇결(성장륜)이 최대한 조밀한 것을 골라야 하고, 장기적인 관점에서 짜임의 기계적 결합력을 고려할 필요가 있습니다.

기계적 결합력은 힘이 가해지는 방향에 대해서 구조적으로 저항력이 있느냐는 것이지, 결합 자체가 단단하느냐는 문제가 아닙니다. 예를 들어 접착제가 발달하지 않았던 시절에는 숫장부에 쐐기를 박는 것이 장부 자체를 단단하게 함으로써 결합력 강화에 의미가 있었으나, 장기적인 수축 팽창으로 결합력이 약해진다는 점에서는 큰 이점이 없어 기계적 결합력 강화보다는 미적인 관점으로 접근하는 것이 좋습니다. 이와 다르게 장부를 가로지르는 목심은 장부에 기계적인 결합력을 준다고 볼 수 있습니다.

보이는 짜임과 보이지 않는 짜임

짜임을 보이는 짜임과 보이지 않는 짜임으로 구분하는 것은 전체적인 디자인 측면에서 짜임을 배치하고 작업하는 데 유용합니다. 도미노와 같이 자동화된 플로팅 테논floating tenon 방식으로 매우 쉽고 유용하게 짜임을 구현할 수 있게 하나, 한편으로는 손도구를 이용해서 정성껏 작업하는 분들의 의욕을 떨어뜨릴 수 있습니다. 그러나 짜임을 보이는 짜임과 보이지 않는 짜임으로 구분해보면, 새로운 접근이 가능합니다. 보이지 않는 짜임에서는 기계적인 강도를 최대화하고 빠른 작업을 진행하는 한편, 보이는 짜임에서는 디자인 관점에서 작업에 집중하면 디자인 측면과 구조적인 측면을 동시에 만족하는 좀 더 멋진 결과물을 얻을 수 있습니다. 일반적으로 작업 자체는 보이지 않는 짜임이 까다로울 수 있으나, 사실상 짜임을 보이게 하는 것이 더 높은 완성도를 요구하므로 훨씬 더 신경이 쓰이고, 재미있는 작업일 수 있습니다.

각재와 판재의 연결 방법

체계적인 접근을 위해 짜임을 각재 연결과 판재 연결로 분류하고, 각재 연결은 각재를 나누는 단수에 따라, 판재 연결은 가공하는 형태에 따라 구분해 보겠습니다. 대부분 짜임은 이런 구분에 속하거나, 응용으로 볼 수 있습니다.

각재 연결

맞닿는 면에서 작업을 위해 나누는 단수에 따라 1단 맞댐, 2단 반턱, 3단 장부, 4단 연귀 장부로 구분합니다. 3개의 각재가 만나는 기둥 장부는 2개 각재 연결의 확장으로 해석합니다.

판재 연결

가공 형태에 따라서 맞댐, 직선 연결, 반복 연결의 세 가지로 구분합니다. 직선 연결은 반턱과 홈의 조합으로 이루어지며, 반복 연결은 주먹장, 다중 장부(multiple tenon-mortise)와 같이 일정한 장부가 규칙적 또는 불규칙적으로 반복됩니다.

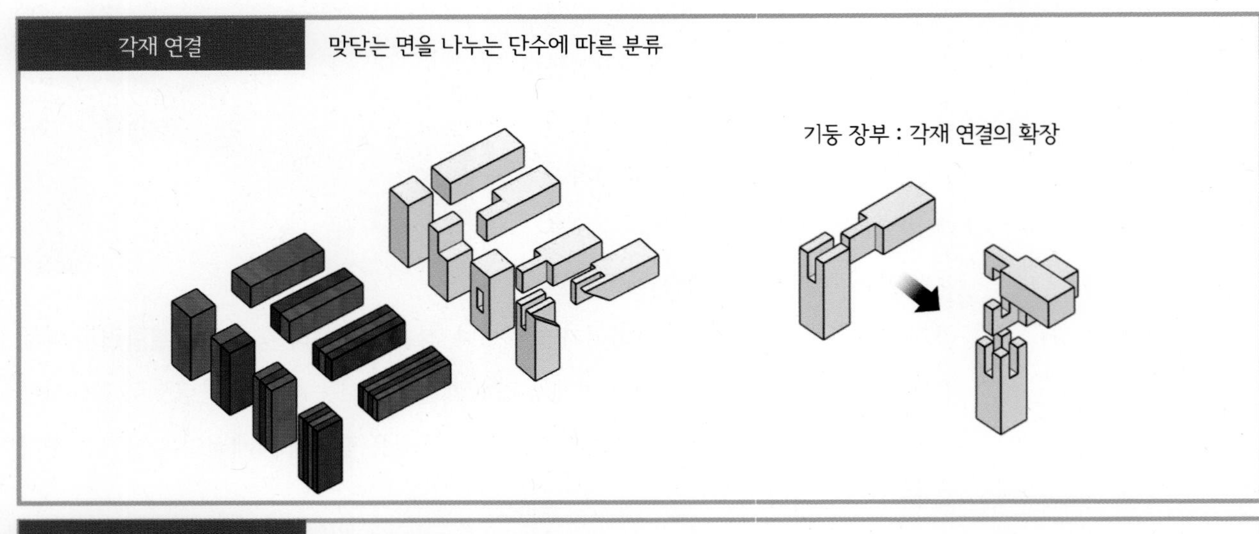

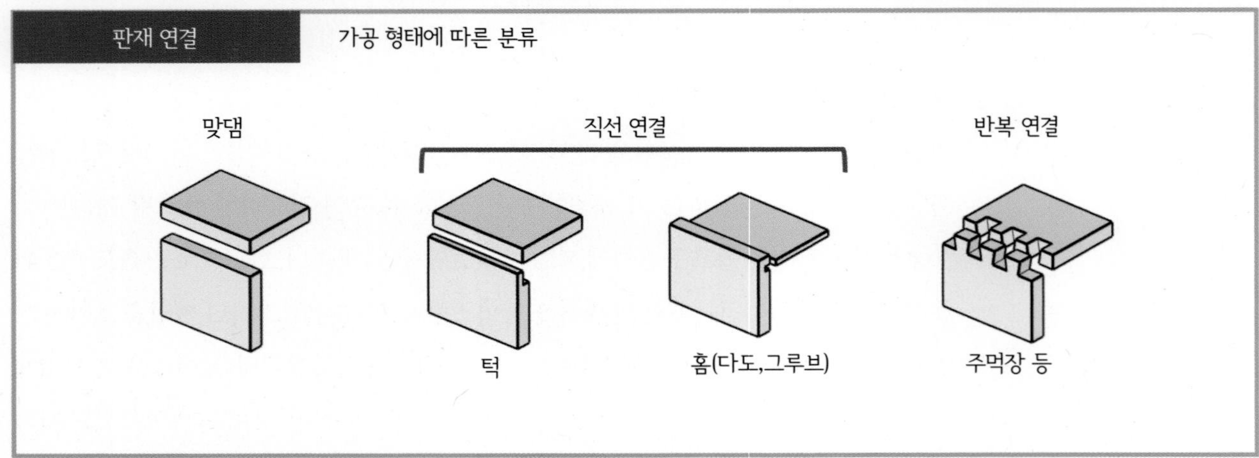

각재 연결

두 개의 각재는 다양한 방법으로 연결이 가능하며, 많은 수의 결구법이 소개되어 있습니다. 세부적인 명칭 대신에 아래와 같이 맞닿는 면을 몇 개의 단수로 나누느냐에 따라서 구분하면, 각 결구법의 특징을 한눈에 파악하고 응용할 수 있습니다.

열린 장부, 사개맞춤, 이방연귀, 장부, 연귀 장부, 삼방연귀, 제비촉, 주먹장 반턱 등의 각재 결합이 사용되었습니다.

각재 연결법 분류

각재끼리 연결을 살펴보면, 맞닿는 면을 그대로 붙이거나(맞댐), 2단(반턱), 3단(장부) 또는 4단(연귀 장부)의 구조로 파악할 수 있습니다.

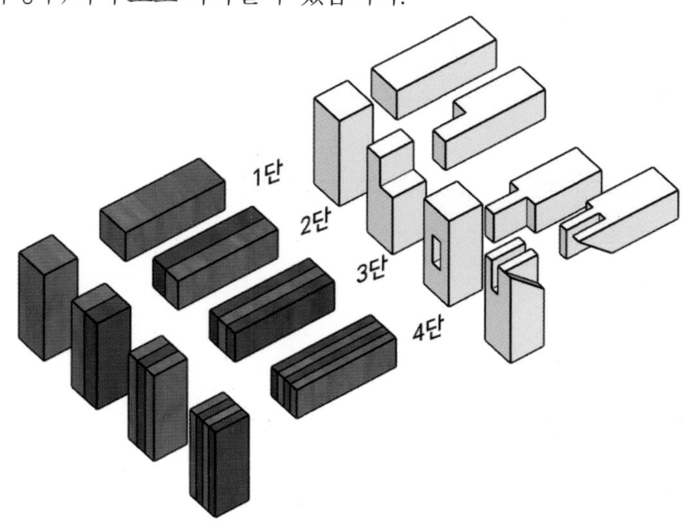

각재끼리 만나는 면을 단수로 나눠 구분합니다. 대표적으로 맞댐(1단), 반턱(2단), 장부(3단), 연귀 장부(4단)가 있습니다.

두 개의 각재를 끼워 맞추는 구조는 3단 장부 맞춤이 기본이 되며, 교차하는 경우에는 2단 반턱이 기본이 됩니다. 단수가 낮을수록 간단하게 구현할 수 있으나 짜맞춤 자체의 결합력은 약해지며, 단수가 높아지면 디자인 측면에서 응용할 여지가 커집니다. 4단 짜임은 장부의 결합력에 연귀의 미적인 효과를 얻기 위해 전통 가구에서 많이 사용되었습니다. 각재 연결의 기본 구조에서 직각 또는 연귀, 내다지 또는 반다지, 트임 등을 응용하면 다양한 짜임이 가능해집니다.

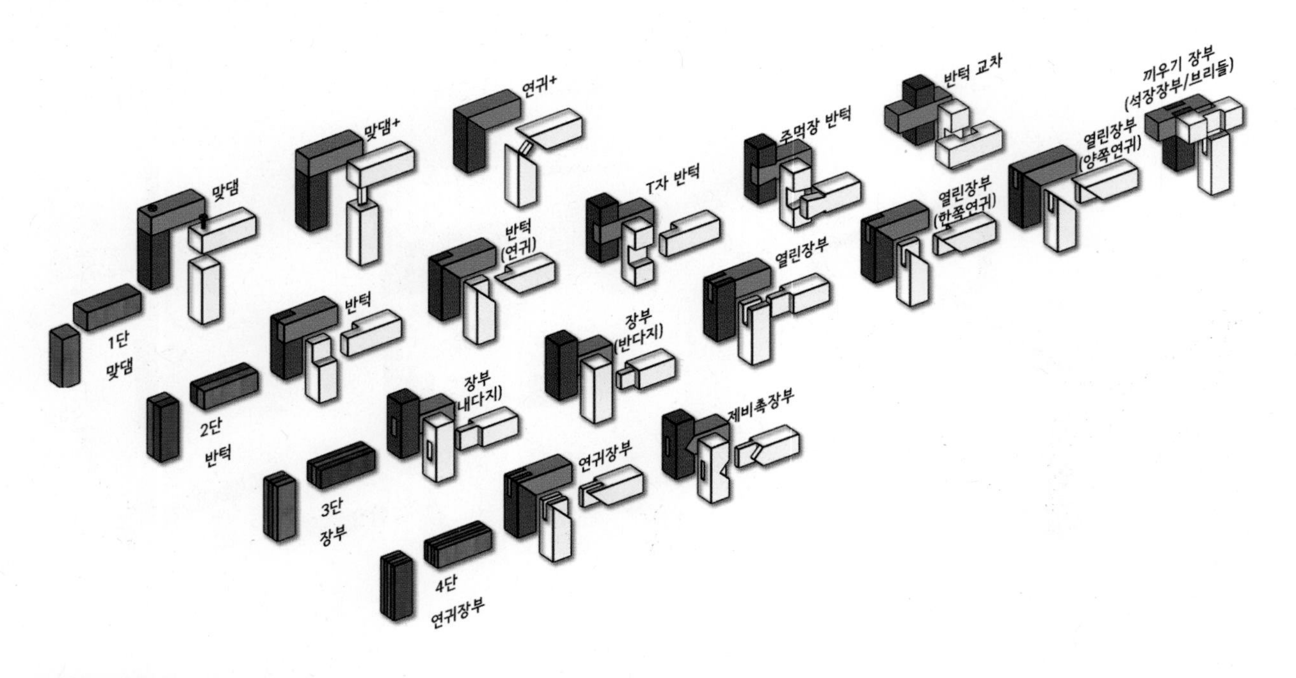

1단 맞댐	맞댐(butt joint) 연귀(miter)	결합력 증가를 위해, 나사, 목심, 도미노 등으로 보조
2단 반턱	모서리 연결 - (모서리) 반턱 짜임(end-lap) - 연귀 반턱 짜임(miter half-lap) 각재 중간 연결 - T자 반턱(T-lap) - 주먹장 반턱(dovetail half-lap) - 반턱 교차(cross-lap)	모서리 연결에서는 기계적 결합력이 높지 않으나, 두 각재가 교차하는 경우의 기본적인 연결법
3단 장부	장부 연결(mortise & tennon joint) - 내다지 장부(through) - 반다지 장부(blind) 열린 장부(끼움) - 열린 장부(slip joint) (+연귀) - 끼우기 장부(석장 장부, 브리들 bridle)	가장 기본적인 각재 연결법
4단 연귀	모서리 연결 - 연귀 장부 각재 중간 연결 - 제비촉 장부	3단의 기계적 결합력과 연귀의 외관

각재 연결

1단 맞댐

각재를 직각 형태 그대로 맞대거나 연귀 모양으로 맞댈 수 있습니다. 두 개의 각재를 그대로 맞대 붙이는 것은 기계적인 결합력이 거의 없으므로, 간단하게는 나사를 이용해서 조립하기도 하며, 목심이나 비스킷, 도미노 등으로 기계적 결합력을 높입니다. 큰 하중이 걸리지 않는 프레임을 만들 때는 45°로 맞댄 뒤에 꽂힘촉(spline)만 사용하기도 하는데, 각재에서 꽂힘촉은 전통 창호의 연귀 부분을 연결하는 곳에도 사용되었습니다.

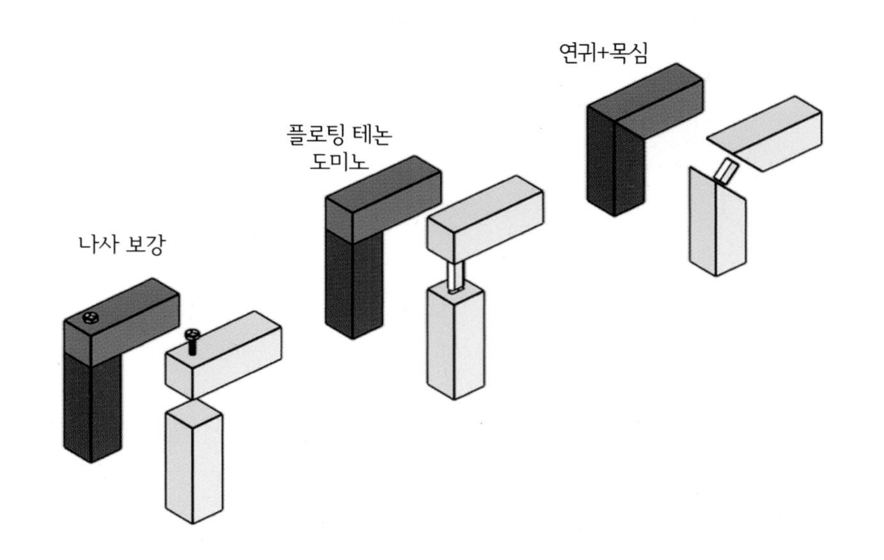

2단 반턱

맞닿는 부분을 2단으로 나눠 반턱을 만들어 연결하면 형태에 따라 특정 방향으로만 기계적인 강도를 가지는 짜임을 구현할 수 있습니다. 반턱으로 모서리를 연결하는 경우 접착력에 의한 결합력은 있으나 결구법 자체의 기계적 결합력이 약해서 큰 힘이 필요하지 않을 때 사용됩니다.

반턱 교차는 두 개의 각재가 교차할 때 가장 보편적으로 사용하는 방법이며, 교차하는 각도와 상관없이 자유롭게 구현할 수 있습니다. 각재의 중간에 추가적인 연결을 할 때에도 반턱은 효과적으로 사용할 수 있습니다. 예를 들어 테이블 프레임의 조립을 완료한 상태에서 강도를 보강하기 위해서 보조대를 추가하는 경우, 일반적인 장부 결합을 사용할 수 없으나, T자 반턱이나 주먹장 형태의 반턱을 사용하면 보조대를 추가할 수 있습니다. 주먹장 반턱은 미는 힘이나 당기는 힘에 대해서 구조적으로 상당히 강한 결합입니다.

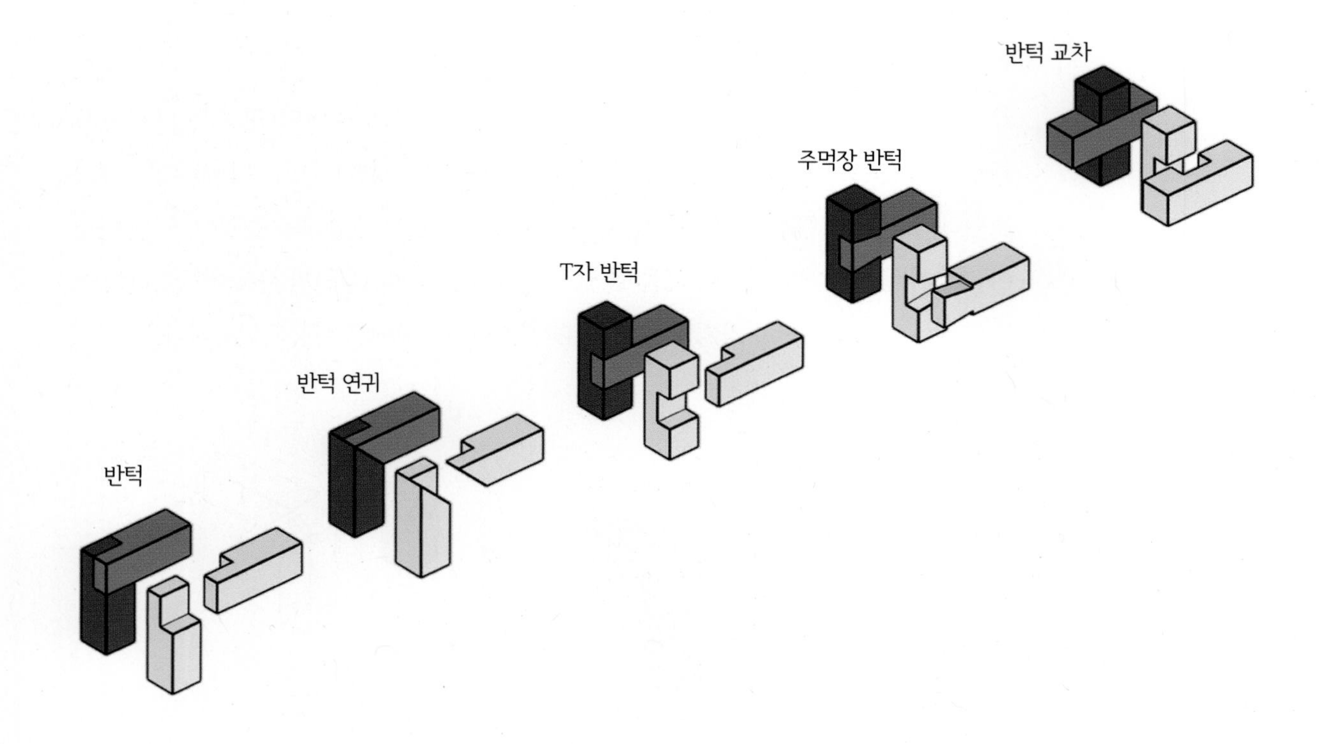

3단 장부

각재에 다른 각재를 끼워 맞추는 결합, 즉 장부 결합은 각재에서 사용되는 가장 기본적인 결구법입니다. 맞닿는 부분을 3단으로 분리하면, 장부 연결과 장부 연결에서 변화하는 여러 결구법을 생각해볼 수 있습니다.

열린 장부 형태는 구멍을 파는 암장부 작업이 없어서 구현이 다소 쉬우며, 연결 형태의 아름다움이 잘 드러나 널리 사용됩니다. 기계적인 강도를 더 높이기 위해서 목심을 추가하여 옆으로 관통하기도 합니다. 한쪽 또는 두 면을 연귀 형태로 연결할 때는 결끼리의 결합면이 줄어들어 큰 결합력이 필요하지 않은 틀이나 액자, 창호살 등에서 사용됩니다.

열린 장부를 각재의 모서리가 아닌 중간에 연결한 형태의 장부를 '석장 장부' 또는 브리들 조인트bridle joint라고 합니다. 하나의 각재 끝을 다른 각재의 중간에 끼우는 방식으로 기계적 결합력, 접착에 의한 결합력이 상당히 높습니다. 조지 나카시마의 작업에서 흔히 볼 수 있습니다.

나카시마의 코노이드(Conoid) 의자의 다리와 발은 브리들 조인트로 되어 있습니다.

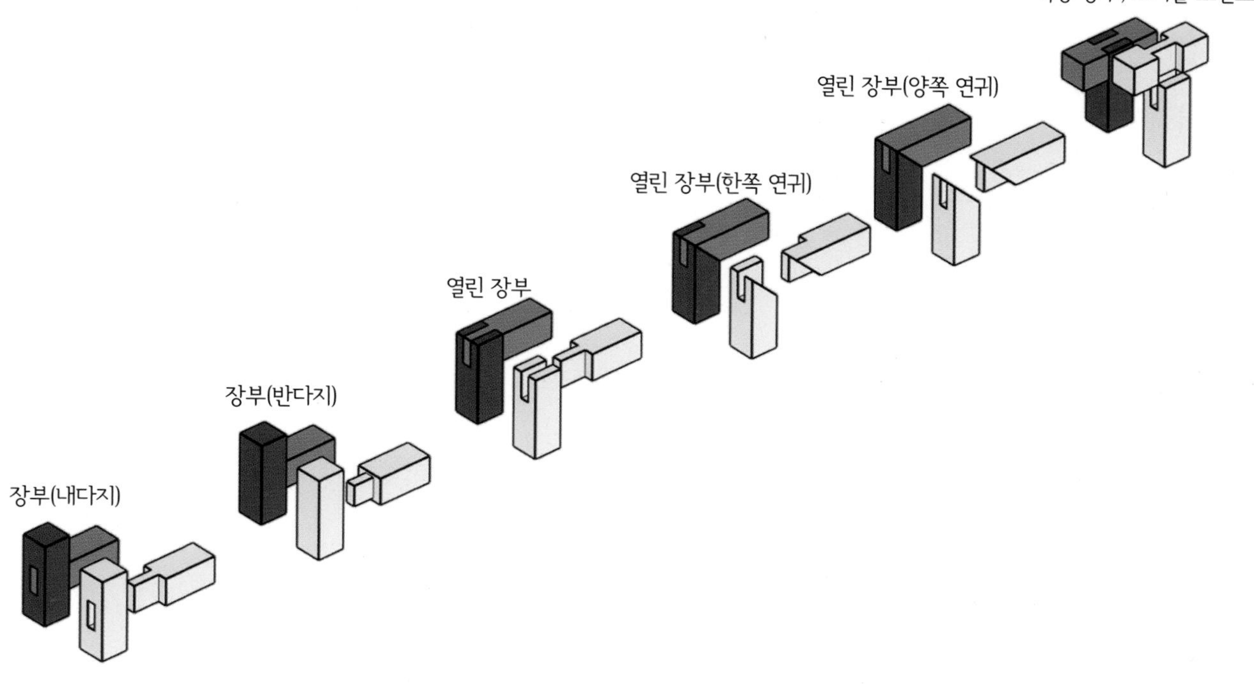

4단 연귀 장부

각재나 판재가 만날 때 보이는 부분을 45° 연귀로 만들어 마구리면을 숨기는 것은 전통 목공에서 자주 볼 수 있는 특징입니다. 연귀 장부와 제비촉 장부는 전통 가구에서 널리 사용되어온 결구법으로, 4단 분리 시, 3단 장부에서 얻을 수 있는 기계적 결합력과 더불어 연귀 형태의 외관을 동시에 구현할 수 있습니다. 단, 얇은 각재에서 정교하지 못한 작업을 하는 경우에는 3단보다 강도가 약할 수 있습니다.

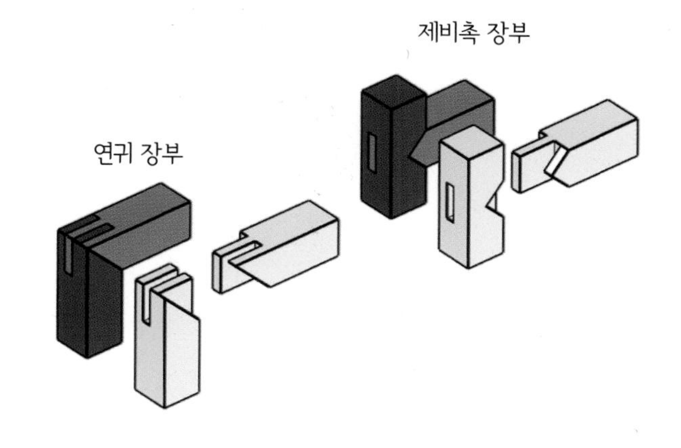

기둥 연결

3개의 각재를 연결하는 경우는 기둥 장부, 사개맞춤, 이방연귀, 삼방연귀 등이 소개되어 있습니다. 기본적인 각재 연결의 확장으로 해석하면 되고, 이 같은 방법을 통해서 응용할 수 있습니다.

장부맞춤의 확장은 기둥 장부가 되며, 열린 장부의 확장은 사개맞춤이 됩니다. 같은 의미로 4단 연귀 장부의 확장은 이방연귀, 삼방연귀로 볼 수 있습니다.

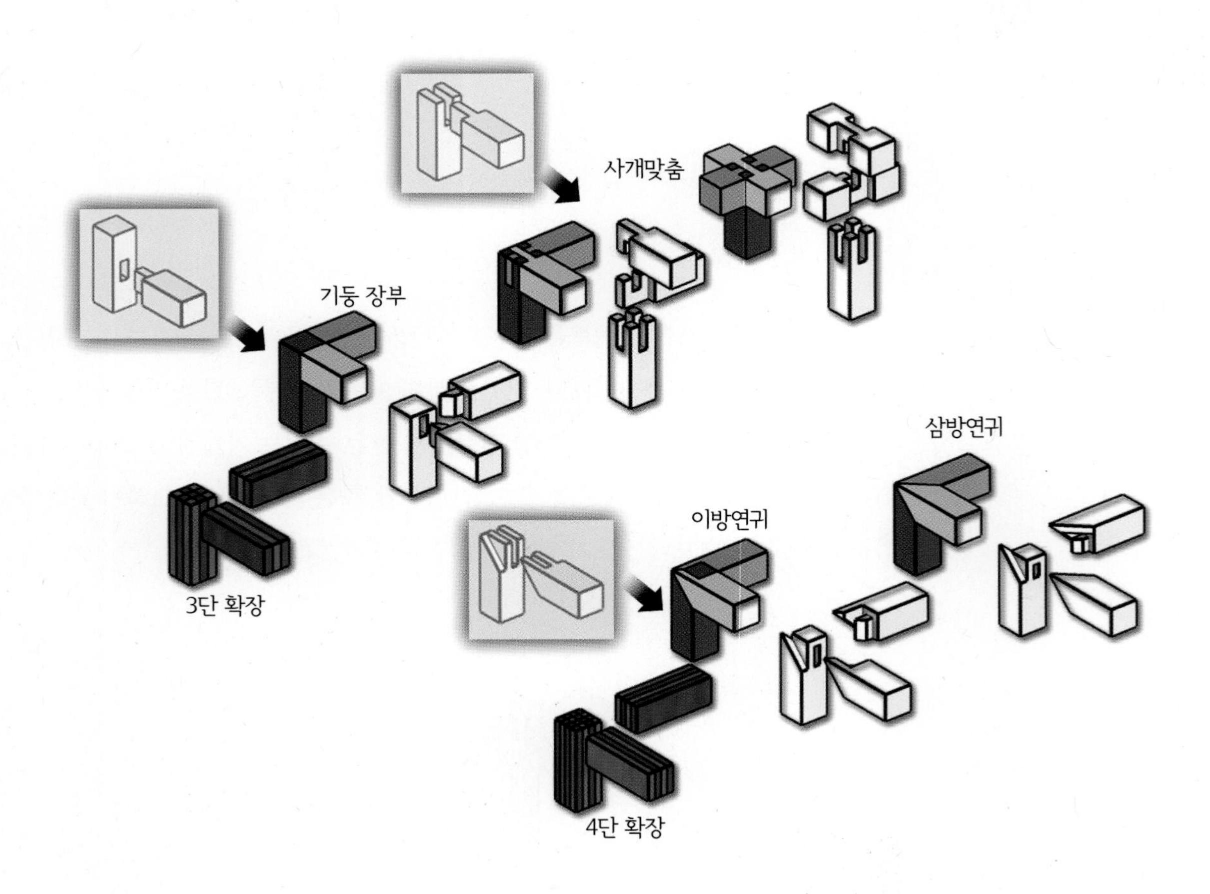

3단 장부 확장

3개의 각재가 만나는 경우, 두 방향에서 동시에 장부 결합을 하는 기둥 장부 연결은 테이블 다리와 가로대의 연결과 같은 곳에서 흔하게 볼 수 있는 연결 방법입니다. 두 개의 숫장부가 만나는 부분은 길이를 맞춰 45°로 만나게 할 수도 있으며, 반턱처럼 위아래로 엇갈리게 할 수도 있습니다.

사개맞춤은 열린 장부의 확장으로 생각하면 되는데, 한옥의 기둥과 보에 사용해온 매우 튼튼한 결구법이며, 복잡해 보이는 외관에 비해 제작이 의외로 쉽습니다. 단, 모서리 부분에 적용할 때 조립 과정에서 결 방향에 따라 숫장부의 끝이 쉽게 떨어져 나갈 수 있으므로 숫장부의 길이를 길게 해서 재단한 후 짜임 작업이 끝나고 원하는 길이로 다시 재단합니다.

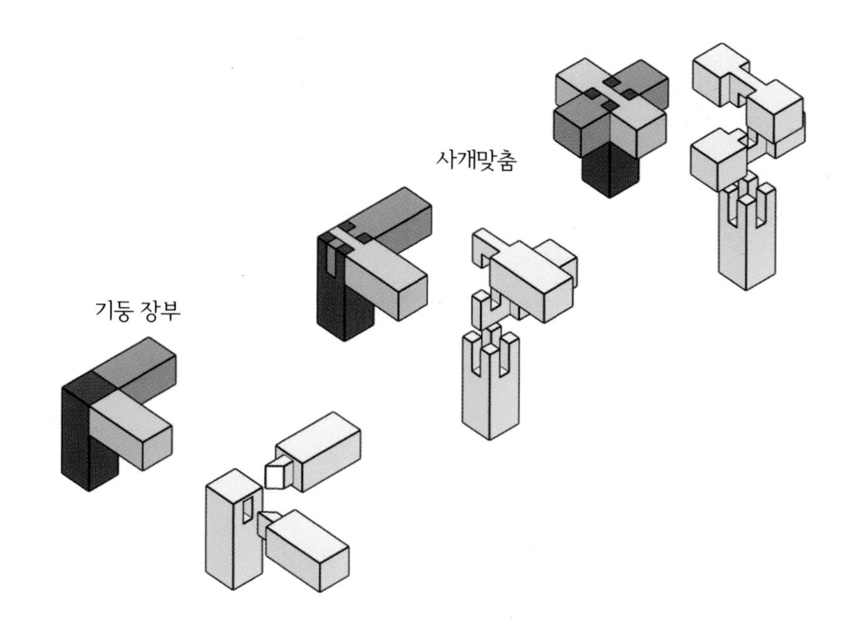

4단 연귀 장부 확장

4단의 연귀 장부 형태의 짜임을 3개의 각재에서 적용하면, 사방탁자 등 전통 가구에서 널리 사용해온 이방연귀, 삼방연귀가 됩니다. 단면을 4단으로 나눠 결합하는 연귀 장부를 사용해서 3개의 각재를 각 방향에서 연결하면 이방연귀가 되고, 이방연귀에서 3면 모두 연귀 형태를 띠게 되면 삼방연귀가 됩니다.

이방연귀가 삼방연귀보다 조금 쉽고 더 결합력이 강하므로, 결합 위에 상판 같은 것이 올라가서 마구리가 있는 윗면이 보이지 않는 곳에 사용되며, 모든 면이 드러날 때는 삼방연귀가 사용되어 왔습니다. 결구법 자체는 어렵지만, 사방탁자와 같은 전통 가구를 제작할 때는 도전해볼 만합니다.

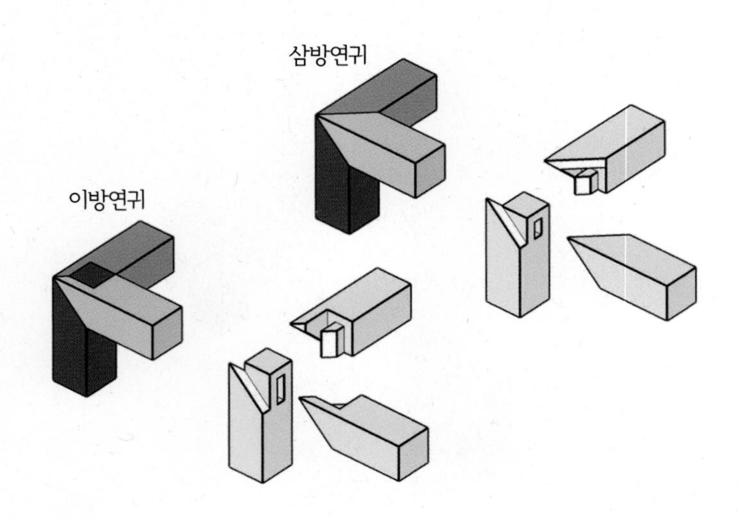

판재 연결

가구에서 상자 형태는 가장 기본적인 구조이며, 판재를 연결하는 여러 결구법을 통해서 구현할 수 있습니다. 결합 보조물을 사용한 맞댐, 홈이나 반턱을 통한 연결과 대표적인 판재 연결인 주먹장 등 많은 방법이 있는데, 판재의 짜임에 대해서 형태에 따라 분류하고 특징을 설명합니다.

판재 연결 분류

도미노같이 간단하고 활용도 높게 구성할 수 있는 맞댐부터 대표적인 짜임인 주먹장까지 다양한 연결법이 있습니다. 이 책에서는 작업의 형태에 따라 맞댐, 직선 연결(턱과 홈), 반복 연결(주먹장 등)로 분류하고 설명합니다.

맞댐

판재 그대로 맞대거나, 45°로 경사 절단을 하고 나서 맞대 연결합니다. 작업이 쉬운 만큼 널리 사용됩니다. 맞댐 자체로는 여러 방향으로의 기계적 결합력이 없으며, 대부분 마구리면 결합이어서 접합면이 크지 않습니다. 접착제와 더불어 나사, 목심, 비스킷, 도미노, 꽂힘촉 등 결합 보조물을 활용합니다.

직선 결합

판재 모서리에 길게 턱(라벳rabbet)을 만들어 단독으로 사용하기도 하지만, 다도나 그루브 같은 홈파기와 함께 쉽고 강력한 판재 결합을 구성합니다. 판재의 중간에서 연결할 때는 슬라이딩 도브테일처럼 높은 기계적 강도를 갖춘 결합도 있습니다. 다도와 그루브는 모두 길게 낸 홈을 말하지만, 다도는 결의 수직 방향으로, 그루브는 결 방향으로 낸 홈입니다. 여러 짜임 중에서 특히 직선 결합은 수공구가 아니라 기계 공구를 사용하여 구현하는 것이 월등히 편리합니다.

반복 결합

판재의 넓은 연결 부위를 같은 형태의 장부를 반복하여 결합하는 것으로 주먹장, 다중 장부, 사개맞춤 등이 있습니다. 이 가운데 주먹장은 목공의 대표적 판재 연결 방법으로 기계적 강도도 확보하고 미적 효과도 볼 수 있습니다. 사개맞춤은 각재에서도 동일한 이름으로 불리는 짜임이 있어서, 판재에서는 박스 조인트box joint로 부르기도 합니다.

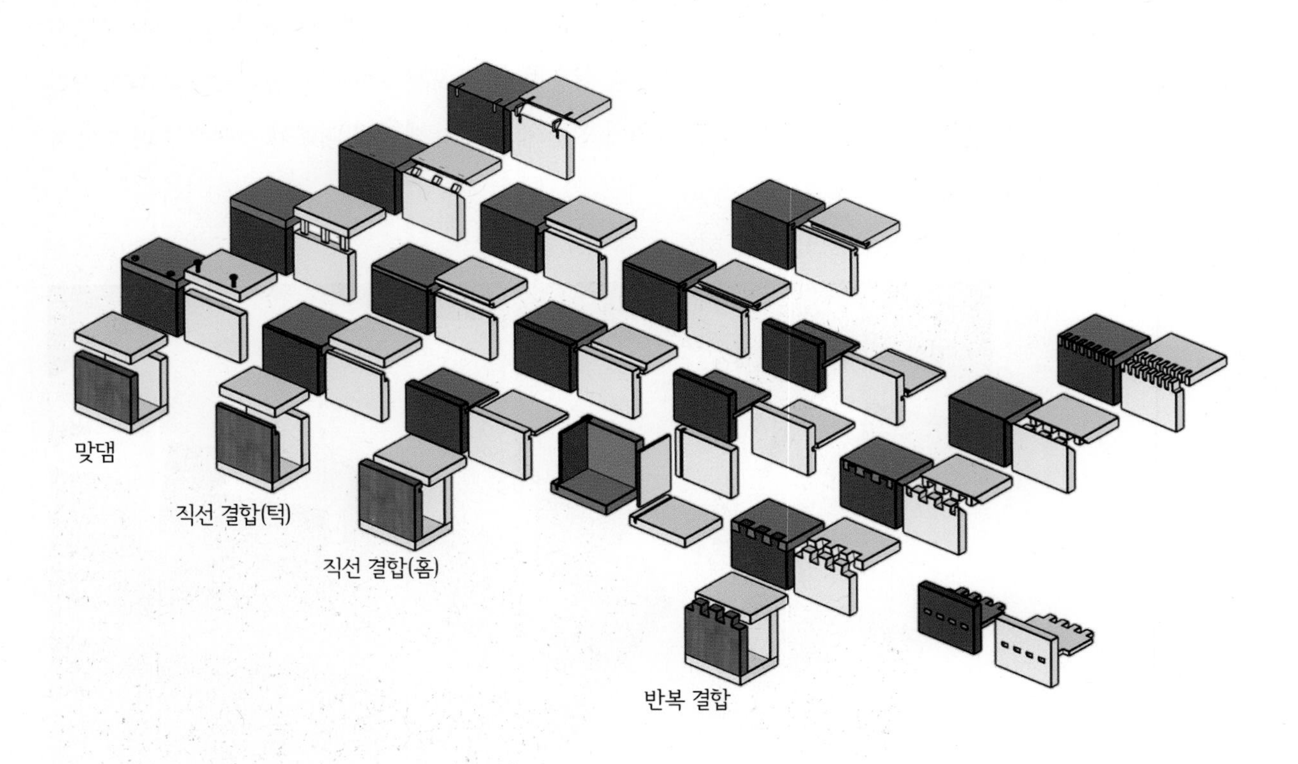

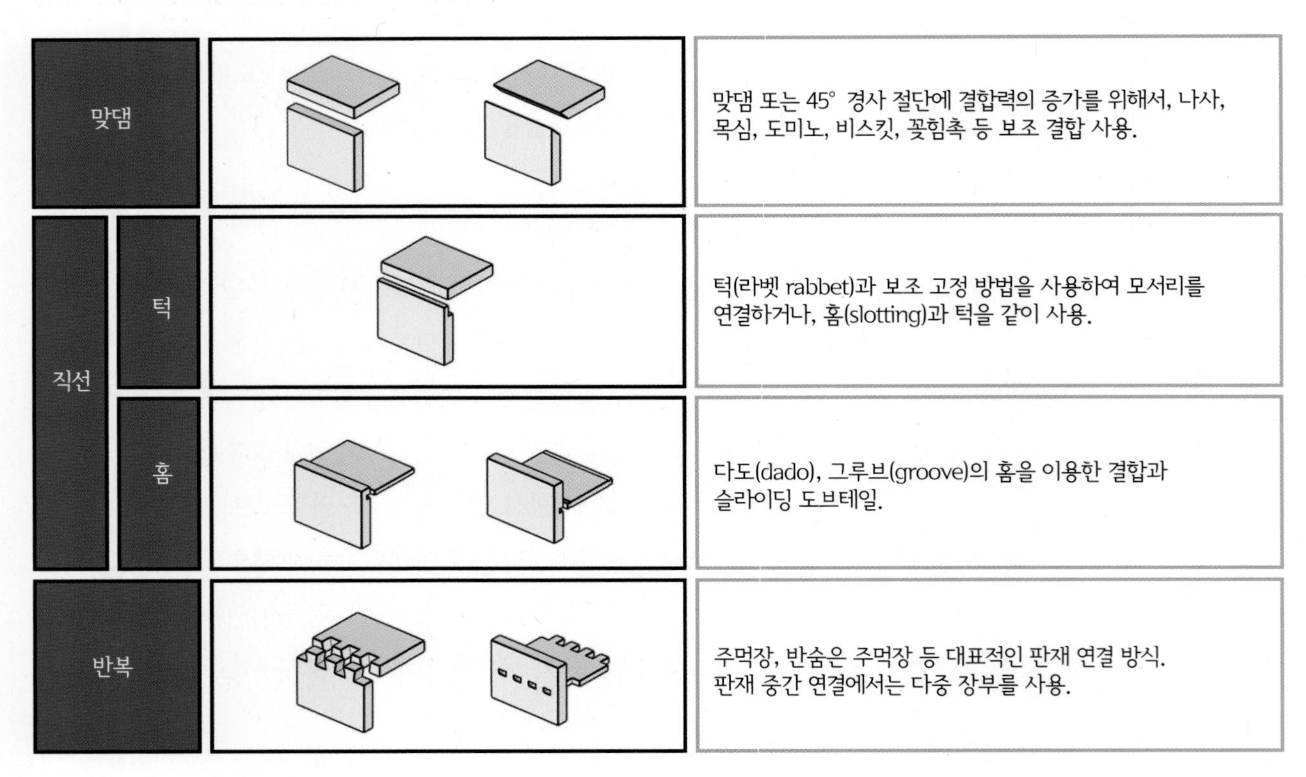

구분		설명
맞댐		맞댐 또는 45° 경사 절단에 결합력의 증가를 위해서, 나사, 목심, 도미노, 비스킷, 꽂힘촉 등 보조 결합 사용.
직선	턱	턱(라벳 rabbet)과 보조 고정 방법을 사용하여 모서리를 연결하거나, 홈(slotting)과 턱을 같이 사용.
직선	홈	다도(dado), 그루브(groove)의 홈을 이용한 결합과 슬라이딩 도브테일.
반복		주먹장, 반숨은 주먹장 등 대표적인 판재 연결 방식. 판재 중간 연결에서는 다중 장부를 사용.

맞댐

판재 그대로 맞대거나, 판재 끝을 45°로 경사 절단을 하고 나서 맞대어, 마구리면을 숨기고 판재간 목재의 결이 연결되게 할 수 있습니다. 작업이 쉬운 만큼 널리 사용됩니다. 판재 그대로 맞대는 경우에는 한 면이 마구리면이 되고, 경사 절단 후 맞대는 경우에는 두 면 모두 마구리면으로 기계적 강도가 낮고, 접합면이 크지 않아 결합력이 약합니다. 나사, 도미노, 비스킷, 목심, 꽂힘촉 등 여러 가지 보조 연결을 함께 사용합니다. 목심, 비스킷, 도미노 등 목재를 사용한 보조 연결은 결 방향으로 접착 면적을 늘리면서 전체 판재의 결합력을 보조합니다. 테이블쏘 등으로 일정한 크기의 홈을 판 뒤, 얇은 목재를 끼워 넣는 꽂힘촉은 판재 연결 작업이 끝난 후에 추가로 진행할 수 있는데, 미적 효과와 더불어 결합력도 상당히 증가합니다. 단, 목재는 결을 옆에서 분리하는 힘에 매우 약하므로, 꽂힘촉으로 사용하는 목재의 결이 두 판재를 가로지르는 방향으로 두어야 합니다.

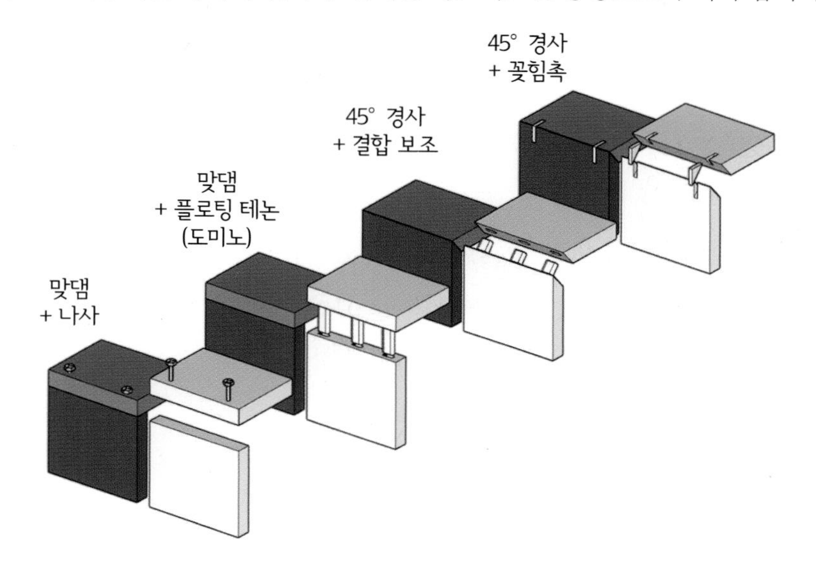

직선 결합

턱(라벳 rabbet)

모서리에 긴 턱을 만들어 판재를 맞대는 데 사용할 수 있습니다. 작업이 비교적 쉽지만 접착력이 약하고, 특정 방향으로 부과되는 힘에만 저항력이 강한 구조여서 맞댐과 마찬가지로 도미노, 비스킷, 목심, 나사 등의 보조물이 필요합니다. 턱 작업은 단독이 아니라 다음에 소개하는 홈과 결합하면 좀 더 강력한 기계적 결합력을 갖춥니다. 참고로, 각재에서의 반턱을 영어로는 '랩lap'이라고 부르며, 판재에서는 '라벳'이라고 부릅니다.

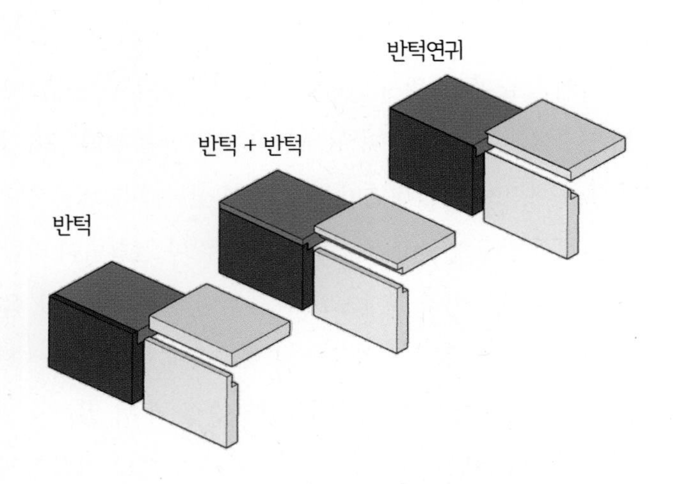

홈(slot)

판재에 직선으로 홈을 낸 뒤에 상대 판재 두께 그대로 결합하거나, 상대 판재에 한쪽 또는 양쪽에 턱을 내서 홈의 크기에 맞춰 결합합니다. 홈은 나뭇결의 방향에 따라 다도dado와 그루브groove로 나눕니다. 다도는 결 방향과 직각으로 길게 낸 홈이고, 그루브는 결 방향으로 내는 홈입니다. 다도와 그루브는 같은 모양의 홈파기 작업이지만, 이 둘을 구분하는 것은 결합한 목재의 강도 때문입니다. 다도는 결의 수직 방향으로 홈을 내므로 부재가 쪼개지는 현상이 줄고, 강도가 그루브보다 큽니다. 반면에 그루브는 결 방향으로 홈을 내므로 쪼개지는 힘에 약합니다. 다도로 작업한 연결은 서랍이나 캐비닛의 모서리, 캐비닛의 선반, 의자의 좌판과 다리 연결처럼 스트레스가 가해지는 곳에 사용할 수 있고, 그루브는 서랍 밑판이나 캐비닛 뒤판처럼 스트레스가 크지 않는 곳에 사용됩니다. 그루브는 다도와 다르게 비교적 느슨하게 부재를 연결합니다.

일반적으로 직선 연결은 수공구보다 테이블쏘와 라우터 등 기계로 구현하며, 얽힘 짜임은 해당하는 모양의 라우터 비트를 구비해서 작업합니다.

띠열장이라고도 부르는 슬라이딩 도브테일은 판재 옆면에 주먹장 모양으로 길게 홈을 내어 끼우는 방식으로, 작업은 다소 까다로우나 매우 강력한 기계적 결합력이 있습니다. 작업은 주로 라우터를 이용하는데, 가공량이 많으면 일자 비트나 테이블쏘로 선작업한 뒤에 모서리 부분을 도브테일 비트로 가공합니다. 테이블 상판과 프레임의 연결에 적용할 때는 상판이 함수율의 변화에 따라 수축과 팽창을 할 수 있도록 한 쪽에만 접착제를 바르고 조립합니다.

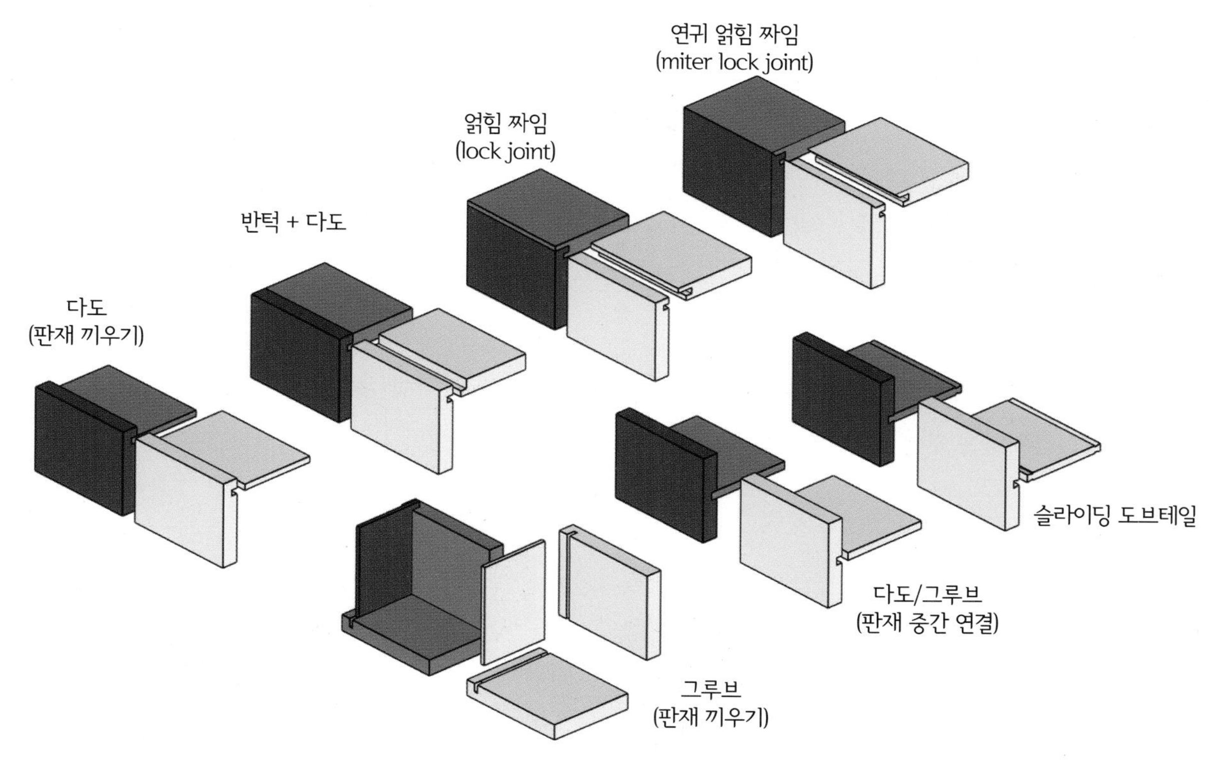

말루프 결합(Maloof joinery)이라고 부르는, 말루프 의자에서 의자 좌판과 다리를 연결하는 방식도 턱과 다도 연결을 일정한 깊이의 가장자리에 적용한 것입니다.

반복 결합

주먹장(열장, 도브테일dovetail)은 대표적인 판재 결합 방법으로 미적인 요소뿐 아니라 기계적 강도와 접착 강도도 매우 우수합니다. 테이블쏘, 라우터 등으로도 작업할 수 있지만, 일반적으로 톱이나 끌 같은 수공구를 이용해서 좀 더 자유로운 디자인을 구현할 수 있습니다. 반숨은 주먹장은 서랍 옆판과 앞판 연결에도 자주 사용합니다. 숨은 주먹장은 가공 방법이 까다로운 데 비해서, 45° 경사 절단 후, 도미노 등으로 작업한 것과 외관 상 차이가 없으므로 거의 사용하지는 않습니다. 주먹장의 작업에는 고려해야 할 사항이 많으므로, 다음 장에서 별도로 상세히 설명합니다.

각재의 끝을 네 개의 사각형 형태로 가르거나 판재의 끝을 여러 개의 사각형으로 만드는 것을 사개라고 하며, 판재의 사개맞춤은 주로 테이블쏘, 라우터 등 기계를 사용해서 작업합니다. 참고로, 각재 결구법에도 사개맞춤이라고 부르는 것이 있어서 혼란을 피하려고 판재는 흔히 '사개맞춤'보다는 '박스 조인트box joint'라고 부릅니다. '사괘四掛맞춤'은 사개맞춤의 비표준어, 혹은 한자 표현인데 같은 말로 통용되기도 합니다.

다중 장부는 판재 중간을 장부를 반복해서 나열하는 결합 방식인데, 정확한 장부의 위치를 마킹하고 작업하는 것이 관건입니다.

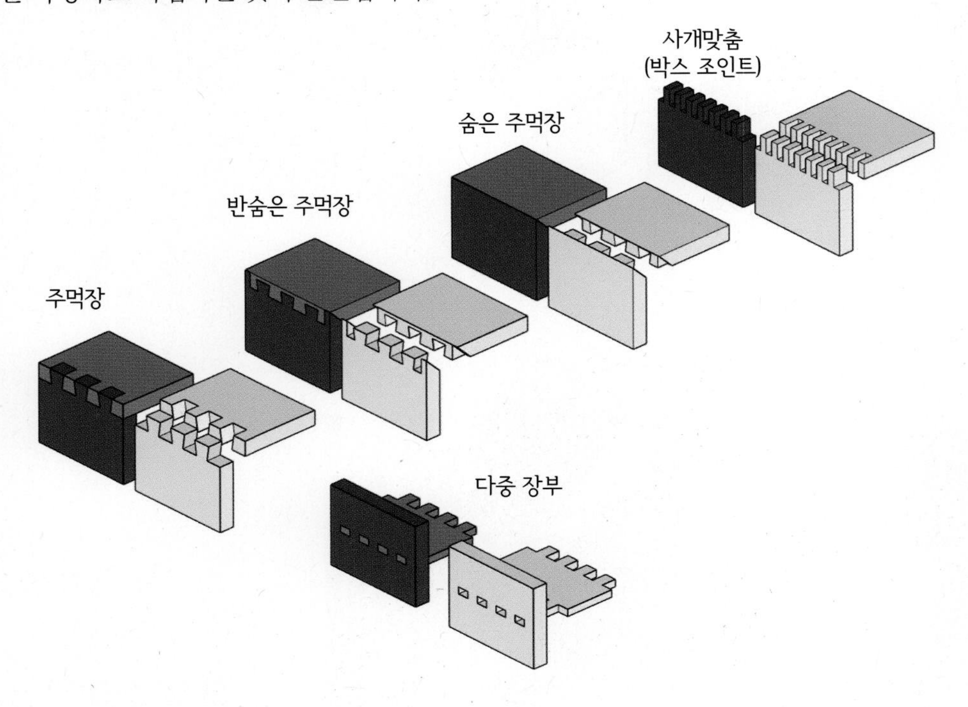

주먹장과 다중 장부로 만든 캐비닛입니다. 장부의 끝을 두드러지게 하는 프라우드 조이너리(proud joinery) 방식은 짜맞춤을 한 뒤에 샌딩 등 후속 작업을 할 수 없으므로 정교하게 작업해야 합니다.

짜맞춤 작업

짜맞춤 방법을 하나씩 설명하기보다 공통적인 작업 방법으로 분류해서 살펴보겠습니다. 판재의 직선 가공을 제외한 짜임의 가공은 톱이나 끌 같은 수공구를 사용할 때 좀 더 안전하고 자유롭게 작업할 수 있습니다. 여기서는 목공 도구의 사용 범위를 넓히고자 수공구와 더불어 목공 기계로 짜임을 가공하는 방법을 함께 설명합니다.

짜임 작업의 시작

수없이 다양한 짜맞춤이 있으니 작업 방법 또한 다양하나, 대부분의 짜맞춤은 부재가 맞닿는 부분, 즉 상대 부재의 두께를 파악해서 마킹하면서부터 작업이 시작됩니다. 두께가 같은 각재나 판재로 작업한다면 마킹 게이지 하나에 해당 두께를 설정하고 나서 작업을 마칠 때까지 풀지 않으면 편리합니다. 설정하는 두께는 결합하는 부분이 부재의 두께보다 얇지 않고 아주 조금 더 두껍게 합니다. 마킹 게이지나 마킹 나이프로 작업하는 칼금은 생각보다 부재에 깊게 새겨져서 샌딩으로도 처리가 어려울 수 있으므로 겉으로 드러나는 부분에서는 작업이 진행되지 않는 곳에 칼금이 나지 않도록 주의합니다.

마킹 게이지는 부재의 두께보다 아주 조금 두껍게 설정합니다.

마킹

짜맞춤에서 마킹과 작업의 비중은 1:1이라고 할 정도로 마킹은 중요하며, 생각보다 시간도 많이 소요됩니다. 주먹장과 같은 결구법에서는 마킹의 방법에 따라 작업의 순서가 정해지기도 합니다. 짜맞춤에서는 두 부재의 짜임이 상대적으로 맞는 것이 중요하므로 대부분 수치를 측정하기보다는 상대적인 방법으로 마킹합니다. 일반적인 목재의 측정이나 마킹은 줄자와 연필을 사용하나, 짜임에서는 정밀한 직각자, 연귀자와 마킹 나이프, 마킹 게이지(그므개)와 같은 칼금을 사용해서 오차를 최소화합니다. 목재의 종류나 결의 방향에 따라 칼금이 잘 보이지 않을 수도 있는데, 블루 테이프 등을 부재에 붙여놓고 덜어내는 부분의 테이프를 떼어내서 확인하는 방법이 있습니다. 작업하지 않는 부분은 신경 써서 칼금을 피하는 것이 좋습니다. 결을 가로지르는 칼금은 쉽게 지워지지 않으며, 결을 따라가는 칼금은 부재가 스트레스를 받아 결 방향으로 갈라질 때 균열의 시작점이 되기도 합니다.

블루 테이프를 사용하여 칼금을 긋고, 버리지 않는 부분을 떼어내면 경계선을 더 확실히 구분할 수 있습니다.

각재 숫장부 작업

숫장부는 등대기 톱 등의 수공구나 밴드쏘, 테이블쏘, 라우터 등의 목공 기계를 활용하여 작업할 수 있습니다. 반다지 장부에서는 장부의 길이가 길수록 결합 강도가 증가하며, 일반적으로 상대 부재 두께의 2/3 정도로 정합니다. 단, 숫장부의 길이를 미리 정하지 않고, 상대 부재의 두께에 맞게 작업을 완료한 후 마지막 단계에서 추가 재단을 하면 전체적인 크기를 맞추기 쉽습니다.

등대기톱을 사용하여 숫장부의 작업을 합니다.

기계를 사용하여 숫장부 작업을 한다면, 환경이나 숙련 정도에 따라 다르나, 테이블쏘와 밴드쏘의 조합이 효과적입니다. 테이블쏘를 활용하여 깔끔하고 정확한 턱 작업을 할 수 있으며, 장부의 옆면은 밴드쏘로 안전하게 가공할 수 있습니다.

테이블쏘와 밴드쏘의 조합은 숫장부를 기계로 가공하는 편리한 방법입니다.

장부 옆면을 테이블쏘로 가공하려고 한다면, 버티컬 지그와 같은 별도의 도구가 필요할 수 있습니다. 라우터 테이블을 이용할 때는 썰매나 마이터 게이지를 사용합니다.

테이블쏘로 장부 가공하려면 지그가 필요하여, 라우터 테이블에서는 마이터 게이지를 활용합니다.

각재 암장부 작업

끌과 같은 수공구를 사용할 수 있으나, 각끌기로 작업하거나 또는 라우터, 드릴프레스 등으로 작업 후 끌로 다듬기도 합니다. 도미노 조이너를 활용할 수도 있습니다.

끌을 이용하여 암장부 작업을 합니다.

각끌기가 있다면, 이를 사용하는 것이 가장 일반적인 암장부 가공방법입니다. 각끌기 작업 시에는 보유하고 있는 각끌기 비트의 크기를 고려하여, 장부의 크기를 정하고 마킹을 하는 것이 좋습니다.

각끌기는 암장부를 작업하는 가장 편리한 방법입니다.

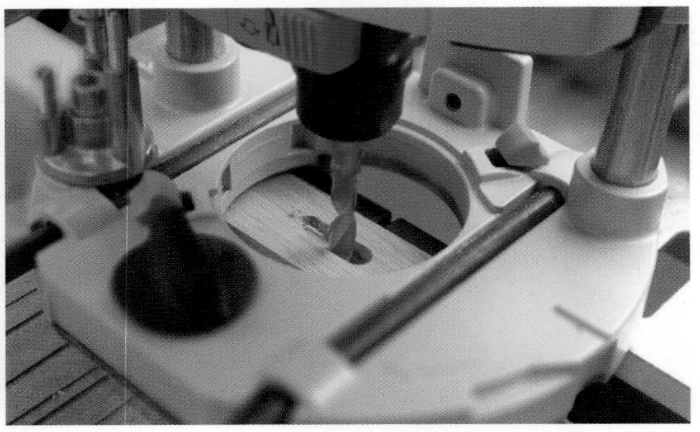
라우터를 사용해서 암장부를 가공 후 끌로 다듬어 주면 됩니다.

판재 턱 작업

판재의 직선 작업은 수공구보다 전동, 기계 공구가 사용하기 편리합니다. 테이블쏘로 작업하거나 일자 비트, 스파이럴 비트, 라벳 비트 등을 이용해서 라우터로 판재의 턱 작업을 할 수 있습니다.

테이블쏘로 턱 작업을 할 때는 부재의 안정적인 이동에 주의합니다.

라우터 테이블에서 좁은 판재를 작업한다면 가이드 대신 마이터 게이지를 사용합니다. 결터짐 방지를 위해 뒤쪽에 부재를 댑니다.

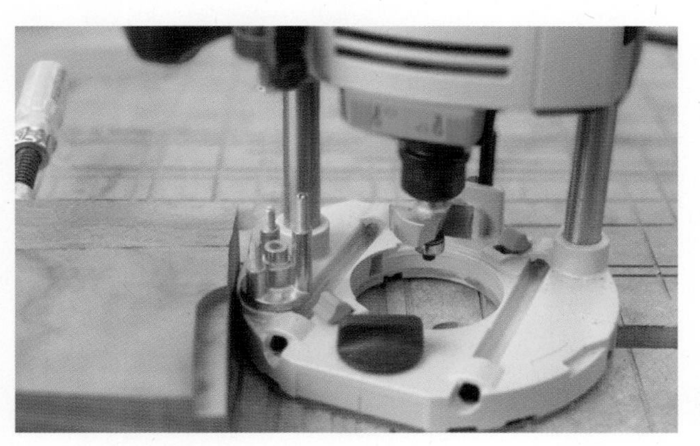
의자 좌판과 다리처럼 직선이 아닌 큰 부분의 반턱은 라우터의 라벳 비트 사용이 효과적입니다. 라벳 비트의 베어링 선택으로 작업 폭을 조정할 수도 있습니다.

판재 홈파기 작업

테이블쏘나 라우터를 사용해서 홈파기 작업이 가능합니다. 사각형 홈 이외에도 슬라이딩 도브테일 등 다양한 작업이 가능한데, 라우터는 작업은 까다로우나 테이블쏘와 다르게 부재 전체가 아니라 일부만 작업할 수 있는 장점이 있습니다. 홈파기는 라우터, 특히, 라우터 테이블 작업에 익숙해지는 것이 좋습니다.

라우터로 홈파는 작업을 하면 깔끔한 단면을 얻을 수 있으며,
부재의 일부만에도 작업이 가능합니다.

켜기 날(flat top) 또는 다도 날로 홈 작업을 할 수 있으나, 겸용 ATB 날로 여러 번
가공하고 나서 필요할 때 안쪽 면을 정리해도 됩니다.

반턱과 홈파기를 이용한 판재 결합

반턱과 다도 홈을 이용한 판재 결합은 서랍의 옆판과 앞뒤판의 연결에 가장 많이 사용되는 짜맞춤 방법입니다. 서랍은 옆판이 앞뒤판을 덮고 있는 구조로, 옆판에는 다도 홈을 작업하며, 앞뒤판에는 반턱을 작업하는데, 라우터 테이블을 사용하여 구현하는 것이 일반적입니다. 작업 방식이나 순서에 따라 서랍의 전체 크기, 홈의 위치와 깊이 등 계산이 복잡해질 수 있어서, 정확하고 간단하게 구현할 수 있는 접근법을 소개합니다.

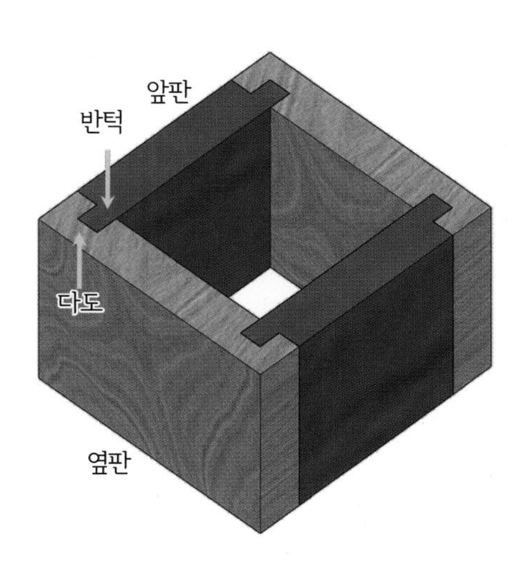

서랍의 전체 크기는 캐비닛의 크기 및 레일 등 서랍을 장착하는 철물에 따라 정해지는 정확한 수치로 제작해야 합니다. 서랍의 앞뒤판과 옆판의 크기를, 가공하는 홈의 깊이를 고려해서 재단하고 작업을 한다면 정확성이 떨어지거나 실수할 가능성이 큽니다. 아래에서는 목표로 하는 서랍의 전체 크기에 맞추어 재단을 한 후, 가공 후에 남는 부분을 잘라 버리는 방법을 사용합니다. 먼저 옆판 하나에 상대의 두께를 표시합니다. 두께를 표시한 선은 이후 라우터 가공의 기준선이 됩니다. 라우터 비트의 직경은 판재 두께의 절반 정도가 적합하며, 라우터 비트의 가공 깊이를 비트의 직경과 동일하게 설정하여 옆판을 가공합니다. 이후, 라우터 비트의 가공 깊이를 판재 두께에서 비트의 직경을 뺀 값으로 변경 후, 앞판과 뒤판을 가공한 뒤, 가장자리를 자르면 됩니다. 이와 같은 방법은 라우터 테이블의 설정 변경 회수와 전체적인 서랍 크기 오차를 최소화합니다.

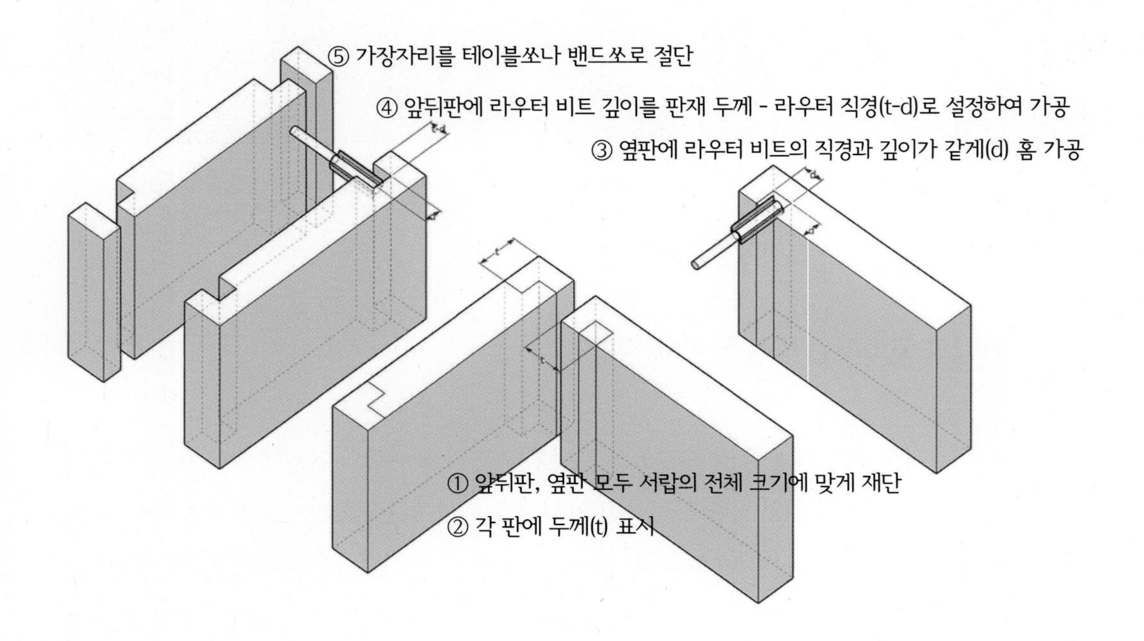

예를 들어 판재의 두께가 12mm이고 라우터 비트의 직경이 6mm이면, 6mm의 가공 깊이로 설정하여 옆판과 앞뒤판 작업을 하면 되며, 판재 두께가 11.5mm이고, 5mm 직경의 비트를 가지고 있다면, 옆판은 5mm 깊이의 홈을 파고, 앞뒤판에는 5.5mm 깊이의 홈을 판 뒤 가장자리 5.5mm를 잘라내면 됩니다.

주먹장 작업

수공구로 자유롭게 구현이 가능한 주먹장은 높은 결합 강도나 미적인 효과로 많은 목공인들이 선호하는 대표적인 판재의 짜임입니다. 구현 방법이나 관련 내용이 많이 소개되어 있어서 목공에 관심있는 분에게는 익숙할 수 있으나, 어느 정도 연습이나 작업을 해 본 분들도 막상 실제 작업에 적용하려고 하면 무엇부터 어떻게 해야 할지 어려움을 겪곤 합니다. 주먹장 작업을 하면서 경사가 있는 선을 톱으로 작업하거나, 끌로 구석진 부분을 파내는 것은 어느 정도의 경험과 노력으로 익힐 수 있지만, 주먹장에서 중요한 것은 어떻게 하느냐보다 무엇을 왜 하는가일 수도 있습니다.

주먹장에서 핀이나 테일의 수, 위치, 크기, 각도 등이 정해지는 데에는 이유가 있으며, 이를 파악한다면 디자인에 따라 이러한 요소들을 적절히 선택할 수 있습니다. (1)어느 면에 숫장부(핀)를 구현하고, 어느 면에 암장부(테일)를 구현할지, (2)테일의 수를 핀의 수보다 많게 할지, 적게 할지 (3)연귀 처리를 한다면 어떻게 할지 (4)장부의 크기와 위치, 각도를 어떻게 할지 (5)숫장부를 먼저 가공할지, 암장부를 먼저 가공할지 등 주먹장을 하기 위해 결정해야 할 사항들에 대해 다루어 보도록 하겠습니다.

주먹장의 명칭 : 숫장부와 암장부, 핀과 테일

장부가 주먹처럼 한쪽은 작다가 점점 커지는 형태라서 주먹장 또는 열장이라 부르고, 서양에서는 비둘기 꼬리와 닮아서 도브테일dovetail이라고 부릅니다. 주먹장에서 숫장부와 암장부의 명칭을 혼동하는 경우가 많은데, 이는 각재 짜임 중 반턱 주먹장에서 테일 형태가 숫장부가 되는 반면, 판재의 주먹장에서는 테일이 암장부의 구성이 되기 때문입니다. 일반적으로 짜임에서 판재나 각재가 직각으로 만나면서 한쪽의 결면과 다른 쪽의 마구리면이 서로 맞닿게 되는데, 이때 결면이 암장부가 되며, 마구리면이 닿는 쪽이 숫장부가 됩니다. 주먹장에서 숫장부는 마구리면을 밀어 넣어 결합하며, 영어로는 '꽂다'라는 의미의 핀pin이라고 부릅니다. 암장부 판재에서는 암장부들이 서로 인접하면서, 주먹장의 대표적인 형상인 꼬리 모양의 촉, 테일tail이 형성됩니다. 이를 구분하는 전통 용어가 명확하지 않아, 암장부 판재, 즉, 테일 보드tail board에서 보이는 촉을 테일이라고 부르며, 숫장부 판재, 핀 보드pin board에서 보이는 촉을 핀이라 부르겠습니다.

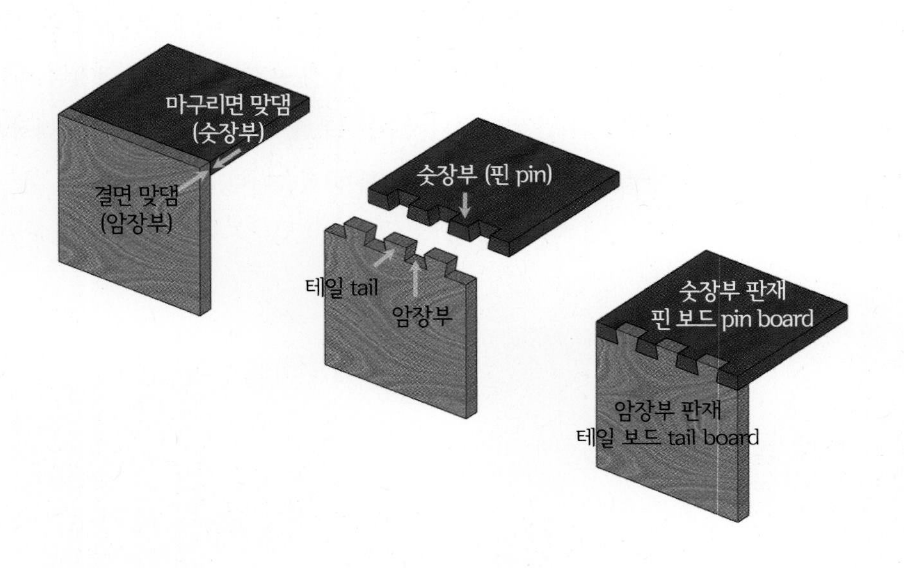

어느 면을 숫장부(핀), 어느 면을 암장부(테일)로 해야 하나요?

가장 먼저 결정해야 하는 사항은 어느 판재에 숫장부를 구현하고, 어느 판재에 암장부를 구현할 것인가입니다. 주먹장의 형태상, 결합의 반대 방향을 제외한 모든 방향에서 상당한 기계적 강도를 가집니다. 즉, 테일 보드는 보드의 끝 방향으로 가해지는 힘에 대해 핀 보드를 강하게 쥐고 있습니다. 서랍의 경우, 앞뒤 방향에서 지속적인 스트레스가 가해지므로, 테일이 옆판에서 앞뒤판을 잡고 있는 구조로 구성됩니다. 반면, 캐비닛에서는 상황이 다소 복잡한데, 기본적으로는 미적인 요소로 판단하고, 추가적으로 구조적인 강도를 고려하는 방식으로 접근하는 것이 좋습니다.

판재의 결합을 미적인 관점으로 보면, 많이 드러나는 면에 (1)각도가 있는 선을 배치하고, (2)마구리가 적게 보이도록 하는 것이 일반적입니다. 핀 보드 쪽에서 짜임을 바라볼 때 직각인 선만으로 짜임이 보이는 것에 비해서, 테일 보드, 즉 암장부 판재에서 짜임의 각도가 보이므로, 가구를 만들었을 때 많이 드러나는 면에 테일이 오게 하는 것이 좋습니다. 동시에 숫장부(핀)의 크기가 작다면, 테일 보드에서 마구리면이 보이는 것까지 최소화할 수 있습니다. 눈높이보다 낮은 높이의 일반적인 캐비닛은 상판이 잘 드러나므로 상판에 테일을 배치하며, 높이가 높거나, 높은 위치에 설치하는 월 캐비닛wall cabinet이라면 옆면이 많이 드러나므로, 테일이 옆면에 배치되는 것이 좋습니다.

구조적인 강도 면에서 본다면, 눈높이보다 낮은 캐비닛의 경우, 주먹장의 촉(테일)의 크기가 하중을 견디기에 충분한지 판단하면 됩니다. 전통적으로 주먹장에서는 핀의 크기가 작게 제작되어 왔는데, 이는 아래 가운데 그림과 같이 테일이 상하 판에 배치되었을 때 상대적으로 테일의 크기를 크게 해서 하중을 견디는 데 유리하게 작동합니다. 캐비닛이 높은 경우 옆면이 많이 드러나므로 아래 오른쪽 그림과 같이 테일을 옆면에 배치하는데, 이 경우 일반적으로 상판에 큰 하중이 걸리지 않아, 핀의 크기가 작아도 무리가 없습니다. 더불어, 벽에 거는 월 캐비닛은 옆판의 테일이 하판을 잡고 있어, 테일을 옆판에 배치하는 것이 미적인 요소뿐만 아니라 구조적인 강도 면에서도 유리합니다. 이때 하판이 하중을 많이 받는 상황이라면 핀의 크기가 너무 작아지지 않도록 합니다.

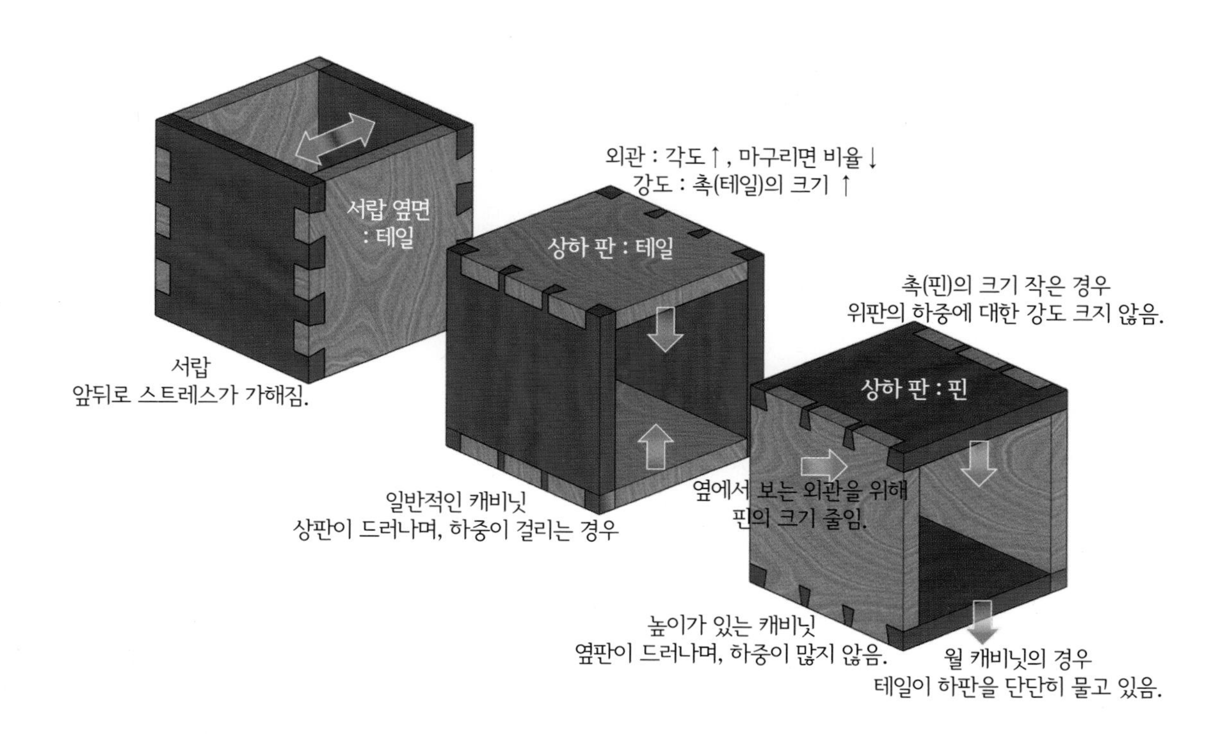

촉의 크기와 각도

판재를 일정 크기로 등분하여, 핀과 테일의 크기를 일정하게 배치하는 방법도 많이 사용되나, 이렇게 핀과 테일의 크기를 비슷하게 만든다면 자칫 박스 조인트같이 기계로 작업한 듯한 느낌을 줄 수 있습니다. 많은 경우, 숫장부(핀)의 크기를 작게 하여 구현하는데, 핀은 나뭇결이 이어지는 구조로 되어 있어, 상대적으로 테일보다 강도가 조금 높다고 볼 수 있어 크기를 작게 하는 데 유리합니다. 또한, 앞에서 설명드린 바와 같이 많은 경우 상당한 구조적인 강도와 미적인 효과를 가져올 수 있습니다.

주먹장에서 각도는 어떤 기준으로 정해야 할까요? 하드우드는 7~9° 사이의 각도, 소프트우드는 10~14° 사이의 각도가 좋다고 하는 이야기가 공식처럼 들리기도 하고, 라우터 등 기계로 가공하는 경우에는 수종에 관계없이 12~14° 의 각도가 좋다고도 합니다. 결론적으로 말씀드리면, 주먹장의 각도는 미적인 효과에서 판단하면 되며, 결합의 강도나 수종과는 대체적으로 무관합니다. 미국의 한 연구 기관(U.S. Forest Products Research Laboratory)의 보고에 따르면, 여러 수종에서 7.5~17.75° 사이의 각도를 시험해 본 결과 각도에 의한 결합력의 차이는 거의 없었다고 합니다. 주먹장의 각도를 미적인 관점에서 선택해야 한다면, 시중에 판매되는, 각도가 정해진 주먹장용 지그를 사용하는 것보다 자유각도자를 이용해서 디자인에 따라 각도를 자유롭게 정하는 것이 더 좋은 방법일 수 있습니다.

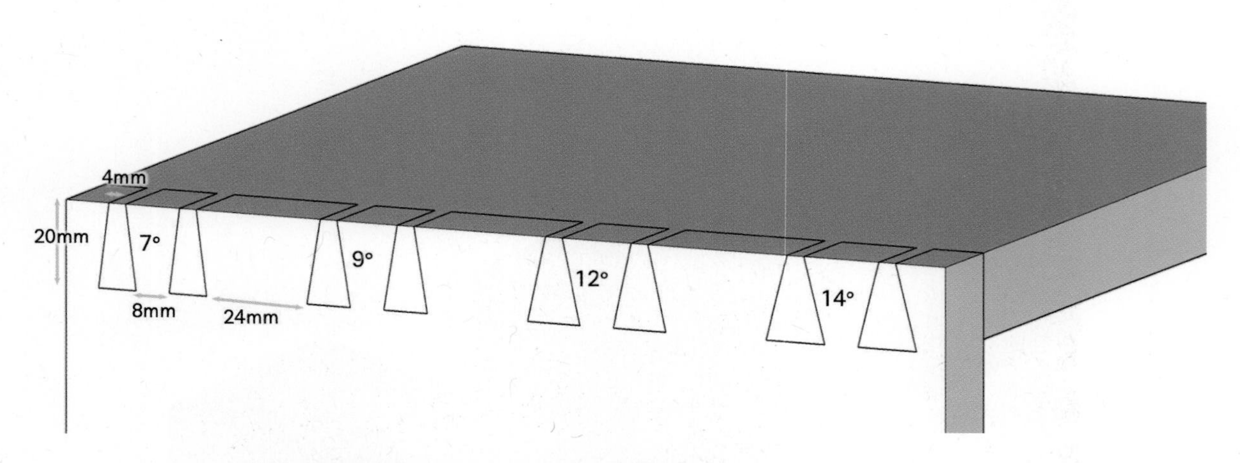

위의 그림을 통해 여러 주먹장 각도가 가지는 느낌을 비교해 볼 수 있습니다.

핀과 테일의 비율과 위치

어느 면에 핀과 테일을 배치할지를 정했다면, 테일의 수를 많게 해야 하는지, 핀의 수를 많게 해야 하는지에 대한 문제에 봉착합니다. 이 문제는 개수의 관점이 아니라, 가장자리에 어느 것을 배치할지에 대한 문제로 접근하는 것이 좋습니다.

핀 4개 > 테일 3개

테일 4개 > 핀 3개

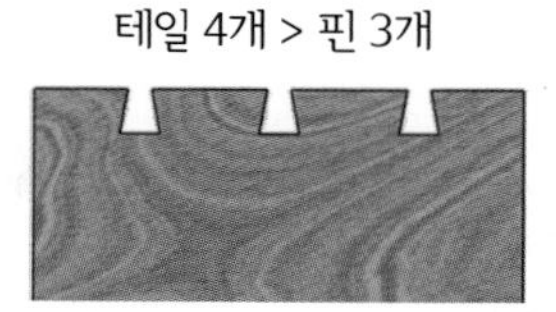

가장자리에 테일이나 핀을 배치하는 것에 따라 전면에서 보는 외관의 느낌이 결정됩니다. 테일 보드나 핀 보드는 디자인과 상황에 따라 상하 판 또는 옆판에 배치가 될 수 있는데, 어느 경우든, 가장자리에 배치되는 촉에 따라 앞에서 볼 때 해당 판재가 맞닿는 판재를 덮고 있는 듯한 느낌을 줍니다. 일반적인 캐비닛의 경우 상판이 옆판을 덮어 안정적인 느낌을 주고자 할 때는 상판에 해당되는 촉을 가장자리에 배치하면 됩니다.

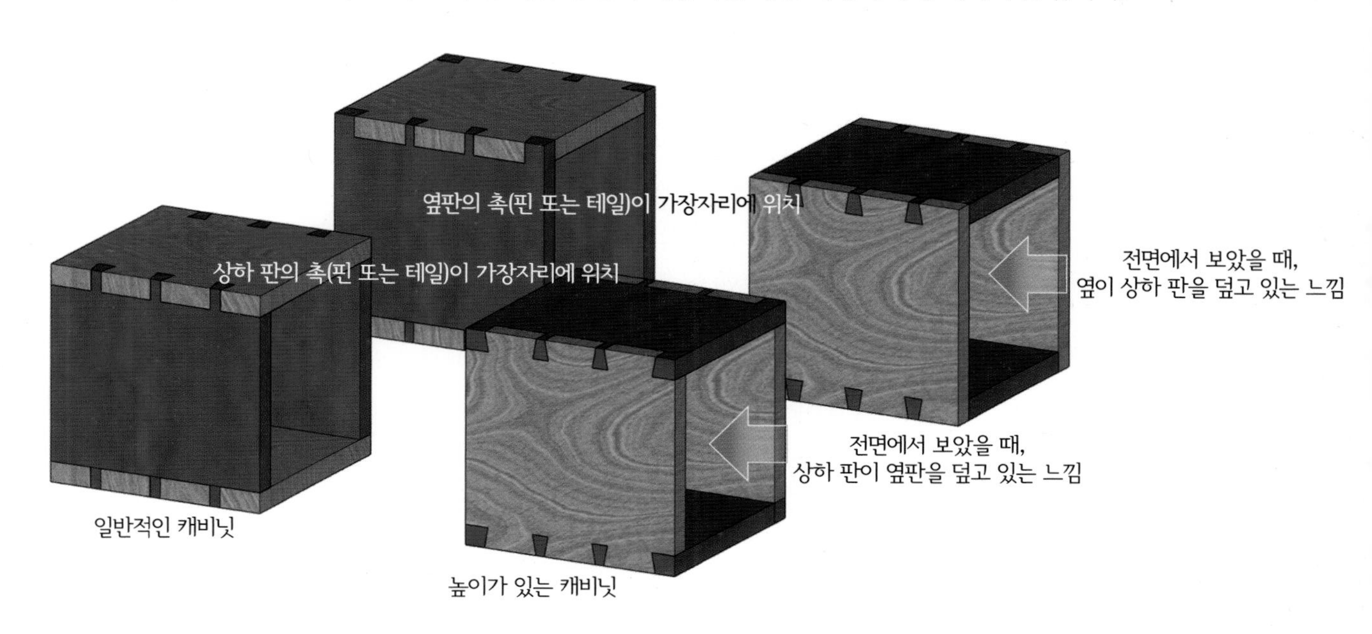

연귀 주먹장

양쪽(앞뒤) 또는 한쪽(앞)에 연귀 형태의 모서리를 구현하면 자연스러운 판재 연결을 표현할 수 있습니다. 연귀가 들어가면 구성이 복잡해지나, 다음의 그림과 같이 기본 방식에서 판재 양쪽에 연귀를 위한 부가적인 각재가 추가된다고 접근하면 좀 더 쉽게 구현할 수 있습니다. 작업 시에는 연귀 부분을 별로도 마킹해 놓고, 나머지 부분은 기본 주먹장 연결과 같은 방식으로 합니다. 단, 판재의 내부와 외부를 구분하고 표시하여, 45°의 각도가 뒤집히지 않도록 주의합니다.

연귀 형태는 외형적인 것 외에도 이점이 있습니다. 먼저, 연귀를 구현한 부분의 안쪽에서 홈을 파면, 외부에서 홈이 전혀 보이지 않아, 서랍이나 캐비닛의 경우 밑판이나 뒤판의 홈(그루브) 작업에 이용할 수 있습니다. 더불어, 판재의 끝부분에 있는 핀이나 테일은 채결 시 무리한 힘이 가해지면 상대적으로 쉽게 갈라질 수 있는데, 가장자리가 연귀가 되면 조립 시 스트레스로 인한 갈라짐 현상이 줄 수도 있습니다.

반숨은 주먹장

반숨은 주먹장은 서랍의 앞판과 옆판의 연결에 많이 사용되는 짜임입니다. 숫장부 작업 시, 끌로 작업해야 하는 양이 많아 까다롭게 보일 수 있는데, 구성은 아래의 그림과 같이 숫장부 판재의 위에 얇은 판재가 덧대어진다고 생각하면 됩니다. 실제로 서랍 앞판의 경우에도 일반 주먹장으로 구현 후, 무늬목 판재를 덧대는 방식으로 제작하기도 합니다.

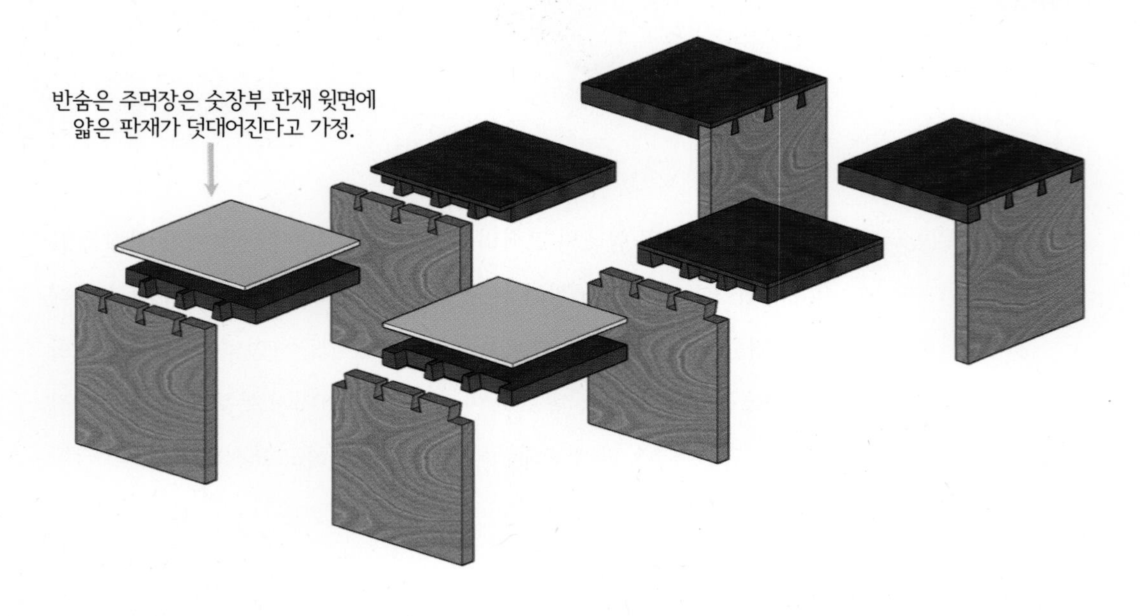

내부에 홈 파기

서랍의 밑판, 캐비닛의 뒤판 등 홈을 파고 얇은 판재를 넣는 경우는 상당히 많은데, 주먹장으로 구현한 상자의 내부에 홈을 판다면 연귀 부분이나 테일에서 진행하는 것이 좋습니다. 연귀 부분에 홈을 판다면 외부에서는 전혀 보이지 않으며, 테일에 홈을 판다면 서랍의 앞쪽과 뒤쪽 등 구성 상 가려지는 경우가 많습니다. 홈이 핀을 지나간다면 그대로 짜임에서 그 형태가 드러나게 됩니다.

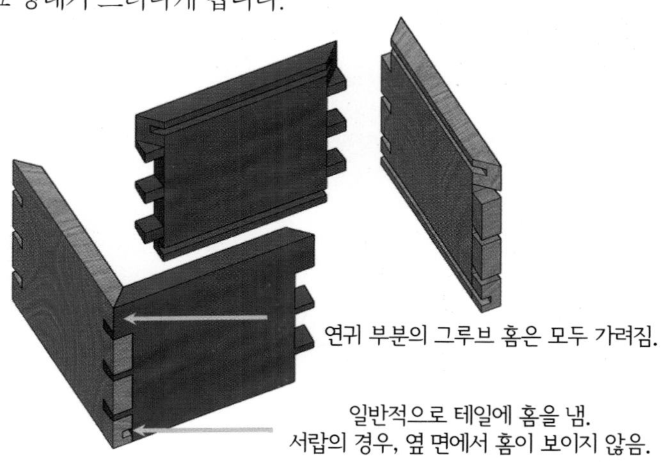

작업의 순서

주먹장에서 암장부(테일)와 숫장부(핀)를 동시에 마킹하고 작업하는 경우도 있지만, 테일을 먼저 작업하고 핀을 마킹하느냐, 핀을 먼저 작업하느냐는 흔히 하는 질문입니다. 대부분의 작업자들이 테일 작업을 먼저 하기는 하나, 이미 주먹장에 익숙해졌다면 자신이 하고 있는 방식이 가장 좋습니다. 선호도의 차이는 대부분의 마킹 방법의 차이에서 기인합니다. 핀을 먼저 작업하는 장점 중 하나는 일반적으로 핀의 크기가 작고 상대적으로 덜어내는 부분이 많아서, 두 부재를 대고 마킹을 할 때 넓은 공간에서 좀 더 쉽게 테일을 마킹할 수 있다는 점입니다. 테일 작업을 먼저 한다면, 마킹 작업의 공간이 적어지는 것은 사실이나, 이때 날이 얇고 긴 칼을 사용하면 됩니다. 개인적으로 주먹장에서 테일을 가공하고 핀에 마킹을 할 때, 목공용 마킹 나이프보다 일반 문구용 커터를 선호합니다. 이 경우 일반 커터는 칼금의 깊이가 크지 않아 블루 테이프를 붙이는 것이 도움이 됩니다. 테일 작업을 먼저 하는 경우의 장점 중 하나는 마킹을 할 때 부재를 맞대는 것이 좀 더 안정적이라는 것입니다. 테일의 안쪽 부재 면에 상대 부재의 두께를 표시하기 위해서 마킹 게이지로 칼금을 그었다면, 그 부분에 핀 보드를 대고 맞추기가 편합니다. 핀을 먼저 작업한다면, 테일 보드를 눕혀 놓고, 핀 보드를 세운 채로 테일의 마킹을 할 수 있습니다. 이렇게 작업하는 것이 편할 수도 있지만, 직각이 잘 맞추어진 작업대나 지그를 활용한다면, 테일 보드를 눕혀 놓고, 핀 보드를 아래의 수직 방향으로 고정한 상태에서 핀을 마킹하는 것도 좋은 방법입니다.

암장부 테일의 가공을 먼저한 후, 숫장부 핀의 가공 위치를 마킹하는 경우, 작업대보다 지그를 사용해서 두 부재를 고정시키면 좀 더 정확한 작업이 가능합니다.
이때 블루 테이프(blue tape) 등을 사용하여 마킹을 잘 보이게 하는 것도 편리한 방법입니다.

두 부재가 직각이 아닌 각도로 결합이 되는 주먹장의 경우,
숫장부 핀 작업을 먼저 하고 암장부 테일을 마킹하는 것이 편합니다.

도구

주먹장은 톱, 끌과 같은 수공구를 사용하는 대표적인 작업이나, 라우터와 테이블쏘 또는 밴드쏘와 같은 목공 기계로도 일부 또는 전체의 작업이 가능합니다. 어떤 방식으로 작업하는가는 개인의 선택에 달렸지만, 목재의 상태에 따라 자유롭게 각도와 위치를 정하기에는 수공구를 따라올 수는 없습니다. 물론 두 가지 방법을 모두 익히고 선택하는 것이 가장 좋습니다.

톱으로 숫장부를 가공하면서, 이후 끌 작업을 편하게
하고자 추가로 톱길을 내기도 합니다.

주먹장은 수공구로 작업하는 것이 가장 일반적입니다. 더불어, 적절한 지그를 사용하면 목공 기계로도 일부 또는 전체의 가공이 가능합니다. 기계로는 복잡한 작업까지 가능하지만, 단조로운 느낌을 줄 수 있습니다.

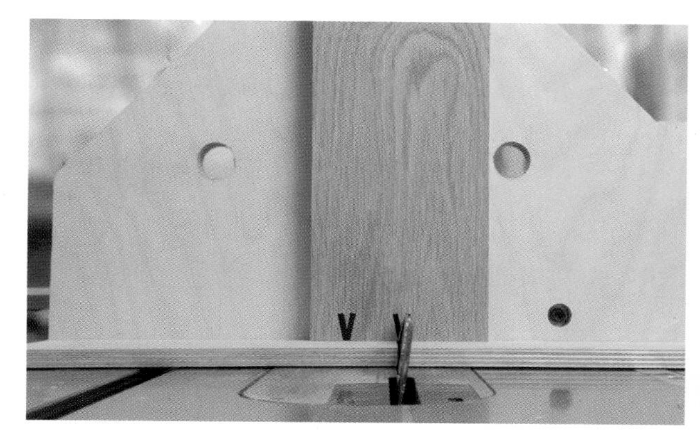

라우터나 테이블쏘, 밴드쏘 등을 이용해서 박스 조인트뿐 아니라, 주먹장의 가공도 할 수 있습니다.

목공 기계를 이용한 다양한 주먹장 작업물. 센터 포스트 도브테일(center post dovetail), 이중 주먹장(double dovetail).

[목공 상식] 접착제와 클램프

동식물의 자연에서 채취된 성분으로 만들어진 접착제는 목공과 함께 수천 년 이어져 왔으나, 최근 100여 년간 진행된 합성수지(synthetic resin) 접착제의 상용화와 발전은 목공의 접근 방법에 근본적인 영향을 미치게 됩니다. 한편, 접착제의 우수한 성능과 접근성이 가져온 변화에 비해서 접착제에 대한 관심과 이해도는 그리 높지 않습니다. 가구를 만들어보신 분이면 조립이 가장 정신없고 어려운 과정이라고 느낄 수 있으며, 접착제를 잘 이해하면 결과물의 완성에 많은 도움이 됩니다. 목재의 집성과 가구의 조립에 중요한 역할을 하는 접착제에 대해 알아보겠습니다.

옐로 글루, 화이트 글루

1900년대 초 합성수지 접착제가 목공인들에게 소개되기는 했으나, 제2차 세계대전을 배경으로 석유화학 산업이 발달하면서 우수한 품질의 합성수지 접착제가 본격적으로 상업화됩니다. 많은 종류의 합성 접착제가 개발되고 발전해 왔는데, 이 중 폴리비닐 아세테이트polyvinyle acetate(PVA)와 지방성 레진(aliphatic resin)에 대해 알아볼 필요가 있습니다. 이는 목공에서 자주 언급하는 옐로 글루yellow glue, 화이트 글루white glue와 연관이 있습니다.

현재 목공에서는 PVA 기반의 접착제가 많이 사용되는데, 최초의 PVA 접착제가 화이트 글루입니다. 초기 화이트 글루의 품질은 좋지 않았고, 당시에 '목수용 접착제'라고 부르던 옅은 노란색 지방성 레진 접착제의 품질이 조금 더 우수했습니다. 이런 화이트 글루, 즉 PVA 접착제의 품질 개선을 위해 지방성 레진을 첨가하기도 하고, 경화한 뒤에 목재와 비슷한 색을 내도록 색소를 첨가하기도 하면서 노란색을 띤 PVA 기반의 글루, 즉 옐로 글루가 발전했습니다. 이와 더불어 PVA 접착제 자체의 작업 속도를 개선하고, 방수성의 보완 등 많은 부분이 개선되었습니다. 옐로 글루나 화이트 글루의 장단점을 두고 논란이 있지만, 이는 오래전 합성수지 접착제가 처음 소개되던 시기의 내용이나 개인의 한정된 경험에서 비롯한 내용인 경우가 많습니다. 접착제는 PVA 외에 에폭시epoxy, 레진, 폴리우레탄, CAcyanoacrylate(순간접착제) 등 주요 성분별로 성질이 크게 구분되는데, 옐로 글루와 화이트 글루는 모두 PVA를 기반으로 하고 있습니다. 현재 목공에 사용하는 접착제에서 이 둘의 차이는 특성보다는 색으로 보는 것이 타당하며, 각각 품질과 특성은 제품 및 제조사별로 확인해야 합니다.

작업 시간, 고정 시간, 건조 시간

접착제를 선택하거나 사용할 때 확인해야 하는 중요한 항목은 접착에 소요되는 시간입니다. 작업 시간이 얼마나 되는지, 클램프를 얼마 동안 물리고 있어야 하는지, 접착제가 경화할 때까지 얼마나 기다려야 하는지를 살펴보겠습니다.

작업 시간(open assembly time, open time) 접착제는 작업 속도를 줄이는 방향, 즉, 빠르게 경화하도록 진화했으나, 목공에서는 작업에 따라 긴 조립 시간이 필요한 경우도 적지 않아서 오히려 느리게 건조가 되는 접착제가 유리할 때도 있습니다. 작업 시간은 부재가 조립되기 전 접착제가 대기 중에 최대한 노출될 수 있는 시간입니다. 일반적으로 시판되는 PVA 기반 접착제는 경화하는 데 5~10분 정도의 시간이 걸리는데, 복잡한 구조물의 조립을 한번에 진행해야 할 때는 작업 시간을 충분히 확보해야 하며, 필요에 따라서 작업 시간이 긴 접착제를 선택해야 합니다.

고정 시간(clamp time) 클램프로 부재를 고정한 뒤에 기다려야 하는 최소 시간입니다. 일반적으로 30분 정도인데, 조건에 따라 달라집니다. 목재를 조립한 상태에서 클램프로 인한 추가적인 형태 변화가 없다면, 클램프 작업 후 30분에서 1시간 정도 기다리면 되지만, 짜임이 헐겁거나 클램프로 형태에 변형을 주어야 하는 상태에서는 접착제가 완전히 건조된 뒤에 클램프를 풀어야 합니다.

건조 시간(total cure time) 클램프를 풀 수 있다고 해서 경화가 완료된 것은 아닙니다. 목공 접착제의 경화 시간, 즉 건조 시간은 일반적으로 24시간입니다.

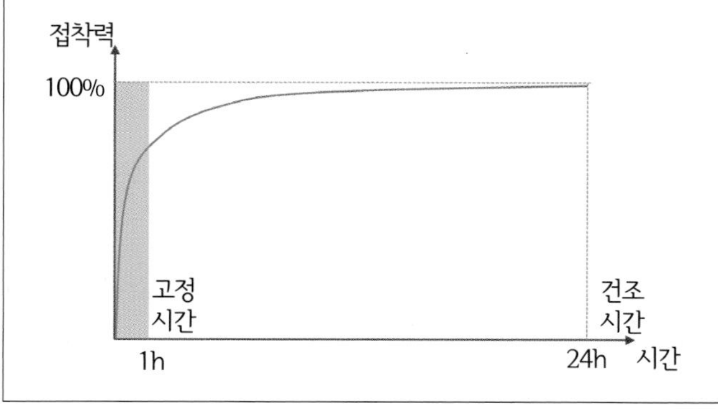

보통은 조립 작업 후, 최소 하룻밤이 지난 뒤에 다음 단계로 들어갑니다.

계절별 주의 사항

목공에서 사용하는 PVA 접착제는 수성이라 물이 잘 마르는 환경, 즉 온도가 높고 습도가 낮은 환경에서 작업이 유리합니다. 따라서, 온도가 낮은 겨울이나 습도가 높은 여름에는 조립 작업에 주의를 기울여야 합니다.

겨울철 : 온도 일반적으로 목공용 접착제의 사용 온도는 10° 이상이며, 이는 대기 온도와 더불어 접착제와 부재의 온도를 포함합니다. 난방 시설이 제대로 갖춰지지 않은 추운 환경에서 작업해서는 안 되며, 작업실 온도를 올리더라도 바로 작업하지 않고 접착제나 부재가 해당 온도에 적응할 때까지는 기다려야 합니다. 옐로 글루를 사용했는데 흰색으로 건조되었다면, 사용 온도에 문제가 있는 확률이 높습니다. 또한 낮은 온도에서 보관이 된 접착제는 부분적으로 뭉쳐 있을 수 있으므로 충분히 풀어준 후 사용해야 합니다.

여름철 : 습도 타이트 본드 같은 PVA 접착제는 목재의 함수율 10% 정도부터 접착제의 건조 속도가 느려지기 시작하고, 16%부터는 건조가 되지 않는다고 합니다. 여름철 높은 습도에서 작업할 때는 건조 속도가 매우 느려질 수 있으므로 평소와 달리 건조 시간을 충분히 확보해야 합니다.

목재의 방향과 접착력

두 개의 부재가 맞닿는 경우는 (1)결 방향+결 방향 (2)마구리면+마구리면 (3)결 방향+결 수직 방향 (4)

결 방향+마구리면의 네 가지로 구분해 볼 수 있습니다. 목재는 긴 섬유질 다발이 리그닌lignin 성분으로 뭉쳐진 구조이며, 접착제의 결합 강도는 이러한 목재 고유의 리그닌 결합보다 강합니다. 즉, (1)(3)(4)같이 접착면에 결 방향이 있는 경우 목재의 인장강도 이상의 힘을 가하면 접착면이 아니라 목재의 결 방향에서 파괴가 일어납니다. (2)의 경우에는 접착면에서 파괴가 일어나는데, 이 경우에도 접착면은 리그닌 결합보다 강하나 목재의 섬유질 방향으로 강도가 상대적으로 크기 때문입니다. 한 면 또는 두 면 모두 마구리면인 경우, 헛물관이나 물관으로 접착제가 일부 흡수되면서 접착력이 저하되나 목재의 인장강도보다는 강한 접착력을 가집니다.

(1) 결 방향+결 방향

(3) 결 방향+결 수직 방향

(2) 마구리면+마구리면

(4)결 방향+마구리면

(1)의 결 방향 결합은 목재를 집성하는 경우이며, (2)는 목재를 길게 연결하는 경우인데, 길이 방향의 목재 강도 비해 접착면의 강도가 상대적으로 낮으므로 거의 사용이 되지 않습니다. 짜임에서 연귀 형태의 맞댐 결합이 (2)마구리면끼리의 결합에 해당하나, 기본적으로 짜임은 부재가 직각으로 만나는 상황, 즉 (3)(4)의 조합입니다. 이 경우 외부의 스트레스로 파괴가 되는 부분은 접착면이 아니라 그림의 점선과 같은 결면일 가능성이 큽니다.

목재 간 거리와 접착력

접착되는 두 부재 사이의 거리는 집성을 할 때는 얼마나 큰 힘으로 부재를 밀착시키느냐와 관계가 있지만, 짜임에서는 얼마나 빡빡하게 가공해야 하는지와 관련이 있습니다. 예를 들어 장부 짜임의 경우에는 숫장부와 암장부가 옆 방향으로 얼마나 밀착되는가는 외부의 클램프의 힘이 아니라 가공의 정밀도에 의존합니다. 일반적으로 접착제의 사양은 제곱센티미터의 단위 면적당 약 10~20kg의 힘으로 밀착하며, 부재 간의 거리는 0.1~0.2mm 이내가 될 것을 권고합니다.

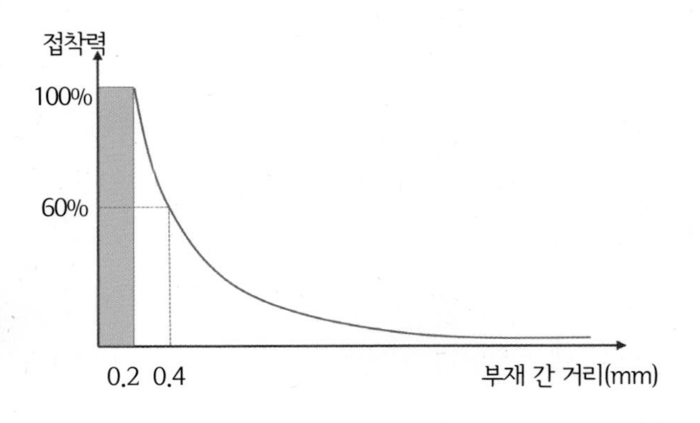

이 거리는 목재 결의 최대 지름과 유사한 수치로 접착 시에는 부재를 완전히 밀착하는 경우 최대 성능이 보장된다는 뜻으로 해석할 수 있습니다. 부재 간의 거리가 먼 경우, 즉 짜임이 견고하지 않다면 접착제를 보충하여 틈을 채우기도 하지만 예상보다 효과적이지 않습니다. 이는 목공용 PVA 접착제는 수성으로 50% 정도가 물로 이루어져 있어, 건조하는 과정에서 상당량이 증발하기 때문입니다. 이 경우에는 사용이 까다롭지만 PVA 접착제보다 에폭시 접착제가 더 적합할 수 있습니다.

타이트본드 제품별 비교

목공용 접착제는 대부분 목재 섬유질 자체보다 강한 결합력을 가지고 있어 접착제를 선택하는 데 있어서 접착력은 큰 의미가 없다고 생각할 수 있으나, 마구리면이 있는 결합에서는 접착면이 가장 약하므로 집성이 아닌 조립에서는 의미있게 생각해볼 필요가 있습니다. 더불어 제품마다 사용 온도, 색상 등의 다른 특성을 한번 더 살펴본다면 작업에 맞는 선택이 가능합니다. 목공에서 가장 널리 사용하는 타이트본드사의 타이트본드 오리지날Titebond original과 타이트본드III Titebond III, 타이트본드 익스텐드Titebond extend에 대해서 작업 시간과 사용 온도, 건조 전후의 색상 등을 비교해 보았습니다. 작업 시간과 온도 등 작업 조건에 대한 사양은 익스텐드가 우수하나 밝은 색상의 목재가 아니라면 조립 후 접착선이 많이 드러날 수도 있습니다. 각 제품을 월넛, 메이플, 오크에 적용해서 건조 전과 후의 색을 비교해 보면 알 수 있듯이 월넛과 같은 어두운 목재에는 타이트본드 III가 어울릴 수 있습니다.

	타이트본드 오리지날	타이트본드 III	타이트본드 익스텐드
결합 강도	3650psi	4000psi	3510psi
작업 시간	4~6분	8~10분	15분
용액 색상	노란색	황갈색 tan	노란색
도막 색상	반투명	연한 갈색	노란색
적용 온도	10℃ 이상	8℃ 이상	5℃ 이상
기타 특징	샌딩 용이	방수	열에 강함

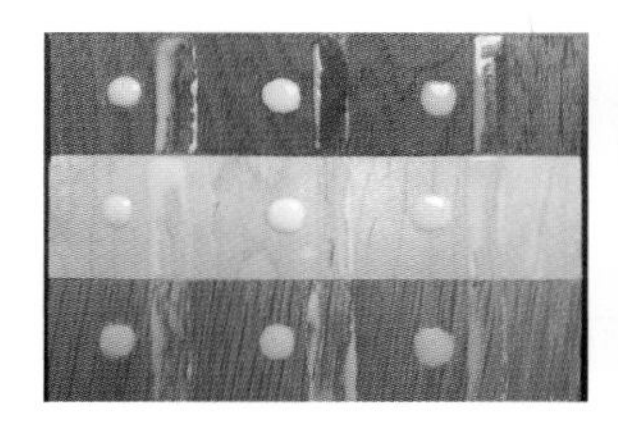

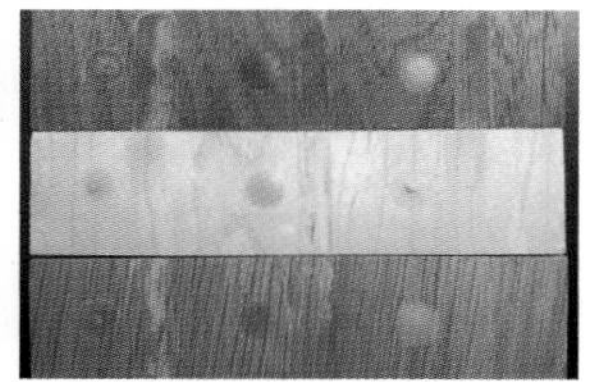

월넛, 메이플, 오크에 타이트본드 오리지날, 타이트본드III, 타이트본드 익스텐드를 도포한 직후(왼쪽)와 건조 후(오른쪽)의 색상 비교입니다.

조립과 클램프

클램프의 종류와 밴드 클램프 목재의 집성 및 가구의 조립, 작업 보조에 사용되는 클램프는 용도와 성능에 따라 여러 형태가 있습니다. 클램프마다 용도가 특정되는 것은 아니나 목재의 집성에는 파이프 클램프pipe clamp, 가구의 조립에는 평행 클램프(parallel clamp), 작업의 보조에는 퀵 클램프(quick release clamp)가 대표적으로 사용됩니다. 정해진 틀에 부재를 넣고 쐐기로 압력을 가하는 방식이 오래전 목공에 사용되기도 했으나, 클램프의 원형은 막대기 형태의 바 클램프bar clamp와 띠 형태의 밴드 클램프band clamp로 볼 수 있습니다. 목재에 끈을 묶은 뒤 막대기를 끼워 돌려서 조이는 형태의 밴드 클램프는 목공의 시작과 함께한 조립 방식인데, 밴드 클램프는 사용이나 보관이 번거로워 연귀 형태의 액자나 캐비닛의 조립과 같이 균등한 힘을 가해서 조립하는 부분에 주로 사용됩니다. 나사와 발달과 역사를 같이한 바 형태의 클램프는 편리한 사용과 더불어 강력한 힘을 가할 수 있는 장점이 있는데, 여기서는 바 형태의 클램프를 기준으로 클램프의 구조와 원리, 종류별 특징에 대해서 살펴보도록 하겠습니다.

클램프의 원리와 바 클램프 F 바 클램프는 바 클램프의 가장 원초적인 형태입니다. 철재의 바에 한 쌍의 턱(jaw)이 붙어 있는데, 하나는 끝 부분에 고정되어 있으며, 다른 하나는 부재의 크기에 맞추어 바를 따라 움직일 수 있습니다. 클램핑은 밀착과 압착의 두 가지 단계로 진행되는데, 조정이 가능한 턱을 이동해 부재에 밀착시킨 후 턱에 부착되어 있는 나사나 기어를 사용하여 압착을 합니다. 이때 턱은 지렛대 원리로

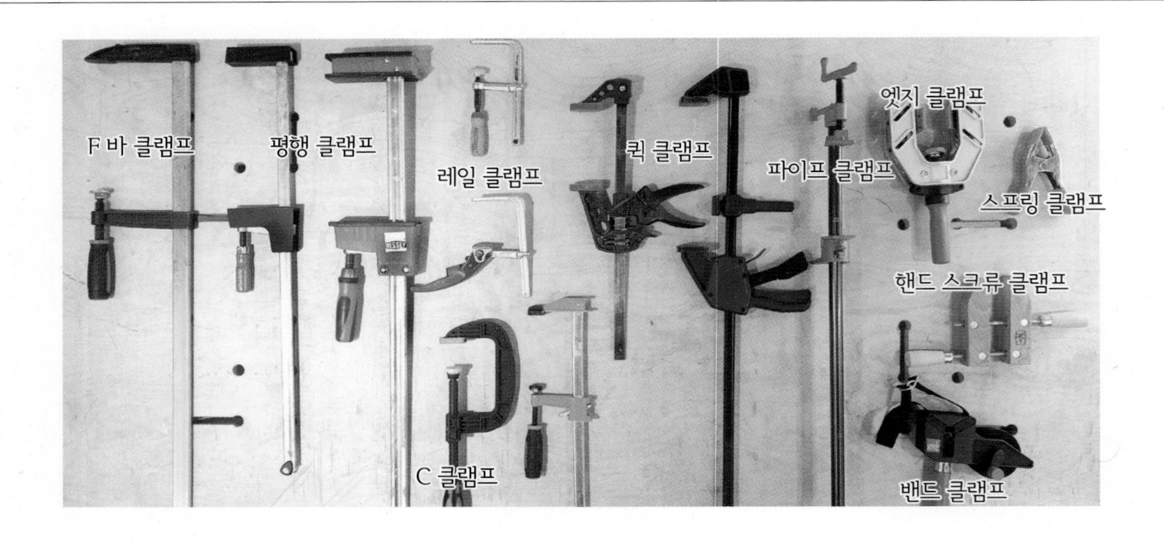

끝이 뒤로 밀리면서 바에 단단히 고정되는데, 턱이 바에 직접적으로 걸리는 클램프(F 클램프, 평행 클램프, 레일 클램프, 기어 클램프 등)와 턱에 위치한 여러 개의 금속 조각(클러치 디스크clutch disc)이 바에 걸리는 형태의 클램프(퀵 클램프, 파이프 클램프)로 구분해볼 수 있습니다. 클램프의 바에는 작은 톱니 모양의 돌기들이 나 있어 턱의 고정을 원활하게 하기도 합니다.

클램프의 힘 전달과 평행 클램프 대부분의 바 클램프가 이러한 지렛대 원리로 압착이 되기 때문에 클램프 작업 시 가장 힘이 강하게 전달되는 부분은 턱의 끝 부분이며, 압착이 될수록 지렛대(턱)가 기울어지며 바와 평행선 바깥 방향으로 힘이 모아집니다. 평행 클램프는 F 클램프의 양 턱에 직선 형태의 받침대를 덧댐으로써 양 턱 사이 힘이 고르게 전달되도록 고안되었으나, 여전히 힘은 턱의 끝 부분에 좀 더 집중되어 있습니다. 조립이나 집성 작업 시 평행 클램프를 사용하더라도 턱의 모든 구간의 힘이 고르게 가해지지 않는데, 압착을 할수록 부재가 밀린다든지 턱의 끝 부분과 안쪽이 다른 힘으로 조립되는 등의 현상을 볼 수 있습니다.

클램프의 강도와 파이프 클램프 클램프의 강도는 바와 턱이 얼마나 튼튼한 재질과 구조를 가지는지에 달려 있습니다. 파이프 클램프는 한 쌍의 턱에 해당되는 부분만 판매되는데 별도의 파이프를 구해서 장착하기 때문에 비교적 저렴한 비용으로 다양한 크기의 작업을 할 수 있으며 압착 강도도 상당하여 조립뿐만 아니라 집성에도 많이 사용됩니다. 1/2″와 3/4″의 파이프가 사용되는데, 여기서의 수치는 미국 표준 공칭 파이프 크기(nominal pipe size, NPS)로 대략적인 파이프의 직경을 나타냅니다. 1/2″ 파이프의 경우 표준 외경은 0.84″(=21.34mm), 3/4″는 1.05″(=26.67mm)입니다. 시중 판매하는 파이프는 1차 방청 처리만 되어 있는 흑관과 아연이 도금된 백관이 있는데, 백관이 규격보다 조금 두꺼워서 제품에 따라 사용이 안 될 수도 있으니 구매할 때 주의합니다. 파이프를 클램프에 장착하기 위해서는 파이프 끝에 나사산 작업이 되어 있어야 합니다. 1/2″와 3/4″가 파이프 자체 강도의 차이가 있다고 하나, 둘 다 목공에서 사용하기에는 무리가 없으며 파이프 클램프에서 부러져 고장이 나는 부분은 대부분 나사산이라 필요할 때 이 부분을 보강하면 오랜 기간 사용이 가능합니다.

클램프의 활용과 퀵 클램프 바 클램프에서는 나사를 돌려 압착하는 방식으로 큰 힘을 가할 수 있지만, 퀵 클램프는 턱의 이동만으로 고정을 하기 때문에 압착 강도가 높지 않습니다. 그 대신 핸들의 그립과 릴리스 레버를 사용해서 한 손으로 클램프를 조이고 풀 수 있는 등의 간단한 조작이 가능하여, 조립뿐 아니라 부재를 고정하는 등 공구 작업의 보조 도구로 사용할 수 있습니다. 레일 클램프나 기어 클램프도 작은 부재를 조립하는 용도 외에 스톱 블록을 고정하거나 슬롯이나 트랙을 이용하여 부재를 고정하는 등 작업 도구로 활용할 수 있습니다. 핸드 스크류 클램프는 목공 기계를 사용할 때 다양한 각도로 부재를 고정하는 데 활용됩니다.

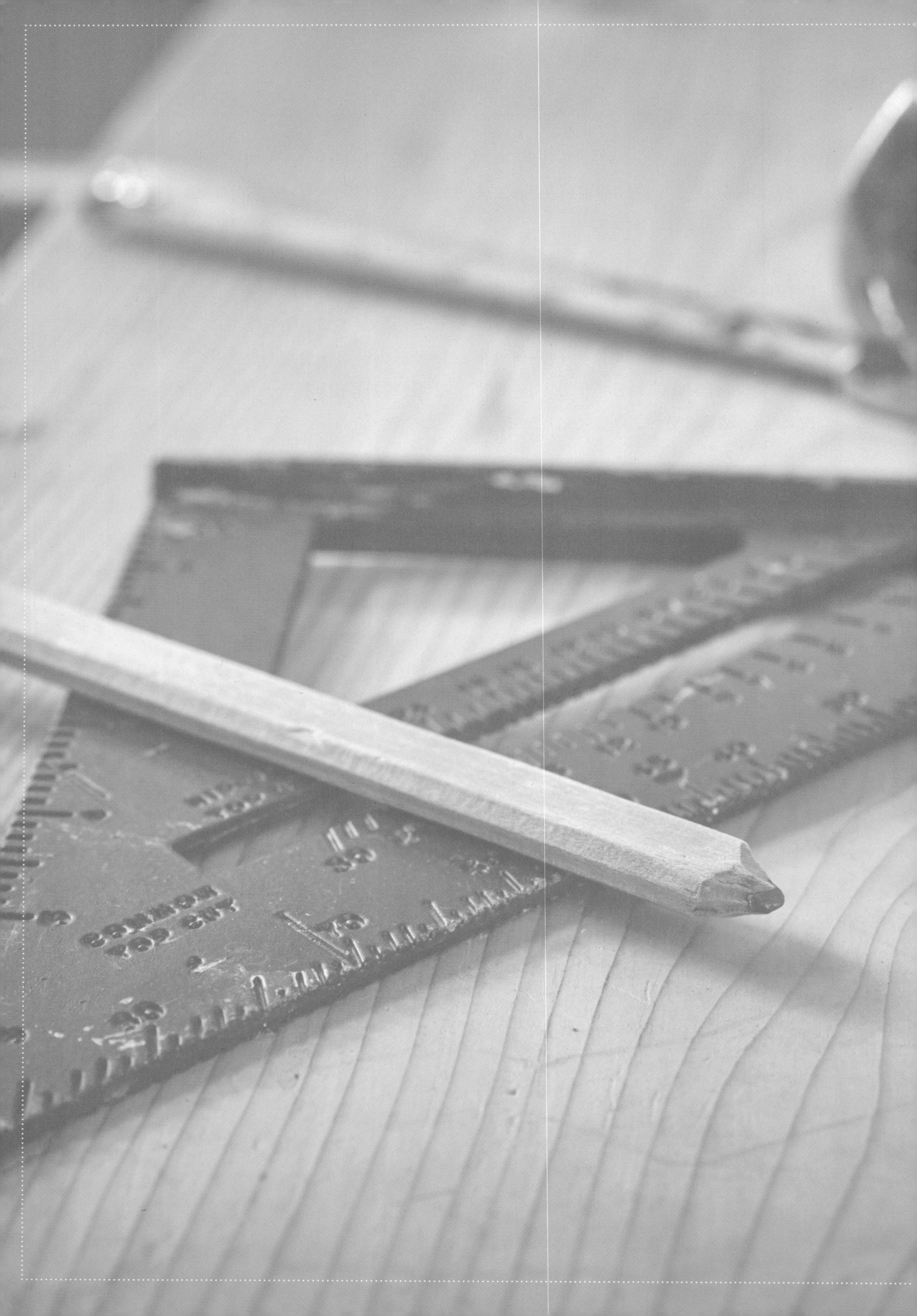

설계
Design

목공 디자인은 나무에서 시작합니다. 원하는 분위기에 맞는 목재를 선택하고, 선택한 목재에 따라 디자인이 정해지기도 하고, 작업 중에 디자인이 바뀌기도 합니다. 목재가 정해지더라도 나무 본연의 아름다움을 최대한 살리는 것은 목공 디자인 과제 중 하나입니다.

좋은 디자인과 좋지 않은 디자인이 있지만, 목공에서는 맞는 디자인과 맞지 않는 디자인이 있습니다. 디자인은 미적인 요소와 실용적인 요소가 중심이 되고, 이런 요소는 개인적인 판단이 결정하지만, 목공에서는 이와 더불어 목재 자체의 특성에 맞게 설계되었는지가 중요한 판단 기준이 됩니다.

나무로 만든 소품이나 나무 조각품과 달리 일반적인 가구나 나무 제품은 나무를 통째로 깎아서 만들 수 없습니다. 목재 자체의 방향성에 따라 달라지는 강도나 변형이 중요한 요소로 작용하기 때문입니다. 잘못된 결 방향으로 목재를 배치하고, 환경에 따라 생기는 수축과 팽창을 고려하지 않은 설계는 쉽게 문제에 노출됩니다.

목재와 가구

디자인을 생각하면, 미적인 요소와 실용적인 요소를 떠올리게 됩니다. 어느 정도 부피가 있는 목재 작업에는 결과물이 얼마나 견고한가를 판단하는 구조 역학적 요소도 작용한다고 볼 수 있습니다. 가구를 설계할 때 이런 요소들을 중요하게 다루어야 하지만, 목공에서 디자인은 이와 더불어 결과물이 목재의 특성과 문법에 맞게 설계되었는지 점검해야 합니다. 즉 재료의 특징에 대한 검토가 기본적으로 이루어져야 한다는 것입니다. 일반적인 관점에서 말하는 디자인의 아름다움이나 실용성은 이 책의 범위를 벗어나는 주제이며, 여기서는 목재의 재료적 관점을 중심으로 가구의 디자인에 관해 이야기하겠습니다.

목재와 디자인

목재는 목공 작업에서는 물론, 디자인에서도 중요하게 고려해야 합니다. 일반적으로 디자인에 맞는 목재를 골라야 하지만, 목재에 맞는 디자인을 하기도 합니다. 작업 도중에 목재 상태에 따라 디자인을 변경하는 일도 많습니다. 아울러, 목재의 특성은 가구의 구조와 내구성에 큰 영향을 미칩니다.

- 목재의 선택과 더불어 나무의 결(성장륜)과 색을 고려한 목재의 배치는 가장 중요한 목공 디자인 활동 중 하나입니다. 집성할 때도 최대한 나무의 무늬와 색을 고려해서 작업합니다. 집성하는 부분은 하나의 제재목에서 재단한 부재를 이용하는 것이 좋으나, 하나의 긴 제재목에서도 무늬, 색깔, 심/변재 비율이 많이 달라지는 경우가 있어 확인이 필요합니다.
- 목재는 결의 양 옆 방향에서 당기는 힘에 매우 약해서 외부에서 큰 힘이 가해지거나, 내구성이 필요할 때는 이런 결 수직 방향 인장 강도를 목재가 그대로 버텨야 하는 디자인을 피해야 합니다. 일반적으로 부재는 길이 방향이 결(섬유질) 방향이 되도록 재단하는데, 앞서 살펴봤듯이 이를 '롱 그레인'이라고 하고, 부재의 짧은 방향으로 결이 난 경우를 '쇼트 그레인'이라고 합니다. 쇼트 그레인은 외부 힘에 대한 강도가 약한데, 결 방향으로 재단되지 않은 테이블 다리 등에서 문제가 될 수 있습니다.

◆ 상대 습도의 변화에 따른 목재의 변형은 피할 수 없으므로 목재 결(섬유질)의 수직 방향에서 수축과 팽창이 일어나도 문제없는 구조가 되어야 합니다. 결의 수직 방향과 달리 목재의 결 방향으로는 치수 변화가 없으므로 결이 서로 직각이 되는 형태로 두 부재가 고정되지 않도록 목재의 방향과 디자인을 정합니다.

◆ 종류가 다른 나무를 한 가지 작업에 사용하는 경우는 드물지 않습니다. 이럴 때 목재들의 함수율 차이가 크면 결합 방향과 상관없이 문제가 생길 수 있습니다. 일반적으로 같은 장소에 보관한 목재들을 사용하면 좋습니다. 단, 의자 등받이 스핀들처럼 때에 따라서는 의도적으로 일부 부재의 함수율을 순간적으로 낮춰 결합력을 높이기도 합니다.

◆ 짜맞춤을 구상한다면 목재에 관해 고려할 사항이 몇 가지 있습니다. 짜맞춤에서 두 부재가 서로 결합하는 부분은 기본적으로 서로 결이 수직이 되므로, 맞닿는 부분이 크지 않더라도 성장륜이 촘촘해 보이는 목재를 선택하면 장기적으로 내구성을 높일 수 있습니다. 짜맞춤 자체의 기계적인 내구성을 고려하는 동시에 접착이 되는 면을 최대한 확보하는 것도 도움이 됩니다.

가구 구조

일반적인 형태의 가구는 대부분 탁자 구조(tablework)와 상자 구조(casework)의 두 가지로 구분 지을 수 있습니다. 탁자 구조는 각재의 결합으로 구성되는데, 4개의 다리와 이를 잇는 가로대로 프레임이 이루어져 있으며, 그 위에 상판이 장착이 되는 방식입니다. 탁자와 스툴 등의 가구에서 볼 수 있으며, 캐비닛의 다리 부분을 구성하는 데에도 사용됩니다. 상자 구조는 판재들의 연결로 구성되는데, 캐비닛, 서랍, 선반, 책상 등의 가구가 상자 구조로 제작됩니다. 참고로, 이 책에서는 탁자와 테이블, 옷장 서랍장 등에 사용하는 장欌과 캐비닛은 같은 용어로 사용하고 있습니다.

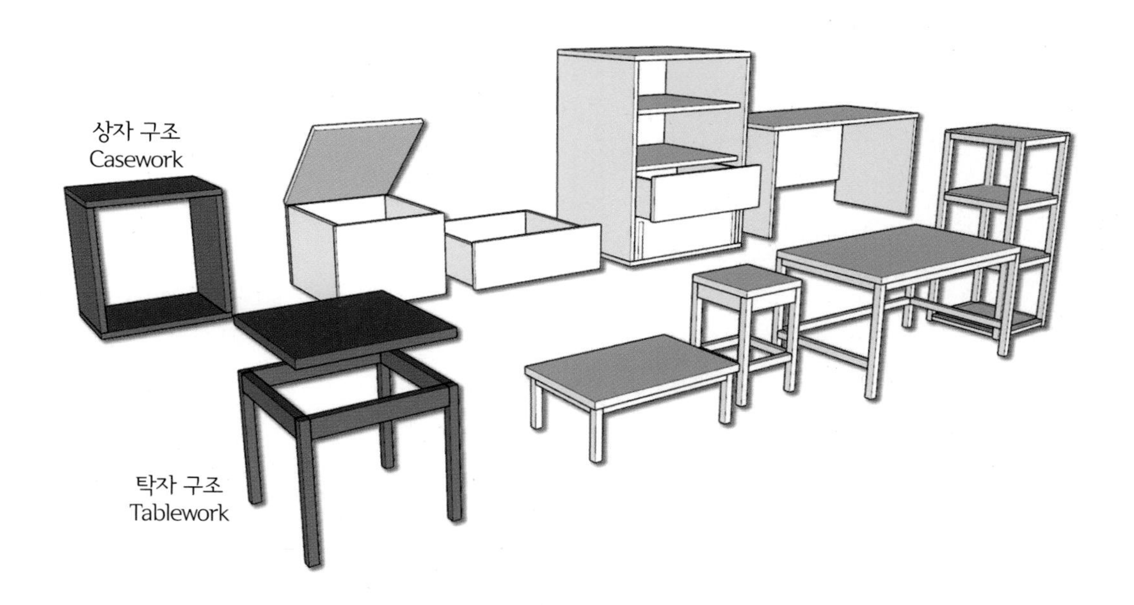

탁자 구조는 각재의 짜임을 기본적으로 사용하며, 상자 구조는 판재의 짜임이 기본이 됩니다. 각재나 판재로 이루어지는 구조 외에, 프레임에 알판을 끼워 넣는, 프레임 패널 구조도 추가적으로 구분해볼 수 있는데, 프레임 패널 구조는 각재를 틀로 하여 판재를 덧대는 것입니다. 전체적인 무게를 줄이면서도 내구성을 유지할 수 있고, 습도에 따른 수축과 팽창의 문제도 해결됩니다. 더불어 좋은 무늬목을 경제적으로 활용할 수 있어, 많은 가구에 활용되어 왔습니다.

의자 디자인은 기본적으로 탁자 구조의 응용으로 볼 수 있으나, 형태와 접근 방법이 다양하므로 별도로 취급합니다. 의자는 신체가 접촉하는 부분이 가장 많은 가구입니다. 편하고, 견고하며, 가벼워야 합니다. 좌식 생활 문화가 지배적인 우리나라 전통 가구에서는 많이 발달하지 않은 분야이지만, 서양에서는 가구 제작자(cabinet maker)와 의자 제작자(chair maker)를 구분할 정도로 전문적인 분야입니다.

가구의 치수 : 길이와 너비

직접 제작하는 가구의 장점 중 하나가 필요한 용도에 맞게 치수를 정하는 것입니다. 아래의 치수는 일반적인 내용으로 참고하기를 바라며, 허용하는 공간에서 개인에게 가장 잘 맞는 크기를 정하는 것이 우선입니다.

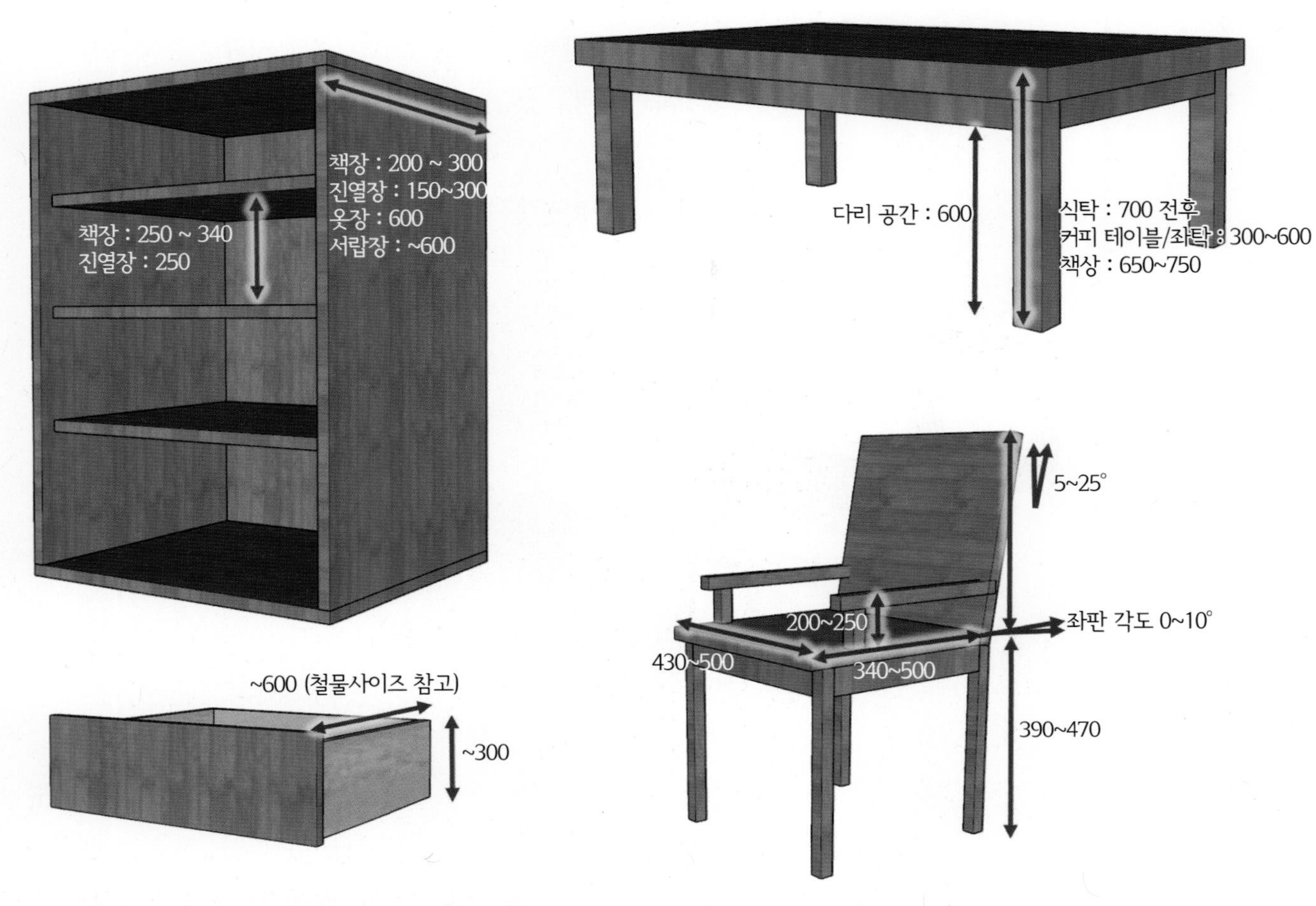

길이와 너비를 정하는 것은 자신만의 가구를 만드는 주요한 이유입니다.

의자는 치수와 더불어 각도가 중요합니다. 식탁, 책상 등에 사용되는 실용적인 의자에서 등받이의 각도는 5~10°이며, 좀 더 안락함을 원한다면 15° 정도, 흔들의자는 25°까지도 가능합니다. 좌판의 각도는 0~5° 정도가 일반적이고, 라운지 체어 등에서는 10° 가까이 됩니다.

가구의 숨은 치수 : 두께

목공을 시작한 사람들이 느끼는 어려움 가운데 하나가 목재의 수치, 더 들어가 보면, 목재의 두께에 대한 감을 잡는 것입니다. 목재의 길이나 폭은 가구의 치수에 따라 그대로 결정되지만, 구조의 견고함과 결과물의 전체적 느낌을 결정하는 두께를 정하는 데에는 어느 정도 경험이 필요합니다. 두께를 정하는 데는 정해진 규칙이 따로 없지만, 그래서 목공을 시작할 때 참고할 만한 정보가 없다는 점이 안타까워서, 선입관을 줄 수도 있다는 우려를 무릅쓰고 개인 경험을 바탕으로 몇 가지 사실을 정리합니다.

제재목의 두께

북미산 하드우드가 제재목의 형태로 많이 유통되므로, 제재목은 4/4", 5/4", 6/4", 7/4", 8/4" 등 인치 단위의 두께가 사용됩니다. 가장 흔하게 통용되는 제재목 두께는 4/4", 즉 1"인데, 대패로 작업하면 두께가 20mm(약 3/4") 정도가 됩니다. 목재의 변형 상태 등에 따라 달라지지만, 짧은 길이의 부재는 대패 작업 후 좀 더 두꺼운 목재의 확보가 가능하며, 길이가 길고 변형이 심할수록 확보할 수 있는 두께가 얇아집니다.

두께의 기준과 판재

일반적으로 가구에서 사용하는 판재 두께는 3/4"(19.05mm)나 18mm를 기준으로 생각하면 되는데, 이는 4/4" 목재로 확보할 수 있는 두께입니다. 두께가 18mm인 하드우드 판재는 단독으로 어느 정도 내구성과 변형에 대한 저항력을 갖추고 있습니다. 일반적인 가구의 판재 두께는 이를 기준으로 전체적인 크기, 구조적인 면, 디자인을 고려해서 더 두껍거나 더 얇게 정해집니다.

- 조금 작은 상자 형태의 서랍장이나 보석함 같은 소품을 구성할 때 두께가 18mm인 판재는 무겁거나 둔해 보일 수 있으므로 1/2"(12.7mm), 즉 10~15mm 정도가 적당합니다. 아울러, 서랍 내부(옆판, 뒤판)도 두께가 비슷합니다. 단, 이 정도 두께의 판재는 판재끼리 서로 연결하지 않고 단독으로 두면 함수율의 변화로 변형(휨)되는 현상이 눈에 띄게 드러날 수 있습니다.
- 목재가 단독으로 버티는 최소 두께는 원목은 6mm, 합판은 4mm 정도로 볼 수 있습니다. 캐비닛 뒤판, 패널 알판, 서랍 밑판 등 스스로 모양은 유지하되 외부의 힘이 크지 않은 경우에는, 6~10mm 두께의 원목이나 4~8mm 정도의 합판이 사용됩니다.
- 어느 정도 규모가 있는 탁자의 상판이나 가구에서는 18mm가 다소 얇아 보일 수 있으며, 휨 현상이 나타날 수도 있습니다. 5/4"(31.75mm) 제재목에서 대패로 작업한 24mm

정도 두께나 그 이상 두께의 판재를 고려해볼 수 있습니다.

- 판재 자체가 각재와의 짜임에 바로 사용되는 경우, 즉 별도의 가로 지지대 없이 의자나 스툴 좌판이 다리에 직접 연결되거나 탁자 상판이 바로 다리와 결합하는 경우에는 판재가 각재의 결합력을 가져야 합니다. 좌판이나 상판의 판재는 8/4″(50.8mm)의 제재목을 이용하여 대패 작업한 뒤에 45mm 정도 두께의 판재를 다리와 바로 결합하기도 합니다. 슬랩 보드(wood slab board)로 좌탁을 꾸밀 때 두께는 45mm나 그 이상일 수도 있습니다.

각재

각재의 쓰임은 가구 크기에 따라 다양하지만, 18×18mm도 그리 튼튼해 보이지 않습니다. 테이블 다리의 경우 18×2mm, 즉 36mm 정방향 각재를 기준으로 더 굵거나, 얇은 것을 생각해보는 것도 괜찮은 접근입니다. 너무 둔하다고 느껴진다면, 아랫부분을 가늘게 하는 테이퍼링tapering으로 견고함과 날렵함을 동시에 얻을 수도 있습니다. 전통 가구인 사방 탁자의 프레임은 24~28mm 두께의 각재가 널리 사용되었습니다.

가로대

테이블 다리를 잇는 가로대는 폭이 넓을수록 변형이나 압력에 효과적으로 대응할 수 있습니다. 80mm 폭의 가로대는 40mm 폭보다 4배의 압력을 견디고, 변형은 8배가 적습니다. 가로대는 이런 구조적인 사항 외에 미적인 요소나 실용적인 요소(다리가 들어가는 공간)를 결정하므로 신중하게 치수를 정해야 합니다. 테이블 다리에 가로대 외에 추가적인 지지대가 있느냐 없느냐에 따라서도 폭이 달라집니다. 일반적으로 폭은 60mm를 기준으로 30~90mm에서 고민해보는 것이 좋습니다. 폭을 넓힐 수 없다면 효율이 낮아지더라도 가로대를 두껍게 하는 방법도 고려할 만합니다. 두께 36mm 가로대는 18mm보다 두 배의 압력을 견디고, 변형은 절반입니다.

탁자 구조

탁자 구조는 각재의 짜임에서 소개한 여러 가지 짜맞춤 방법으로 다리와 가로대를 연결하고, 그 위에 상판을 올리는 구성으로 만들어집니다. 탁자 구조에 대한 소개와 더불어 상판의 연결 방법, 견고한 구조를 위한 확인 사항을 짚어보며, 스툴 만들기 실습을 통해 탁자 구조의 가구 제작 과정을 알아보겠습니다.

탁자 구조

기둥-가로대로 구성되는 프레임과 상판 결합으로 탁자나 선반, 책상, 스툴 등 다양한 가구에 적용할 수 있습니다. 기본적으로 네 개의 다리는 위쪽에서 가로대로 연결되고, 그 위에 별도의 상판이 결합합니다. 다리의 기계적 구성을 보강하고자 아래쪽에 여러 방식의 보조대가 연결되는데, 이때 보조대가 사용 목적에 방해가 되지 않게 해야 합니다. 위쪽 가로대는 다리를 중심으로 45°로 재단된 목재 또는 철재의 코너 블록을 설치해서 구조에 도움을 줍니다. 가로대는 부재의 폭이 클수록 지지력이 증가하지만, 너무 넓으면 사용에 지장을 주거나 디자인이 둔탁해 보일 수 있으니 적절한 수치의 선택이 필요합니다. 탁자가 클 때는 가로대 사이에 보조 지지대를 추가하는데, 가로대 길이가 1m를 넘을 때 고려하는 편이 좋습니다.

탁자 구성에서 가장 문제가 되는 상황은 상판과 측면 프레임 사이의 결 직각 결합 구조입니다. 서로 다른 나뭇결이 넓은 부위에서 결합하면 수축과 팽창 과정에서 필연적으로 문제를 일으키므로 탁자에서 상판과 프레임은 접착제나 나사로 직결하여 고정하지 않습니다.

상판과 가로대가 접착되어 고정되면 상판은 지속적인 수축과 팽창으로 문제에 노출됩니다.

수축/팽창의 차이로 인해 갈라짐 등의 문제 발생.
수축 팽창을 고려한 고정 필요. 접착제로 고정되지 않도록 함.

프레임과 상판 연결 방법

결 방향으로 된 프레임은 크기 변화가 없지만, 넓은 상판은 상대 습도에 따른 함수율의 변화로 치수가 계속해서 변합니다. 따라서 상판을 프레임에 고정할 때 이런 상판 치수의 변화가 자유롭게 일어날 수 있게 해야 합니다. 8자 철물, Z철물, 나무 버튼, 팽창 와셔, 슬라이딩 도브테일(띠열장) 등으로 상판과 프레임을 고정하면, 상판이 자유롭게 수축하고 팽창할 수 있습니다.

탁자의 상판을 연결하는 방법에는 여러 가지가 있으나, 8자 철물과 Z철물이 가장 많이 사용됩니다.

이 가운데 슬라이딩 도브테일은 상판에 주먹장 모양의 홈을 길게 판 뒤에 이에 맞게 가공된 프레임을 밀어서 끼워 넣는 방식으로 상판의 크기 변화를 허용하기 위해서 접착제는 한쪽에만 적용합니다. 다른 결합 방식에 비해서 작업량이 많고 번거롭지만, 상판의 고정과 더불어 상판의 휨과 같은 변형을 어느 정도 막을 수 있는 장점이 있습니다.

8자 철물 연결

8자 철물은 탁자 상판을 연결할 때 가장 많이 사용하지만, 철물의 움직임이 직선이 아니라 사선 방향이므로 올바르게 체결하기가 쉽지 않으며, 8자 철물을 잘못된 방법으로 사용하는 사례도 적지 않습니다. 경험상 문제가 없다고 말할 수도 있겠지만, 올바른 방법을 두고 굳이 운에 맡길 이유는 없습니다.

프레임 쪽에 드릴과 끌로 8자 철물 자리를 먼저 작업합니다. 프레임에 철물을 장착하는 위치를 정하고 철물 직경에 맞는 포스너 비트로 철물의 두께만큼 팝니다. 각 철물이 움직이는 동선의 중심이 되는 방향으로 자리를 잡고, 양옆 부위를 끌로 충분히 덜어내서 목재가 수축하고 팽창할 때 철물이 움직일 수 있게 합니다. 이때 8자 철물의 방향에 주의해야 합니다. 우선, 주변에서 흔히 볼 수 있는 사례를 들어 문제점을 확인해보겠습니다.

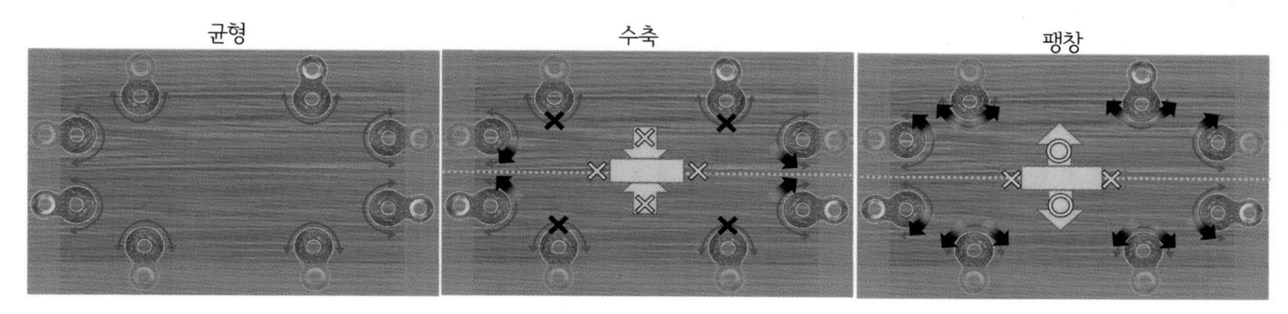

주변에서 자주 볼 수 있는 경우이지만, 이런 방향으로는 8자 철물이 제대로 작동하지 않습니다.

8자 철물의 방향이 맞는지는 (1)목재 변형의 중심선을 기준으로 목재가 수축하거나 팽창했을 때 철물이 목재를 제대로 따라가는지 (2)이때 길이 변화가 없는 결 방향에서 문제가 없는지를 확인하면 됩니다. 위 그림과 같이 고정될 때 상판이 수축하면 위아래 철물이 목재를 따라갈 수 없고, 옆의 철물도 결 방향으로 서로 당기고 있어 결과적으로 아무 역할도 하지 못합니다. 팽창할 때 위아래 철물은 무작위의 방향으로 움직이며 상판의 움직임에 따라갈 수 있으나, 옆의 철물은 결을 길이 방향으로 늘리려는 방향으로 움직이려고 해서 제대로 작동하지 않습니다. 반면에 다음 그림과 같이 체결되면 수축하거나 팽창할 때 모든 철물의 방향이 목재의 방향을 따라가며, 결 방향으로도 길이가 유지되어 제대로 작동합니다.

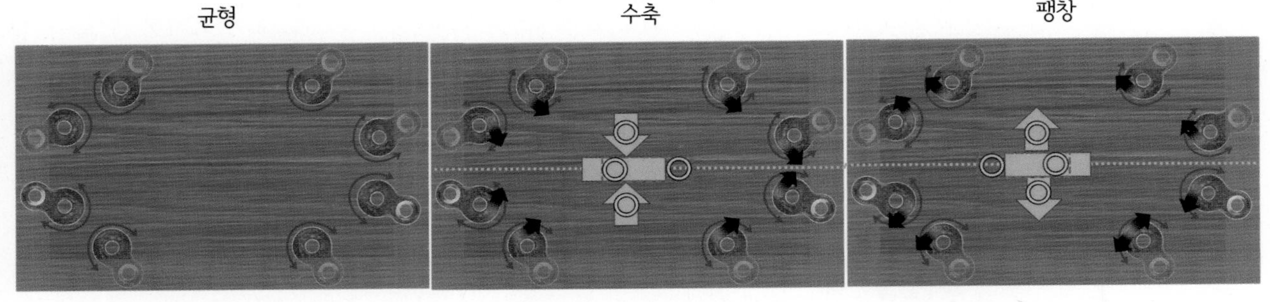

8자 철물은 사선 방향으로 움직입니다. 따라서 상판이 결 수직 방향으로 수축하고 팽창할 때 길이 변화 없는 결 방향으로는 좌우로 움직이는 것이 올바릅니다.

방법이 조금 복잡해 보여서 아래와 같이 도식으로 표현해보았습니다. 먼저, 변형의 중심선을 기준으로 위와 아래가 서로 사선으로 만나는 방향으로 철물의 중심 위치를 잡고, 그 자리에서 좌우로 철물이 움직일 수 있게 끌로 작업합니다. 상판 나사의 고정은 목재의 함수율이 낮을 때는 팽창에 대비해서 상판의 중심에 조금 가깝게, 높을 때는 수축에 대비해서 상판의 가장자리에 가깝게 한다는 느낌으로 작업합니다.

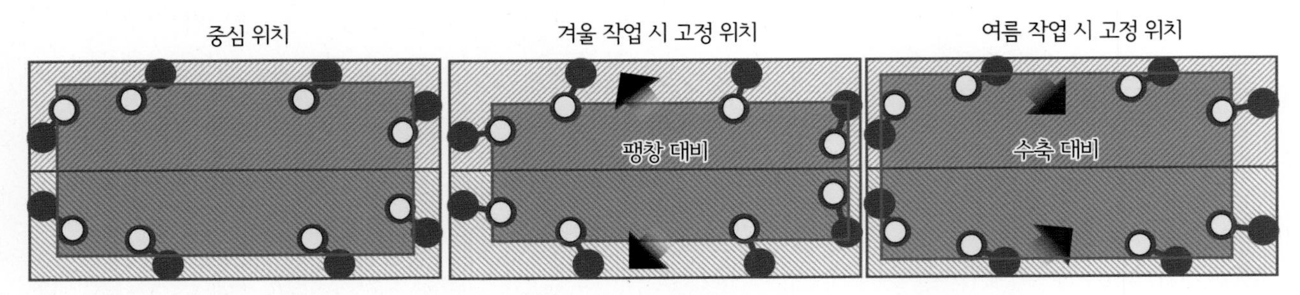

변형의 중심선 기준으로 위아래가 사선으로 만나는 방향으로 철물을 배치하는 것이 가장 좋습니다.

철물을 모두 한쪽 방향으로 비스듬히 배치하는 방법도 자주 사용하는데, 철물을 모두 프레임의 수직 방향으로 배치하는 경우보다 좋고, 상판의 수축과 팽창에 어느 정도 따라가지만, 중심선 위아래에서 좌우 서로 다른 방향으로 힘이 작용하면서(전단 강도) 상판에 스트레스가 가해져서 완전히 올바른 방법이라고는 할 수 없습니다.

Z철물 사용법

8자 철물과 더불어 많이 사용하는 것이 Z철물인데, 금속으로 된 나무 버튼이라고 생각하면 됩니다. 8자 철물이 프레임과 상판에 모두 나사로 연결되는 것에 비해 Z철물은 프레임을 철물 자체의 힘으로 고정을 하기 때문에 큰 탁자 상판에 효과적이며, 철물이 직선 운동에만 대비하면 되므로 8자 철물과 달리 복잡하게 방향을 확인할 필요가 없습니다. Z철물을 장착하려면 프레임에 철물을 끼우는 홈을 철물 높이에 맞추어 작업해야 하는데, 프레임 조립 전이면 테이블쏘로 하면 되고, 조립 이후 작업이면 비스킷 조이너나 트리머, 라우터를 이용해 홈을 만듭니다. 홈의 위치는 Z철물의 높이보다 1~2mm 아래쪽으로 해서, 나사 결합 후, 상판과의 결합력을 증가시킵니다.

탁자의 견고함

탁자는 네 개의 다리와 이를 연결하는 가로대 위에 상판이 얹혀 있는 구조로, 가구의 구조적 견고함은 상판이 아니라 프레임, 즉 다리와 가로대에 달렸습니다. 제작하는 탁자가 얼마나 견고한지 예측하려면 앞뒤, 좌우, 상하로 힘을 가했을 때, 그리고 회전했을 때 문제가 없을지 상상해봅니다. 8자 철물, Z철물 등을 사용한 상판의 결합 자체가 아주 견고하지 않지만, 아래에서 위로 힘을 가하는 경우는 많지 않으므로 크게 고려하지 않습니다.

어느 방향으로 힘을 가했을 때 문제가 생길 것이 예상된다면, 해당 부분을 보강하는 방법을 고려해야 합니다. 탁자처럼 네 개의 다리가 가로대로 연결된 구조에서 아래로 가해지는 힘은 주로 다리가 담당하고, 옆으로 가해지는 힘은 다리 자체의 강도와 더불어 다리와 가로대의 연결 부분이 담당합니다. 무거운 물건을 올려놓는 용도라면 다리 목재의 굵기와 결 방향을 고려해서 강도에 문제가 없도록 해야 하는데, 일반적으로 탁자 구조는 아래 방향보다 옆에서 가해지는 스트레스에 약합니다.

옆으로 가해지는 스트레스에 대처하려면 탁자에서는 기본적으로 위쪽 가로대에 각 기둥을 중심으로 코너 블록 또는 45° 브라켓(bracket) 철물을 달아서 보강합니다. 다리와 가로대의 연결이나 짜임에도 신경을 쓰는데, 가로대의 폭이 넓거나 두꺼우면 유리하게 작용합니다. 필요에 따라 다리 아랫부분에 보조 가로대를 적용합니다. 앞뒤 방향의 스트레스에 대해서는 양옆에 가로대를 더하면 좋고, 옆 방향의 스트레스에 대해서는 앞쪽이나 뒤쪽에 지지대를 보강하면 좋습니다. 앞뒤로 앉아서 이용하는 식탁과 같이 일부 다리 사이에 지지대를 놓기 어려울 때는 H자 형태의 지지대를 고려하는 등 사용성이나 모양새를 함께 고려하고 절충하는 방안을 찾습니다.

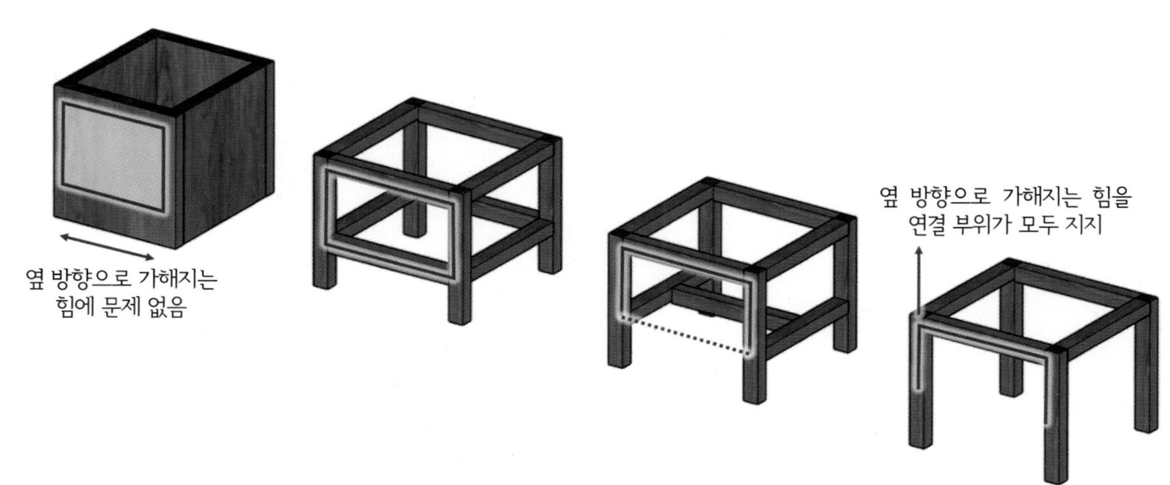

사용 목적에 따라 옆방향으로 가해지는 힘에 대해서 어떠한 구조적 강도가 있는지를 확인합니다.

스툴 만들기 실습

화이트 오크 제재목을 이용한 간단한 스툴 제작 과정을 보면서 탁자 구조의 가구가 만들어지는 과정을 보겠습니다.

디자인

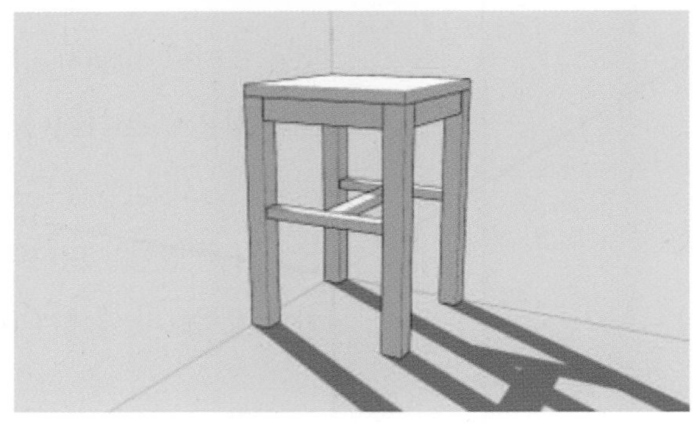

너비 160mm 정도, 두께 4/4″의 제재목을 기준으로 디자인을 정합니다. 상판, 4개의 다리와 4개의 가로대가 기본이 되고, 추가로 3개의 보조대를 넣을 수 있습니다. 짜투리 나무로는 코너 블록을 만들어 4개의 다리를 추가로 지지합니다. 상판과 4개 다리는 집성하고, 세부적인 수치는 필요에 따라 변경하면 됩니다.

목재 선정 및 가재단

제재목 하나를 고른 뒤, 디자인된 수치에 따라 마이터쏘를 이용해서 재단합니다. 대패 작업, 정밀 재단, 집성에 따른 여유분 등을 염두에 두고 가재단할 때 20~30mm 정도의 여유를 둡니다. 재단하는 길이가 300mm 이하로 짧을 때는 기계대패 등 사용이 어려울 수 있으므로, 가재단할 때 절단하지 않고, 최종 재단할 때 가공합니다.

대패 작업

수압대패, 자동대패 등을 이용해서 1차 재단된 목재에 4면 대패 작업을 합니다. 4/4″(약 25mm)의 제재목을 사용해서 대패 작업을 할 때, 제재목 상태에 따라 다르지만, 일반적으로 18~22mm 정도 두께의 판재가 나오도록 합니다.

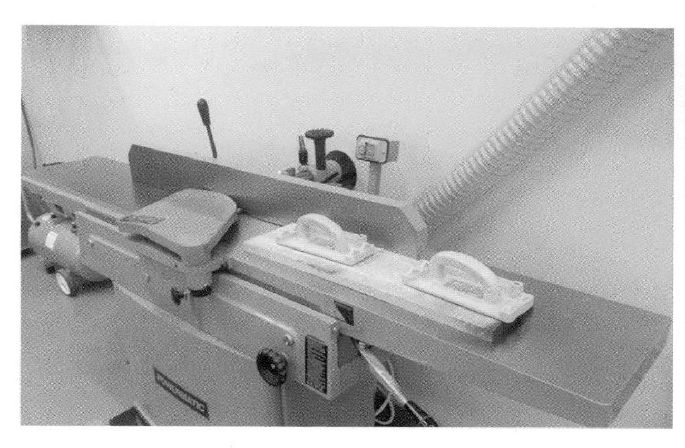

1차 재단 : 켜기

테이블쏘 등을 이용해서 필요한 판재, 각재를 가공합니다. 집성이 필요한 부분은 이후에 추가적인 대패 작업 등을 위해 수치의 여유가 필요할 수 있습니다.

집성

상판과 4개의 다리를 집성합니다. 집성은 넓은 결면의 결합이므로 접착만으로 충분한 경우가 많습니다. 일반적으로 접착제가 마를 때까지 하루 정도 기다립니다.

2차 재단 : 자르기

짜임을 진행하기 전에 최종적인 수치로 재단합니다. 집성한 판재와 각재는 추가 대패 작업 후 가공합니다. 재단할 때는 특히 숫장부 크기를 빠뜨리지 않도록 주의합니다.

마킹

짜임을 위한 마킹 작업을 합니다. 작업할 때 각각의 목재에 어느 지점에 사용되는지도 표시해 둡니다.

짜맞춤 가공

장부 결합 등 디자인한 짜임의 방법에 따라 가공을 진행합니다. 암장부 가공 시에는 끌, 각끌기 등 도구를 활용하고, 숫장부는 톱 종류를 사용해서 가공합니다.

가조립

짜임 작업이 완료되면, 전체적으로 가조립을 진행하여, 문제가 없는지 확인합니다. 모서리 가공, 샌딩이 필요한 부분은 접착제를 사용해서 조립하기 전에 미리 해둡니다.

조립 및 철물

접착제와 클램프를 이용해서 조립합니다. 클램프 작업할 때 직각 부분에 틀어짐이 없는지 확인하고 작업이 완료된 후에는 접착제가 마를 때까지 최소 하루 이상 기다립니다. 모서리 지지대(코너 블록)를 접착제나 나사로 고정하고, 상판 고정을 위해 8자 철물 작업을 합니다.

샌딩과 마감

샌딩 작업으로 표면의 마무리 작업을 하고, 오일이나 바니시 등 마감재를 바릅니다.

상자 구조

상자 구조에서 완성된 가구의 형태를 위해서는 외곽 상자와 더불어 문, 뒤판, 다리, 서랍에 대해 이해해야 합니다. 이 장의 뒷부분에서는 하나의 제재목으로 간단한 서랍장을 만드는 실습으로 상자 구조의 가구를 소개하겠습니다.

캐비닛

상자 구조는 캐비닛, 서랍장, 선반 등 가구의 기본 구조로 여러 가지 판재 모서리 연결법으로 기본 틀을 만들 수 있습니다. 목재는 나뭇결(섬유질)의 옆 방향으로 수축하고 팽창하지만, 결이 흐르는 방향, 즉 같은 결 방향으로 판재들이 결합하면 문제가 생기지 않습니다. 다만, 상하와 좌우 치수가 고정되어 있으므로 뒤판(혹은 서랍 밑판)은 원목을 사용하는 경우 수축과 팽창의 차이로 문제가 생길 수 있어 합판이 주로 사용됩니다.

상자 구조에서 뒷면(캐비닛)이나 밑면(서랍)은
목재의 수축과 팽창을 고려해야 합니다.

직각의 판재 그대로 또는 45°로 경사 절단한 뒤에 그대로 맞댐 연결을 할 수 있습니다. 이 경우, 결합력을 높이기 위해서 도미노, 비스킷, 나사 또는 꽂힘촉 등 보조 수단이 사용됩니다. 주먹장 같은 방식도 결합력과 미적 효과를 얻을 수 있는 연결 방법입니다. 구체적인 방법은 짜임의 판재 연결에서 확인할 수 있습니다. 참고로, 상자 구조는 판재의 연결로 볼 수 있지만, 다음 장에서 다루는 프레임 패널 구조를 사용한다면, 각재와 패널을 사용하여 면을 구성할 수도 있습니다.

문

문은 가구에서 시각적으로 분명하게 드러나는 부분으로 좋은 모양의 무늬결 원목을 사용합니다. 사방이 고정되는 구조가 아니어서 치수 변화에도 어느 정도 작동에 문제없을 수 있지만, 전체의 구조 내에서 수축과 팽창이 영향을 미치지 않는 크기로 제작해야 합니다. 이 경우 판재를 그대로 사용하지 않고 프레임 패널 구조로 제작한 문은 좋은 해결 방법입니다. 수축 팽창의 문제와 더불어 무게를 줄일 수 있는 등 여러 장점이 있어 문을 제작하는 데 널리 사용됩니다.

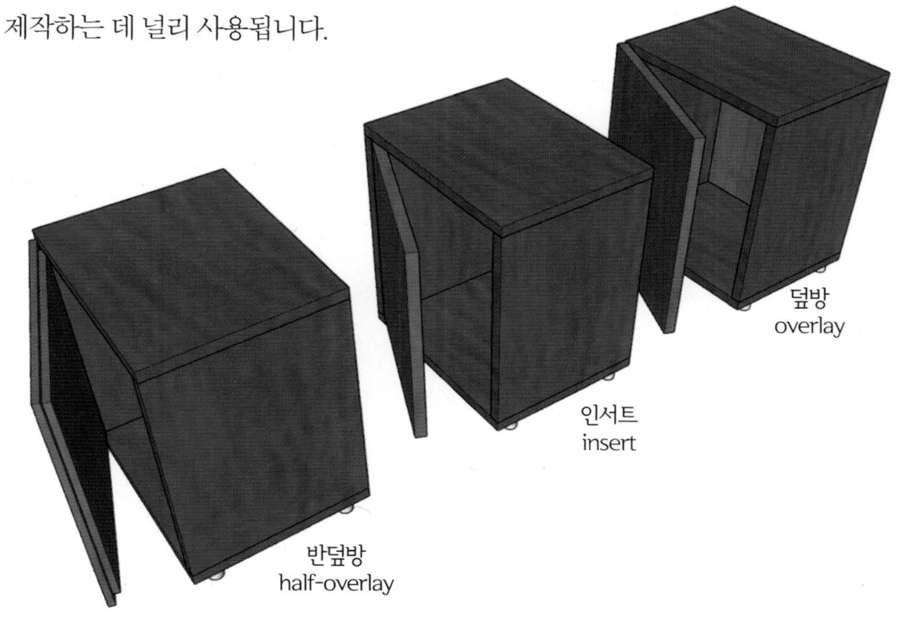

덮방, 반덮방, 인서트 형태의 문이 있으며, 용도와 디자인에 맞는 다양한 경첩을 사용할 수 있습니다. 가구에서는 기본적으로 인서트 방식 문이 많이 사용되지만, 주방 가구처럼 같은 형태의 가구를 옆으로 배치하는 경우에는 캐비닛의 옆 부분이 겹쳐 보이므로, 덮방 형태 문이 효과적입니다.

문과 캐비닛은 다양한 경첩으로 연결할 수 있는데, 나비 경첩(butt/butterfly hinge), 이지 경첩(flush/easy hinge), 숨은 경첩(concealed/Soss hinge), 나이프 경첩(knife hinge), 싱크 경첩(Euro-style hinge) 등이 있습니다. 나비 경첩은 보통 경첩이라고도 부르는 가장 기본적인 형태의 경첩이며, 이지 경첩은 경첩의 한쪽 날개가 다른 날개의 안쪽으로 겹쳐지도록 되어 있어 나비 경첩을 장착할 때 날개의 두께만큼 프레임이나 문을 파내야 하는 번거로움이 줄어듭니다. 숨은 경첩은 소스Soss사에서 나온 경첩이 대표적으로 사용되어 소스 경첩이라고도 불리는데, 경첩의 부피만큼 문과 프레임을 상당량 가공해야 하는 어려움이 있지만, 문을 닫았을 때 경첩이 드러나지 않으며 상당히 견고합니다. 이 밖에도 문의 옆이 아니라 위, 아래에서 장착하여 피봇 형식으로 회전하는 나이프 경첩, 주방 가구에 널리 사용되어 좌우 앞뒤의 미세 조정이 용이한 싱크 경첩이 있습니다. 참고로, 문을 위나 아래로 여는 경우에는 경첩과 더불어 문의 무게를 잡아주는 스테이(lid stay)가 사용되며, 스테이 기능이 포함되어 있는 경첩도 있습니다.

뒤판

합판으로 뒤판을 사용할 때 함수율 변화에 의한 치수 변화에 대한 고려는 하지 않아도 됩니다. 그림과 같이 홈(그루브)을 파고 뒤판을 끼우거나, 턱을 만들어 고정합니다. 서랍의 밑판도 같은 구조로 봐도 됩니다.

뒤판으로 원목 판재를 사용할 때는 수축과 팽창을 고려합니다. 하나의 큰 판재를 사용하지 않고, 여러 개의 좁은 판재들을 접착하지 않고 맞붙이는데, 이때 판재 간 턱이나 홈을 판 뒤 겹쳐서 틈이 보이지 않게 합니다.

뒤판은 홈이나 반턱에 고정하는데, 이 방법은 서랍에도 사용합니다.

캐비닛의 뒤판을 원목으로 사용할 때 수축과 팽창을 고려해서 좁은 판재를 연결하는 방법을 사용합니다.

다리

캐비닛의 다리는 캐비닛과 일체형으로 제작하거나, 철물, 목재 등을 부착하는 방법이 있으며, 별도로 제작할 수 있습니다. 별도로 제작하는 분리형 받침대는 기능적인 요소 외에 그 자체로도 하나의 작품이 될 수 있습니다. 마치 탁자 구조에서 프레임 위에 테이블 상판이 올라가는 것처럼, 프레임 위에 상판 대신 캐비닛이 얹힌다고 볼 수도 있습니다.

- 일체형 다리 : 측판이나 프레임을 바닥까지 연장하고, 다리가 보이지 않게 걸레받이를 추가하기도 합니다.
- 부착형 다리 : 목재, 철물, 바퀴 등의 가구발을 부착합니다.
- 분리형 받침대 : 별도의 받침대를 제작해서 캐비닛에 장착할 수 있습니다.

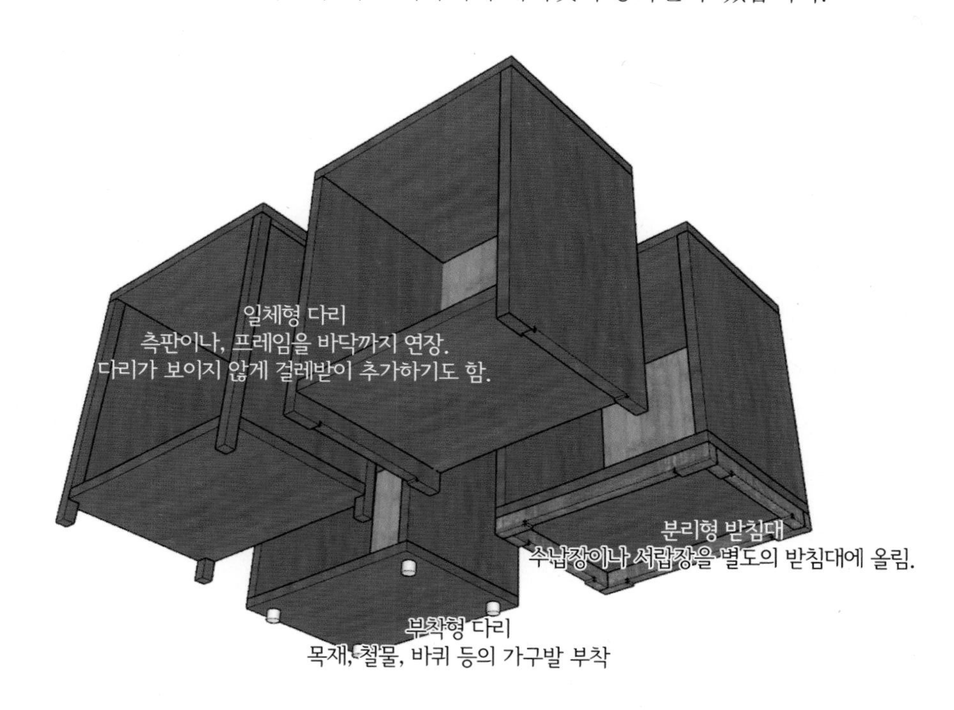

분리형 받침대는 받침 기능 외에 설치 높이 조절 기능이 있고 별도의 작품이 되기도 합니다.

서랍

서랍의 구조

서랍은 기본적인 상자 구조로 옆판이 앞판과 뒤판을 덮은 형태로 볼 수 있는데, 이러한 형태는 서랍이 앞뒤로 작동할 때 안정적인 구조가 됩니다. 간단한 형태는 옆판이 앞판과 뒤판을 덮은 상태에서 못이나 나사로 결합한 것이며, 내구성이나 미적 효과를 높이기 위해서는 옆판과 앞뒤판 연결에 주먹장이나 다도, 반턱 결합을 사용합니다. 반턱 결합을 사용하여 서랍을 제작하는 방법은 짜맞춤 방법에서 상세히 설명했습니다. 옆판과 뒤판은 밝은 계열의 하드우드나 적삼목, 소나무 같은 소프트우드를 많이 사용하는데, 앞판은 가구 전체 분위기와 맞는 별도의 무늬목이 사용됩니다. 앞뒤판과 양쪽 옆판을 모두 같은 소프트우드 목재를 사용해서 작업한 뒤에 별도의 무늬목 앞판을 마지막에 붙이거나 처음부터 무늬목 앞판을 소프트우드 옆판과 짜맞추는 방법이 있습니다. 앞판을 마지막에 붙이는 경우, 캐비닛 크기와 모양에 좀 더 정확히 맞출 수 있다는 장점이 있어 널리 사용되지만, 경우에 따라서 앞판을 붙이는 작업이 쉽지 않을 수도 있습니다.

서랍의 용도가 물건 보관이라는 점에서 볼 때 실용적으로 중요한 요소는 밑판인데, 실제로 상용 가구에서 가장 먼저 문제가 생기는 부분이 밑판이기도 합니다. 밑판은 앞뒤판 그리고 양 옆판에 그루브를 만들어 끼우는 방식이 널리 사용됩니다. 두께는 서랍 크기를 고려해서 무게를 충분히 견딜 수 있는 정도로 하고, 합판을 사용할 때 접착제를 사용하지 않고 끼워 넣기도 하나, 접착제로 고정하는 편이 강도면에서 좋습니다. 밑판을 합판이 아니라 원목으로 사용할 때는 결이 옆판에서 옆판으로 흐르게 하고, 밑판의 수축과 팽창을 고려해서 뒤판에 홈을 파지 않고 맞닿는 부분을 절단해서 틔워줍니다. 이때 접착제는 앞판과 밑판 사이에만 사용합니다.

서랍 목재의 두께는 크기나 용도에 따라 달라지는데, 일반적으로 앞판의 두께는 전체적으로 18mm나 그 이상이 되고, 옆판과 뒤판의 두께는 12~15mm정도가 됩니다. 작은 서랍장에서는 10mm 정도로 할 수도 있습니다. 밑판은 두께 6mm가 넘는 합판을 사용하는데, 자작 합판처럼 품질이 좋거나 서랍 크기가 작을 때는 두께 4~5mm짜리를 사용하기도 하고, 서랍의 크기와 내용물 하중에 따라 10mm 이상의 두께를 가진 목재를 사용하기도 합니다. 원목을 사용할 때는 합판보다 2mm 정도 더 두꺼운 것을 쓰면 좋습니다. 밑판의 위치는 바닥에서 10mm 전후 지점에서 위쪽으로 밑판의 두께만큼 홈을 파는데, 밑판이 두꺼울 때는 옆판의 홈을 밑판 두께만큼 파지 않고 밑판 아래쪽에 턱을 만들어(레이즈드 패널raised panel) 끼워 넣습니다.

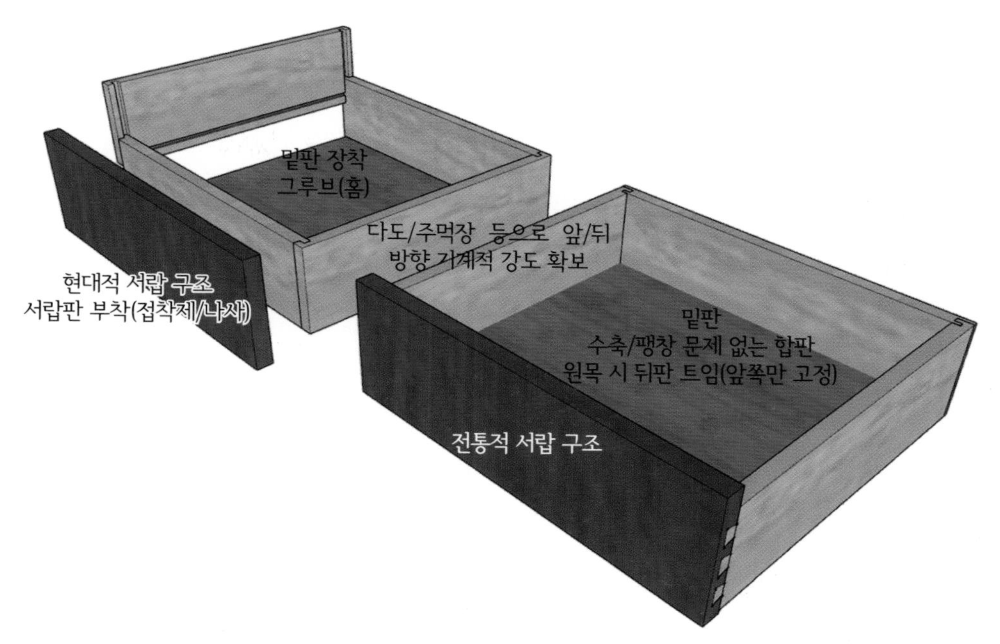

밑판에 합판이 아니라 원목을 사용한다면 수축 팽창을 고려해서 뒤트임을 합니다.

밑판에 원목을 사용한다면
뒤판을 틔워주고, 밑판이 두껍다면
밑판에 턱을 만들어 끼웁니다.

서랍은 외곽 캐비닛을 먼저 만들고 나서 세부 재단을 하고 제작하는데, 이는 서랍이 장착되는 캐비닛과의 수치를 정확하게 맞추기 위해서입니다. 수치를 정하기 전에 서랍을 어떤 방식으로 설치할지를 먼저 정해야 하며, 철물을 사용할 때는 해당 철물의 가이드라인을 따르면 됩니다. 더불어, 서랍과 외곽 캐비닛의 간격은 사용하는 철물에 관한 정보 외에도 작업 정밀도나 전체 가구의 직각이 얼마나 잘 맞는지 등을 고려해야 합니다. 인서트 방식의 서랍의 경우, 외곽에 인접하는 부분, 즉 앞판의 크기는 좌우로 0.5mm 정도까지 틈을 최소화하더라도 위와 아래로는 여유를 더 주어야 합니다. 전체 서랍의 크기, 제작하는 환경과 목재의 함수율 등 여러 요소를 고려해야 하나 2mm 전후의 여유를 두기도 합니다. 이는 앞판이 위아래 방향으로 팽창하는 경우에 대비하기 위해서입니다.

서랍의 설치

기본적으로 서랍은 상자(캐비닛) 안에 넣은 상자(서랍)입니다. 서랍의 위아래, 좌우에서 판재나 각재가 서랍을 받쳐주고 있는 구조라면 별도의 레일이나 철물 없이 서랍이 들어가는 공간의 크기에 맞는 서랍을 제작해서 사용합니다. 여러 단 서랍이 설치되거나, 서랍이 커지거나, 서랍 자체의 여닫는 작동을 원활하게 하려면 러너runner를 설치하거나 철물을 이용하는 방법을 고려합니다.

철물은 서랍을 설치하는 가장 쉽고, 일반적인 방법입니다. 서랍이 크거나 무거운 내용물을 지탱해야 하거나, 서랍을 완전히 꺼낼 수 있게 하거나(완전 인출, 부분 인출), 손잡이를 달지 않고 밀어서 서랍을 열거나(push open), 소프트 클로즈soft close, 댐핑damping 등 부가적인 기능이 필요할 때는 철물을 사용합니다. 캐비닛 측판이나 측판 프레임에 한 쌍으로 서랍 옆에 설치하는 사이드레일이 일반적이며, 서랍의 아래쪽에 설치하는 언더레일under-rail도 서랍을 열었을 때 철물이 외부에서 보이지 않아 효과적입니다. 언더레일은 서랍 아래 측판이나 웹 프레임이 있어 설치를 하거나, ㄴ자 형태로 별도의 구조 없이 캐비닛의 측판에 장착하여 서랍을 지탱하고 동작하는 제품도 있습니다. 철물을 사용한다면 서랍의 크기를 정하기 이전에 철물을 먼저 선택한 뒤에 철물에서 안내하는 수치에 맞춰서 서랍 크기를 결정해야 합니다.

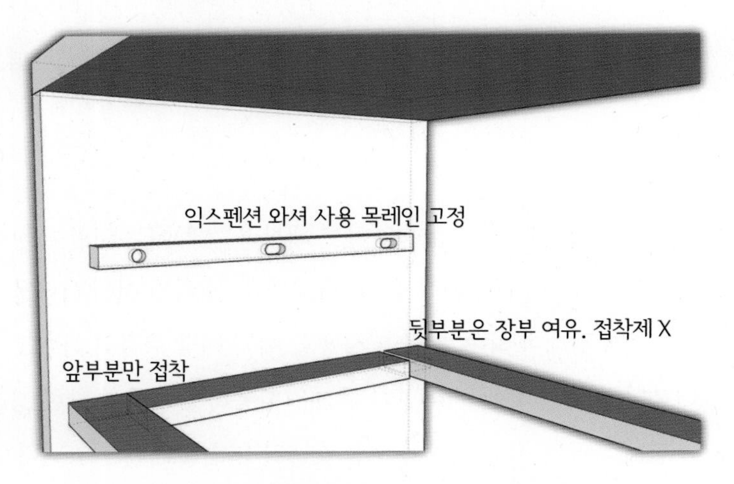

목레일과 웹 프레임은 결 수직 결합으로 옆판의 수축과 팽창을 고려해서 고정해야 합니다.

웹 프레임, 사이드 목레일, 철물 언더레일, 사이드레일

철물을 사용하지 않고, 목레일을 만들어 캐비닛에 달고 이에 맞는 홈을 서랍에 파거나, 반대로 서랍에 목레일을 달고 캐비닛에 홈을 파기도 합니다. 목레일을 서랍의 하부에 설치할 수도 있는데, 이를 위해서는 서랍 아래를 받쳐주는 구조가 있어야 합니다. 캐비닛에 서랍 하나만을 설치하거나, 캐비닛 안에 측판을 설치해서 각각의 서랍을 받쳐주는 구조가 아니라면, 서랍의 가이드 역할을 하는 러너가 필요한데, 네 개의 각재를 사용한 웹 프레임web frame은 러너의 기본 골격을 유지합니다. 웹 프레임은 러너 역할을 하면서 서랍을 받쳐주거나, 아래 서랍을 열었을 때 밑으로 떨어지지 않게 하는 키커kicker 역할을 할 수 있으며, 레일을 부착할 수도 있습니다. 또한, 철물을 사용하지 않는 상황에서 서랍을 완전히 닫을 때 원하는 위치에서 멈출 수 있게 각재를 추가로 설치하거나, 서랍을 열었을 때 완전히 빠지지 않게 위쪽 웹 프레임에 회전 걸쇠를 달 수도 있습니다. 웹 프레임이나 측면에 목레일을 달 때 캐비닛 옆판의 수축과 팽창에 따른 변화에 대응해야 합니다. 웹 프레임의 뒤쪽 장부는 여유를 두고 접착하지 않으며, 목레일은 팽창 와셔(expansion washer) 등을 사용해서 측판 움직임에 대응합니다.

서랍장 만들기 실습

하나의 제재목을 사용해서 두 가지 방식의 서랍이 들어가는 간단한 서랍장을 만들어 봄으로써, 상자 구조의 가구 제작 과정을 알아보겠습니다.

제재목 가재단

제재목 하나를 선택하고 마이터쏘를 이용해서 가재단합니다.

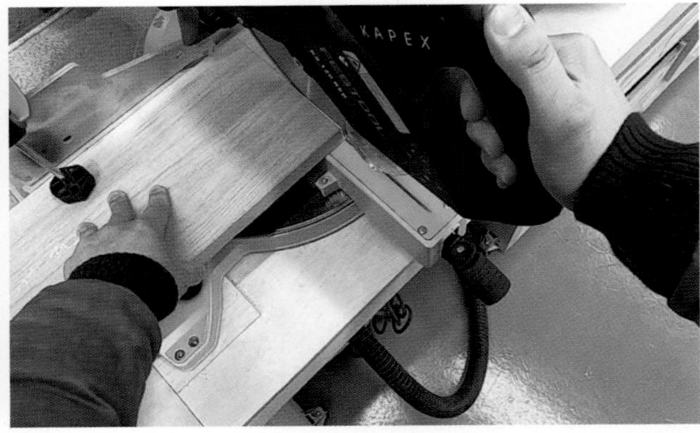

대패 작업

수압대패, 자동대패를 이용해서 4면 직각 평을 잡아줍니다.

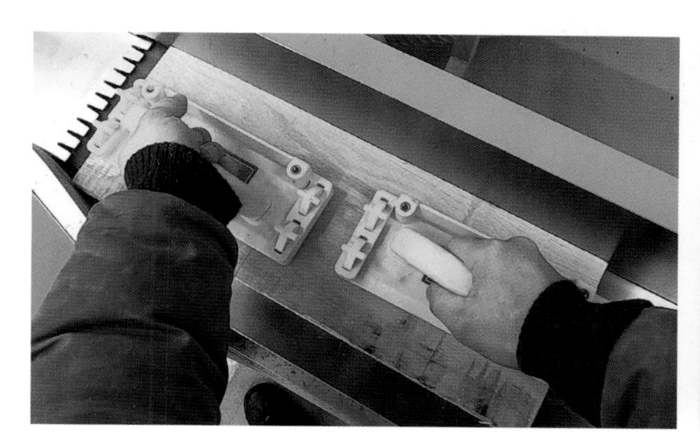

리쏘잉

서랍 옆판과 밑판은 리쏘잉으로 얇은 판재를 가공합니다. 리쏘잉 후에는 자동대패로 다시 평을 잡아줍니다.

외곽 상자 재단

테이블쏘를 이용해서 치수에 맞게 재단한 뒤에 45° 경사 절단을 합니다.

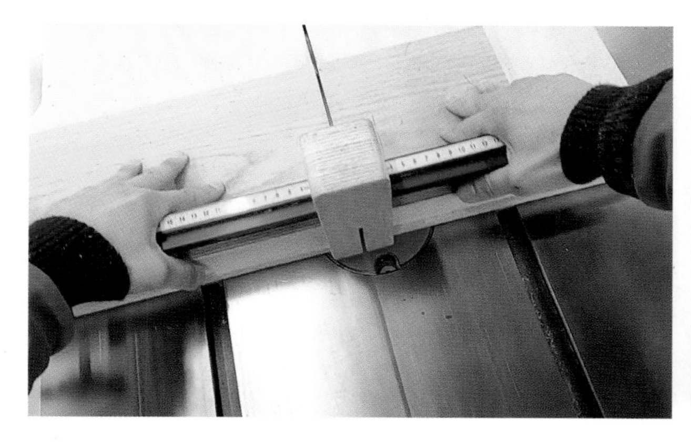

도미노 작업과 상자 조립

45°로 가공한 외곽 상자와 내부 선반은 도미노 작업을 합니다. 판재의 두께가 얇으면 가공 깊이에 주의합니다.

꽂힘촉 작업

테이블쏘의 꽂힘촉 지그를 사용해서 가공한 뒤에 꽂힘촉을 넣어줍니다. 꽂힘촉의 결 방향에 주의합니다.

첫 번째 서랍 가공

첫 번째 서랍은 다도와 반턱을 이용해서 제작합니다. 밑판은 합판을 사용하고, 앞판에는 리쏘잉한 무늬목을 붙여줍니다.

두 번째 서랍 제작

두 번째 서랍은 주먹장을 이용해서 만듭니다. 앞판은 반숨은 주먹장, 뒤판은 주먹장을 사용해서 옆판과 연결합니다.

두 번째 서랍 조립

서랍을 조립합니다. 밑판은 리쏘잉한 원목을 사용하고, 수축 팽창을 고려해서 뒤판 아래를 띄웁니다.

마감

샌딩과 오일 마감을 하고, 손잡이를 답니다.

프레임 패널 구조

입체를 구성할 때는 여러 선을 연결하거나, 면들을 서로 붙이는 방법을 사용할 수 있습니다. 이와 더불어 선으로 전체의 모양을 만든 후 면으로 필요한 부분을 막을 수도 있는데, 탁자 구조와 같이 가구를 각재로 구성하거나 상자 구조와 같이 판재를 연결해서 구성하는 방법과 더불어, 각재로 구성한 프레임에 판재를 부착하는 프레임 패널frame-panel 구조는 건축물을 만드는 데 기본적으로 사용되며 가구뿐만 아니라 여러 목공 제품에서 널리 사용되어 온 방식입니다. 각재로 프레임을 만든 후, 합판이나 넓지 않은 여러 판재들을 고정한다면 손쉽게 구조물을 제작할 수 있으며, 이러한 제품은 목재 화분, 강아지 집, 담장과 문, 데크 등 주변에서 어렵지 않게 볼 수 있습니다.

짜맞춤 가구에서의 프레임 패널은 각재에 홈(groove)를 만들어, 그 사이에 수축 팽창이 가능한 치수로 원목의 알판을 끼워 넣는 구조로, 각재의 견고함과 무늬목 알판의 미적 요소를 동시에 살릴 수 있습니다. 프레임 안에서 패널의 수축과 팽창이 진행되므로, 전체적으로는 습도에 의한 치수 변화와 변형에 자유롭습니다. 더불어, 튼튼한 구조를 무겁지 않게 구현할 수 있으며, 패널의 목재 강도에 크게 상관없이 좋은 무늬목을 경제적이고 효율적으로 사용할 수 있다는 장점이 있습니다.

상자 구조, 즉 캐비닛을 판재를 그대로 사용하지 않고, 프레임 패널 구조를 사용하는 것은 여러 가지 장점을 가질 수 있어, 가구에 많이 이용되어 왔습니다. 국내 전통 장은 참죽 프레임에 가볍고 무늬가 좋은 오동나무를 알판(패널)으로 넣은 방식이 널리 적용되었으며, 오동나무 대신 느티나무나 먹감나무 등도 귀하게 사용되어 왔습니다. 국내에서 널리 나는 오동나무는 성장 속도가 빠르고 무늬가 좋은 대신 무르고 강도가 약해서 그대로 판재로 사용하기보다, 알판으로는 효과적으로 사용할 수 있습니다. 서양의 캐비닛, 책장 등에서도 판재를 그대로 사용하기도 했으나, 어느 정도 규모가 있는 가구는 같은 목재를 사용하더라도 프레임 패널 구조를 통해 구현한 것을 적지 않게 볼 수 있습니다. 프레임의 두께를 자유롭게 조정할 수 있으므로 판재를 그대로 사용하는 것보다 가벼운 무게로 구조적으로 튼튼한 가구를 구현할 수 있습니다. 캐비닛의 문을 구현하는 경우, 습도에 상관없이 치수가 안정적이며 튼튼하고 가벼워야 하므로, 프레임 패널 구조가 널리 사용되고 있습니다.

프레임 패널 구조를 사용하는 경우, 전체적인 구성은 탁자 구조와 같이 볼 수 있으며, 따라서 위판은 나무 버튼, Z철물 등 테이블의 상판을 장착하는 방식으로 구현합니다. 패널을 목재 알판이 아니라 유리, 거울 등을 사용한다면, 유리창, 거울, 액자 등을 구성할 수도 있습니다. 프레임에 홈을 파고 끼워 넣는 구조로 만들 수 있지만, 수리나 탈부착이 필요한 경우에는 프레임에 턱을 만든 뒤 패널을 넣고 추가적인 철물로 고정해주는 방법을 사용할 수 있습니다.

프레임 패널 구조는 각재와 판재의 장점을 갖추고 있습니다.

프레임 패널 구조에서 상판의 결합은 테이블 상판의 결합과 같은 방식으로 합니다.

[목공 상식] 설계 도구, 스케치업

설계 구상은 노트와 연필로 시작할 때가 많습니다. 경우에 따라서는 설계도를 그리지 않고 머릿속의 수치만으로 작업을 하는 경우도 있으나, 3D 설계툴을 사용하여 구체화하는 것은 여러모로 도움이 됩니다. 제작을 해보지 않은 상태에서 여러 가지 시도를 해볼 수 있고, 과제 구상이나 완성된 모습을 예측하는 데 도움이 되며, 직각이 아닌 각도가 있는 제품을 설계할 때 여러 각도로 배치된 부분의 치수를 쉽게 확인할 수 있다는 장점도 있습니다.

스케치업(SketchUp)

목공에서 많이 사용하는 프로그램으로 스케치업이 있습니다. 2021년 기준으로 인터넷이 연결된 상태에서 접속하여 사용하는 웹 기반과 독립적인 PC에서 사용할 수 있는 데스크탑 기반의 두 가지 형태를 지원하며, 여러 가지 기능에 대한 라이센스가 나뉘어져 있습니다. 개인 사용에 한하여 무료로 사용할 수 있는 버전은 웹 기반의 스케치업 프리SketchUp FREE가 있습니다. 데스크탑 기반의 마지막 무료 버전은 스케치업 메이크 2017SketchUp Make 2017이 있으며, 한 달 동안 프로Pro기능 사용 후에는 기능이 일부 축소되나, 개인적인 작업에는 큰 무리 없이 사용할 수 있어, 처음 프로그램을 접하는 사용자들이 선호합니다. 스케치업 메이크 제품군은 제작사인 트림블Trimble사에서 더는 지원하지 않으나, 제작사 홈페이지의 이전 버전에서 다운로드하여 사용할 수 있습니다. 윈도우 운영 체계에서는 64bit에서 동작을 하며, 32bit PC를 지원하는 마지막 버전은 2016입니다.

스케치업을 사용할 때는 먼저 화면을 확대하거나 회전, 이동하는 방법을 기본적으로 익히고 나서, 선과 사각형을 그리고, 사각형 면을 밀거나 당겨 부피를 주어 각재나 판재의 형상을 갖춘 뒤, 이를 그룹화, 이동, 복사, 회전하는 기본적인 기능만으로도 간단한 구조의 설계를 할 수 있습니다. 세부적인 사용법은 유튜브 등 온라인에서 쉽게 접할 수 있으며, 가구 설계 시 많이 사용하는 기능에 대한 단축키를 옆의 표로 정리해두었습니다.

항목		단축키	설명
화면 제어	확대 Zoom	마우스휠	마우스가 있는 위치를 중심으로 화면을 확대 또는 축소.
	궤도 Orbit	마우스가운데키	바라보는 방향을 3차원에서 회전. 마우스 가운데 키 누른 채로 마우스 이동.
	이동 Pan	[SHIFT]+ 마우스가운데키	바라보는 화면을 회전 없이 2차원에서 이동.
기본 요소 그리기	사각형 Rectangle	R	단축키 'r'을 누르고 시작점을 클릭하고 일정 크기 이동한 후 마우스 클릭. 작업 도중 숫자,숫자를 입력하면 세로,가로값 직접 설정. (치수입력창 반영) 일정 축 방향으로 그릴 때는 축 설정 (방향키) 이용. 사각형을 그린 후, 밀기/당기기 기능을 사용하여, 일정 크기와 두께의 각재, 판재 구현.
	선 Line	L	스케치업에서 목공 설계는 기본적으로는 사각형으로 판재, 각재 표현. 선이나 곡선, 다각형 등은 각재나 판재의 추가적인 수정 작업에 주로 사용.
기본 제어	선택	마우스 드레그	마우스를 드레그해서 해당 영역의 요소들을 선택하거나, 마우스 한번 클릭하면 해당 요소, 두번 클릭하면 인접 요소 포함, 세번 클릭하면 연결된 모든 요소가 선택됨. 보통 사각형>밀기/당기기로 각재/판재 그린 후, 세번 클릭하여 선택 후 그룹화 함. 그룹화된 요소는 한번 클릭하면 그룹이 선택되는데, 그룹 내의 요소는 그룹을 더블 클릭하여 그룹 내로 들어간 후 작업. 이동이나 회전 작업을 위해 그룹을 선택하는 경우에는 모서리를 클릭하면 작업 용이.
	그룹 Group	마우스오른쪽키 > Make group	한번에 묶을 요소들을 선택 후, 마우스 오른쪽 키 > make group 선택. 그려진 모든 선과 면이 별도로 구분/선택되므로, 각재나 판재를 표현한 후에는 그룹화.
	치수 입력	작업 도중 숫자 입력	요소 그리기나 조정 작업 도중 숫자를 입력하면 화면 오른쪽 아래 치수 입력창에 표시되며, 해당 수치가 적용. (예)요소 이동 작업 중 100 입력하면 100mm 이동.
	축 설정	방향키	이동, 회전, 그리기 등 할 때 방향키를 사용하여, X, Y, Z 축 중 하나의 방향으로 고정. 2차원적인 스크린에 3차원의 형상을 구현하기 위해서 축의 방향 구분, 설정하면 편리.
	측정/표시 Tape measure	T	길이를 측정하거나, 치수 입력창에 수치를 입력하여 특정 지점 표시.
요소 조정	이동/복사 Move	M	선택된 요소/그룹을 이동. 이동 중, [CTRL]키를 추가적으로 누르면 선택된 요소는 원래 자리에 있으며 복사된 요소만 이동. (복사 기능)
	회전 Rotate	Q	선택된 요소/그룹을 일정한 각도로 회전, 축 설정(방향키) 이용하여 회전하는 기준면 정한 후, 기준점 클릭하고 회전축 클릭한 후 마우스로 회전. 회전 중, [CTRL]키를 추가적으로 누르면 복사. 회전 각도값 치수 입력 (치수 입력창)
	밀기/당기기 Push/pull	p	선택된 면이나 선을 밀거나 당김, 해당 거리(Distance) 값 치수 입력. (치수 입력창)

마감
Finishing

마감은 목공 작업 중에서 시간이 많이 걸리는 과정입니다. 많은 목공인이 마감에 시간과 정성을 쏟으며 작업하지만, 의외로 마감재에 대한 이해가 충분하지 않은 것도 사실인데, 그 대표적인 원인은 마감재를 제조하는 회사들의 비밀스러운 마케팅인 것 같습니다.

마감재의 주요 성분을 파악할 수 있다면, 그리 크지 않은 노력으로 자신이 원하는 마감재를 만들 수 있고, 여러 제조사의 복잡해 보이고, 기억에 남지 않는 레시피의 마감을 거친 뒤에 겪게 되는 혼란한 경험에서 벗어날 수 있습니다.

소파 테이블(월넛 슬랩 보드)

샌딩

부재를 가공한 뒤, 조립 이전이나 조립한 후, 또는 마감을 하는 중간에 목재의 표면을 다듬고 작업 시 생긴 목재의 상처를 제거하기 위해 샌딩을 합니다. 샌딩에 사용되는 사포와 도구, 샌딩 시 주의해야 사항들에 대해서 설명하겠습니다.

샌딩 도구

샌딩은 손으로 하거나 전동 샌더와 같은 전동 공구를 사용할 수 있으며, 벨트 샌더, 디스크 샌더, 스핀들 샌더 같은 기계를 이용할 수도 있습니다. 전동 샌더는 일정한 압력이 가해지면 회전이 제한되나, 샌딩 기계는 회전의 제한 없이 모터의 힘이 그대로 전달되어, 표면을 다듬는 마무리 작업보다 강력한 힘으로 부재의 일부를 덜어내는 데 효과적입니다. 전동 기구로 표면을 강력히 깎아내거나 덜어내는 목적으로는 전동 샌더보다는 그라인더grinder나 페스툴의 로텍스Rotex 같은 도구를 사용하는 것이 좋습니다. 손으로 샌딩할 때는 시중에서 판매하는 샌딩 블록도 좋으나 일정한 크기와 모양의 목재 블록에 사포를 감아서 작업하면 부재 표면의 평탄함을 좀 더 유지할 수 있습니다.

손 사포
sand paper

원형 전동 샌더
orbital power sander

벨트 샌더
belt sander

디스크 샌더
disc sander

스핀들 샌더
spindle sander

전동 샌딩 공구

'원형 전동 샌더'로 불리는 랜덤 오비트 샌더random orbit sander는 목공에서 가장 많이 사용하는 전동 기구 중 하나로 회전과 더불어 일정한 거리를 직선 방향으로 반복해서, 샌딩이 고르게 되고 자국이 적게 남는다는 특징이 있습니다. 효율적인 작업이 가능하지만, 다음 사항을 유의해야 합니다.

- 힘으로 누르지 않고, 전동 공구의 무게와 가벼운 손의 압력으로 샌딩해야 합니다. 샌더는 그라인더와 다르게 일정한 부하가 걸리면 회전도 따라서 줄어듭니다. 이는 전동 드릴과 드라이버의 차이와 같은 원리인데, 샌더의 회전이 느려진다면 과도한 부하가 걸리고 있다는 뜻입니다. 특히, 마감이 완료되는 시점의 마무리 샌딩은 힘을 빼고 진행해야 합니다.
- 임의 궤도(random-orbit)로 샌딩 자국이 덜 남지만, 돼지꼬리 같은 자국이 남을 수도 있습니다. 전동 샌더 작업이 끝나면 작업한 마지막 입자 크기의 사포로 결을 따라 손으로 마무리해주면 좋습니다.
- 샌더에 연결된 집진기의 성능이 샌딩의 질을 좌우하기도 합니다. 전동 샌딩을 할 때 집진이 효율적으로 되어야 합니다. 물론, 집진은 호흡기 건강에도 매우 중요합니다.

페스툴 제품명에 있는 3이나 5와 같은 숫자는 회전 시 진동하는 너비를 나타냅니다. 5는 5mm를 뜻하며, 3보다 강력한 작업에 좋습니다.

사포 선택

사포는 입자 크기, 재질, 모양(사각형 230×280 또는 원형 디스크 4″, 5″, 6″), 뒷면 재질, 접착 가능성, 집진용 구멍 수 등에 따라 종류가 다양합니다. 재질은 석류석(garnet), 산화알루미늄(aluminum oxide), 탄화규소(silicon carbide), 지르코늄zerconium 등 물질이 있으며, 목공용으로는 산화알루미늄이 많이 사용되는데, 단단하고 내구성이 좋습니다. 그 밖에 스펀지, 망사 같은 재질 제품이 있는데, 손으로 샌딩 작업 시에 먼지가 덜 날려서 상황에 따라 효과적으로 사용할 수 있습니다.

사포의 입자 크기(입도, grit)에 따른 용도는 다음과 같습니다. 100~300방 사포를 가장 기본적인 용도인 목재 표면 손질에 사용합니다. 오일처럼 침투성이 있는 마감재를 쓰는 경우, 샌딩하는 표면은 목재의 섬유질이므로 240방까지로 마무리하는 것이 일반적이며, 바니시, 셸락 등 마감 위에 샌딩할 때는 표면이 더 이상 목재가 아니라 수지 등 마감 성분이므로 600방 등 더 높은 단위까지 진행하는 것이 좋습니다. 초기 작업에는 방수가 낮은 사포로 시작해서 단위를 올려가며 샌딩합니다. 마치 날이 많이 상한 날물을 숫돌로 연마할 때 초벌, 중벌을 건너뛰고, 마무리 숫돌로 날을 갈아도 효과가 없는 것과 같은 이치입니다. 목재 표면이 거칠거나 기계대패 자국이 남아 있을 때 방수가 낮은 사포로 이를 제거하고 나서 점차 방수를 올려가며 작업해야 합니다.

- 100 이하(80) : 거친 작업. 목재의 모양을 깎거나 수정, 기계대패 등이 남긴 자국을 효과적으로 제거.
- 100~300(120, 150/180, 220/240) : 목재 표면 손질. 일반적으로 120방으로 표면 샌딩 작업을 시작하고, 150/180 방을 거친 뒤, 240방으로 기본적인 표면 샌딩 작업을 끝냅니다.
- 300 ~ 600 : 마감 도장 사이 가벼운 샌딩.

다양한 입자 크기의 사포 중 어떤 것을 준비해야 할지 결정하기 어렵다면 120, 180(또는150), 240(또는 220), 400~600방, 4종을 추천합니다.

샌딩할 때 확인할 사항

- 샌딩으로 평면을 잡는다는 생각은 하지 않습니다. 오히려 대패 등으로 잡은 평탄함은 샌딩 작업으로 쉽게 망가집니다. 손으로 샌딩할 때는 평평한 나무 블록을 대고 하거나, 모서리나 특정한 모양에 맞는 샌딩 그립(contour sanding grip)을 사용합니다. 특히 마무리 단계에서 손으로 샌딩할 때는 나뭇결 방향으로 해야 결에 남는 자국을 줄일 수 있습니다.
- 샌딩하면서 저지르는 실수 중 하나는 샌딩하지 말아야 할 부분까지도 작업하는 것입니다. 열심히 짜임 작업을 하고 가조립을 하면서 작업이 잘된 것을 확인한 뒤에 짜임 포함 전체의 마무리 샌딩 작업을 해서 짜임이 헐거워지는 경우를 어렵지 않게 볼 수 있습니다. 마무리 샌딩에서는 이미 맞춰놓은 수치에 변화를 줄 수 있는 부분을 손대지 말아야 합니다. 정교하게 짜맞춤 가공을 하고, 가조립으로 이를 확인하고 나서 마무리 샌딩을 하는 과정에서 이런 짜임 부분들이 같이 샌딩되면, 결과적으로 단차가 생깁니다. 짜맞춤 가공이 있거나, 샌딩할 경우 문제가 생길 수 있는 부분은 샌딩 작업 이전에 신경 써서 미리 표시해둡니다.
- 모서리나 귀퉁이 부분은 힘 조절에 유의해야 합니다. 모서리는 사포가 닿는 면적이 훨씬 작아지므로 평면에 주는 것과 같은 힘을 주면 목재가 받는 압력에 큰 차이가 나서 의도하지 않게 모양이 달라집니다. 압력은 면적에 반비례합니다. 각재의 마구리면을 전동 샌더로 작업하는 경우에는 특히 조심하고, 필요하면 부재 옆에 같은 높이의 다른 부재를 고정하고 작업합니다.

마감재 분류

목재의 마감은 습기와 흠집으로부터 가구를 보호하거나 목재의 색과 무늬를 부각하고 색상과 광택 조절 등 외관을 향상하려는 이유로 합니다. 이러한 목적과 더불어 소재 자체의 안전성과 마감 작업 시간, 건조 시간, 편리성, 비용 등의 기준으로 마감재를 선택합니다.

마감재는 시판되는 종류가 아주 많고, 상품명으로 성분을 확인하기가 쉽지 않아서 직접 사용해보기 전에는 선택이 쉽지 않으며, 마감재의 가격도 만만치 않아 시험 삼아 구매하기도 어렵습니다. 원목 마감에 사용되는 마감재 종류를 분류하고 정리해서, 목적에 맞는 마감재를 선택하고 나아가 자신에게 맞는 마감재를 혼합해서 사용할 수 있게 도움을 드리고자 합니다.

마감재 구분

마감재는 크게 착색되는 마감재와 투명한 마감재로 구분합니다. 투명한 마감재를 통틀어 '바니시varnish'라고 부르는데, 오일과 같은 침투성浸透性 마감재와 폴리우레탄, 셸락, 래커 같은 도막층塗膜層 마감재로 다시 구분합니다. 착색되는 마감재에는 페인트와 스테인stain이 있는데, 스테인은 안료(pigment) 기반과 염료(dyestuff) 기반으로 나뉩니다.

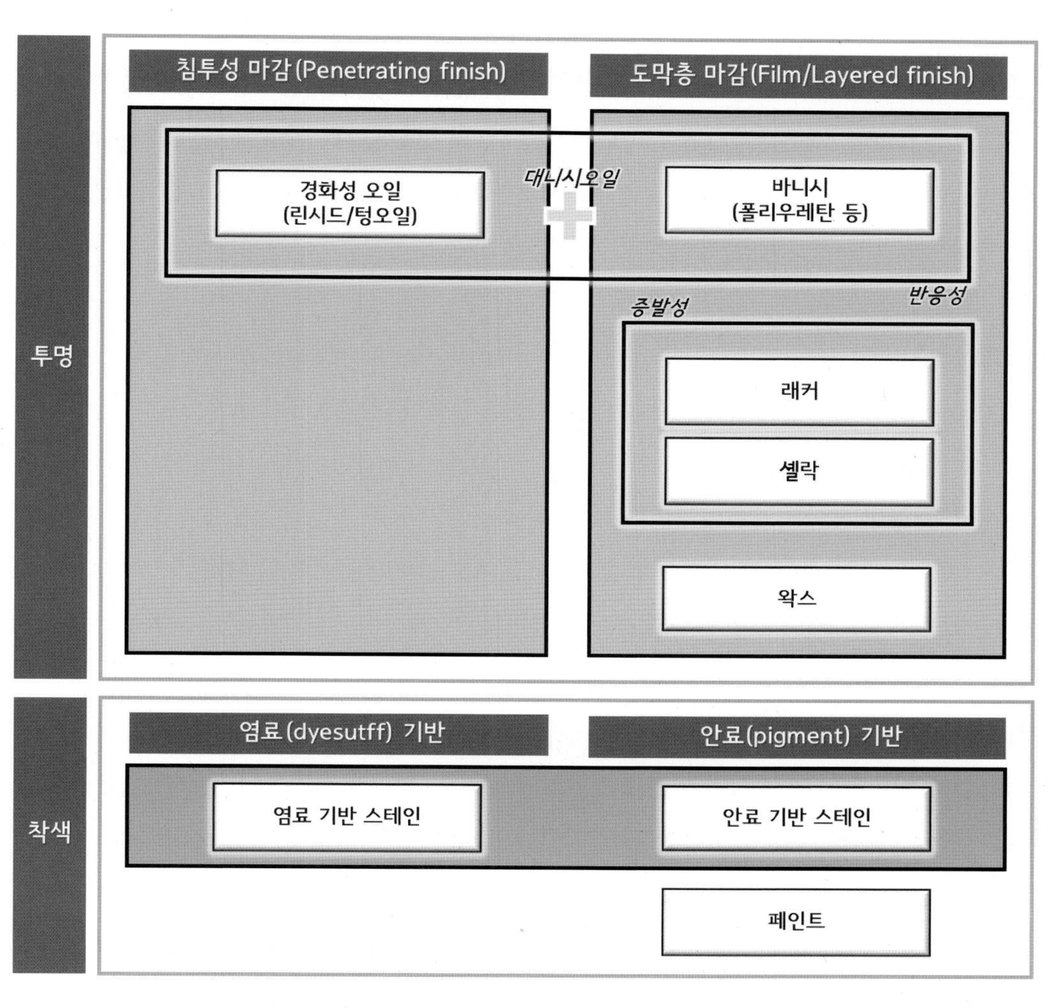

착색되는 마감재(페인트, 스테인)와 투명한 마감재(바니시)로 크게 나눌 수 있으며,
투명한 마감재는 다시 침투성 마감재와 도막층 마감재로 구분합니다.

스테인

스테인의 용도

착색되는 마감재에는 페인트와 스테인이 있는데, 스테인은 페인트와 달리 나무의 결을 숨기지 않고 목재에 색을 입힙니다. 스테인의 목적이 목재의 색을 바꾸는 데 있다고 생각하고, 원목의 색을 유지하려고 바니시만을 고집하는 사례도 있지만, 이는 스테인에 대한 경험 부족 때문일 수 있습니다. 스테인은 색을 바꾸려는 것이 아니라 목재와 어울리는 색으로 목재 자체의 톤과 나뭇결을 살리려는 목적으로 사용할 때 효과적인 경우가 많습니다. 더불어, 스테인 자체에 대한 낮은 이해도도 문제인데, 스테인을 단순히 색을 고르는 수준으로만 생각하면 올바르게 적용할 수 없을뿐더러 예상치 못한 결과를 얻기도 합니다. 스테인을 효과적으로 사용하려면 목재의 특성(환공재, 산공재)과 스테인의 특성(안료 기반, 염료 기반)에 대한 이해가 필요합니다.

스테인은 가구의 전체적인 색을 통일하거나 목재의 본래 색을 더욱 선명하게 할 수 있고, 톤을 확연히 바꾸지 않은 상태에서 나뭇결을 더 깊거나 더 얕게 연출할 수 있습니다. 오크나 자작 합판처럼 밝은색 목재에 밝은색 스테인을 사용하여 오일이나 바니시에서 볼 수 있는 황변 현상을 줄이며, 월넛 같은 목재에 변재가 일부 포함된 경우에 심재와 비슷한 색의 스테인을 적용해서 색을 맞출 수도 있습니다. 더불어, 메이플, 월넛, 오크에서 볼 수 있는 나뭇결을 더 깊이 표현할 수도 있습니다.

안료와 염료

색소의 종류에 따라 안료 기반과 염료 기반의 스테인으로 나눌 수 있는데, 이 둘에는 분명히 구분되는 특징이 있습니다. 안료는 '칠한다', 염료는 '물들인다'는 뜻으로 이해해도 좋습니다. 염료는 색소가 용제에 분자 상태로 용해되어 목재에 침투해서 착색되고, 안료는 용제에서 입자 상태로 표면에 고착되는 착색제입니다. 염료 파우더는 물이나 알코올 같은 용제에 완전히 녹지만, 안료 성분은 세밀한 정도(ground)에 따라 입자의 크기가 달라서 같은 색이라도 제품에 따라 결과물의 차이가 큽니다. 안료를 만들 때는 입자를 곱게 가는 것이 기술력입니다.

염료 기반의 스테인은 염료와 이를 녹이는 용제로 구성되지만, 안료 기반은 안료, 용제와 더불어 안료 입자를 목재 표면에 고정하는 수지 성분의 결합제(binder)로 이루어지며 목재 표면에 얇은 막을 형성합니다. 안료 기반 스테인의 성분인 안료, 용제, 결합제는 페인트와 같은 구성으로 안료 기반의 스테인을 얇게 바르는 페인트의 일종으로 볼 수도 있습니다. 염료는 분자 상태로 목재 깊숙이 침투하므로, 목재 표면에 색을 띤 막을 형성하지 않으면서 나뭇결을 더욱 깊이 나타낼 수 있습니다. 메이플 같은 산공재는 안료가 표면에 잘 안착하지 않으므로 착색하거나 나뭇결을 두드러지게 표현하는 데 염료 기반이 유리합니다. 반대로 오크 같은 환공재는 염료보다 안료가 기공에 고착되기 쉬워서 결의 대비를 분명히 드러냅니다.

시중에서 판매되는 목공용 스테인은 안료와 염료가 함께 포함된 제품도 있지만, 대부분 별다른 표기가 없으므로 염료 기반과 안료 기반을 구분하기가 쉽지 않습니다. 색소 성분이 바닥에 가라앉아 있으므로 사용 전에 저어줘야 한다면 안료가 주성분이며, 목재 깊숙이 침투한다는 설명이 있다면 염료가 주성분이거나 염료가 포함되었을 수 있습니다. 제품 설명에 별다른 명시가 없는 많은 목공 전용 스테인 제품은 대부분 안료 기반이며, 염료 기반 제품은 '다이 스테인dye stain', '우드 다이wood dye', '목재 염색'과 같이 별도로 '염색'이라고 표기한 경우가 많습니다. 염료를 사용해서 목재의 결을 살리고, 자연스럽게 색을 들이고 싶다면 용제에 녹인 제품보다 고체 분말을 구해서 용제에 녹여 사용하는 것도 좋은 방법입니다.

바니시

바니시는 투명하고 경화되는 마감재를 통칭합니다. 이는 페인트나 스테인과 구분해서 투명한 마감재를 가리키는 광범위한 용어로 사용되지만, 동시에 폴리우레탄 등 일부 도막층 마감재를 지칭하는 협의의 용어로도 사용되므로 상황에 따라 구분이 필요합니다. 수지의 종류에 따라 옅은 호박색의 색상을 띠거나 황변 현상이 있을 수 있으나, 보호의 효과와 더불어 목재의 결을 그대로 살려주므로 하드우드를 사용한 가구에 널리 사용됩니다.

바니시의 기본 구성 3요소

바니시에서 수지는 마감재의 성격을 결정하는 기본 성분이 되며, 이에 용제 또는 희석제가 첨가되거나, 경화를 조정하는 지연제, 광택을 조절하는 소광제 등 부가적인 기능을 위한 성분이 첨가됩니다. 즉, 바니시는 수지, 용제나 희석제, 그리고 첨가제로 구성된다고 볼 수 있습니다. 오일이나 바니시 등 수지는 마감재의 특성을 결정짓는 중요한 성분으로 별도로 자세히 다루며, 여기서는 용제와 희석제를 간단히 소개합니다.

수지 (resin)	경화성 오일(린시드/텅 오일) 셸락 알키드, 우레탄, 셀룰로스 등	하나 또는 둘 이상이 포함되어 마감재의 기본적인 특성인 목재 보호 및 장식 기능을 함.
용제/희석제	미네랄 스피릿, 나프타, 테레빈유, 알코올 등	용제(sovent)는 마감재 안의 수지를 녹이거나 분해해서 액상으로 만드는 액체이고, 희석제(thinner)는 점성을 낮추어 묽게 만드는 액체. 수지에 따라 달라지지만, 미네랄 스피릿과 같이, 한 물질이 용제와 희석제의 역할을 동시에 하는 경우가 많음.
첨가제	지연제(retarders) 소광제(flatting agents) 자외선 안정제 등	경화 촉진/지연, 광택 조절(소광제 : 광택 줄임), 자외선 차단 등 추가적인 기능.

용제와 희석제는 서로 구분되어 더해지기도 하나, 하나의 성분이 두 가지 역할을 동시에 하는 경우가 많습니다. 용제는 고체 상태의 수지를 용해하는 액체이고, 희석제는 액체 상태의 마감재를 희석하는 액체입니다. 가장 흔하게 사용하는 용제가 미네랄 스피릿mineral spirit과 나프타naphtha이며, 이와 더불어 톨루엔toluene, 자이렌xyren 등 석유에서 추출하는 탄화수소계 성분은 용제도 되고 희석제의 역할도 합니다.

'화이트 스피릿white spirit'이라고도 부르는 미네랄 스피릿은 석유 증류액으로 합리적인 가격에 가장 널리 사용되는 용제, 희석제입니다. 테레빈유(turpentine)는 송진이나 소나무 가지를 증류해서 얻은 무색 액체로, 석유계 탄화수소 냄새에 거부 반응이 있는 사람에게 추천할 만하지만, 미네랄 스피릿보다 안전성이 높다고는 말할 수 없습니다. 테레빈유의 강하고 특유한 냄새에 거부 반응을 보이는 사람도 있습니다. 소나무가 아니라 오렌지나 감귤류의 오일에서 추출한 오렌지 테레빈유(orange turpentine, orange solvent, citric terpene)는 일반 테레빈유에 비해 유해성이 매우 낮습니다. 별도로 판매되거나 천연 제품을 사용한 마감재에 함유되기도 하는데, 이러한 마감재에서는 오렌지 향이 나기도 합니다.

침투성 마감과 도막층 마감

바니시는 침투성 마감과 도막층 마감으로 구분할 수 있습니다. 오일 같은 침투성 마감재는 목재 내부에 침투하고 경화되어 하도로 많이 사용되는데, 나무의 색과 결을 자연스러운 느낌으로 드러내지만, 마감의 보호력은 도막층보다 제한적입니다. 단독으로 사용하거나 바니시, 스테인과 혼합해서 사용하기도 합니다.

도막층 마감재는 폴리우레탄 바니시, 셸락, 래커 등 다양한 종류가 있으며, 목재 표면에 투명하고 단단한 도막층을 형성합니다. 광택이 풍부하고, 내구성, 내열성, 내수성과 보호력이 강해서 단독이나 상도로 사용되는데, 특히, 테이블 상판 등 보호가 필요한 부분에 널리 적용됩니다.

반응성 마감과 증발성 마감

마감재가 어떤 방식으로 경화되느냐에 따라 반응성과 증발성으로 구분해볼 수도 있습니다. 린시드 오일이나 폴리우레탄 바니시는 산소나 촉매와 반응해서 경화되고, 재도장할 때는 이전 마감 위에 새로운 층을 형성합니다. 반면에 셸락이나 래커 같은 마감재는 수지가 용제에 의해 분리되어 있다가 용제가 증발하면서 수지만 남은 것인데, 재도장할 때 덧칠한 마감이 기존 도막층을 녹여서 수리하기가 수월합니다. 일반적으로 반응성 마감재는 경화 속도가 느려서 경화제를 사용하고, 증발성 마감재는 용제가 증발하면서 곧바로 굳어서 경화 속도가 빠른 편입니다. 재도장할 때 덧칠한 마감이 기존 도막층을 녹여서 수리의 관점에서는 편리하나, 여러 층을 올리는 경우 작업이 까다롭게 느껴질 수 있습니다.

마감재 적용 예

아래의 그림은 화이트 오크, 메이플, 월넛 목재에 (1)월넛색 염료, (2)보일드 린시드 오일, (3)셸락 (4)폴리우레탄 바니시 (5)월넛색 스테인(작은 입자의 안료) (6)월넛색 대니시 오일(염료+안료) (7)흰색 스테인(안료)을 120방 사포로 샌딩 작업한 뒤에 각 3회씩 바른 결과입니다.

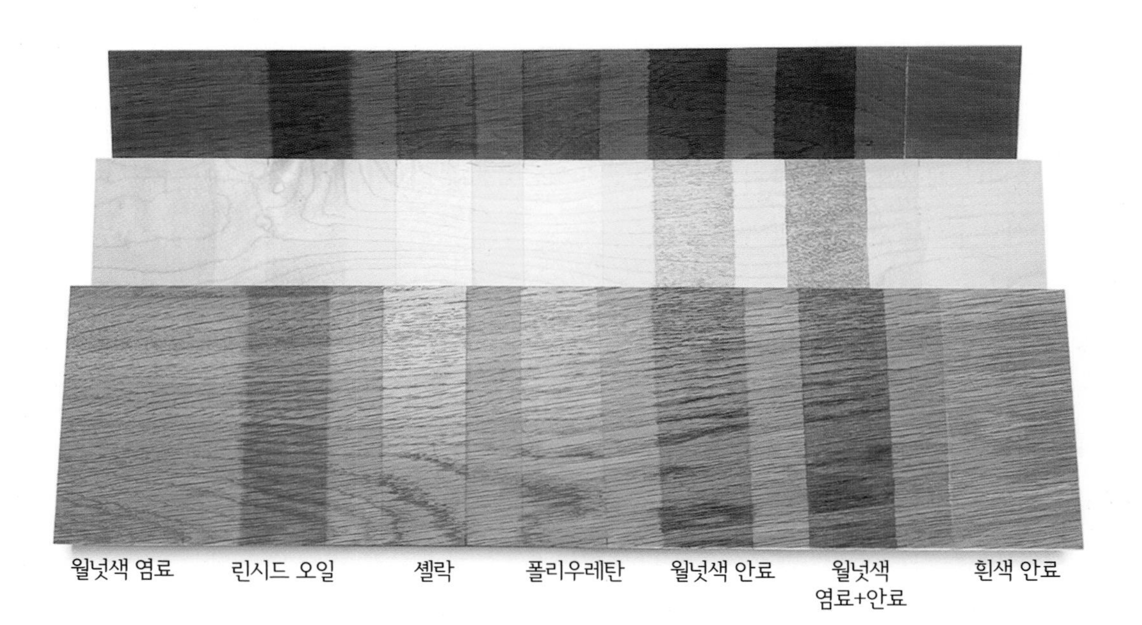

월넛색 염료 | 린시드 오일 | 셸락 | 폴리우레탄 | 월넛색 안료 | 월넛색 염료+안료 | 흰색 안료

오일은 침투성 마감으로 목재에 광택을 주지 않아 건조한 느낌이 들지만, 목재의 색과 무늬에 깊이를 줍니다. 목재에 따라 황변 현상이 두드러지기도 합니다. 셸락과 폴리우레탄 바니시는 도막층 마감으로 보호력이 있고, 빛을 반사할 때 광택이 납니다. 목재와 색의 차이가 큰 스테인은 부자연스러운 느낌이 들 수 있고, 특히, 메이플 같은 산공재에서 안료 기반 스테인은 마감이 깔끔하게 되지 않습니다. 목재와 유사한 색의 스테인은 색과 무늬에 깊이를 주고, 변재가 섞여 있다면, 전체 색을 통일하는 효과가 있습니다. 오크와 같은 환공재에서는 스테인의 안료 입자가 춘재가 있는 기공에 집중되어, 스테인의 색에 따라 성장륜 중심으로 효과적으로 색이 바뀝니다.

마감 순서와 방법

일반적으로 도료를 작업하는 순서에 따라 하도下塗(primer), 중도中塗(intermediate coat), 상도上塗(top coat)로 나눕니다. 하도는 칠을 하는 대상과 이질적인 도료를 서로 연결해주는 역할을 하며, 상도는 최종 보호막 역할과 동시에 광택, 색 등의 외적인 요소를 담당하는데, 중도는 하도와 상도 사이에서 보호층의 두께를 확보합니다. 그러나 이러한 마감의 방법, 목적, 그리고 사용되는 재료는 마감이 어떤 대상에 적용되느냐에 따라 달라집니다. 전통 가구 마감에서 들기름을 먹인 후 옻칠을 한 것과 같이, 목재에서의 마감은 침투성 마감을 사용한 하도와 도막층 마감을 사용한 상도로 분류하는 것이 일반적입니다. 목재 마감에서의 하도와 상도는 각각 독립적인 역할을 하는데, 하도와 상도 모두 마감의 기본적인 역할인 보호와 외관 향상의 기능을 담당합니다. 하도에서 상도로 연결하여 작업하기도 하지만, 하도 또는 상도만으로도 마감을 완성하기도 하고, 목재 마감재 중에는 하도와 상도의 역할을 동시에 하는 제품도 많습니다.

하드우드의 마감에서 널리 사용되는 오일과 바니시를 기준으로 작업 진행 순서를 살펴보겠습니다. 개인적인 경험에 따른 방법을 소개드리는 것이며, 작업자나 목적, 재료에 따라 방식과 순서는 얼마든지 달라질 수 있습니다.

- 목재가 마감을 위한 상태가 되도록 준비합니다. 120방짜리 사포로 시작해서 기계대패 자국 등 눈에 보이는 자국을 처리하고, 180, 240방까지 차례로 샌딩합니다.
- 1차 오일 마감(하도)을 진행합니다. 충분히 바르고 나서 몇 분간 기다립니다. 마른 부분이 보이면 오일을 추가하고, 목재가 오일을 뱉거나 끈적이는 부분이 보이면 닦아줍니다. 마감은 항상 밑면, 바닥 등 드러나지 않는 부분부터 시작합니다.

- ♦ 하룻밤 정도 오일이 마르게 두면, 오일 성분이나 대기 중 습도 변화로 나뭇결이 올라와서 표면이 거칠어진 것을 확인할 수 있습니다. 접착제가 묻은 자리는 오일이 흡수되지 않아서 뚜렷이 나타나고, 그 밖의 흠집이 더욱 선명하게 보일 수 있습니다. 1차 하도 이후에 보이는 접착제 자국과 문제점, 목재 전체에서 나뭇결이 일어나는 현상을 샌딩으로 정리하고 마무리합니다. 표면을 깨끗하게 청소하고 나서 1차 때 사용했던 것과 같은 오일을 한 차례 더 바릅니다. 두 차례의 오일 작업과 그 사이 샌딩 작업으로 접착제 자국 없이 오일이 고르게 스며든 상태가 하도의 완성이 됩니다. 개인적인 선택에 따라 하도를 추가할 수도 있으나, 이후에 오일이 침투되는 정도는 미미합니다.
- ♦ 하도 이후 오일, 바니시, 셸락 등 추가적인 마감(상도)을 원하는 횟수만큼 진행합니다. 마감재 성분 때문에 결이 올라오는 현상이 생기므로, 표면을 매끄럽게 하려면 하도를 하기 전에 방수력이 높은 샌딩을 진행하기보다 마감 사이에 600방 같은 고운 사포로 샌딩하는 편이 더 효과적입니다. 바니시 등으로 진행한 상도 시에도 건조 후 표면이 거칠어진 것이 확인되면 샌딩 작업을 합니다.

목재가 수분을 만나면 결이 부풀어 오르는 현상(grain raising)으로 다시 표면이 거칠어집니다. 오일로 하도를 한 뒤에 이런 현상을 처리하기 위해 샌딩이 필요하다고 말했으나, 결이 올라오는 현상이 가장 두드러지는 것은 수성 기반의 마감을 한 뒤입니다. 수성 마감 뒤에는 반드시 표면을 샌딩해야 하며, 마감의 계획에 수성 기반 마감재가 있다면, 초기에 물이나 희석재로 표면을 닦아 결을 올라오게 한 뒤에 샌딩하고 나서 마감을 시작하는 것도 좋은 방법입니다.

마감에 사용한 헝겊은 반드시 겹치지 않게 널어놓거나, 밀폐된 용기에 보관해서 완전 건조 후 버려야 합니다. 오일을 흡수한 헝겊이 쌓여 있으면 자연 발화해서 화재가 날 수 있습니다. 특히, 린시드 오일linseed oil은 건조되면서 부산물로 열이 발생하는데, 헝겊이 구겨졌거나 쌓여 있으면 열이 분산되지 않습니다. 대니시 오일danish oil이나 바니시 계열도 린시드 오일 기반의 제품이 많으므로 마감을 한 헝겊은 모두 같은 방식으로 처리해야 합니다.

침투성 마감

침투성 마감에 사용하는 오일은 마감에 적용하는 가장 기본적인 원료이고, 원목 마감의 기본이라고 할 수 있습니다. 린시드나 텅 오일tung oil(동유 桐油)처럼 경화되는 오일은 단독으로 사용하거나 바니시 등 다른 마감재와 혼합해서 사용하고, 식물성 기름은 중합 과정을 거쳐 바니시의 원료가 되기도 합니다.

오일은 침투성 마감재로 보호성은 크지 않지만, 목재 표면에 침투해서 목재의 색을 깊게 하고, 나뭇결이 드러나게 합니다. 목재의 느낌을 그대로 살리기 위해 오일만을 마감으로 사용하기도 하고, 바니시 등 도막을 형성하는 상도를 적용하기 전에 하도로 사용하기도 합니다. 더불어, 바니시, 왁스나 스테인 같은 다른 마감재와 혼합해서 사용하는 기본 성분이기도 합니다.

오일이 침투성이기는 하나 모든 종류의 오일을 마감에 사용할 수는 없습니다. 현재 목공에서 널리 사용되고 있는 오일은 린시드 오일, 텅 오일이 있으며, 우리나라 전통 목공에서는 들기름이 많이 사용되었습니다. 목공 마감에 사용할 수 있는 오일들의 공통점은 건성유乾性油, 즉 공기 중에 노출이 되었을 때 중합의 과정을 거쳐서 경화가 되는 오일입니다. 오일은 미생물이 번식할 수 있는 수분이 없으므로 목재를 부패시키지는 않으나, 목재 표면에 남아 있는 오일이 경화가 되지 않는다면 보호의 역할을 하지 못할 뿐 아니라, 산화酸化가 지속되어 산패酸敗가 되기도 합니다.

오일을 사용한 마감은 목재에 스며들 수 있게 충분히 바르고 나서 천으로 문지르고, 남은 양을 닦아 내는 방식으로 작업합니다. 특히, 하도로 1차 도포한 뒤에는 오일 성분 때문에 목재 표면의 거친 결이 다시 올라오므로 샌딩을 하는 것이 좋습니다.

린시드 오일

아마씨(flax seed)에서 추출한 기름입니다. 아마씨는 건강식품으로도 애용되기도 하며, 아마를 이용해서 만든 리넨linen 섬유는 의복에 사용하는 가장 오래된 섬유 중 하나입니다.

정제된 순수한 린시드 오일은 완전히 건조하는 데 여러 주가 걸리므로 그대로 사용하지 않습니다. 건조 시간이 단축된 '보일드 린시드 오일boiled linseed oil'이라는 제품으로 유통되는데, 보일드 린시드는 건조제가 포함되어 하루 정도면 건조되지만, 시중에서 판매되는 제품은 이름처럼 가열 과정을 거치지는 않습니다. 순수한 린시드 오일을 끓이면, 중합 현상(polymerization)이 촉진되며 건조가 빨라지나, 실제로는 끓이는 작업 대신에 미네랄 스피릿 등 석유 성분의 희석제나 코발트나 망간 같은 금속 성분 건조제가 포함됩니다.

텅 오일보다 내수성이 약합니다. 옅은 호박색(amber)을 띠며, 바르고 난 뒤 시간이 지나면서 황변이 발생합니다. 월넛과 같은 짙은 색상의 목재는 문제되지 않고, 황변 현상을 의도적으로 이용해서 색을 더욱 짙게 만들기도 하지만, 메이플, 자작 같은 밝은 색상 목재는 이 점을 염두에 두어야 합니다.

텅 오일

중국 유동나무 열매에서 짜낸 기름으로 1900년경 서양에 보급되었습니다. 린시드 오일보다 내수성이 강하고, 황변 현상이 적습니다. 내수성이 있어도 식탁 상판 등 강한 내수성이 필요한 작업은 텅 오일만으로는 부족하고, 표면에 도막층을 형성하는 바니시 계열 상도를 해주는 것이 좋습니다. 유동 열매에 있는 알부민albumin 성분은 독성이 있으나, 텅 오일 자체에는 포함이 되어 있지 않아 순수한 텅 오일은 독성이 없다고 할 수 있습니다.

텅 오일 자체는 여러 번 칠해야 하고 며칠 혹은 몇 주간 말려야 하므로 순수한 오일만을 사용하는 경우는 드뭅니다. 순수 텅 오일을 사용한다면 미네랄 스피릿과 같은 희석제와 1:1 비율로 혼합해서 건조 시간을 단축합니다. 시중에 나오는 제품 중에서 '순수 텅 오일(pure tung oil)'이라고 표기되지 않고, '텅 오일 피니시' 등으로 표기된 제품은 대부분 텅 오일과 희석제 등의 혼합물이며, 심지어 텅 오일 성분이 전혀 들어 있지 않은, 바니시와 미네랄 스피릿 성분의 혼합물인 경우도 있습니다. 보일드 린시드 오일의 황변 현상을 줄이고자 텅 오일을 사용하는 경우에는 이처럼 텅 오일에 희석제를 혼합해서 건조 시간을 줄이거나 희석제를 미리 혼합해놓은 제품을 사용해야 합니다.

대니시 오일(danish oil)

린시드나 텅 오일 기반에 폴리우레탄 등 도막성 바니시 성분을 추가한 것으로, 오일 마감을 통한 원목의 자연스러움과 바니시의 얇은 도막을 구현할 수 있습니다. '대니시 오일'이라는 명칭은 20세기 후반에 얇고 멋진 광택을 내는 북유럽 가구들이 널리 퍼지면서 유래했습니다.

보일드 린시드 오일이나 순수 텅 오일보다 약간 더 빨리 건조하고, 수지의 양이 적어 비교적 빠르게 필요한 도막을 칠할 수 있습니다. 작업 시에는 오일과 같은 느낌이 강해 일반적으로 천으로 와이핑해서 작업합니다. 대니시 오일을 침투성 마감으로 분류했으나, 표면에 얇은 도막층을 형성하므로 하도로 사용하거나 린시드 오일, 텅 오일과 같은 침투성 오일로 취급해서는 안 됩니다. 제품에 따라, 오일, 바니시 외에 용제 등 화학성분이 포함될 수 있습니다.

미네랄 오일

석유를 정제하는 과정에서 추출되며, 정유 과정에서 문제가 없는 순수 미네랄 오일은 인체에 무해하다고 알려져서 아기 피부관리 제품에도 사용됩니다. 미네랄 오일이 목재를 실링sealing하는 효과가 있다고는 하지만, 경화되지 않아서 마감재라기보다는 관리재(conditioner)의 개념으로 보는 것이 타당합니다. 가구의 마감재로는 적합하지 않습니다.

도막층 마감

폴리우레탄 바니시, 셸락, 래커, 옻 등 도막층이 형성되는 마감에는 강력한 보호력이 있습니다. 오일과 같은 침투성 마감보다 작업이 까다로우나 우수한 보호력으로 식탁, 테이블 상판과 같은 부분의 작업에 많이 사용됩니다.

투명한 마감을 통칭해서 바니시라고 하지만, 바니시 또는 일본 이름에서 유래한 (와)니스로 통용되는 제품 중 알키드alkyd, 폴리우레탄, 페놀 수지 계열이 '바니시'라는 이름으로 널리 상품화되어서 이렇게 특정한 계열 또는 제품을 오일, 셸락 등과 구분해서 바니시라고 부르기도 합니다. 좁은 의미로 바니시는 알키드 성분이나 폴리우레탄 계열의 마감을 말합니다.

셸락과 래커는 반응성 마감인 폴리우레탄 계열 바니시와 다르게 용제가 증발하면서 빠르게 건조하는 증발성 마감재입니다. 옻을 사용한 마감재를 '아시안 래커Asian lacquer'로 부르기도 합니다.

폴리우레탄(polyurethane)

폴리우레탄은 2차 대전 당시 비싸고 구하기 어려웠던 고무를 대체하는 용도로 보급된 플라스틱 중합체로 신발 바닥, 자동차 좌석, 전선 피복 등 다양한 형태와 용도로 사용되며, 목공에서 마감재로도 널리 사용되지만 접착제의 소재가 되기도 합니다. 목공에서 가장 많이 사용하는 바니시의 한 종류로 '폴리poly'라는 약칭으로 불리기도 하며, 기술적으로는 우레탄의 조합이 폴리우레탄이 되나 우레탄이라는 용어와 혼용되기도 합니다. 폴리우레탄은 내수성, 내열성, 내용제성, 내마모성이 매우 우수하여, 탁자 상탁 등 강한 보호력이 필요한 마감에 적합합니다. 유성(oil-based)과 수성(water-based)이 있는데 유성은 수성보다 내구성, 내수성, 내열성이 강하며 황변이 심하지는 않으나 호박색으로 약간 착색됩니다. 수성은 냄새와 독성이 적다는 장점이 있고, 빨리 건조되며 착색도 적은데, 창백한 느낌이 나기도 합니다. 수성의 도막층이 좀 더 얇고 딱딱하며 유성보다 스크래치에 약합니다. 유성 바니시에서 오일의 양은 30~70%이며, 일반적으로 수지의 양보다 오일의 양이 많을수록 유연해집니다. 오일과 혼합하여 사용하는 경우에는 수성이 아니라 유성을 사용해야 합니다. 폴리우레탄에 첨가되는 소광제消光劑 양이 많을수록 광이 감소하는데, 광택이 많은 순서로 유광(gloss), 반광(semi-gloss), 약광(satin), 무광(matte), 플랫(flat)으로 구분합니다.

대부분의 마감재 위에 적용할 수 있습니다. 물과 기름은 섞이지 않으나 완전히 건조된 오일이나 유성 폴리우레탄 위에는 수성 폴리우레탄의 도장이 가능하며 그 반대도 가능합니다. 수성을 희석하고자 한다면 10% 이내의 물을 섞으면 되고, 유성은 미네랄 스피릿과 같은 희석재를 사용하거나 린시드 오일과 같은 오일을 섞는 것도 가능합니다. 일반적으로 붓으로 칠하는데, 기포가 생길 수 있으므로 결을 따라 목재의 끝에서 끝까지 한번에 천천히 붓질하며, 빠른 속도로 붓을 왕복하면서 작업하지 않는 편이 좋습니다. 오일이나 희석제의 양이 많아지면 헝겊을 사용하여 작업하기도 합니다.

와이핑 바니시(wiping varnish)

바니시에 미네랄 스피릿 같은 희석제를 첨가하면 작업이 편하고, 아울러 얇고 단단한 막을 만들 수 있습니다. 일반적으로 바니시는 붓으로 발라 비교적 두꺼운 도막층을 빠른 속도로 작업할 수 있으며, 바니시에서 희석제의 양을 늘리면 붓 대신 헝겊으로 문질러(wiping) 작업할 수 있습니다. 천으로 와이핑하면 작업 속도가 느려서 원목 바닥처럼 넓은 면에 적용하기 어렵지만, 얇고 자연스러운 막을 생성할 수 있고, 붓 자국이 남지 않아서 가구 제작에서는 오히려 선호하는 방식입니다.

폴리우레탄 등 바니시에 미네랄 스피릿을 반쯤 혼합하고, 거기에 텅 오일 등을 첨가하기도 하는데, 이 용액은 '와이프 온 폴리Wipe-On-Poly', '와이핑 바니시' 등의 이름으로 판매됩니다.

셸락(shellac)

락lac이라는 곤충의 분비물에서 추출한 천연 수지로 셸락은 '얇은 조각의 락'이라는 뜻을 가지고 있습니다. 고체 수지를 에틸알코올 등 용제로 녹여 사용되는 증발성 마감재로, 셸락 고체 수지 자체를 구해서 알코올에 녹여 사용하거나, 용제에 녹인 상태의 제품을 구해서 사용할 수 있습니다. 천연물질이고, 독성이 없습니다. 폴리우레탄이나 래커와 같은 합성 마감재가 보급되기 전에는 가구뿐 아니라 다양한 용도의 마감재, 코팅재로 사용되어 왔습니다. 작업이 다소 까다로워 예전과 같이 널리 사용되고 있지는 않지만 은은한 광택과 보호력으로 고가의 가구나 소품, 현악기에 사용되는 고급 마감재로 여겨집니다.

셸락은 마찰이 많을수록 광택이 증가합니다. 프렌치 폴리싱French polishing은 셸락을 천으로 여러 번 문질러 칠하는 기법으로, 아주 얇은 셸락 도막으로 깊이감이 탁월한 고광의 마감을 구현할 수 있습니다. 마찰로 광택이 증가하므로 목선반 작업 시에도 효과적으로 사용할 수 있습니다.

건조 시간이 매우 짧은데, 단 몇 분 정도면 충분하고, 30분이 지나면 샌딩, 재도장이 가능하며, 대부분 다른 종류의 마감 위에 도장이 가능합니다. 황변을 일으키지는 않으나, 따뜻한 호박색 색감이 듭니다. 열이나 알코올, 화학물질에 강하지 않아서 뜨거운 그릇이나 머그를 올려두거나, 술을 엎지르면 자국이 생기므로 식탁 테이블 같은 가구에는 적합하지 않습니다.

래커(lacquer)

래커는 원래는 셸락을 지칭하는 용어에서 시작하여 옻칠 등을 포함하여 신속히 건조되는 용제 기반의 증발성 바니시를 가리키는 넓은 의미로 사용되어 왔으나, 니트로셀룰로스 등의 증발성 합성 수지 마감이 널리 보급됨에 따라서 이를 래커로 한정해서 부르게 되고, 락 곤충 분비물로 만들어진 마감을 가리키는 원래의 뜻은 셸락으로 구분해서 부르게 됩니다. 래커 즉, 합성 래커는 다양한 색소가 첨가되기도 하는데, 신속한 건조와 강한 내구성으로 마감이 다양해지기 전에 상업 가구 마감의 대부분을 차지했습니다.

래커의 가장 큰 특징은 신속한 경화입니다. 내구성이 매우 강하나, 오랜 시간 사용하면 스크래치에 약해지고, 인위적인 느낌이 들 수도 있습니다. 일반적으로 얇은 도막을 생성하기 위해 스프레이 형태로 사용하며, 작업할 때 용제가 빠르게 증발하므로 반드시 마스크를 착용해야 합니다.

니트로셀룰로스 래커nitrocellulos lacquer는 널리 사용되는 래커로 '니트로'라고도 부릅니다. 이 래커의 단점은 시간이 지나면서 황변이 생기는 것입니다. 아크릴 래커acrylic lacquer는 무색 투명하고, 황변을 일으키지 않으며, 건조 속도가 더 빠릅니다.

옻칠(urushiol-based lacquer)

옻나무에서 채취한 점도 높은 수액을 수지로 정제해서 만든 마감재로 한국에서는 기원전부터 사용해 왔습니다. 영어로 'Asian lacquer(아시안 래커)'라고 부르지만, 니트로 래커 등과는 전혀 다른 천연 마감재입니다. 아시아 여러 국가에서 채취하지만, 특히 한국의 옻은 옻산의 함유량이 높고 수분이 적어 뛰어난 품질을 자랑합니다. 짙은 검붉은색 도막으로 단단하고 부드러운 느낌의 표면을 형성합니다. 방수 효과가 뛰어나서 물에 담글 수 있으며, 난연성, 방충성도 높습니다. 천연 옻을 여과해서 도료로 사용하는 생칠은 처음에는 어두운 색이다가 점점 밝은색으로 변합니다. 생칠을 균일한 상태로 혼합해서 만든 투명칠이 있고, 철가루를 사용해서 검은색(흑칠)을 내거나 안료를 사용해서 여러 가지 색을 내기도 합니다. 가구, 식기 등에 사용했으나 좋은 특성에 비해 작업 공정이 상대적으로 까다롭습니다.

왁스(wax)

왁스는 지속 시간이 길지 않아서 마감재보다는 마감 보조재나 관리재로 보는 것이 좋습니다. 특유의 부드러운 윤기와 빛을 고르게 반사하는 효과가 있습니다.

왁스는 화학적으로 긴 알킬alkyl 고리가 있는 유기화합물입니다. 상온에서는 고체 상태이지만, 녹는점이 낮은 (60° 이하) 성분이 포함되어 있으며, 물에는 녹지 않습니다. 즉 열에 대한 내구성은 떨어지나, 어느 정도 방수 효과가 있습니다. 용제에 녹인 액체(liquid) 왁스와 고체(paste) 왁스가 있습니다.

보호 효과는 크지 않고, 적용한 뒤에 효과가 오래 지속하지 않아서 마감의 주재료보다는 단독 또는 혼합 형태의 보조재로 사용합니다. 텅 오일, 셸락, 바니시, 래커 등 마감 위에 적용해서 부드러운 윤기와 느낌을 낼 수 있으며, 스크래치나 미세한 흠을 메우고, 빛을 고르게 반사하는 등 효과를 낼 수 있습니다.

어떤 마감재 위에도 적용할 수 있으나, 왁스 위에 다른 마감을 해서는 안 됩니다. 왁스는 완전히 경화되지 않으므로 여러 번 적용하는 데 문제가 없으나, 일반적으로 재적용은 하루 정도 지난 뒤에 하면 좋은 결과를 얻을 수 있습니다. 다른 바니시처럼 재적용 전에 샌딩할 필요는 없습니다.

동물성, 식물성, 그리고 석유 부산물 왁스가 있습니다. 동물 왁스로 가장 널리 알려진 것은 밀랍(beebax, 벌집 구성물)으로 조금 부드럽습니다. 상온에서 끈적해져서 미끄럼 방지 바닥재에도 사용합니다. 식물 왁스는 카르나우바Carnauba 야자수에서 추출한 카르나우바 왁스Carnauba wax로 목재 마감에 주로 사용하는데, 성분이 가장 딱딱한 왁스입니다. 석유에서 추출한 왁스는 파라핀paraffins으로 경제적이고, 부드럽고, 매끄럽고, 추가로 적용하기에 좋습니다.

방습 기능

대기의 상대 습도에 따른 목재의 수축과 팽창은 결 수직 결합을 피하려는 디자인적인 고려에도 불구하고, 가압 수축 등 가구 내구성의 잠재적 문제를 안고 있어서 마감이 습기에 대해 어떠한 효과가 있는지를 파악하는 것은 흥미롭고도 중요한 일입니다. 결론을 말하자면, 마감재가 가지고 있는 어느 정도의 방습 기능은 일정한 시간이 지나면 그 효과가 현저히 떨어집니다. 그 대신, 마감이 된 목재의 표면은 순수한 목재와는 또 다른 성질의 재료가 되어 습기의 이동을 더디게 하고 함수율이 변하는 시간을 늦춤으로써 상대 습도가 지속적으로 변하는 환경에서 결과적으로 함수율의 변화를 낮추는 효과를 가져올 수 있습니다.

마감재별 도포 횟수 및 시간에 따른 방습 기능 비교

아래의 그림은 많이 사용되는 몇 가지 마감재의 도포 횟수에 따른 방습 기능 효과를 시간에 따라 표시했습니다. 방수(moisture-repellent)가 아니라 방습(moisture-excluding) 효과는 마감재를 여러 번 작업할수록 증가하지만, 시간이 지나면서 기능이 급격히 감소합니다. 결과적으로 대부분 마감재가 대기 중의 상대 습도에 따른 목재의 수축과 팽창을 근본적으로는 막을 수 없습니다.

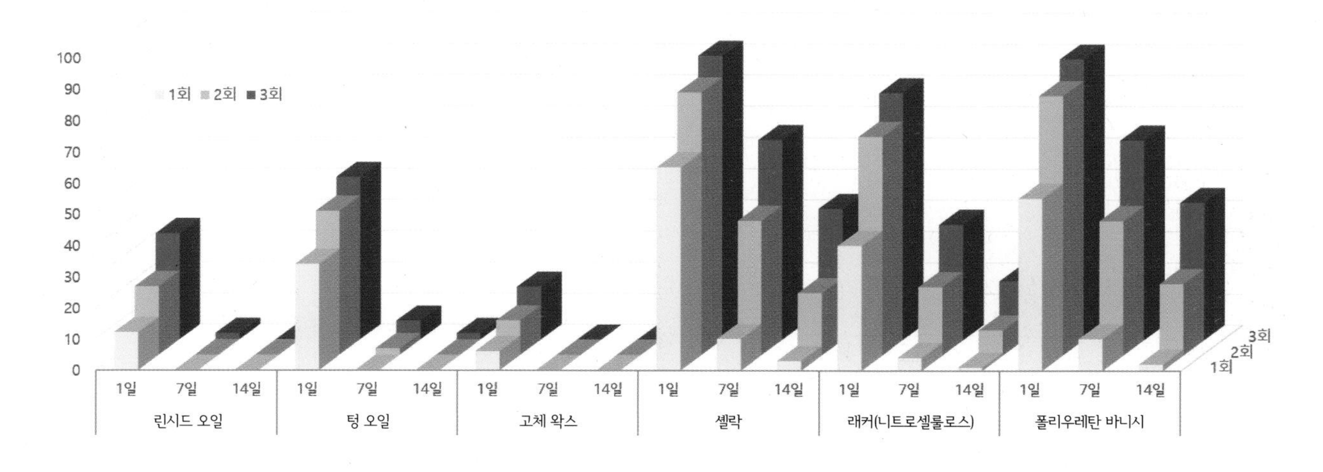

마감재별 도포 횟수와 시간에 따른 방습 기능
자료 참고, R. Bruce Hoadley, *Understanding wood – A craftsman's guide to wood technology*, Taunton

마감이 된 목재의 함수율

목재가 일정한 습도에 지속적으로 노출된다면, 목재는 이 상대 습도에 해당되는 평행 함수율에 도달합니다. 마감재가 대기 중 습기의 유입을 실제로 막을 수는 없지만, 이 과정에서 습기의 유입과 유출 현상을 지연시킵니다.

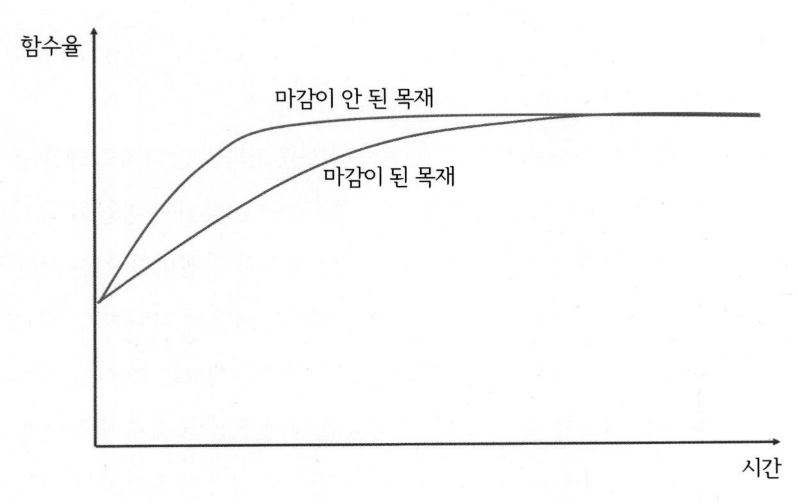

건조된 목재가 상대 습도 80%에 지속적으로 노출

대기 중 습기는 계절에 따라 계속해서 변합니다. 마감재가 습기 유입을 지연하는 효과가 있다면, 습도가 지속적으로 변하는 환경에서는 결과적으로 목재 함수율의 변화를 제한하는 효과를 가져오고, 따라서 목재의 수축과 팽창을 막을 수는 없지만, 그 정도를 완화할 수는 있습니다.

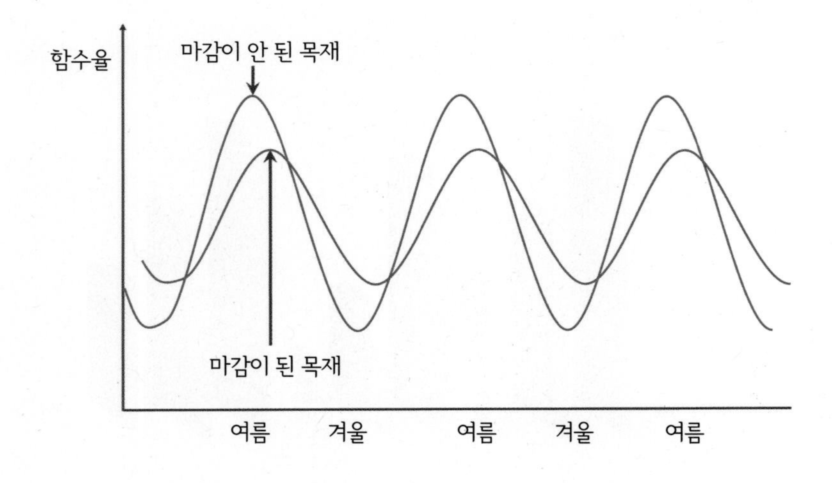

마감이 목재 함수율 변화를 지연하고, 대기 습도의 변화에 따라 함수율 변화가 결과적으로 줄어들 수 있습니다.

마감재는 모든 면에 동일하게 작업하는 것이 좋은가요?

테이블 상판의 윗면과 아랫면을 똑같이 마감하는 편이 좋을까요? 아니면 한쪽에 도장을 더 많이 하는 편이 좋을까요? 이 문제에 관해서는 전문가 사이에서도 의견이 갈립니다.

먼저, 마감은 모든 면에 고르게 해야 한다는 의견이 있습니다. 마감하지 않아서 습기가 차단되는 장벽이 없는 것보다 더 나쁜 것은 고르지 않은(uneven) 마감 상태이고, 이로 인해 습기가 목재에 고르지 않게 흡수되거나 배출됩니다. 목공인들이 눈에 보이는 부분의 마감에만 습관적으로 더 신경 쓰는 것은 목재의 변형(너비 굽음)을 일으키는 주요 원인이며, 이 때문에 숙련된 목수들은 조립하기 전에 모든 면의 마감을 먼저 진행한다고 합니다(R. Bruce Hoadley, *Understanding wood – A craftsman's guide to wood technology*, Taunton).

가구가 사용되는 조건을 고려해서 특정한 부분의 마감에 더 신경 써야 한다는 의견도 있는데(Bob Flexner, *Understanding wood finishing*, Fox Chapel), 필자는 이 주장에 동의합니다. 마감재는 장기적으로는 산소 등의 영향, 단기적으로는 주로 햇빛 등 자외선에 노출되어 열화가 생기면서 보호력이 약화됩니다. 테이블 상판은 빛에 노출되고, 액체를 쏟거나 자주 젖은 수건으로 닦아서 마감재가 열화되며, 결과적으로 목재의 영구적인 변형, 즉 가압 수축(compression shrinkage)이 일어날 가능성이 큽니다. 가구를 제작할 때는 모든 면을 똑같이 다루고 마감을 진행해도, 가구를 사용하는 환경은 목재의 모든 면에 똑같이 영향을 미치지 않습니다. 일반적으로 마감재의 열화는 빛이나 마찰에 많이 노출되는 외부 면에서 더 빠르게 진행되므로, 뒤틀림을 줄이거나 방지하는 데 양쪽 면에 똑같은 마감 처리를 한다는 것은 실질적으로는 의미 없는 일이며 노출되는 윗면의 마감을 좋은 상태로 유지하는 것이 중요합니다.

마감은 안전한가요?

시중에 판매되는 여러 마감재를 보면, 천연 성분을 사용하여 인체에 해롭지 않고 도마나 식기에도 사용할 수 있다고 홍보하는 제품도 있고, 심지어 식품 등급(food-grade)을 사용했다는 제품도 있어서 안전의 관점에서 어떤 것을 선택해야 할지 혼란스럽습니다. 테이블에 일반적으로 사용하는 바니시가 인체에 해롭지 않은지, 도마나 나무 그릇에 어떤 마감재를 써야 하는지, 의문은 많으나 이에 대한 명확한 대답을 찾기 어렵습니다.

천연 성분

천연 성분은 일반적으로 화학물질이나 탄화수소계 이외의 자연물에서 얻는 성분을 말하는데, 린시드 오일, 텅 오일, 송진, 셸락, 옻 등의 수지, 밀랍(beewax), 야자수(carnauba) 등의 왁스, 테레빈유(소나무) 등의 희석제가 마감재에서 볼 수 있는 천연 성분입니다. 단, 천연 성분이면 무조건 인체에 무해하고, 석유 추출물은 무조건 해롭다고 말할 수는 없습니다. 소나무에서 추출한 테레빈유 같은 천연 성분 용제는 미네랄 스피릿 같은 탄화수소계보다 독성이 적지 않습니다. 한편 미네랄 오일은 원유 정제 과정에서 문제가 없다면, 아기의 피부에 사용해도 될 정도로 안전한 물질로 알려졌습니다.

마감에서 안전은 어떤 의미가 있나요?

안전에 관한 내용을 확인하기 전에 안전이라는 말이 어떤 의미로 통용되는지 먼저 확인해볼 필요가 있습니다. 마감이 인체에 미치는 영향에 대해서는 (1)마감이 완성되었을 때(경화 cured)의 안전과 (2)마감 작업 중(application)의 안전을 나누어 봐야 합니다. 더불어, 도마처럼 음식과 직접 접촉하는 목재의 마감은 어떤 관점에서 살펴야 하는지도 알아볼 필요가 있습니다.

경화 전 안전(마감 작업 시)

기본적으로 마감재는 작업 시에는 대부분 인체에 유해할 수 있다는 가정으로 접근해야 합니다. 천연 물질로 만든 제품도 레진 성분을 녹이고 희석하는 용도로 대부분 용제와 희석제가 함께 사용되는데, 이들은 휘발성(VOC volatile organic compounds)이 있는 물질이며 작업 시 안전에 영향을 미치는 주요한 요소입니다. 오렌지 테레빈유와 같이 VOC가 현저히 낮은 제품도 있으며, 일반적으로 수성(water-based)이 유성(oil-based)보다 VOC를 낮게 관리하기 쉽고, 작업할 때 비교적 안전성이 높다고 할 수 있는데, 마감재 자체가 완성 후 안전성이 높더라도 마감 작업 도중에는 어떤 마감재라도 유해할 수 있으므로 작업할 때 환기에 신경 써야 합니다.

경화 후 안전(목제품 사용 시)

기본적으로 마감재의 경화가 완료(cured)되면 안전에는 문제없다고 볼 수 있습니다. 바니시 등의 도막층 마감재는 액체 상태에서는 유해한 성분이 있을 수 있지만, 용제가 증발하고 목재 표면이 단단히 굳은 상태에서는 안전이 문제시될 이유가 없습니다. 마감이 된 가구를 사용하다가 마감재의 독성에 해를 입었다거나 가구에 어떤 마감재를 사용해서 건강에 문제가 생겼다는 보고는 아직 없습니다. 경화가 완료된 상태라면 일반적인 사용은 물론이고, 음식과의 접촉에도 특별히 문제는 없습니다.

그렇다면 마감재는 언제 경화가 완료되고, 용제는 언제 완전히 증발될까요? 성분과 환경(따뜻한 환경에서 더 빨리 진행)에 따라 다르지만, 일반적으로는 완전한 경화는 30일을 기준으로 봅니다. 마감 작업 후 냄새를 맡아보았을 때 용제의 냄새가 남아 있다면, 마감이 아직 완전히 완성되었다고 볼 수 없습니다.

도마와 식기에는 어떤 마감을 사용해야 할까요?

마감이 경화된 뒤에는 음식과 접촉해도 문제없다고는 하지만, 마감재 제조사들의 비밀스럽고 혼란스러운 마케팅 때문에 음식이 닿는 도마와 식기에 사용하는 마감재의 선택은 쉽지 않은 일이 되었습니다. 도마나 식기 전용 마감 제품을 사용하지 않으면 문제가 생길 것 같은 기분이 들기도 하고, 먹을 수 있는 재료로 만든 마감재를 사용해야만 할 것 같은 생각이 들기도 합니다. 심지어, FDA의 승인을 받아야만 안심이 들 수 있을 것 같기도 합니다.

천연 물질이 상품명으로 사용되더라도, 실제로는 그 물질이 들어 있지 않거나, 다른 성분이 혼합되었거나, 그 물질과 관계없는 성분으로 구성되어 있다는 사실은 확인할 필요가 있습니다. 아마씨는 건강식품으로도 애용되고 있으니 아마씨 기름, 즉 린시드 오일이 인체에 들어와도 문제없다고 오해할 수 있으나, 목공에서 천연 물질이 순수한 성분으로 판매되는 경우는 없고, 금속 성분의 건조 촉진 성분이 포함되어 있는 경우가 많습니다. 린시드 오일, 텅 오일, 들기름과 같은 건성유, 즉, 공기 중에서 중합의 과정을 거쳐 경화가 되는 오일도 건조 과정이 너무 느리게 진행되지는 않았는지 확인이 필요합니다. 오일이 뭉쳐져 있거나 마감 작업 후 고온에 두어 경화가 느리게 된다면 표면이 산패될 수 있어서 도마나 식기의 마감에서는 주의가 필요합니다. 한편 경화가 완료된 오일은 더 이상 산화가 되지 않습니다.

시중에 나오는 식기용 마감재 중에서 바니시 성분의 제품이 적지 않은데, 앞서 말한 바와 같이 완전히 경화된 상

위의 마감재 모두 '부처 블록(Butcher Block)'이라는 이름으로 시판되는 도마와 식기용 제품이나 성분은 차이가 납니다.

태라면 플라스틱 용기처럼 음식이 닿아도 큰 문제가 없습니다. 실제로 바니시 성분이 있는 식기용 마감재로 작업하면서 상당히 빨리 경화된다는 느낌이 들었는데, 해당 제품에서 단기간에 완전히 경화시키는 데 신경 쓴 것 같습니다.

식기의 마감재는 무엇보다도 정확한 정보를 바탕으로 개인의 책임 아래 선택합니다. 입에 닿지 않는 식기에는 바니시 등 일반적인 마감재를 사용할 수 있으나, 최대한 마감의 경화에 주의를 기울입니다. 입에 닿는 식기는 물론이고, 입에 닿지 않는 식기라도 튀김에 사용하는 젓가락이나 그릇, 혹은 열기가 있는 곳에서 사용할 목제품은 도장하지 않고 사용하거나, 인체에 흡수되면 유해할 수 있는 성분은 없는지 확인하고 마감재를 사용해야 하는데, 이럴 때 천연 왁스(벌꿀 왁스)와 미네랄 오일 또는 순수한 린시드 오일 등의 조합은 좋은 선택입니다. 목재로 만드는 도마는 일반 플레이트 용도로도 많이 사용됩니다. 플레이트는 입에 닿지 않는 식기라고 말할 수 있고, 도마도 같은 의미로 해석할 수 있으나, 까다롭게 보면 미세한 조각이 인체에 흡수된다고 볼 수도 있어 각자의 판단이 필요합니다. 어떠한 마감재를 선택하든지 식기 마감에서 중요한 사항은 마감을 얇게 적용하고 서늘하고 통풍이 잘 되는 환경에서 신속히 건조시키는 것입니다.

자신만의 마감재 만들기

시중에 판매되는 마감재 중에서 제품명으로 성분을 알 수 있는 제품은 많지 않고, 마감재 관련 정보가 복잡하기도 해서 선택이 쉽지 않습니다. 판매되는 제품 대신, 목재 마감의 기본 재료인 오일과 바니시, 희석제인 미네랄 스피릿의 조합으로 스스로 마감재를 만드는 것은 좋은 접근입니다. 경제적일뿐더러, 익숙해지면 마감의 횟수와 느낌을 자유롭게 조정할 수 있고, 마감재 자체에 대한 이해도 상당히 높아집니다. 실제로 상용되는 제품들도 대체로 이런 기본적인 성분의 조합이 대부분입니다. 대니시 오일이나 바니시 오일은 실제로 오일과 폴리우레탄이나 송진 같은 바니시의 혼합물이고, 와이프 온 폴리 같은 와이핑 바니시도 바니시에 희석제를 섞은 제품입니다.

보일드 린시드 오일이나, 순수한 텅 오일은 시중에서 어렵지 않게 구할 수 있는데, 이 둘을 섞는 것도 좋은 방법입니다. 순수한 텅 오일은 건조 시간이 매우 길지만, 보일드 린시드 오일의 건조제 성분 덕분에 혼합 오일의 건조 시간이 짧아집니다. 참고로, 순수한 텅 오일을 선호한다면, 텅 오일에 미네랄 스피릿을 첨가하는 것도 건조 시간을 줄이는 방법입니다. 이렇게 혼합 제조한 오일은 건조 시간이 짧다거나 텅 오일의 창백하면서도 따뜻한 느낌을 낸다는 등의 유리한 점이 있습니다.

위와 같이 준비한 오일을 단독으로 사용할 수도 있으나, 시중에서 쉽게 구할 수 있는 폴리우레탄 계열의 바니시를 적정 비율로 섞으면, 자연스럽고 바르기 쉬워서 특히 오일 하도에 자연스럽게 올라갑니다. 바니시를 오일과 혼합할 때는 수성이 아니라, 유성 바니시를 사용하는데, 바니시의 비중이 낮아 무광보다 유광이 효과적일 수 있습니다. 오일과 바니시의 비율을 2:1에서 1:1 사이로 조정하는데, 이렇게 혼합한 마감재로 오일의 자연스러운 느낌과 바니시의 보호력을 함께 얻을 수 있습니다. 처음에는 오일의 느낌이 강하지만, 얇게 3~4회 정도 바르면 바니시의 광택이 자연스럽게 올라오기 시작합니다.

바니시를 위와 같이 오일과 혼합하지 않고 미네랄 스피릿으로 희석하면, 와이핑 바니시, 즉 천으로 바를 수 있는 바니시가 되는데, 두꺼운 보호막을 형성하려면 작업 회수가 늘지만, 빠르게 건조되고, 얇은 막을 자연스럽게 올릴 수 있다는 장점이 있습니다. 1:1 비율을 기준으로 조정하면 됩니다.

목공의 대가들은 자신만의 마감 비법을 가지고 있습니다. 자연스러운 느낌을 좋아하는 조지 나카시마는 오일 중심의 마감을 즐겨 사용하며, 말루프는 '말루프 피니시 Maloof finish'라고 부르는, 오일과 바니시의 조합을 사용합니다. 이렇게 마감에 기본적으로 사용하는 오일, 바니시, 미네랄 스피릿만으로 취향에 맞게 배합해서 자신만의 마감재를 만들면, 한층 더 개성적인 마감을 연출할 수 있습니다. 쉽게 구할 수 있는 기본 마감재들이며, 어렵지 않게 혼합할 수 있고, 경제적이기도 합니다.

오일, 바니시, 희석제의 조합으로 자신만의 마감재를 만들 수 있습니다.

[목공 상식] 수지와 중합

목공을 하다 보면 간혹 수지樹脂(레진resin)나 중합重合(폴리머化 polymerization) 같은 생소한 단어를 접할 때가 있습니다. 수지는 '나무(樹) 기름(脂)'이라는 뜻으로, 식물에서 얻거나(천연수지) 합성을 통해 얻는(합성수지) 고체 또는 점도 높은 상태의 물질을 말합니다. 쉽게 말하면 수지는 잘 굳거나 굳기 직전 상태에 있는 물질로 이러한 성질을 이용하여 마감재나 접착제의 주요한 성분으로 사용합니다. 소나무의 송진 같은 식물 수지는 해충들로부터 자신을 보호하는 역할을 하는데, 자연에 존재하거나 인공적으로 만들어지는 여러 종류의 수지는 오일, 폴리우레탄, 셸락, 왁스 등 마감재와 에폭시 레진, 지방성 레진 같이 접착제를 이루는 주요 성분입니다. 일반적으로 수지는 중합이 되면서 경화됩니다. '중합'이란 단위체의 분자들이 결합해서 큰 분자량의 화합물이 되는 현상을 말합니다. 폴리우레탄과 같은 플라스틱은 석유 화합 물질에서 인공으로 합성된 중합체(폴리머polymer)이며, 머리카락이나 실크의 단백질, 나무나 종이의 셀룰로스, DNA와 같이 자연에서도 많은 중합체가 존재합니다. 마감재가 경화되는 것은 수지 성분이 중합의 과정을 거치거나(오일, 폴리우레탄 등 반응성 마감재), 중합이 된 수지에서 용제가 증발하는 과정(셸락, 래커 등 증발성 마감재)으로 볼 수 있습니다. 경화 속도가 느린 오일은 끓이거나 경화 촉진제 등으로 중합 과정을 일부 미리 진행하기도 합니다.

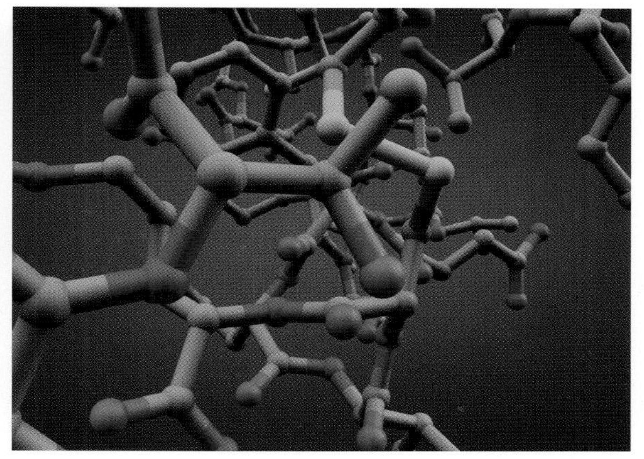

질문으로 보는 목차

목재

- 가구를 디자인할 때 결 직각 결합 구조는 최대한 피해야 합니다. 결 직각 결합 구조가 무엇이며, 어떤 문제가 생길 수 있나요?
- 완벽하게 제작한 장부 결합도 오랜 시간이 지나면 결합력이 약해져서 빠지기도 합니다. 문제가 발생하는 원인이 무엇일까요?

곡선과 벤딩 84

- 목재에서 곡선의 형태를 구현하기 위해서는 어떤 방법을 사용할 수 있나요? 곡선으로 재단을 하지 않고, 목재를 구부리는 벤딩은 어떤 경우에 하나요?
- 목재를 벤딩하는 방법에는 어떤 것이 있으며, 각각의 특징은 무엇인가요?

[목공 상식] 목공에서의 수치와 단위 87

- 목재의 부피를 나타내는 '재'라는 단위는 무엇이며, 어떻게 해석하나요? 미국이나 유럽에서는 어떤 단위로 목재가 유통이 되나요?
- 다루끼, 오비끼, 투바이 등은 소프트우드 목재의 크기와 형태별 구분을 위해 현장에서 사용되는 용어입니다. 어떤 뜻을 나타내며, 어떤 형태와 크기의 목재를 말하는 것일까요?

도구

목공 도구에 대해서 93

- 목공 작업 시, 수공구, 전동 공구, 목공 기계를 선택하는 기준은 어떤 것이 있을까요?
- 원형톱과 테이블쏘, 직쏘와 밴드쏘, 라우터와 라우터 테이블, 전동 드릴과 드릴 프레스 등 전동 공구와 상응하는 목공 기계의 용도는 어떻게 구분되나요?
- 초보자가 목공을 시작할 때 어떤 공구를 갖추는 것이 좋을까요?

측정과 마킹 99

- 목공에서는 높은 정확도를 요구하는 부분과 어느 정도 오차를 허용하는 부분이 같이 존재합니다. 각각 어떤 경우를 말하는 걸까요?
- 짜맞춤 작업에서 연필(샤프)을 사용해서 마킹할 때 어떤 문제가 예상되나요?

끌 105

- 끌에는 어떤 종류가 있으며, 서양끌과 일본끌은 어떤 차이가 있을까요?
- 끌 작업할 때 처음부터 작업하려는 경계선에 끌을 대고 타격하면 정확한 작업이 안 됩니다. 왜 그럴까요?

톱 111

- 밴드쏘와 같은 띠 형태의 톱날과 테이블쏘와 같은 원형 톱날은 어떤 장단점이 있나요?
- 일반적인 톱으로 절단 작업을 하면, 톱길은 톱날의 두께보다 항상 더 넓어집니다. 왜 이런 현상이 일어나고, 왜 톱은 이런 방식으로 작동할까요?
- 자르기와 켜기를 하는 톱날의 모양은 왜 다르고, 겸용 톱은 어떤 형태인가요? 자르기 톱으로 켜기를 할 수 있을까요? 켜기 톱으로 자르기를 할 때 어떤 상황이 발생하나요?
- 톱 작업할 때 톱길이 왼쪽이나 오른쪽으로 치우쳐서 내려갑니다. 어떤 부분을 점검해야 하나요?
- 톱을 사용할 때 앉아서 작업하는 것과 서서 작업하는 것은 주의해야 할 자세가 다릅니다. 어떤 특징이 있을까요?

테이블쏘 121

- 테이블쏘에서 자르기는 마이터 게이지 또는 썰매를 사용합니다. 썰매를 사용할 때 어떤 장점이 있을까요?
- 테이블쏘에서 톱날의 높이는 부재보다 얼마나 높게 설정해야 하나요?
- 테이블쏘에서 말하는 킥백이 무엇이며, 어떤 원인으로 발생하나요?
- 자르기를 할 때 켜기 펜스(조기대)를 사용해서는 안되는 이유는 무엇인가요?
- 테이블쏘로 얇게 반복해서 켤 때 어떻게 하면 안전하고 정확하게 할 수 있나요?
- 테이블쏘로 45° 경사 절단은 정확히 가공하기 어렵습니다. 어떤 방법을 사용하면 좀 더 안전하고 정확한 가공이 될까요?

드릴과 드라이버 185

- 비교적 최근에 개발된 포지드라이브 나사에는 필립스 나사(일반 10자)와 비교할 때 어떤 장점이 있나요?
- 드릴 드라이버 전동 공구는 드릴 기능과 드라이버의 기능을 사용할 수 있습니다. 두 기능의 동작은 어떻게 다를까요?
- 전동 드라이버는 드릴 드라이버와 임팩트 드라이버가 있습니다. 임팩트 드라이버는 어떤 장점과 한계점이 있을까요?
- 목심, 도웰, 목다보, 플러그는 형태나 용도가 어떻게 다른가요?
- 포켓홀을 사용한 가공은 어떤 방법인가요?

목선반 191

- 목선반용 도구 중 러핑 가우지, 파팅 툴, 스핀들 가우지는 어떤 형태이며, 어떤 용도로 사용하나요?
- 목선반에는 ABC가 있다고 합니다. 어떤 의미인가요?

[목공 상식] 날물의 재료와 연마 202

- 목공에서 사용하는 날물의 재질에는 탄소강, 고속도강(HSS)과 같은 합금강, 텅스텐 카바이드 등이 사용되며, 일본의 날물은 청지강, 백지강으로 불리기도 합니다. 각각 어떤 특징이 있을까요?
- 한국의 전통 수공구가 사라지게 된 이유는 무엇일까요?
- 끌이나 대팻날의 연마를 빠르고 효율적으로 하기 위해서는 어떤 부분에 신경을 쓰는 것이 좋을까요?
- 숫돌이나 사포에 사용하는 연마재는 산화알루미늄과 탄화규소 등이 있습니다. 샤프톤사의 인의 흑막과 같은 숫돌은 세라믹 숫돌이라고 하는데, 세라믹 숫돌은 무엇이며 어떤 특징이 있을까요?
- 기름 숫돌과 물 숫돌에는 어떤 차이가 있으며, 기름이나 물은 어떤 역할을 하나요?
- 숫돌이나 사포의 연마재는 입도, 즉 방수로 표시됩니다. 입도의 숫자는 어떤 의미가 있나요?
- 숫돌에서 연마를 할 때 연마가 완료된 시점은 어떻게 파악할 수 있나요?

[목공 상식] 모터와 배터리 207

- 목공 기계와 전동 공구에서 사용하는 모터에는 어떤 종류가 있으며, 각각 어떤 장단점이 있나요?
- 인덕션 모터에 부착되어 있는 콘덴서는 어떤 역할을 하며, 이 부분이 고장이 나면 어떤 현상이 발생하나요?
- 3상 교류 전원을 사용하면 일반 단상 전원 대비 어떤 점이 좋을까요?
- 전동 공구에 사용하는 브러시리스 모터와 유니버셜 모터는 무엇인가요?
- 전동 공구에 사용하는 10.8V 배터리와 12V 배터리는 같은 사양이라고 합니다. 어떻게 해석을 해야 할까요?

짜임

짜맞춤 213

- 목공에서 사용하는 접착제는 목재 자체의 강도보다 결합력이 더 크다고 하나, 왜 접착제만으로 각재나 판재를 연결하지 않나요? 어떤 경우 접착력이 저하되며, 짜맞춤에서 구조적으로 강한 결합은 왜 필요할까요?
- 어려운 짜맞춤을 사용하지 않고도, 도미노와 같이 편리하고 견고한 방식으로 가구의 제작이 가능합니다. 수공구로 하는 짜맞춤을 어떻게 이해하고 접근해야 할까요?

각재 연결 217

- 너무 많은 수의 각재의 연결 방법이 소개되어 있어, 오히려 파악이나 선택이 어렵습니다. 각재의 짜맞춤을 한눈에 파악하는 법이 있을까요?
- 2개의 각재가 아니라, 3개의 각재를 이용한 짜임은 매우 복잡해 보입니다. 어떻게 해석하고 응용할 수 있을까요?

판재 연결 225

- 판재의 연결 방법을 작업의 형태에 따라, 맞댐, 직선 결합, 반복 결합으로 나눌 수 있습니다. 각각 어떤 짜맞춤 방식이 있을까요?
- 판재를 맞대어 연결하는 방식은 접착제에 의한 결합력이 매우 낮습니다. 왜 그러하며, 이를 보완하기 위해서 어떤 방법을 사용하나요?
- 판재의 결합에 사용하는 홈파기 작업은 다도와 그루브로

마감

샌딩 289

- 샌딩 작업할 때 어떤 점을 주의해야 하나요?
- 목공 샌딩 작업할 때 어떤 입도의 사포를 구비해야 하나요?

마감재 분류 292

- 마감재는 종류가 많습니다. 어떻게 분류할 수 있을까요?
- 안료가 포함된 스테인과 염료 기반의 스테인은 어떻게 다른가요? 하드우드 원목 가구에도 효과적으로 스테인을 사용할 수 있나요?
- 오일 같은 침투성 마감과 바니시 같은 도막층 마감은 어떻게 다른가요?
- 하도, 상도가 무엇인가요? 목재 마감을 하는 일반적인 방법과 순서는 무엇인가요?

침투성 마감 300

- 목재 마감에 사용하는 오일은 어떤 역할을 하며, 어떤 특징이 있나요?
- 마감에 사용하는 대니시 오일은 무엇이며, 어떤 특징이 있나요?

도막층 마감 302

- 테이블의 상판에는 어떤 마감재를 사용하면 좋은가요?
- 와이핑 바니시는 일반 바니시와 어떤 점이 다른가요?
- 식탁의 마감에 셸락을 사용하면 어떤 문제가 예상되나요?
- 왁스로 마감하고 나서 그 위에 바니시로 마감할 수 있나요?

마감에 대한 몇 가지 이야기 305

- 마감은 어느 정도의 방습 기능이 있나요? 마감하면 목재의 수축과 팽창을 막을 수 있나요?
- 마감재는 모든 면에 똑같이 작업하는 것이 좋은가요? 아니면, 테이블 상판같이 밖으로 노출되는 부분에 추가적인 마감을 하는 것이 좋은가요?
- 마감재는 안전한가요? 도마나 식기에는 어떤 마감을 사용해야 하나요?
- 시중에 판매되는 마감이 아니라 기본 마감재를 사용해서 자신만의 마감을 하려고 합니다. 어떤 방법으로 접근하면 될까요?

참고 문헌

수치 등 구체적 자료를 인용한 부분은 책 내부에 별도로 표시했습니다.
아래는 책을 쓰면서 참고 한 서적 및 자료의 출처입니다.

Understanding wood – A craftsman's guide to wood technology (R. Bruce Hoadley, Taunton Press)
Mastering woodworking machines (Mark Duginske, Taunton Press)
New complete guide to band saws (Mark Duginske, Fox Chapel Publishing)
The complete table saw book (Tom Carpenter, Design Originals)
Working with the router (Bill Hylton, Design Originals)
Complete illustrated guide to turning (Richard Raffan, Taunton Press)
Essential Joinery – The fundamental techniques every woodworker should know (Marc Spagnuolo, Spring House Press)
The complete manual of woodworking: A detailed guide to design, techniques, and tools for the beginner and expert (Albert Jackson & David Day, Knopf)
The why & how of woodworking (Michael Pekovich, Taunton Press)
The furniture of Sam Maloof (Jeremy Adamson, W. W. Norton & Company)
Tage Frid teaches woodworking (Tage Frid, Taunton Press)
The soul of a tree (George Nakashima, Kodansha USA)
A cabinetmaker's notebook (James Krenov, Linden Publishing)
The complete illustrated guide to furniture & cabinet construction (Andy Rae, Design Originals)
Green & Green ; Design elements for the workshop (Darrell Peart, Linden Publishing)
Understanding wood finishing (Bob Flexner, Fox Chapel Publishing)
Chairmaking & Design (Jeff Miller, Linden Publishing)
The foundation of Better Woodworking (Jeff Miller, Popular Woodworking Books)
Woodworker's guide to bending wood (Jonathan Benson, Fox Chapel Publishing)
Jeff Jewitt의 목재 마감 (Jeff Jewitt/최석환, 씨아이알)
Bob Flexner의 목재 마감 101(Bob Flexner/최석환, 씨아이알)
그림으로 보는 가구 구조 교과서(Bill Hylton /안형재, 모눈종이)
하이브리드목공(Marc Spagnuolo/이재규, 씨아이알)
목공 짜맞춤 기법 Gary Rogowaski/김지태, 씨아이알)
나무 목재 도감(니시카와 다카야키, 한스미디어)
한국 전통 목가구(박영규, 한문화사)
우리 가구 손수 짜기(심조원, 조화신, 현암사)
조선 목가구 대전(호암미술관)
Effect of glue line thickness on shear strength of wood-to-wood joints (Ramazan Kurt)
Estimates of air drying times for several hardwoods and softwoods (William T. Simpson)
Moisture Relations and Physical Properties of Wood (Samuel V. Glass, Samuel L. Zelinka)
Principles and Practices of drying lumber (Eugene Wengert)
The shrinking and Swelling of wood and its effect on furniture (Carl A. Eckelman)
wood-database.com

찾아보기

ㅂ

ㅅ

ㅇ

ㅈ

ㅊ

ㅋ

ㅌ

ㅍ

ㅎ

A

C

D

F

G

J

M

N

P

S

T

V

Z

책을 마무리하며

평생 목공을 한 대가들도 끊임없이 배운다고 하는데, 짧은 경험과 지식으로 『목공의 지혜』라는 제목의 책을 쓰겠다고 마음먹기는 쉬운 일은 아니었습니다. 각 주제에 관해 자료를 정리하고, 한 꼭지씩 써 내려가면서 혹시 내용이 부족하지는 않을까, 잘못된 정보를 공유하는 것은 아닐까, 여러 차례 점검하고 확인했으나, 책을 마치는 순간에도 여전히 두려움이 앞섭니다.

이 책은 인터넷 홈페이지 '목공의 지혜(www.woodwise.co.kr)'를 통해, 목공에 관련된 정보와 지식, 저 자신도 목공을 하면서 궁금하게 여겼던 사항을 하나둘 정리하면서 시작되었습니다. 부족한 정보, 더 필요한 이야기는 홈페이지에 추가적으로 공유할 생각입니다. 책을 보시면서 궁금한 사항이나 공유하고 싶은 내용이 있다면 홈페이지를 통해 알려주시면 감사히 받아들이겠습니다.

책이 나오는 데 도움을 주신 이숲 출판사 김문영 대표님과 사진 촬영에 노력과 정성을 아끼지 않은 서민국 님께 감사드립니다. 뒤늦게 새로운 분야에 뛰어들어, 목공을 배우고 가르치며, 또 이렇게 책을 낼 수 있게 된 것은 오롯이 저의 동반자 서지혜의 격려와 도움 덕분입니다. 이 책을 지혜에게 바칩니다. 『목공의 지혜』가 목공을 사랑하는 여러분의 즐겁고 안전한 길잡이가 되길 바랍니다.

2021년 겨울, 목공의 지혜 공방에서,

안주현

목공의 지혜

나무로 만드는 모든 것에 대하여

1판 1쇄 발행일 2022년 3월 25일
1판 2쇄 발행일 2023년 11월 1일
지은이 | 안주현
펴낸이 | 김문영
펴낸곳 | 이숲
등록 | 2008년 3월 28일 제406-3010000251002008000086호
주소 | 경기도 파주시 책향기로 320, 2-206
전화 | 02-2235-5580
팩스 | 02-6442-5581
홈페이지 | www.esoope.com
페이스북 | www.facebook.com/EsoopPublishing
Email | esoope@naver.com
ISBN | 979-11-91131-31-4 13580